Das Kieselsäuregel und die Bleicherden

Von

Dr. Oscar Kausch
Oberregierungsrat, Mitglied des
Reichspatentamtes

Mit 38 Textabbildungen

Berlin
Verlag von Julius Springer
1927

ISBN-13: 978-3-642-89934-8   e-ISBN-13: 978-3-642-91791-2
DOI: 10.1007/978-3-642-91791-2

Alle Rechte, insbesondere das der Übersetzung
in fremde Sprachen, vorbehalten.

Copyright 1927 by Julius Springer in Berlin.

Softcover reprint of the hardcover 1st edition 1927

Vorwort.

Zu den Stoffen, die heutzutage das Interesse der Forscher und Praktiker erregen, gehören das Kieselsäuregel und die Bleicherden. Beide besitzen in hohem Maße die Fähigkeit, durch Adsorption aus Stoffgemischen einzelne Bestandteile abzutrennen, und finden daher als Reinigungs- und Klärmittel in der Technik Verwendung.

Außerordentlich zahlreich sind die diese beiden Stoffe betreffenden Arbeiten sowie die einschlägigen Patente.

Da es für denjenigen, der sich mit der Herstellung, Behandlung und Verwendung der beiden Adsorptionsmittel eingehender vertraut machen will, schwierig ist, die zerstreute Literatur zu ermitteln, so hielt es der Verfasser für angezeigt, diese Literatur in gesammelter und übersichtlich geordneter Form dem Interessenten zur Verfügung zu stellen.

Alle Fachgenossen, die Arbeiten, welche der Verfasser nicht berücksichtigt haben sollte, kennen, werden ihn zu Dank verpflichten, wenn sie diese Lücken für eine spätere Neuauflage ausfüllen helfen wollten.

Berlin-Grunewald, Juni 1927.

Der Verfasser.

Inhaltsverzeichnis.

Seite

I. Einleitung 1

II. Das Kieselsäuregel.

1. Die Eigenschaften und Herstellung des Kieselsäuregels 1
2. Die im In- und Ausland patentierten Verfahren zur Herstellung von Kieselsäuregel 58
3. Die Verwendung des Kieselsäuregels 67
   a) Die Verwendung des Kieselsäuregels zur Adsorption von Gasen und Dämpfen 67
   b) Die im In- und Auslande patentierten Verfahren zur Adsorption von Gasen und Dämpfen durch Kieselsäuregel 94
   c) Die Verwendung des Kieselsäuregels zum Raffinieren von Öl. 96
   d) Die Verwendung des Kieselsäuregels als Träger für Katalysatoren 105
   e) Die Verwendung des Kieselsäuregels in der Pharmazie und Medizin 105
   f) Die Verwendung des Kieselsäuregels für verschiedene sonstige Zwecke 108
   g) Anlagen der Silica Gel Corporation, Baltimore, V. St. A. . . 114

III. Die Bleicherden.

1. Die Tone 129
2. Die Fullererden 133
3. Die Kambaraerde. 161
4. Das Filtrol. 164
5. Magnesiumhydrosilicate 165
6. Die deutschen Bleicherden. 168
   a) Sirius-Werke A.-G. in Deggendorf a. d. Donau 212
   b) Bergbaugesellschaft Ravensberg m. b. H. in Baierbrunn bei München 221
   c) Die Verwendung von Fullererden zur Herstellung von Farbstoffen 223
7. Die im In- und Ausland patentierten Verfahren zur Herstellung von aktiven Bleicherden 223
8. Die Verwendung der Bleicherden zum Entfärben von Fetten und Ölen sowie Wachsen 229
9. Die im In- und Auslande patentierten Verfahren zum Bleichen von Ölen, Fetten, Tran, Wachs usw. mittels Bleicherden 231

IV. Die Regenerierung des Kieselsäuregels und der Bleicherden und die darauf bezüglichen in- und ausländischen Patente . . 241

Nachtrag 256
Literaturverzeichnis 259
Patentlisten 267
Namenverzeichnis 277
Sachverzeichnis 282

Druckfehlerberichtigung.

Auf S. 62 drittletzter Absatz ist zu setzen für Am. P. 129772: Am. F. 1272197.

I. Einleitung.

Das Kieselsäuregel und die Bleicherden sind Verbindungen, die schon sehr lange bekannt und zum Teil auch schon, wie die Walkererde, d. i. Bleicherde, technisch Verwendung gefunden haben.

Der modernen Forschung auf dem Gebiete der Kolloidchemie war es jedoch vorbehalten, die Struktur des Kieselsäuregels und seines Adsorptionswirkung klarzustellen, womit denn auch die Frage seiner Verwendung in den Vordergrund rückte.

Länger schon fanden die Bleicherden als Entfärbungsmittel Anwendung, aber auch ihre Erforschung und die Erkenntnis, daß sie kolloide Kieselsäure als wirksamen Bestandteil enthalten, ist neuen Datums, ebenso ihre Veredelung und umfangreichere Verwendung.

II. Das Kieselsäuregel.
1. Die Eigenschaften und Herstellung des Kieselsäuregels.

Zweifellos gehört das Kieselsäuregel zu den chemischen Verbindungen besonderer Struktur, die berufen sind, in absehbarer Zeit eine wichtige Rolle zu spielen.

Um die Natur des Kieselsäuregels dem Verständnis näherzubringen, seien die folgenden Ausführungen, die den klassischen Arbeiten der hervorragenden Kolloidforscher van Bemmelen, von Weimarn, Zsigmondy u. a. entstammen, vorausgeschickt.

In Lösungen von geringerer Konzentration entstehen, wenn sie eine nur schwache Übersättigung erfahren, wenige und voneinander weit entfernte Krystallkeime, die durch Aneinanderlagerung nur wenig an Größe zunehmen können. Werden die Lösungen weiter übersättigt, so bilden sich nach langer Zeit durch Molekularwachstum sichtbare Krystalle. Anderenfalls bleiben diese Lösungen zunächst (ultramikroskopisch) dispers, d. h. es befinden sich kleine Teilchen in einer verhältnismäßig großen Menge Lösungsmittel. Solche Lösungen stellen dann die sogenannten Sole dar.

Bei mäßiger Konzentration und Übersättigung entsteht eine verhältnismäßig große Anzahl von Keimen, die zu einem deutlich krystallinen oder mikrokrystallinen Niederschlag molekular und aggregativ weiterwachsen können. Mit Anwachsen der Menge dieser Keime wird die Übersättigung aufgehoben und findet ein weiteres Wachstum der Keime nur durch Aggregatbildung statt. Diese Aggregatbildung beschränkt entsprechend ihrer Geschwindigkeit die Orientierungsmöglichkeit. Die Folge einer raschen Aggregation ist die Bildung mikroskopisch erkennbarer Körperchen, die infolge ihrer ziemlich regellosen Aggregatform optisch als einheitliche Krystalle nicht reagieren. Diese Körperchen erscheinen statistisch isotrop. Auf diese Weise bildet sich die größte Anzahl der amorphen Niederschläge.

Tritt endlich bei weitgehender Übersättigung der Lösungen und der Bildung sehr vieler Keime nur noch die Aggregatkrystallisation und eine so starke Annäherung der Keime zueinander auf, daß diese sich häufig berühren, so entstehen Gebilde, die man als viskos und gallertartig bezeichnet. Diese Gebilde sind Gele (diese Bezeichnung rührt von ihrer Ähnlichkeit mit Gelatine her).

Gele können auch plötzlich aus den Solen entstehen. Ferner führt auch ein Verdunsten des Lösungsmittels (Dispersionsmittels) zu ihrer Bildung.

Gele und Sole sind als kolloidale oder dispersoide Systeme anzusehen. Aus wässerigen Lösungen entstanden, werden sie mit Hydrogele und Hydrosole bezeichnet.

Die genannten Systeme lassen sich auch noch auf verschiedene andere Weise erzeugen. In der Natur sind sie die Hauptprodukte der Verwitterung.

Besonders charakteristisch für die kolloiden Systeme ist ihre starke Oberflächenentwicklung, und zwar streben sie danach, ihre Oberfläche zu verringern, mithin ihre Korngröße zu steigern. (Koagulationen, Pektisationen oder Flockungen.)

Die Koagulation, die durch Aussalzen herbeigeführt wird, beruht darauf, daß ein Elektrolyt, wie z. B. ein dissoziierendes Salz, auf ein Dispersoid mit elektrisch geladenen Teilchen zur Einwirkung kommt. Diese Koagulation wird dadurch bei einer ganzen Anzahl von Kolloiden durch Auswaschen des zugefügten Salzes wieder aufgehoben, es findet eine Umbildung zu Solen statt. Dasselbe Resultat wird durch Zusatz geringer Mengen von Reagentien erreicht.

Durch Vermehrung des Lösungsmittels (Dispersionsmittels) erleiden gewisse Gele eine Quellung und damit eine Umwandlung zu Solen. Man nennt solche Kolloide reversibel im Gegensatz zu solche Erscheinung nicht zeigenden (irreversiblen) Gelen. Kolloide Kieselsäure kann durch pulverförmige Körper (gestoßener Graphit), durch Temperaturerhöhung und Frost in Gallertform übergeführt werden (Th. Graham[1]) und G. Bruni)[2]).

Durch Zusatz anderer Kolloide (Eiweißlösung u. a.) fällt Kieselsäurekolloid aus seinen Lösungen (U.Friedemann[3]) sowie F. Mylius und Groschuff)[4]). Versuche von N. Pappadà und C. Sadowski[5]) haben zu folgenden Schlußfolgerungen geführt:

„Die Bildung der Gelatinen hängt von der Konzentration der kolloiden Lösungen ab. Aus verdünnten Lösungen fällen Elektrolyte Flocken aus, in konzentrierteren bilden sie Gelatinen.

Die Gelatinierung und Koagulation folgen den Gesetzen:

1. Die Geschwindigkeit, mit der die Gelatinierung vor sich geht, steigt mit wachsendem Atomgewicht des Kations aus der Gruppe der Alkalimetalle, und zwar vom Lithium zum Caesium.

2. Die Geschwindigkeit, mit der die Gelatinierung durch die Elektrolytkationen von verschiedener Ladung hervorgerufen wird, nimmt mit der elektrischen Ladung zu.

Die Gelatinierung wird in erster Linie durch die Ionen hervorgerufen, die eine größere Hydrodiffusionsgeschwindigkeit haben.

Die Bredigsche Definition von Kolloiden ist folgende: Kolloide sind mikroheterogene Systeme solcher Art, bei denen die Erstreckung der einen Phase der Teilchen in allen drei Richtungen sehr klein ist. Ferner teilt man die Kolloide ein in solche I. Ordnung, bei denen eine zerteilte Phase in einem Einbettungsmittel liegt, und solche II. Ordnung, bei denen beide gemischten Phasen fein zerteilt sind.

Zu den letztgenannten Kolloiden gehören die Gebilde, bei denen kolloide Stoffteilchen von einem kolloidfeinen Wabennetz eines anderen Stoffes umhüllt sind. Durch Entziehung der Lösungsmittel gehen die Gele allmählich in echte Kolloide der zweiten Art über.

Die kolloide Kieselsäure ist zu den Tropfchenkolloiden zu rechnen (P. Ehrenberg)[6]). Sie zeigt eine schwache elektrische Leitfähigkeit, und zwar nach W. R. Whitney und J. C. Blake[7]) bei einem Gehalt von 14,7 g im Liter, $100 \cdot 10^{-6}$, nach Sh. Kasai[8]) bei 8,94 g im Liter 47 bzw. $43,5 \cdot 10^{-6}$.

---

[1]) Zsigmondy, R.: Zur Erkenntnis der Kolloide. 1905, S. 41; Ann. Chem. Phys. **3,** Reihe 4, S. 127, 1864.
[2]) Ber. der Dtsch. Chem. Ges. **42,** S. 564, 1909.
[3]) Zeitschr. f. experiment. Pathologie u. Therapie. **3,** S. 73, 1906.
[4]) Ber. der Dtsch. Chem. Ges. **39,** I, S. 121, 1906.
[5]) Gazz. chim. ital. **41,** II, 495—517.
[6]) Ehrenberg, Paul: Die Bodenkolloide. 1915.
[7]) Am. Chem. Soc. **26,** S. 1374, 1904.
[8]) Inauguraldiss. S. 14, München 1889.

Amorphe Hydrogele gehen ebenso wie krystallisierte Hydrate bei gewöhnlicher oder erhöhter Temperatur in wasserarme Verbindungen über. Die entwässerten Produkte nehmen mit kleinerer als der vorher ermittelten Geschwindigkeit den ursprünglichen Wassergehalt wieder auf. Zwischen der ersten Hemmung (1. Tensionsabfall) und dem Ende der Wasserabgabe zeigen die Präparate bei gewöhnlicher Temperatur als feinporöse Körper (z. B. das Kieselsäuregel) die bekannten Adsorptionserscheinungen.

Langes Liegen, schnelles Trocknen und Erwärmen führen das Gel in eine andere Modifikation über (G. Tschermak)[1].

Beim Glühen des Gels ändert sich seine sichtbare Struktur nicht merklich, sofern das Gel salzfrei ist, salzhaltiges dagegen gibt unter Trübung Sphärite und Wabenstruktur. Hierdurch wird seine Fähigkeit, Wasser aufzunehmen, beeinträchtigt.

Nach an Stäbchen von gefällter amorpher Kieselsäure (50 mm lang und 6,8 mm Querschnitt) vorgenommenen Messungen stellte P. Braesco[2]) fest, daß sich entwässerte und bis 600°C erhitzte Kieselsäure wie Quarzglas (geringer Ausdehnungskoeffizient) verhielt; durch Erhitzen auf 1000°C war sie in Crystoballit umgewandelt.

Kocht man nach dem Verzeichnis von Kahlbaum erhältliche geglühte Kieselgur, Kieselsäureanhydrid oder Kieselsäurehydrat mit Wasser und filtriert die Lösungen durch gehärtete Filter, so resultieren Lösungen von 0,5—1,2 %. So erhaltene Lösungen setzen nach einiger Zeit Niederschläge ab und sind nicht so haltbar, wie die aus dem Kieselsäureester erzeugte Säure, und reagieren neutral.

Man unterscheidet bei den Gelen Suspensions- und Emulsionskolloide. Kolloide der ersten Art sind die kolloidalen Metalle, die bei der Koagulation sich sofort von dem Dispersionsmittel scheiden, während zu den Emulsionskolloiden Kieselsäure, Gelatine und Leim gehören, die sich in geringerem Maße von der Flüssigkeit trennen.

Typische Gele weisen ein regelloses Nebeneinander von Ultrakrystallen und Ultramikronen auf. Bei nassen Gelen sind die einzelnen Teilchen durch Hüllen aus Wasser voneinander getrennt.

Erhitzen oder zugesetzte Elektrolyten führen die Einzelteilchen zueinander, es bilden sich sog. Sekundärteilchen.

Eine Entziehung von Wasser hat häufig die Bildung äußerst feinporiger, durchsichtiger Massen zur Folge, die einen Hohlraum von 30—60 % aufweisen, jedoch immer noch als homogen erscheinen. Diese Erscheinung ist eine Folge des Alterns und bedingt verschiedene Änderungen der Eigenschaften der Gele[3]). Nach R. Schwarz und

---

[1]) Monatshefte f. Chemie. **33**, S. 1087—1164.
[2]) Comptes Rendus. **168**, S. 343—345.
[3]) Vgl. auch Fremy, E.: Ann. Chim. Phys. (3) **38**, S. 317, 1853.

O. Liede[1]) besteht der Alterungsprozeß des Kieselsäuregels, der sich rein äußerlich nicht kenntlich macht, in der Kondensation des (SiO_2) zu $(SiO_2)_{2x}$. Treten in dem Kieselsäure-Wassersystem Veränderungen ein, die äußerlich als Umschlag gekennzeichnet sind, so tritt eine weitere Kondensation zu $(SiO_2)_{3x}$ ein.

Das Altern der Gele, dem sie schließlich alle verfallen, führt zur Entstehung von krystallisierten Massen. Nach der Methode der regellos orientierten Teilchen (Deibe und Scherrer)[2]) untersuchte P. Scherrer[3]) gealterte Kieselsäure auf ihre Röntgeninterferenzen und damit auf ihren inneren Aufbau. Er stellte dabei fest, daß sie neben den Anzeichen amorpher Körper intensive krystallinische Interferenzen zeigte.

Die Gele haben, besonders im frischen Zustande, infolge ihrer inneren Oberflächenentwicklung die Fähigkeit, aus Lösungen oder Dämpfen Stoffe durch Adsorption oder Absorption zu entfernen.

Da diese Fähigkeit sich auf bestimmte Stoffe erstreckt, so bezeichnet man sie mit selektiv

Das getrocknete Kieselsäuregel stellt eine harte, glasige Masse dar, die dem reinen Quarzsand im Aussehen ähnelt. Vom Sande unterscheidet es sich durch seine hohe Porosität sowie insbesondere die Form und gleichmäßige Anordnung der Poren.

Die chemische Formel des Kieselsäuregels ist SiO_2.

Das Kieselsäuregel kommt in der Natur, und zwar im Mineralreich als Opal, aus dem durch schwache Entwässerung der nicht durchsichtige Kocholong und durch Entwässerung und Krystallisation der faserige Chalcedon entsteht, und im Pflanzenreich als Tabaschir vor. Auch Versteinerungen von Holz sind durch Kieselsäuregel (Holzopal) herbeigeführt worden.

Ferner sind Kieselsinter und Geyserit gelartige Sintergebilde. Die im Acker- und Waldboden vorhandene kolloide Kieselsäure dürfte auch zum Teil aus Pflanzenresten stammen, zum größten Teil rührt sie jedoch von der Verwitterung der Gesteine her (A. Müller)[4]).

Künstlich wird das Kieselsäuregel durch Einwirkenlassen von Säuren auf Silicate durch Zersetzen von Siliciumfluorid, durch Überführung von Kieselsäurelösungen (Hydrosol) usw. erzeugt.

Das frisch hergestellte, stark wasserhaltige Gel gibt beim Abpressen sehr viel Wasser (verdünntes Sol) ab, der verbleibende Rückstand ähnelt einer zähen Flüssigkeit von gallertartigem Charakter und enthält noch erhebliche Mengen Wasser. Enthält das Gel 30—40 Mole-

---
[1]) Ber. der Dtsch. Chem. Ges. **53**, 2, S. 1512, 1920.
[2]) Phys. Z. **17**, S. 277.
[3]) Nachrichten, K. Ges. Wiss. Göttingen. S. 98—100, 1918.
[4]) Landwirtschaftl. Jahresberichte. **14**, S. 285, 1885.

küle Wasser, so kann es zerschnitten werden, bei einem Gehalt von 20 Molekülen ist es steif, bei einem solchen von 10 Molekülen bröcklig und bei einem Gehalt von 6 Molekülen anscheinend trocken. Im letzteren Falle kann es zu Pulver zerrieben werden. Mit dem Verlust an Wasser schrumpft die Gallerte mehr und mehr ein. Nach W. Nernst[1]) ist das Zusammenballen der Kieselsäure von Wärmeentwicklung begleitet.

Ausgefälltes Kieselsäurekolloid (Gallerte) ist wenig elastisch (H. Freundlich)[2]).

Der Unterschied des Volumens ist der Anzahl der Wassermoleküle proportional. Bei einem Gehalt von $5/_3$ Molekül Wasser ist das Volumen konstant. In diesem Zeitpunkt dringt Luft in das Gel ein, was eine Trübung der Masse zur Folge hat. Dieser Umschlag setzt sich bis zu einem Gehalt von 1 Molekül Wasser fort, ohne daß die Schrumpfung zunimmt. Dann wird das Gel wieder klar, worauf die Trocknung bei gleichbleibendem Volumen weiterfortgesetzt werden kann. Die besonderen Methoden zur Herstellung dieses Produkts und die Art ihrer Durchführung ergeben sich aus den weiter unten angeführten Arbeiten.

Aus einer verdünnten sauren Natriumsilicatlösung gefälltes Kieselsäurehydrogel enthielt lufttrocken 30,8 bzw. 30,5%, nach 24stündigem Erwärmen mit Wasser 28,9 bzw. 27,3%, nach 3tägigem Erwärmen mit Wasser 23,17 bzw. 22,87% gebundenes Wasser (entsprechend $SiO_2 \cdot 1,48 H_2O$; $SiO_2 \cdot 1,31 H_2O$; $SiO_2 \cdot 1,0 H_2O$).

Durch Hydrolyse aus Siliciumfluorid gewonnenes Kieselsäuregel enthielt 30,6% gebundenes Wasser. Die Menge des für $-10°$ berechneten Capillarwassers betrug für 1 g SiO_2, für frisch bereitetes 0,58 g, für 24 Stunden erhitztes 0,45 g, für 7 Tage erhitztes Kieselsäuregel 0,292 g; dagegen enthielt das aus Siliciumfluorid hergestellte nur 0,035 g Capillarwasser, dieses gefror bei $-10°$ vollständig. Es ließ sich nicht entscheiden, ob das gebundene Wasser in den Versuchen als Hydrat oder feste Lösung vorlag. Die Verfahren neigen für die letztere Ansicht, die durch die Dampfdruckkurve der Kieselsäuregele gestützt zu sein schien.

Orientiert gebaute Kieselsäuregele erhält man durch Behandeln von Zeolithen mit Salzsäure, diese Gele sollen nach Rinne noch den Krystallbau des Ausgangssilicats besitzen und kann das Wasser in diesen Gelen ohne Störung der optischen Regelmäßigkeit durch Alkohol Tetrachlorkohlenstoff oder Chloroform ersetzt werden.

Kieselsäurehydrosole, die durch Hydrolyse zahlreicher Siliciumverbindungen entstehen, ergeben beim Gewinnen, ebenso wie dies beim Zersetzen von Silicaten durch Säure der Fall ist, Kieselsäurehydrogele.

---

[1]) Nernst, W.: Theoretische Chemie. 5. Aufl. 1907. S. 419.
[2]) Kapillarchemie. S. 486. Leipzig 1909.

Die Eigenschaften und Herstellung des Kieselsäuregels. 7

Kieselsäuresole finden sich in den Geysiren von Island und des Yellowstone Parks in den Vereinigten Staaten von Nordamerika, ferner als Absätze vor allem der hydrothermalen Phase des Vulkanismus. Manche Sandsteine stellen durch Kieselsäure verkittete Sande dar (F. Senft)[1]).

Die Klumpenbildung des Kieselsäuregels beruht auf der kolloiden Natur seiner Lösung.

Bei der Wiederwässerung entwässerten Gels müssen die trockenen Wandungen der Capillaren im Innern der Gallerte benetzt werden, was naturgemäß schwierig ist. Daher fallen die Austrocknungs- und die Wiederwässerungskurve nicht zusammen. Das Auftreten zahlreicher Luftbläschen bedingt allein die Trübung des Gels im Umschlagspunkt. Das Wasser kann in dem Gel auch durch Alkohol, Tetrachlorkohlenstoff, Chloroform, Benzol, Schwefelsäure und Glycerin verdrängt werden, ohne daß sich seine elastischen oder optischen Eigenschaften oder sein Volumen ändert.

Glühen ändert die sichtbare Struktur von salzreinem Gel nicht. Das auf einem der genannten Wege erhältliche Gel stellt ein sehr wasserhaltiges Gebilde dar, das nach früherer Anschauung Wabenstruktur mit Wänden aus festem Stoff und durch Flüssigkeit gefüllte Hohlräume aufweist. Später ergab sich, daß das Gel eine viel feinere Struktur aufweist und die festgestellten Waben sich aus Flocken, und diese wiederum aus noch kleineren Strukturbestandteilen aufbauen[2])

Unter dem Ultramikroskop zeigen wasserreiche Gele sehr feine Strukturen, so daß Waben mit einem Durchmesser von 1—1,5 $\mu\mu$ nicht vorliegen können.

Obwohl die feste Kieselsäuregallerte sich dem Beschauer als völlig glatter und homogener Körper darbietet, ist sie doch eine schwammartige Masse, die von unzähligen (kleinsten) Hohlräumen durchzogen ist (der Radius der Capillaren beträgt nur einige millionstel Millimeter) von denen Wasser aufgesaugt ist.

Die größte Capillare des Kieselsäuregels dürfte einen Durchmesser von 5,55 $\mu\mu$, die kleinste einen solchen von 2,63 $\mu\mu$ haben.

Die Poren des Gels der Kieselsäure liegen unter der Grenze des Sichtbaren, und ihr Durchschnitt beträgt etwa 5 $\mu\mu$.

Nimmt man die Dicke der adsorbierten Schicht einer Flüssigkeit zu 0,13 $\mu\mu$ an, so ist die Größe der inneren Oberfläche des Gels pro Gramm 2546000 cm^2, bei einer angenommenen Schichtdicke von 1,6 $\mu\mu$ 1050000 cm^2.

Wie Versuche ergeben haben, ist die Adsorptionsfähigkeit des in feines Pulver übergeführten Kieselsäuregels größer als die des Gels in Form kleiner Stücke.

---
[1]) Senft, F.: Steinschutt und Erdboden. S. 224. Berlin 1867.
[2]) Kötschau, R.: Chem.-Zg. 48, S. 497—518, 1924.

Die Adsorptionsfähigkeit des getrockneten, auch des im Vakuum auf 300° C erhitzten und darin bis auf 3,5% entwässerten Gels gegen Gase und Dämpfe ist sehr erheblich.

In Wasser werden trockene Gele leicht durch schnelles Eindringen infolge der Oberflächenkräfte der ersteren zersprengt. Das getrocknete Gel vermag etwa $1/4$ seines Gewichts an Benzol zu adsorbieren, das durch überhitzten Wasserdampf (z. B. bei 250° C) wieder ausgetrieben werden kann.

Man bestimmt die Adsorptionsfähigkeit des Kieselsäuregels durch den entsprechenden Druck, d. i. das Verhältnis des Dampfdrucks im Gleichgewicht mit absorbierendem Mittel zum Dampfdruck der Flüssigkeit bei der Adsorptionstemperatur und die Kompressibilität der Flüssigkeit (E. B. Miller)[1]).

Die Freundlichsche Adsorptionsisotherme $M = a \cdot c1/p$ stellt die an der Einheit der adsorbierenden Masse a adsorbierte Masse M dar, hierbei ist p größer als 1 und liegt zumeist zwischen 1,5 und 2. Bei erhöhter Temperatur sinkt p auf 1, und auch a wird kleiner.

Nach Untersuchungen[2]), die von Stauber im Laboratorium der Franz Herrmann G. m. b. H. angestellt wurden, ist die Adsorption abhängig von der inneren Oberfläche des Gels, die wiederum von seiner Struktur abhängt. Augenscheinlich darf das Schwammgefüge nicht zu dicht sein; die lockere Struktur ist von Wichtigkeit, d. h. es kommt auf das Schüttgewicht des Gels an.

Proben gleicher Korngröße (1—2 mm) mit Schüttgewichten von 0,66—0,41 kg pro Liter gaben schlechte, Proben mit 0,39—0,37 kg pro Liter eine gute Entfärbung bei dunklem Spindelöldestillat. Andere Proben gaben Zwischenwerte.

Das wichtigste Resultat der Vergleichsversuche war, daß zwischen dem Schüttgewicht des Gels und dessen Raffinationsvermögens gegenüber Mineralölen eine direkte Beziehung besteht. Je kleiner das Schüttgewicht ist, um so besser ist das Raffinationsvermögen bei gleicher Korngröße.

Die Höhe des Schüttgewichts ist von der Herstellungsweise, insbesondere der Trocknung des gefällten Gels abhängig. Die höchsten Schüttgewichte besaßen gewisse, im Vakuum getrocknete Produkte.

Bei den Vergleichsversuchen wurde abgepreßte, mit Salzsäure gefällte Gallerte mit etwa 90% Wassergehalt verwendet und folgenden Trocknungen unterworfen:

1. Geformtes Gel wurde bei 150° C nicht übersteigender Temperatur getrocknet.

---

[1]) Chem. Metallurg Engg. **23**, S. 1155—1158, 1219—1222, 1251—1254, 1920. [2]) Vgl. Kötschau, R.: Chem.-Zg. S. 497, 518, 1924.

Die Eigenschaften und Herstellung des Kieselsäuregels. 9

2. Geformtes Gel würde im Wasserbad im Vakuum entwässert.
3. Ungeformtes Gel wurde im Trockenschrank auf 14,3 % Trockensubstanz vorgetrocknet, geformt und wie bei 1. fertig getrocknet.
Die Resultate dieser Versuche waren:
1. Ein hartes, in Wasser nicht zerfallendes Produkt mit dem Schüttgewicht 0,407 einer Korngröße von 1—2 mm und einem Wassergehalt von 3,4 %. Die Raffinationswirkung dieses Produkts war schlecht.
2. Sehr hartes, in Wasser nicht zerspringendes Produkt, Schüttgewicht 0,533, Wassergehalt 4,3 %. Die Raffinationswirkung dieses Produkts war sehr schlecht.
3. Weniger hartes Produkt als das nach 1 und 2, Schüttgewicht 0,393. Die Raffinationswirkung war gut, noch besser war diejenige eines Produkts vom Schüttgewicht 0,348.

Bei dem Verfahren der Franz Herrmann G. m. b. H. wird das Gel in Gestalt weißer, bläulichschimmernder, harter Körner, die den Reiskörnern ähneln, verwendet und in Filterapparaten eingefüllt, wo es von der zu reinigenden Flüssigkeit durchströmt wird.

Die Regenerierung des Gels erfolgt durch Auskochen oder Behandeln mit Wasserdampf und schließlich durch Ausglühen im Luftstrom.

Einen Apparat zur Bestimmung der Dampfspannungsisothermen des Kieselsäuregels, der aus einem Vakuumapparat mit Manometer besteht, beschrieben R. Zsigmondy, W. Bachmann und E. F. Stevenson[1]) und untersuchten mit dessen Hilfe die Entwässerung, Wiederwässerung von Hydrogelen der Kieselsäure sowie die Entleerung, Füllung und Wiederentleerung der Hohlräume eines Kieselsäurealkogels. Dabei ergab sich, daß die Entalkoholisierung ein Gel ergab, das einen andern Bau aufwies, als das bei der Entwässerung resultierende Gel.

Die Benetzungswärme von Kieselsäuregel mit Wasser, Benzin, Tetrachlorkohlenstoff, Alkohol und Anilin haben W. A. Patrick und F. V. Grimm[2]) bestimmt und sich dabei eines besonderen Calorimeters bedient. Bechhold[3]) fand, daß die Ultramikroskopie keine Aufschlüsse über den Dispersitätsgrad von Kieselsäurelösungen gewährt, wohl gestattet aber die Nephelometrie eine relative Schätzung. Ferner gibt die Ultrafiltration Einblick in die quantitativen Verhältnisse.

Wie E. O. Holmes jr. und W. A. Patrick[4]) feststellten, zeigen Kieselsäuregele, die Flüssigkeiten (Wasser, Essigsäure, Aceton, Salpetersäure) enthalten, durch Einwirkung ultravioletter Lichtstrahlen einen Verlust an Flüssigkeit.

---
[1]) Zeitschr. f. anorgan. Chemie. **71**, S. 356; **75**, S. 189—197.
[2]) J. Am. Chem. Soc. **43**, S. 2144—2150, 1921.
[3]) Chem.-Zg. **49**, S. 1249—1250, 1921.
[4]) Journ. Physical Chem. **26**, S. 25—41.

Das Kieselsäuregel.

Untersuchungen von W. Bachmann[1]) an Lösungen und Gallerten von Gelatine, Agar-Agar und Kieselsäure mit dem Spaltultramikroskop von Siedentopf und Zsigmondy sowie den Kardioidultramikroskop von Zsigmondy ergaben, daß alle drei Gele eine große Ähnlichkeit im geometrischen Bau aufwiesen. Ihre Struktur ist körnig (globulitisch), und der Verlauf der Gelatinierung ihrer Lösungen war ultramikroskopisch gleich. Ferner war die Verteilung der Submikronen und Mikronen bei den Gelatine- und Kieselsäuregelen bei genügender Konzentration völlig gleichartig. Das Agar-Agargel wies auch bei höheren Konzentrationen (1—2 %Agar-Agar) leicht gröbere Verschiedenheiten in der Verteilung der Gallertteilchen auf. Alle drei senden polarisiertes Licht aus.

Beim wiederholten Gefrierenlassen wird das capillare Wasser des Kieselsäuregels von neuem von der Kieselsäure absorbiert, aber nicht chemisch gebunden. Dagegen ist das nicht gefrierende Wasser nahezu völlig chemisch gebunden, und seine Menge ist 28,1—28,7 % (entsprechend $SiO_2 \cdot 1,31\ H_2O$ bzw. $SiO_2 \cdot 1,35\ H_2O$) (H. W. Foote und B. Saxton[2]).

Im Jahre 1852 hat H. Kühn[3]) die Kieselsäuregallerte auf ihre Löslichkeit in Wasser hin untersucht.

Zu diesem Zwecke stellte er sich die Gallerte aus einer bis auf 3 % Kieselsäure verdünnten Wasserglaslösung mit Salzsäure vom spezifischen Gewicht 1,10—1,13 unter heftigem Umrühren her. Es wurde die Salzsäure rasch bis zur Übersättigung zugesetzt und dann der Säureüberschuß sorgfältig mit Alkalisilicatlösung bis auf eine geringe Säurespur abgestumpft.

Dann färbte sich die Flüssigkeit schwach milchig und opalisierte, was auf Zusatz weniger Tropfen Säure verschwand.

Die mir schwach opalisierende wurde langsam auf höchstens 25° R erwärmt und zur Erlangung möglichst gleichförmiger Temperatur ununterbrochen erwärmt.

Bereits vor Erreichung der Temperatur von 25° R trat Gerinnen der Lösung ein, und es bildete sich eine zuerst sehr lockere und schwach zusammenhängende, bald aber eine festere Konsistenz annehmende Gallerte.

Die mit kaltem Wasser verdünnte Kieselsäuregallerte wurde auf ein Verdrängungsfilter gebracht, aus dem alsbald eine nur noch klare Flüssigkeit ablief.

Hierauf wurde der Filterinhalt mit kaltem Wasser und der Maßgabe, daß die Gallerte beständig mit einer Wasserschicht bedeckt blieb, um sie gegen weitere Zusammenziehung zu schützen, ausgewaschen.

---

[1]) Zeitschr. f. anorgan. Chemie. **73**, S. 125—172.
[2]) J. Am. Chem. Soc. **38**, S. 588—609, 1916 u. **39**, S. 1103—1125, 1917.
[3]) Journal f. prakt. Chemie. **59**, 2. Bd., S. 1—6, 1853.

Das so erhaltene Produkt löste sich vollständig in kochendem Wasser. Noch bei 5—6 % Säuregehalt war diese Lösung vollkommen flüssig und filtrierbar, stärker oder schwächer milchweiß gefärbt, opalisierte gelbrot und war völlig klar. Unter einer Glocke mit Schwefelsäure oder im Vakuum ließ sich die Lösung leicht bis auf 10 % und mehr konzentrieren.

Alkohol rief in 5 %iger Lösung eine teilweise Fällung der Kieselsäure als sehr zartes, lange in der Flüssigkeit schwebendes Pulver hervor. Reichliche Mengen von Schwefelsäure bedingten ein Koagulieren. Frost brachte ein amorphes Pulver hervor. Diese Fällungen waren in Wasser nicht mehr löslich. Beim langsamen Verdunsten der Lösung trat Verdickung ein und schied sich schließlich festes Kieselsäurehydrat aus, das opalartig aussieht, aber spezifisch leichter als natürlicher Opal ist und große Porosität aufwies.

In Wasser geworfen, schwamm dieses Produkt zuerst darauf, saugte sich aber bald voll, nahm krystallhelles Aussehen an und sank darin unter. Größere Stücke zersprangen dabei gewöhnlich in kleinere.

Durch schwaches Glühen wurde es dichter und dem Opal in hohem Maße ähnlich. Stark geglüht verlor es seinen Zusammenhalt und wurde weiß und undurchsichtig.

Die eingetrocknete Kieselsäure näherte sich bei ihrem geringeren spezifischen Gewicht dem Hydrophan, der allerdings schwer ist.

Ferner wurde die Löslichkeit der Kieselsäure in verschiedenen Lösungsmitteln von C. Struckmann[1]) methodisch bestimmt.

Zu diesem Zwecke stellte sich dieser gallertartige Kieselsäure durch Behandeln von Natriumsilicatlösungen durch Kohlensäure her, wusch sie mit Wasser aus, ließ in der Kälte längere Zeit verdünnte Salzsäure darauf einwirken und wusch sie nochmals mit Wasser aus, bis das Waschwasser mit Merkuronitrat eine Trübung nicht mehr ergab.

Dann ließ er die so gereinigte Kieselsäure längere Zeit mit den betreffenden Lösungsmitteln unter häufigem Umschütteln des Gemisches in Berührung, filtrierte hierauf die ungelöste Kieselsäure ab und verdampfte eine bestimmte Menge der abfiltrierten Lösung.

Es ergab sich:

daß 100 Teile reines Wasser, mit Kieselsäurehydrat kalt behandelt, 0,021 Teile, d. i. $1/48$ %, Kieselsäure lösten;

daß 6 Tage und $13^{1}/_{2}$ Stunden mit Kohlensäure behandeltes Wasser, und zwar 100 Teile 0,0136 Teile, d. i. $1/74$ %, Kieselsäure lösten,

daß 100 Teile verdünnte Salzsäure (spezifisches Gewicht = 1,088), 11 Tage mit Kieselsäurehydrat digeriert, 0,0172, d. i. $1/59$ %, Kieselsäure lösten. Beim Verdampfen der Lösungen setzten sich an den

---

[1]) Liebigs Ann. d. Chemie u. Pharmazie. 94, S. 341 ff., 1855.

Wänden der Porzellanschale büschelförmige Krystallnadeln ab (vgl. Doveri)[1].

Das Verhältnis der Löslichkeit der Kieselsäure in reinem Wasser zu der in verdünnter Salzsäure = 5 : 4. Ferner lösten 100 Teile einer Lösung von Ammoniumcarbonat (5 Teile trockenes $1\frac{1}{2}$-kohlensaures Ammonik und 95 Teile Wasser) 0,02 Teile, d. i. $\frac{1}{50}\%$, Kieselsäure, und 100 Teile einer verdünnten Ammoncarbonatlösung (0,1 %ige) 0,0062 Teile, d. i. $\frac{1}{10}\%$ Kieselsäure. Ein Teil der ammoncarbonathaltigen Lösung, in einem nicht dicht schließenden Gefäß an der Luft aufbewahrt, zeigte bald eine Trübung, es schieden sich kleine Kieselsäurehydratflocken aus. Letztere wurden abfiltriert und beim Eindampfen einer bestimmten Menge des Filtrats ergab sich, daß 100 Teile dieser Flüssigkeit noch 0,0288, d. i. $\frac{1}{34}\%$, Kieselsäure gelöst enthielten.

100 Teile Ammoniaklösung (mit 19,2 % wasserfreiem Ammoniak) im dicht verschlossenen Gefäß mit Kieselsäurehydrat digeriert, ergaben eine Lösung von 0,071 Teile, d. i. etwa $\frac{1}{14}\%$, Kieselsäure und 100 Teile verdünnter Ammoniaklösung (mit 1,6 % wasserfreiem Ammoniak) lösten 0,0986 Teile, d. i. fast $\frac{1}{10}\%$ Kieselsäure.

Nach J. Fuchs[2] lösen 100 Teile kaltes Wasser nur 0,013 % Kieselsäure und verdünnte Salzsäure (spezifisches Gewicht 1,115) nur 0,009 % Kieselsäure.

Struckmann nahm an, daß die Kieselsäure im gelatinösen Zustand Ammoniak chemisch bindet, was bei der an der Luft getrockneten Kieselsäure nicht mehr der Fall war.

J. Liebig[3] fand, daß die Löslichkeit der Kieselsäure in Wasser wesentlich davon abhängt, ob, wie bei Zersetzung von natürlich vorkommenden Silicaten durch kohlensäurehaltiges Wasser oder von kieselsaurem Kali oder Natron durch Kohlensäure oder eine verdünnte Mineralsäure, Wasser genug vorhanden war, um das Kieselsäurehydrat im Moment der Abscheidung zu lösen oder nicht. War ersteres der Fall, so löste sich viel mehr Kieselsäurehydrat, als wenn die Gallerte mit Wasser behandelt würde.

Verdünnte Liebig eine Lösung von Wasserglas von bekannten Gehalt in Kieselsäure vorsichtig nach und nach mit abgemessenen Wasser, so gelangte er bald zu dem Punkte, bei dem durch Neutralisieren mit einer Säure eine Abscheidung von Kieselsäurehydrat nicht mehr statthatte, und die Flüssigkeit tagelang wasserhell blieb, ohne zu opalisieren.

---

[1] Liebigs u. Kopps Jahresberichte für 1847 u. 1848. S. 400.
[2] Liebigs Annalen. **82,** S. 119; Liebig u. Kopps Jahresberichte für 1825. S. 369.   [3] Liebigs Annalen. **94,** S. 373—375, 1855.

Die Eigenschaften und Herstellung des Kieselsäuregels. 13

Quantitative Versuche ergaben, daß bei genauer Neutralisation oder kleinem Säureüberschuß (Salzsäure) bis zu $1/_{500}$ Kieselsäure gelöst blieb. Ammoniak und kohlensaures Ammoniak verminderten die Löslichkeit der Kieselsäure in Wasser.

Dies war auch bei Chlorammoniaklösungen der Fall. Nach O. Maschke[1]) ergaben Versuche folgende Löslichkeitsdaten:

100 Wasser drei Tage lang bei gewöhnlicher Temperatur mit Kieselsäure unter öfterem Umschütteln in Berührung gelassen, lösten 0,09, 100 kohlensaures Wasser 0,078 Kieselsäure, Erhitzen von Kieselsäuregallerte mit Wasser im verschlossenen Gefäße längere Zeit im Wasserbade führte das Gemisch zu vollkommener Lösung. Diese Lösung enthielt in 100 Teilen 2,49 Kieselsäure, wurde selbst durch erhebliche Mengen Alkohol nicht gefällt.

Dagegen bewirkten konzentrierte Salzlösungen ihr Gelatinieren. Maschke verwendete hierbei Ammoniumcarbonat, Chlornatrium, Chlorcalcium (und Alkalicarbonate).

Die Lösung wurde beim Abdunstenlassen in einem bestimmten Zeitpunkt dick, sirupartig, worauf sie zu einer weichbrüchigen, durchsichtigen Masse erstarrte, die beim weiteren Austrocknen zerriß und schließlich hartbrüchige, durchsichtige Platten bildete, die ganz die Eigenschaften des edlen Opals aufwiesen. Diese lösten sich selbst nach starkem Glühen leicht und vollständig in einer Ätzkali- oder Kaliumcarbonatlösung, dagegen nicht im geringsten in Wasser, und hingen stark an der Zunge wie Ton. Sie kondensierten eine bedeutende Menge von Gasen, denn nach dem Entwerfen der Produkte in heißes Wasser entwickelten sich zahlreiche kleine, in die Höhe steigende Luftblasen. Auf einem Uhrglas der Wärme der Hand ausgesetzt, trübten sie sich rasch und erschienen schließlich emailleartig weiß. Beim stärkeren Erhitzen wurden sie wieder fast so durchsichtig wie vorher. An der feuchten Luft begannen sie immer stärker zu opalisieren, in geschlossenen Gefäßen aufbewahrt, blieben sie durchsichtig. Dieses Verhalten zeigten auch die geglühten Plättchen. Beim Befeuchten der emailleartigen Stücke mit Wasser wurden diese momentan wieder durchsichtig. Die durch Erhitzen durchsichtig gewordenen Stücke nahmen Wasser unter starkem Knistern energisch auf. War das überschüssige Wasser verdunstet, dann konnte man diese Erscheinungen alle von neuem hervorrufen.

Wurde Kieselsäuregallerte gleich nach dem Auswaschen entweder freiwilligem Abdunsten ausgesetzt oder bei gelinder Wärme getrocknet, so erhielt Maschke ohne vorangehendes Flüssigwerten auch opalartige Massen, die aber höchstens durchscheinend waren und zahl-

---

[1]) Zeitschr. der Deutsch. geolog. Gesellschaft. 7, S. 438—442, 1855.

reiche Risse im Innern zeigten; mehrere Tage oder Wochen im verschlossenen Glase aufbewahrt, schienen sie zusammenzusintern und gaben dann bei mäßiger Wärme Opalstücke von gleich schöner Beschaffenheit wie die oben beschriebenen Plättchen.

Versuche, aus der flüssigen Kieselsäuregallerte oder aus den zur Sirupskonsistenz eingedampften Lösungen Quarz oder Bergkrystall auskrystallisieren zu lassen, scheiterten, es bildete sich stets Opale. Dieser schwamm in Gestalt kleiner Plättchen in der Flüssigkeit herum. Senarmont[1]) erhielt Kieselsäure in mikroskopisch kleinen Krystallen von der Form und den Eigenschaften des Quarzes durch sehr langsames Erhitzen einer Lösung gallertartiger Kieselsäure in kohlensäurehaltigem Wasser oder verdünnter Salzsäure auf 200—300° C.

Ferner löste Maschke Kieselsäuregallerte in einer ziemlich konzentrierten, annähernd kochenden Lösung von Kaliumcarbonat bis zur Sättigung. Es ging dann alle überschüssig zugesetzte Gallerte bald in eine weiße, harte, sich sandig anfühlende Masse über. Beim Erkaltenlassen der Lösung erstarrte diese zu einer weißen, nicht gallertartigen Masse (verdünnte Lösungen gelatinierten), die nach und nach sich senkte und zusammendrücken ließ.

Wusch man sie nach dem wiederholten Ausdrücken mit dem Spatel mit Wasser aus, so resultierte die Kieselsäure nach dem Trocknen in Form eines weißen, sehr zarten zusammengeballten Pulvers, das unter dem Mikroskop Molekularbewegung zeigte. Dieses Produkt war wasserunlöslich, löste sich aber (wie sehr fein geriebener Bergkrystall) in bedeutender Menge in Kaliumcarbonatlösung. Wurde die gesättigte Lösung bei der Lösetemperatur eingedampft, so blieb sie klar, schied aber Kieselsäure in Gestalt einer völlig durchsichtigen Haut ab auf der Flüssigkeit. Diese Haut setzte sich leicht an dem Platinspatel fest und ließ sich in der Lösung zu einem durchscheinenden, in Gegenwart von Eisen, roten (amethystroten) Klumpen zusammenballen. In Wasser geworfen, zerfiel er in ein grobes, sich sandig anfühlendes Pulver, das sich in Kaliumcarbonatlösung leicht löste.

Schließlich schmolz Maschke das grobe Pulver mit einer bei der Siedehitze des Wassers gesättigten Kaliumcarbonatlösung in ein Glasrohr ein und erhitzte dieses 8 Tage lang im Wasserbade. Nach Ablauf dieser Frist war die Kieselsäure zum größten Teil nur zusammengesintert; kleine Mengen waren völlig durchsichtig geworden. Mit Liqu. Kali carbon. Ph. bor. gekocht, löste sie sich schwieriger. Die Moleküle waren durch die lang andauernde Hitze noch näher zusammengetreten.

W. Meyer[2]) gelang es, eine Höchstkonzentration von 5,95 % SiO_2 für Kieselsäuresole zu erreichen.

---

[1]) Annales de Chimie et Physique. **32,** S. 142, 1851.
[2]) Inauguraldiss. S. 10. Heidelberg 1897.

Die Eigenschaften und Herstellung des Kieselsäuregels. 15

Wie M. Prasad[1]) feststellte, lassen sich die für isotrope Stoffe gültigen Gesetze der Schallgeschwindigkeit auch für dehydratisierte Gele anwenden. Diese verhalten sich wie einheitliche Körper, in denen die Flüssigkeit gleichmäßig im Gel verteilt ist.

Das Wasser bildet die dispergierte Phase, das Gel das Dispersionsmittel. Die Schwingung ist also longitudinal und nicht transversal (Holmes, Kaufmann und Nicholas)[2]).

Das Kieselsäuregel ist eine hydratische Form der reinen Kieselsäure und daher chemisch sehr indifferent, wird infolgedessen von Säuren und Alkalien (mit Ausnahme der Flußsäure und konzentrierter Alkalilösung) nicht angegriffen, hat einen Wassergehalt von 5—8 %, der durch Erhitzen auf unter 5 % gebracht werden kann. Erhitzen auf 600—700° C schädigt das Gel nicht. Seine Härte ist etwa 4,5, das spezifische Gewicht 0,7. Das Gel ist hochporös mit ultramikroskopischen, 40—45 % des Gesamtvolumens einnehmenden Poren.

Durch diese Porosität vermag es auswählend (selektiv) zu absorbieren, und zwar sowohl aus der flüssigen als auch aus der Gasphase.

Weiter ist es infolge seiner großen Oberfläche befähigt, katalysatorisch zu wirken und als Träger von Katalysatoren zu dienen.

Man kann es z. B. zum Gewinnen von Gasolin aus Naturgasen, Leichtöl aus Koksofengasen, Stickoxyden aus den Gasen des Gay-Lussacturmes, konzentriertem Schwefeldioxyd aus verdünnten Gasgemischen mit Luft und zum Trocknen von Gebläseluft, ferner zum Raffinieren von Gasolin, Kerosin usw. verwenden. Auch wirkt es katalytisch bei der Herstellung von Estern usw.

Auf Grund der aus folgendem ersichtlichen Versuche kam H. Le Chatelier[3]) zu der Überzeugung, daß die gefällte Kieselsäure keine Hydrate bildet, nur fein verteilt ist und ein in Wasser unlösliches Produkt darstellt.

Er erhitzte gelatinöse, von Salzsäure und Chlornatrium möglichst befreite Kieselsäure 6 Stunden lang im Rohr auf 320° C.

Da die gefällte Kieselsäure beim Erhitzen unter Atmosphärendruck bei 100° C ihr Wasser vollkommen verliert, so müßten ihre Hydrate, wenn solche überhaupt bestehen, durch Erhitzen auf 320° C unbedingt zersetzt werden. Dies trat jedoch nicht ein.

Das nach dem Verfahren von Herrmann (D. R. P. 402519 vom 31. Mai 1923) hergestellte Kieselsäuregel besitzt[4]) das spezifische Gewicht von durchschnittlich 2,3, sein Schüttgewicht schwankt und

---

[1]) Kolloid-Zeitschr. 33, S. 279—284, 1923.
[2]) J. Am. Chem. Soc. 41, S. 1329.
[3]) Comptes Rendus. 147, S. 660—662.
[4]) Vgl. Kötschau, R.: Über neuere Fortschritte der Adsorptionstechnik. Zeitschr. f. angew. Chemie. 39, S. 210 ff., 1926.

beträgt bei 2 mm Korngröße etwa 0,4 kg pro Liter. Der freie Raum eines mit dem körnigen Gel gefüllten Behälters, der aus dem Raum in den Capillaren des Gels und demjenigen zwischen den einzelnen Körnern besteht, beträgt (auf Grund dieser beiden Gewichte berechnet) 82 % des Gesamtraumes. Mit anderen Worten, es vermögen 1000 cm³ körnige Kieselsäure von 2 mm Durchmesser (= 0, 4kg) noch 820 cm³ bei völliger Füllung der Poren und Zwischenräume aufzunehmen. Von diesen sitzen etwa 410 cm³ in den Capillaren, der Rest an der Oberfläche der Gelkörner. Die spezifische Wärme des Gels ist 0,25. Seine Druckfestigkeit ist derartig, daß das Gel in zylindrischen Gefäßen mehrere Meter hoch gelagert werden kann.

Ein Gel von 1—2 mm Durchmesser hat sich als geeignet zu seiner technischen Verwendung erwiesen.

Das bei 150° C getrocknete Gel weist einen Wassergehalt von 3 bis 4 % auf. Das Gel nimmt aus feuchter Luft erhebliche Mengen Wasser bis zur Einstellung des Gleichgewichtes auf.

Die zum Raffinieren zu verwendende Kieselsäure kann im allgemeinen etwa 3—5 % Wasser enthalten, bei einem höheren Wassergehalt ist ihre Wirkung in vielen Fällen geringer.

Heiße konzentrierte Säure sowie zu langes, starkes Glühen setzt die Wirksamkeit des Gels herab. Es löst sich in Alkalien, wobei seine Struktur zerstört wird und seine Adsorptionskraft verlorengeht.

Die Dauer der Behandlung von Mineralölen mit dem Gel zwecks Raffination des ersteren, zweckmäßig im Vakuum, beträgt etwa drei Stunden.

Die erforderliche Zeit hängt von der Viscosität des Öles ab, d. h. die dickflüssigeren Öle bedingen eine längere Einwirkung. Ob die Temperatur zu erhöhen ist, muß von Fall zu Fall festgestellt werden.

Wie J. Mylius und E. Groschuff[1]) auf Grund von Versuchen feststellten, kann man bei der Herstellung von Kieselsäurelösungen aus $Na_2Si_2O_5$ (Wasserglas) mit Salzsäure zwei Kieselsäuren unterscheiden, nämlich eine eiweißfällende (β) und eine Eiweiß nichtfällende (α). Die β-Kieselsäure gibt auch mit Natron-, Kali- oder Lithiumlauge Niederschläge.

α-Kieselsäure in Lösung haben die Genannten nur dann erhalten, wenn sie von einem Kieselsäurederivat mit hohem Wassergehalt ausgingen.

Die Existenz einer a- und b-Kieselsäure, die sich voneinander dadurch unterscheiden, daß die b-Kieselsäure ein geringeres Reaktionsvermögen gegenüber Flußsäure und Alkalilauge aufweist als die a-Säure, hat R. Schwarz[2]) ermittelt. Die b-Kieselsäure hat auch ein

---
[1]) Berichte der deutsch. chem. Ges. **39**, I, S. 116—128, 1906.
[2]) Kolloid-Zeitschr. **28**, S. 77—81, 1921.

Die Eigenschaften und Herstellung des Kieselsäuregels. 17

geringeres Adsorptionsvermögen gegenüber Methylenblau als die gewöhnliche Kieselsäure. Die b-Kieselsäure entsteht durch Hydrolyse des Siliciumfluorids mit Wasser von 100⁰ C.

Das Kieselsäuregel wurde durch wässeriges Ammoniak nicht nur peptisiert, sondern zum Teil auch in den ionendispersen Zustand übergeführt.

Schwarz[1]) gelang es nun, aus so erhaltenen Ammonsilicatlösungen durch Entziehen des Ammoniaks durch Verdunsten ein Kieselsäuresol zu erzeugen, das sich in seinen kolloid-chemischen Eigenschaften von den nach den bisherigen Verfahren erhältlichen Solen wesentlich unterschied, da die disperse Phase hierbei allmählich aus dem molekulardispersen Zustand bei Abwesenheit störender Elektrolyte gebildet wurde.

Gießt man ein frisch gefälltes und nichtdialysiertes Kieselsäuresol auf Sodakrystalle, so beginnt auf letzteren die Gelatinierung, und das Gel grenzt sich beim Weiterwachsen scharf gegen das Sol ab. Lackmus färbt das Gel blau, das Sol rot. Ebenso ist es bei Verwendung von kohlensaurem Kalk (R. E. Liesegang)[2]).

H. Briggs[3]) hat die Adsorption durch Kieselsäuregel untersucht und gefunden, daß kolloidale Kieselsäure trockenen Stickstoff, und zwar 1 cm³ 203 cm³, getrocknete Kieselsäure 115 cm³ adsorbiert, die Zahlen für trockenen Wasserstoff waren 56,3 und 516.

Patrick[4]) hat ferner festgestellt, daß sich die Adsorption von Gasen und Flüssigkeiten durch Kieselsäuregel rechnerisch bestimmen läßt, wenn man sie allein auf Capillarkräfte zurückführt und verschieden weite Capillaren in einem Gelvolumen annimmt.

W. A. Patrick und L. H. Opdyke[5]) haben die Adsorptionsfähigkeit des Kieselsäuregels (Silicagels) für Alkohol, Tetrachlorkohlenstoff, Benzol und Wasser untersucht. Zu diesem Zwecke leiteten sie die genannten Stoffe in Dampfform über das Gel bei 30⁰.

Ferner bestimmte Patrick gemeinsam mit C. E. Greider[6]) die Adsorptionswärme des Silicagels bei Einwirkung von Schwefeldioxyd und Wasserdampf bei 0⁰. Die Messungen wurden mit dem Eiskalorimeter von Bunsen ausgeführt.

J. McGavack jr. und W. A. Patrick[7]) haben auf Grund von bei Temperaturen zwischen —80⁰ und +100⁰ C, angestellten Ver-

---
[1]) Kolloid-Zeitschr. **34**, S. 23—29, 1924.
[2]) Zeitschr. f. Chemie u. Industrie d. Kolloide. **10**, S. 273—275.
[3]) Proc. Royal Soc. London, Serie A. **100**, S. 88—102, 1921.
[4]) Kolloid-Zeitschr. **36**, Erg.-Bd., S. 272—277.
[5]) Kolloid-Zeitschr. **36**, Erg.-Bd., S. 272.
[6]) Journ. Physical. Chem. **29**, S. 1031—1039.
[7]) J. Am. Chem. Soc. **42**, S. 946—978, 1920.

suchen festgestellt, daß Gele mit etwa 7 % Wasser die schweflige Säure (SO_2) am besten adsorbieren. Für die Adsorption gilt die Gleichung: $V/\sigma^{1/n} = K(p/p_0)^{1/n}$ (V = Vol. der kondensierten Phase (unkorrigiert), σ = Oberflächenspannung, p = Druck der Gasphase, p_0 = der Dampfdruck der Flüssigkeit und K und $1/n$ sind Konstanten, die von den physikalischen Eigenschaften des Adsorbens abhängig sind).

Nach L. J. Davidheiser und W. A. Patrick[1]) besteht die Adsorption von Ammoniak durch Kieselsäuregel hauptsächlich in einer capillaren Kondensation.

R. C. Ray[2]) hat die Frage durch Versuche geprüft, ob bei Adsorptionen durch Kieselsäuregel chemische Reaktionen mit dem im Gel enthaltenen Wasser maßgebend sind. Diese Versuche wurden mit Stickstofftetroxyd durchgeführt.

Nach Beobachtungen von E. Hatschek und A. L. Simon[3]) scheidet sich Gold bei Reduktion von Goldsalzen in krystallisierter Form im Kieselsäuregel und auf dessen Oberfläche ab. Weiterhin stellten sie wohldefinierte Schichtungen und bei Verwendung von Kohlenwasserstoffen als reduzierende Mittel gemeinsame Abscheidungen von Gold und Kohle ab. Diese Resultate wurden zur Erklärung der Erscheinungen beim natürlichen Auftreten des Goldes (Bänderstrukturen) herangezogen.

Nach O. M. Smith[4]) verhalten sich verdünnte Lösungen von Kieselsäure gegenüber Elektrolyten ebenso wie konzentrierte. Auf die Koagulierung von Tonsuspensionen durch Alaun wirkt Kieselsäure reaktionsverzögernd. E. Hatschek[5]) ließ auf salzhaltige Kieselsäuregele (erhalten aus Natriumsilicatlösungen mit Salz-, Schwefel-, Phosphor- und Oxalsäure) wässerige Salzlösungen, wie Blei-, Strontiumnitrat, Calciumchlorid, Kupfersulfat, einwirken und stellte fest, daß die dabei sich bildenden Niederschläge bei den Kieselsäuregelen eine noch ausgesprochenere Neigung zur Bildung großer Krystalle bzw. Aggregate als bei organischen Gelen zeigen.

Fällt man eine Natriumsilicatlösung mit einer Lösung von Natriumaluminat, so erhält man nach U. Pratolongo[6]) eine Adsorptionsverbindung, die in 1 % Citronensäure löslich ist; durch Erhitzen auf 150—200° wird die Kieselsäure säureunlöslich. Durch Dialyse wird das Alkali völlig daraus entfernt, während Al_2O_3 und SiO_2 im Dialysator verbleiben. Pratolongo hat die Verbindung noch nach anderer Richtung hin untersucht.

---

[1]) J. Am. Chem. Soc. **44**, S. 1—8, 1922.
[2]) Journ. Physical Chem. **29**, S. 74—86.
[3]) Zeitschr. f. Chemie u. Industrie der Kolloide. **10**, S. 265—268.
[4]) J. Am. Chem. Soc. **42**, S. 460—472, 1920.
[5]) Zeitschr. f. Chemie u. Industrie der Kolloide. **10**, S. 77—79.
[6]) Gazz. chim. ital. **41**, S. 382—412, 1911.

Die Eigenschaften und Herstellung des Kieselsäuregels.

Mischgele gewinnen H. N. Holmes und J. A. Anderson[1]), indem sie Krystallsäuregel zugleich mit einem Salz des Eisens, Aluminiums, Chroms, Calciums und Kupfers ausfällen und das jeweils erhaltene Produkt auswaschen und trocknen. Alsdann wird die Metallverbindung durch Säure herausgelöst.

Wie A. Mary und A. Mary[2]) an der Hand von Versuchen ermittelten, invertiert kolloidale Kieselsäure Rohrzucker, und zwar ist der Grad der Inversion von dem Dispersionsgrade abhängig.

Auf Grund von Versuchen fand S. Glixelli[3]), daß bei Behandlung von Indicatoren durch Kieselsäuregel die Teilchen ihre negative Ladung selbst in Gegenwart starker Wasserstoffionen behalten. Der genannte Forscher untersuchte des weiteren den Einfluß der Neutralsalze auf die Kieselsäuregele.

M. Kröger[4]) verwendete die bis dahin nur zur elektroanalytischen Bestimmung der Alkali- und Erdalkalisalze benutzte Hildebrand-Zelle zur Herstellung von Kieselsäurehydrosolen und erhielt aus 6 %iger Wasserglaslösung eine klare Kieselsäuregallerte.

Die elektroosmotisch gereinigte, von basischen und sauren Bestandteilen frei und höchsten Spuren von Eisen enthaltende Kieselsäure läßt sich in viel feinere Verteilung bringen als gewöhnliche Kieselsäure (Siedentopf)[5]).

Zwecks qualitativen Nachweises kolloidaler Kieselsäure (z. B. in Tonen) benutzte H. Hermann[6]) Natriumparawolframat in Gegenwart von Natriumacetat und Essigsäure.

Er stellte zunächst eine Lösung aus:

15 g Natriumacetat (kryst.),
35 g Wasser
und 5 g Essigsäure (98%ig)

her und versetzte 10 cm³ einer 5 %igen Natriumparawolframatlösung mit 1 cm³ der Acetatlösung.

Diese Lösung gab mit drei Tropfen einer 5 %igen Caesiumchloridlösung keine Fällung, dagegen beim Mischen von 1 cm³ mit 10 cm³ einer 0,1 %igen Kaliumsilicowolframatlösung und drei Tropfen einer 5 %igen Caesiumchloridlösung einen sehr deutlichen, feinkrystallinischen Niederschlag.

Eine 0,01 %ige Silicowolframatlösung, die ohne Acetatzusatz noch deutliche Fällung zeigt, gab nach Zusatz dieser Lösung keine Fällung mehr.

---
[1]) Ind. and Engin. Chem. **17**, S. 280—282.
[2]) Comptes Rendus. **167**, S. 644—646, 1914.
[3]) Comptes Rendus. **176**, S. 1714—1716, 1923.
[4]) Kolloid-Zeitschr. **30**, S. 16—18, 1922.
[5]) Zeitschr. f. Immunitätsforsch. u. experiment. Therapie. 1913, Septemberheft.
[6]) Ber. d. deutsch. chem. Gesellsch. **46**, S. 318—320, 1907.

20   Das Kieselsäuregel.

Auf dem angegebenen Wege gelang der qualitative Nachweis der kolloiden Kieselsäure, ohne daß man durch Caesium-, Chinolin-, Strychnin-, Brucin- od. dgl. Salze der Wolframsäure, die in mineralsaurer Lösung fast ebenso unlöslich wie die im Falle der Anwesenheit kolloider Kieselsäure ausfallenden Silicowolframate sind, irregeführt wurde.

Nach F. Cornu[1]) kommen den Gelen des Mineralreiches folgende allgemeine Eigenschaften zu:

1. Soweit diese nicht in der Raumentwicklung behindert waren, sind für die Gele traubig-stalaktitische und glaskopfartige Formen typisch.

2. Manche der Mineralgele finden sich als Gallerten, wie das Opalgel. Trockenrisse sind ungemein häufig.

3. Die an der Zunge klebenden Gele sind solche, die Wasser verloren haben.

4. Das optische Verhalten ist meist das isotroper Körper (Tonerdekieselsäuregele).

Die einfachen und zusammengesetzten Gele des Mineralreiches entsprechen analogen krystalloiden Körpern, worauf zurückzuführen ist, daß man ihnen auf Grund weniger Analysen irrtümlich stöchiometrische Formeln beigelegt hat. So entspricht dem Opal der Chalcedon, der sehr wenig Wasser erhält. Als Formel wurde angegeben für dieses Gel: $SiO_2 + x$ aqu.

Analogien zwischen den Hydrogelen des Mineralreiches und den organischen Gelen[2]) sind z. B. die Wabenstruktur, die Schrumpfung, Altern der Kolloide usw.

Im Pflanzenreich findet sich Kieselsäuregel in den Knotenhöhlungen des Bambusrohres (Arundo bambus Lin., Bambusa arunidinacea), und zwar als durchsichtige Flüssigkeit, die nach und nach die Konsistenz von Schleim (honigartig) annimmt und schließlich zu einer weißen Masse erhärtet. Die Behauptung Moores[3]), daß eine Juncusart auf den Höhen zwischen Nagpore und Cirkars in Ostindien ebenfalls in den Knoten Kieselsäure abscheidet, ist von Meineke[4]) nicht bestätigt worden.

Das Bambusrohrsekret wurde bereits vor mehr als 100 Jahren als Tabasheer (Tabaschir) in der Türkei, Syrien, Arabien und Hindostan als Arzneimittel verwendet. Im Jahre 1790 ist dieser Stoff durch P. Russel in England bekanntgeworden.

Humboldt hat diese Substanz in Bambusrohr aus Südamerika (westlich von Pinchnicha) entdeckt. Fourcroy und Vauquelin stellten durch Analyse fest, daß dieses Produkt aus Kieselsäure (70 %)

---

[1]) Zeitschr. f. Chemie u. Industrie der Kolloide. **4**, S. 15—18.
[2]) Zeitschr. f. Chemie u. Industrie der Kolloide. **4**, S. 189—190.
[3]) Edinburgh Journal. IV, S. 192.
[4]) Schweigers Journ. f. Chemie u. Physik. **29**, S. 411, 1820.

Die Eigenschaften und Herstellung des Kieselsäuregels. 21

und Kali und Kalk (30 %) bestand. Mit diesen Analysenresultaten stimmten diejenigen von John[1]) (betreffend den Tabaschir) nicht ganz überein. D. Brewster[2]) hat diesen Stoff eingehend untersucht und das Folgende ermittelt.

Es ergab sich, daß der Tabaschir keine besondere Wirkung auf polarisiertes Licht zeigte. (Die Flüssigkeit hat das spezifische Gewicht 0,62 bis 0,68 und den niedrigen Berechnungsexponenten 1,1115 bis 1,1825, vgl. auch Blasius[3]).) Durch Schleifen auf einer glatten, aber unpolierten Glasplatte konnte man ein Produkt erzielen, das, auch wenn es nicht poliert war, durchsichtig war, beim Befeuchten diese Eigenschaften verlor und kalkähnlich wurde. Beim Eintauchen in Wasser entwickelte es viel Luft und seine Enden wurden durchsichtiger als zuvor. In der Mitte bildete sich ein kleiner, weißer Fleck, der allmählich verschwand, worauf die ganze Masse gleichförmig durchsichtig erschien.

Die Eigenschaft, nach Austreiben der Luft und Einsaugen von Wasser durchsichtiger zu werden, teilte der Tabaschir mit dem gewöhnlichen Hydrophan-Opal. Mit keinem Naturprodukt teilte er aber die Eigenschaft, nach dem Trocknen und Wiederanfüllen der Zwischenräume mit Luft noch stark durchsichtig zu bleiben und bei geringem Anfeuchten ganz undurchsichtig zu werden.

Um die Struktur des Tabaschir zu erforschen, formte Brewster aus mehreren Arten Prismen und maß deren lichtbrechende Kraft, die verschieden, aber immer sehr gering war. Dadurch unterschied er sich von allen anderen daraufhin untersuchten festen Körpern und tropfbaren Flüssigkeiten (Flintglas, Schwefel, Phosphor, Diamant, Wasser).

Nach der Formel $R = \dfrac{M^2 - 1}{S}$, worin M den Index der Refraktion, S das spezifische Gewicht und R die absolute lichtbrechende Kraft bedeutet, ließen sich folgende Zahlen errechnen:

Tabaschir	976,1	Kaliumcarbon.	10 227
Bariumsulfat	3829,48	Bleichromat	10 436
Atmosph. Luft	4530 (nach Biot)	Salpeter	11 962
Quarz	5414,57 (nach Malus)	Kochsalz	12 088
Kalkspat	6423,5 (nach Malus)	Bienenwachs	13 308,1 (nach Malus)
Flintglas	7238 – 8735	Diamant	13 964,5
Rubin	7388,8	Schwefel	22 000
Topas (Brasil.)	7586,7	Phosphor	28 857
Wasser	7845,7 (nach Malus)	Wasserstoff	29 964 – 31 862.

Dann wurde das Tabaschir mit Wasser und hierauf mit Cassiaöl gesättigt und gefunden, daß im ersteren Falle die Refraktion stieg

---

[1]) Schweigers Journ. f. Chemie u. Physik. **11**, S. 262, 1802.
[2]) Philosoph. Transactions. 1. Teil, S. 283, 1819; Schweigers Journ. f. Chemie u. Physik. **29**, S. 411–429, 1820 u. **52**, S. 412–426, 1828 und Edinburgh Journ. of Science. **16**, S. 285, 1828.
[3]) Groths Zeitschr. S. 259, 1888.

(1,4012), im zweiten Falle auf 1,6423. Das Prisma erhielt dabei eine lange anhaltende gelbliche Färbung.

Der Tabaschir saugte alle flüchtigen und fetten Öle und alle anderen Flüssigkeiten leicht ein. Besonders schnell war dies bei den ätherischen Ölen der Fall, die, ausgenommen das Cassiaöl, ebenso schnell wieder abdunsteten. Die fetten Öle wurden langsam aufgenommen und blieben lange Zeit darin haften. Bei geringer Ölabsorption wurde der Tabaschir wie bei Befeuchtung mit Wasser durchsichtig.

Farbige Öle usw. teilten ihm ihre Färbung mit. Undurchsichtiger Tabaschir, der nach Sättigung mit Wasser undurchsichtig blieb, wurde sehr schön durchsichtig durch Buchöl. Diese Durchsichtigkeit ging bei Abkühlung des Tabaschirs verloren, beim Erwärmen auf Zimmertemperatur trat die Durchsichtigkeit nach Erscheinen des Öles auf der Oberfläche wieder auf. Noch mehr erwärmt, trat das Öl aus und das Produkt war nach Abkühlung auf die gewöhnliche Temperatur undurchsichtig. Blieb nur ganz wenig Öl darin, dann konnte die Durchsichtigkeit durch erhöhte Erhitzung wieder erzeugt werden.

Wenn durch Entfernung eines Teiles des Öles die Masse ziegelrot geworden war, konnte man ein schönes aderiges Gewebe, in dem, wie im Achat, die Adern parallel liefen und zum Teil gebogen und gekrümmt erschienen, wahrnehmen.

Reiner Tabaschir in Wasser zum Sieden oder für sich auf Rot- und Weißglut erhitzt, ergab keine Veränderung seiner Farbe und sonstigen Eigenschaften. In Papier gewickelt dem Feuer ausgesetzt, erhielt er eine bräunlichschwarze oder dunkelschwarze Färbung.

Diese Färbung verschwand beim Erhitzen des Tabaschirs auf Rotglut.

Mehrere Stunden der Weißglut ausgesetzt und dann in Papier gebrannt, wurde er ebenfalls schwarz gefärbt.

Das spezifische Gewicht des trockenen (undurchsichtigen) Tabaschirs und das des feuchten (durchsichtigen) wurde als 2,059 und 1,320 bzw. 2,412 und 1,396 von Brewster bestimmt; Macin fand das spezifische Gewicht 2,1885 für durchsichtigen und undurchsichtigen (zusammen) Tabaschir.

Nach Cavendish ist dieses Gewicht 2,169, nach Jardine 2,235.

Beide Tabaschirsorten saugten also mehr Wasser ein, als ihr eigenes Gewicht beträgt, der Raum der Zwischenräume verhielt sich mithin zur Masse des Produkts wie 2,307 : 1 in der undurchsichtigen und 2,5656 : 1 in der durchsichtigen Form.

Daraus ergab sich ein hoher Grad von Porosität. Nach Christiansen[1]) betragen die Poren 71 %, nach Cohn [2]) 74,3 % des ganzen Inhalts.

---

[1]) Ann. Phys. u. Chem. **259**, S. 298, 1885; **260**, S. 439, 1885.
[2]) Beiträge zur Biologie der Pflanzen. **4**, S. 365, 1887.

Der kalkähnliche Tabaschir wurde durch Buchöl durchsichtig, nicht aber durch Cassiaöl oder Wasser.

Die chemische Untersuchung des Tabaschirs wurde von E. Turner[1]) ausgeführt und dabei festgestellt, daß das indische Produkt aus Kieselsäure bestand, die eine kleine Menge Kalk und vegetabilische Substanz enthielt.

Ferner hat F. Cohn[2]) in einer Arbeit über Tabaschir eine sehr ausführliche Schilderung der Geschichte des Vorkommens und der Eigenschaften dieses Naturprodukts gegeben.

Im Jahre 1775 machte der Hofapotheker J. C. F. Meyer[3]) die Beobachtung, daß sich der von Glauber beschriebene Kiesel-Liquor (der aus Kieselerde und überschüssigem Alkali durch Schmelzen und Lösen des erhaltenen Produkts entstanden war) mit Säure mischen läßt, ohne daß sich ein Niederschlag bildet.

Wie F. Bergmann[4]) ausführte, wird, wenn die Silicatlösung nicht so verdünnt ist (wie dies zweifellos bei dem Versuche Meyers der Fall war), eine Masse erhalten, die gewaschen und noch feucht in Säure (Salz- oder Salpetersäure) nicht aufgelöst werden konnte, nur Fluß-(spat)säure löst sie auf. Löslich war sie dagegen in fixen Alkalien auf trockenem oder nassem Wege.

Weiter äußert sich Bergmann[5]) dahin, daß der Kiesel-Liquor durch alle Säuren niedergeschlagen wird, weil das Alkali ihnen lieber anhängt als deren Kies, und der also ohne Menstrum zu Boden fallen muß. Der niedergeschlagene Kies hat eine sehr erweiterte und lockere Textur, ist mit Wasser angehäuft, so daß er im feuchten Zustande wohl zwölfmal schwerer als trocken ist. Wird aber noch mehr Wasser zugegossen, ungefähr vier- oder zwanzigmal mehr, als der Liquor selbst ausmacht, so bleibt er klar, wenn auch gleich nachher so viel Säure zugegossen wird, als das Alkali insgesamt, auch über die Sättigung erfordert. Auch durch zu vieles wird der Kiesel-Liquor zerlegt; auch die Luftsäure (Kohlensäure) schlägt den Kiesel-Liquor nieder, und zwar geschwind und häufig. Gestützt auf den Geyser von Island, dessen warmes Wasser beim Erkalten Kieserde abscheidet, kommt Bergmann zu der Ansicht, daß die Kieselsäure bei hohem Druck und hoher Temperatur in Wasser löslich ist.

---

[1]) Edinburgh Journ. of Science. XVI, S. 335; Schweigers Journ. für Chemie u. Physik. **52**, S. 427–433, 1828.

[2]) Beiträge zur Biologie der Pflanzen. **4**, S. 384–406, 1887.

[3]) Beschäftigung der Berlinischen Gesellschaft naturforsch. Freunde. **1**, S. 1775, **3**, S. 1777 u. **6**, S. 1785.

[4]) Kleine physische u. chemische Werke. **3**, S. 391. Übers. v. H. Tabor. Frankfurt a. M. 1785.

[5]) Walden, J.: Zeitschr. f. Chemie u. Industrie der Kolloide. **6**, S. 233 bis 235, 1910.

Als Erster hat Graham[1]) die gelatinöse Kieselsäure (das Kieselsäurehydrat) eingehend untersucht.

Er veröffentlichte diese Untersuchungen unter dem Titel: Über die Eigenschaften der Kieselsäure und analoger Kolloidsubstanzen. Danach ist Kieselsäurehydrat im löslichen Zustand ganz eigentlich ein flüssiger Körper, wie Alkohol in allen Verhältnissen mit Wasser mischbar. Von Graden der Löslichkeit wie von den Graden der Löslichkeit eines Salzes, es sei denn mit Bezug auf Kieselsäuregallerte, die man für gewöhnlich als unlöslich ansieht. Diese Gallerte kann mehr oder weniger reich an gebundenem Wasser im frisch bereiteten Zustande sein und scheint löslich im Verhältnis des Betrages ihres Wassergehaltes zu sein.

Eine 1 % Kieselsäure enthaltende Gallerte gibt mit Wasser eine Lösung, die etwa 1 Kieselsäure auf 5000 Wasser enthält, eine 5 %ige Kieselsäurengallerte eine Lösung, die etwa 1 Teil Säure in 10000 Wasser enthält.

Ist die Gallerte weniger wasserreich als die zuletzt genannte, so ist sie noch weniger löslich, und eine wasserfrei gemachte Gallerte stellt eine weiße, wie Gummi aussehende Masse dar, die ganz unlöslich zu sein scheint. Sie gleicht darin der leichten staubigen Kieselsäure, die man bei der gewöhnlichen Silicatanalyse erhält, indem man eine mit Salzen beladene Gallerte trocknet.

Das Flüssigsein der Kieselsäure wird lediglich durch eine bleibende Umwandlung (Koagulation oder Pektisation) vernichtet, durch die die gelatinöse oder pektöse Form entsteht und sie dabei ihre Mischbarkeit mit Wasser verliert. Das Flüssigsein ist permanent im Verhältnis zum Grade der Verdünnung der Kieselsäure und scheint durch eine niedrige Temperatur begünstigt zu werden, Konzentration und Temperaturerhöhung wirken ihm entgegen.

Flüssige 10 oder 20 %ige Kieselsäure wird bei gewöhnlicher Temperatur in wenigen Stunden von selbst pektös, beim Erhitzen sofort. Eine 5 %ige Kieselsäurelösung kann 5 oder 6 Tage, eine 2 %ige 2 oder 3 Monate und eine 1 %ige jahrelang aufbewahrt werden, ohne daß sie pektös wird.

Verdünntere (0,1 %ige) und schwächere Lösungen werden zweifellos durch die Zeit so gut wie gar nicht verändert, weshalb es auch in der Natur lösliche Kieselsäure gibt. Keine wässerige Kieselsäurelösung, verdünnt oder konzentriert, hat die Neigung gehabt, Krystalle abzusetzen, beim Trocknen erschien immer kolloidaler, glasiger Hyalith.

Die Entstehung von Quarzkrystallen bei niedriger Temperatur, wie sie häufig in der Natur eintritt, bleibt noch Geheimnis. Graham

---

[1]) Poggendorff: Annalen der Physik u. Chemie. Bd. CXXIII, S. 529 bis 541, 1864; Proc. of the roy. Soc. of med. 1864.

Die Eigenschaften und Herstellung des Kieselsäuregels. 25

konnte sich nur denken, daß derartige Krystalle auf unbegreiflich langsame Weise aus außerordentlich verdünnten Kieselsäurelösungen gebildet werden, da Verdünnung zweifellos den kolloidalen Charakter von Stoffen schwächt. Die Verdünnung kann daher der Tendenz, zu krystallisieren, Raum geben und sie zu entwickeln erlauben, besonders dann, wenn der gebildete Krystall gänzlich unlöslich ist (Quarz).

Man kann die Pektisation der flüssigen Kieselsäure durch Inberührungbringen der letzteren mit einem festen pulverförmigen Stoff (z. B. gestoßener Graphit) zeitlich sehr fördern. So wird nach Zusatz dieses Stoffes eine 5 %ige Kieselsäure in 1—2 Stunden pektisiert, eine 2 %ige in 2 Tagen. Bei Bildung der 5 %igen Gallerte beobachtete Graham eine Steigerung der Temperatur um 1,1° C.

Der endgültigen Pektisation der Kieselsäure geht eine stufenweise Verdickung der Lösung voran.

Flüssige Kolloide fließen immer langsamer als Krystalloidlösungen durch eine Capillarröhre. Man kann daher ein Flüssigkeitstranspirationsrohr als ein Kolloidoskop verwenden.

Von Tag zu Tag macht sich bei einer Kolloidflüssigkeit, wie die Kieselsäure, deren Zähigkeit veränderlich ist, der wachsende Widerstand gegen den Durchgang durch das Kolloidoskop geltend. Unmittelbar vor der Gelatinierung fließt die Kieselsäure wie ein Öl.

Die Kolloide zeigen die Tendenz, daß ihre Teilchen adhärieren, sich aggregieren und zusammenziehen; dies findet bei der allmählichen Verdickung der Flüssigkeit statt und führt unter Umständen zur Pektisation. In der Gallerte selbst schreitet diese spezifische Kontraktion oder Synaeresis weiter fort, veranlaßt Wasserabscheidung und bildet Klumpen und ein Serum und endigt in der Erzeugung einer harten, steinartigen Masse gleicher Struktur, die wasserfrei oder nahezu wasserfrei sein kann, wenn man dem Wasser durch Verdunstung zum Entweichen die Möglichkeit bietet.

Flüssige Kieselsäure pektisiert schnell unter der Einwirkung von Alkalisalzen (kohlensaurer Kalk). Man hat beobachtet, daß die Anwesenheit von kohlensaurem Kalk im Wasser die Anwesenheit gelöster Kieselsäure nur dann nicht beeinträchtigt, wenn die letztere im Verhältnis 1 : 1000 sich im Wasser befindet.

Gewisse flüssige Stoffe üben nur einen geringen oder keinen pektisierenden Einfluß auf gelöste Kieselsäure aus, scheinen aber auch zur Erhaltung des flüssigen Zustandes des Kolloids nichts beizutragen, wenigstens nicht mehr, als das Zufügen von Wasser tun würde. Zu diesen Stoffen gehören die Salz-, Salpeter-, Essig- und Weinsäure, Zuckersirup, Glycerin und Alkohol.

Diese Stoffe vermögen aber das gebundene Wasser des gelösten oder gelatinösen Kieselsäurehydrats zu ersetzen und geben neue Produkte.

So erhält Graham eine flüssige Verbindung von Alkohol und Kieselsäure durch Zusatz von Alkohol zu einer Kieselsäurelösung und Entwässerung des Gemisches über trockenem Kaliumcarbonat oder Ätzkalk im Vakuum. Er kam zu dem gleichen Resultat, wenn er einen Dialysierbeutel aus Pergamentpapier, der Alkohol und Kieselsäure enthielt, in Alkohol hängte; es diffundierte alsdann das Wasser aus dem Beutel heraus, und es blieb darin eine nur aus Alkohol und Kieselsäure zusammengesetzte Flüssigkeit zurück. Dabei darf aber die Kieselsäure nie mehr als 1 % der alkoholischen Lösung betragen, anderenfalls könnte sie während des Versuchs gelatinieren.

Graham bezeichnet die flüssigen und gelatinösen Kieselsäurehydrate mit Hydrosol und Hydrogel, die entsprechenden alkoholischen Produkte mit Alkosol und Alkogel der Kieselsäure.

Das 1 % Kieselsäure enthaltende Alkosol ist eine farblose, weder durch Wasser und Salze noch durch Inberührungbringen mit unlöslichen Pulvern fällbare Flüssigkeit. Es läßt sich, ohne Veränderung zu erleiden, kochen und eindampfen, gelatiniert aber durch geringe Konzentration. Der Alkohol ist im Alkosol weniger fest gebunden als das Wasser im Hydrosol, aber durch dieselbe ungleichmäßige Kraft. Eine kleine Menge des Alkohols wird nämlich so stark festgehalten, daß er verkohlt, wenn man die Gallerte rasch hoch erhitzt.

In keiner Verbindung dieser Klasse fand Graham eine Spur von Kieseläther.

Die Gallerte, die leicht an der Luft verbrennt, läßt alle Kieselsäure dabei als weiße Asche zurück.

Trägt man 8—10 % trockene Säure enthaltende, gelatinöse Kieselsäure in absoluten Alkohol ein und erneuert diesen so lange, bis das Wasser vollkommen durch Alkohol ersetzt ist, dann erhält man das feste Alkogel, das schwach opalisiert und dem Hydrogel gleicht, dessen Volumen es beibehält.

Aus einem 9,3 %igen Hydrogel erhielt der Forscher ein Produkt, das

88,13 % Alkohol,
11,64 % Kieselsäure,
0,23 % Wasser

enthielt. Das Produkt zersetzt sich allmählich in Wasser unter Rückbildung von Hydrogel.

Das Alkogel kann als Ausgangsstoff für andere mit Äther, Benzol und Schwefelkohlenstoff herstellbare analoge Verbindungen dienen. Weiter kann aus dem Ätherogel eine andere Reihe von Kieselsäuregelen erzeugt werden, die im Äther lösliche Flüssigkeiten (Öle) enthielten.

Mit Glycerin erhält man beim Kochen mit Kieselsäurehydrat das Glycerosol gleichzeitig mit der Glyceringallerte (Gel). Aus

Die Eigenschaften und Herstellung des Kieselsäuregels. 27

9,35 %igem Kieselsäurehydrat und Glycerin erhaltenes Gel zeigte folgende Zusammensetzung:

87,44 % Glycerin,
8,95 % Kieselsäure,
3,78 % Wasser.

Das Glycerogel besitzt ein geringeres Volumen als sein Ausgangsprodukt, das Hydrogel. Bei der Destillation schmilzt dieses Gel nicht, und gegen Ende des Prozesses geht das Glycerin ohne wesentliche Zersetzung über.

Sehr leicht bildet sich das Sulfagel aus Kieselsäurehydrat unter allmählichem Einwirkenlassen verdünnter und schließlich ganz konzentrierter (rauchender) Schwefelsäure.

Es sinkt in der letztgenannten Flüssigkeit unter und kann darin stundenlang gekocht werden, ohne seine Durchsichtigkeit und seinen gelatinösen Charakter zu verlieren. Sein Volumen ist etwas geringer als das des Hydrogels, aus dem es erzeugt wurde. Es ist durchsichtig und farblos und gibt die letzten Anteile der gebundenen Schwefelsäure erst bei über dem Kochpunkt der Säure liegender Temperatur unter Zurücklassung einer weißen, undurchsichtigen, porösen, bimssteinartigen Masse (Kieselsäure) ab. Wasser zersetzt das Sulfagel rasch unter Rückbildung des Hydrogels. In Alkohol gelegt, gibt das Sulfagel reines Alkogel.

Ähnlich leicht bilden sich vollkommen durchsichtige Gele mit den ersten Hydraten der Salpeter-, Essig- und Ameisensäure aus dem Kieselsäurehydrat.

Die flüssige Kieselsäure wird durch beigemischte Wolframsäure am Pektisiertwerden gehindert. Anscheinend bilden sich Doppelverbindungen ebenso bei den Säuren (Marignac).

Eingehend wurde ferner die amorphe Kieselsäure und ihre Abscheidung aus wässerigen Lösungen von O. Maschke[1]) untersucht Er stellte fest, daß sich beim Mischen einer Alkalisilicatlösung mit Säure das Verhalten nach dem Grade der Verdünnung, der Menge der Säure, der Höhe der angewendeten Temperatur und der Reihenfolge des Zusammenbringens der beiden Stoffe richtet. Bei starker Verdünnung der beiden Flüssigkeiten und Anwendung überschüssiger Säure ist es bedeutungslos, welche der beiden Flüssigkeiten in die andere gegeben wird. Die Mischung bleibt auch nach längerer Zeit völlig klar.

Bei Verwendung konzentrierterer Flüssigkeiten ist es zweckmäßig, die Alkalisilicatlösung in die Säure zu gießen, da bereits ein geringer Überschuß an Alkalisilicat eine sehr schnelle Gelatinierung herbeiführt.

---

[1]) Poggendorff: Annalen der Physik u. Chemie. CXLVI, 5. Reihe, **26**, S. 90—110, 1872.

Man kann auch eine Mischung, die Säure in geringem Überschuß enthält und sich tagelang klar halten würde, durch nachträglich Alkalisilicat in geringem Überschuß zum Erstarren bringen. Dies ist zu beachten, falls man eine Alkalisilicatlösung neutralisieren will.

Eine wässerige Lösung von reiner Kieselsäure reagiert (nach Graham) sauer. Bei Benutzung von Lackmus bei dieser Operation muß gegen Ende auch rotes Papier Verwendung finden; auch eine Hämatoxylinlösung ist hierbei brauchbar.

Zwecks Ermittlung des Neutralisationspunktes ging Maschke in folgender Weise vor.

Die wässerige Kieselsäurelösung greift eine polierte Marmorplatte nicht an; infolgedessen braucht man beim Neutralisieren von Zeit zu Zeit nur einen Tropfen auf die Platte zu bringen und sein Verhalten durch die Lupe zu beobachten. Ist die Kohlensäureentwicklung nur noch sehr schwach, so muß man mit dem Zusatz von Alkalisilicat vorsichtig vorgehen. Man kommt schließlich zu einem Punkt, wo nach Entfernen des Tropfens nur eine ganz schwache Ätzung der Platte im reflektierten Licht zu erkennen ist.

Der Abscheidung der Kieselsäuregallerte pflegt immer ein schwaches Opalisieren des Gemisches voranzugehen, das entsprechend der Konzentration der Flüssigkeit bis zu einem gewissen Grade zunimmt. Bei sauren Flüssigkeiten scheiden sich bei gewöhnlicher oder erhöhter Temperatur zu einem Zeitpunkte viele durchsichtige, formlose, sehr leicht übersehbare Flöckchen ab, die beim Umschütteln an der inneren Wandung des Glases infolge ihres kürzeren Herabgleitens als die Flüssigkeit erkannt werden können. Diese Flöckchen vereinigen sich in sehr verdünnten Flüssigkeiten mit der Zeit und bilden schließlich Klumpen. In konzentrierterer Flüssigkeit entsteht dagegen eine zusammenhängende, mehr oder weniger feste bis dröhnende Gallerte, die sich schließlich zusammenzieht und auf ihrer Oberfläche, je nach ihrer Konsistenz, eine mehr oder weniger starke Schicht klarer Flüssigkeit zeigt.

Nur schwer läßt sich die Gallerte von den Fremdbestandteilen vollkommen befreien. Nach dem Abscheiden mit überschüssiger Salzsäure wäscht man so lange, bis das Waschwasser keine Silberreaktion mehr zeigt und auch ein Teil der Gallerte durch Zugabe von Ammoniak, Eindampfen zur Trockne und Lösen des Rückstandes mit Wasser keine Chlorreaktion mehr zeigt.

Eine gut ausgesüßte Kieselsäuregallerte verflüssigt sich, wenn sie im zugeschmolzenen Glasrohr längere Zeit auf dem Wasserbade erhitzt wird. Diese Lösung wird durch Alkohol nicht gefällt; konzentrierte Salzlösungen bringen sie zu Gelatinierung, beim Abdunsten bei gewöhn-

Die Eigenschaften und Herstellung des Kieselsäuregels.

licher Temperatur erstarrt die zuerst sirupartig gewordene Lösung zu einer weichbrüchigen, durchsichtigen Masse, die durch weiteren Wasserverlust hartbrüchige, durchsichtige Platten ergibt. Es ist nicht möglich, durch Verdampfen krystallisierte, wasserfreie Kieselsäure zu erzeugen.

Bei der Einwirkung von Kohlensäure unter Druck (bis 7 Atmosphären) während mehrerer Tage auf durch Erhitzen erhaltene Kieselsäurelösung ergibt sich keine Veränderung.

Die Herstellung von löslicher Kieselsäure auf dem Wege der Dialyse hat Th. Graham[1]) in folgender Weise durchgeführt.

Zunächst wurde durch Zusetzen von Natriumsilicat zu verdünnter, stark überschüssiger Salzsäure eine Lösung von Kieselsäure erzeugt, die außer Salzsäure auch noch Natriumchlorid (als Umsetzungsprodukt) enthält. Letzteres brachte die Kieselsäure beim Erhitzen der Lösung zum Gelatinieren.

Diese Kieselsäurelösung wurde nun in einen Dialysator mit Pergamentscheidewand (10 mm hoch) gegossen und verlor in diesem in 24 Stunden 5% ihres Kieselsäuregehalts und 86% der Salzsäure. Nach 4 Tagen wurde die im Dialysator erhaltene Flüssigkeit nicht mehr durch Silbernitrat getrübt. So erhaltene reine Kieselsäurelösung ließ sich im Kolben kochen und stark konzentrieren, ohne sich zu verändern. Im offenen Gefäß erhitzt, gab sie am Rande des (Flüssigkeits-)Spiegels leicht einen Ring unlöslicher Kieselsäure, der alsdann die Flüssigkeit bald zur Gelatinierung brachte.

Die reine Lösung von Kieselsäurehydrat ist klar, farblos und auch bei 14% Gehalt an Kieselsäure nicht zähflüssig. Je länger sie der Dialyse unterworfen wurde, und je reiner sie war, um so länger blieb sie unverändert. Nach einigen Tagen wurde die Lösung ausgenommen, wenn sie stark verdünnt war, schwach opalisierend und sodann pektös unter Bildung einer festen, durchsichtigen, farblosen oder schwach opalisierenden, in Wasser nicht mehr löslichen Gallerte. Letztere zog sich in einigen Tagen — auch im geschlossenen Gefäße — zusammen und schied dabei reines Wasser aus. Eine nur $1/10000$ eines Alkali- oder Erdalkalicarbonats enthaltende Lösung brachte die Koagulation der Kieselsäure in einigen Minuten herbei. Diese Wirkung vermögen Ammoniak, neutrale oder saure Salze, Schwefel-, Salpeter- und Essigsäure nicht auszuüben, ebensowenig Alkohol und Zucker. Die beiden letztgenannten Stoffe schützten die Kieselsäure vor der Einwirkung der Alkalicarbonate

---

[1]) Liebigs Ann. der Chemie u. Pharmacie. **121**, S. 36—41, 1862; Flüssigkeits-Diffusion, angewandt auf Analyse. Poggendorff: Ann. d. Physik u. Chemie. 4. Reihe, **24**, CXIV, S. 187—192, 1861; Proc. of the roy. soc. of med. Vol. XL, S. 243; Comptes Rendus. LIII, S. 275.

nicht, ferner auch nicht davor, daß die bis dahin flüssige Kolloidsubstanz pektös wurde.

Salzsäure wirkt konservierend auf die Lösung, desgleichen eine geringe Menge an Ätzalkali.

Die Lösung des Kieselsäurehydrats reagierte, etwas stärker als Kohlensäure, sauer und war geschmacklos, verursachte jedoch in dem Munde ein lange anhaltendes, unangenehmes Gefühl, wohl infolge von Ausscheidungen.

Lösliches Kieselsäurehydrat bei 15^0 unter der Glocke einer Luftpumpe eingetrocknet, gab eine stark glänzende, glasige, durchsichtige Masse, die in Wasser unlöslich war. Nach zweitägigem Stehen über Schwefelsäure enthielt die Kieselsäure noch 21,99 % Wasser.

Gefällt wurde die Lösung der kolloidalen Kieselsäure durch Leim, Tonerde und Eisenoxyd, aber nicht durch Gummi oder Caramel.

Das einmal gelatinierte Kieselsäurehydrat konnte weder durch Wasser noch durch Säuren wieder gelöst werden.

Graham schloß daraus auf eine flüssige und eine pektöse Form der Kieselsäure.

Das durch Trocknen und Glühen der Gallerte erhaltene Produkt (amorphe Kieselsäure) und die geschmolzene Kieselsäure hatten das spezifische Gewicht von etwa 2,2.

Maschke hat sodann die von Graham durch Dialyse gewonnenen Kieselsäureflüssigkeiten eingehend untersucht und festgestellt, daß reine Kieselsäure durch ein neutrales Salz gefällt werden kann. Überschüssiges Alkali beschleunigt, geringer Säurenüberschuß verzögert die Fällung.

Preßt man frische Kieselsäuregallerte zwischen Fließpapier stark mit der Hand, so erhält man eine rissige, durchscheinende, leicht zerbröckelnde Masse, die beim Einbringen in Wasser wieder aufquillt und durch Glühen etwa 90 % ihres Gewichts verliert. Eine gut wirkende Presse verringert ihr Volumen sehr stark. Beim Entfernen aus der Papierhülle zerfällt die Masse in kleine Körnchen, die auch bei längerem Stehen in Wasser nicht wieder weich werden, geglüht etwa 60 % verlieren.

Bei gewöhnlicher Temperatur trocknet reine Kieselsäuregallerte zu einer knorpelartigen, brüchigen Masse ein, die jahrelang in Wasser unverändert bleibt. Weiter eingetrocknet, zerfällt das außerordentlich im Volumen geschwundene Produkt in mehr oder weniger große Stücke von opalartigem Bruch, die Glas nicht ritzen.

Eine konstante Zahl für den Wassergehalt der lufttrockenen Kieselsäure ist nicht zu erhalten.

Gewichtsbestimmungen an senfkorngroßen Stücken, die einen Zeitraum von 35 Tagen umfaßten, ergaben folgende Zählen:

Die Eigenschaften und Herstellung des Kieselsäuregels. 31

Tag	Temperatur °C	Kieselsäure-gewicht	Tag	Temperatur °C	Kieselsäure-gewicht
1	12,5	5,702	19	15,7	5,749
2	13,5	5,710	20	17,5	5,746
3	13,5	5,715	21	19,5	5,740
4	12,0	5,720	22	15,7	5,731
5	16,2	5,725	23	18,1	5,726
6	14,3	5,731	24	18,1	5,726
7	14,7	5,735	25	18,1	5,721
8	15,1	5,739	26	19,0	5,716
9	16,6	5,746	27	17,8	5,716
10	17,0	5,751	28	20,0	5,719
11	14,8	5,752	29	22,2	5,721
12	16,1	5,752	30	20,5	5,719
13	15,0	5,754	31	22,7	5,719
14	16,0	5,754	32	21,5	5,718
15	17,0	5,753	33	22,2	5,714
16	15,8	5,751	34	21,0	5,706
17	17,1	5,750	35	20,0	5,697
18	18,3	5,750			

Beim Glühen verschiedener Mengen lufttrockener amorpher Kieselsäure erhielt Maschke einen Wassergehalt von 11,58, 12,30, 14,03 und 14,37 %, im Durchschnitt 13,04 %. $H_2Si_2O_5$ enthält 13,04 % Wasser.

Erhitzte er amorphe Kieselsäure auf dem Wasserbade auf 100°, dann von 170—350° C, so zeigten sich folgende Gewichtsabnahmen:

Zeitdauer: Stunden	Temperatur ° C	Gewicht	Gewichtsdifferenz
9	100	4,171	—
10	100	4,171	—
12	170—180	4,097	0,074
11	200—210	4,090	0,007
6	245—255	4,080	0,010
8	290—310	4,063	0,023
10	330—350	4,052	0,011
	Nach dem Glühen	3,952	0,100

Der Gesamtwassergehalt der bei 100° C getrockneten Kieselsäure betrug also 5,25 und wurde davon bei etwa 300° C noch fast die Hälfte zurückgehalten. An Formeln hätte man danach für die Kieselsäure:

$$H_2S_2O_5 - H_6Si_6O_5$$
$$H_6Si_{16}O_{35}$$
$$H_2Si_6O_{13} - H_6Si_{18}O_{39}$$
$$H^6Si_{20}O_{43}$$
$$H_6Si_{22}O_{47}$$

Von salzartigen Beimengungen freie trockene Kieselsäure ist durchscheinend bis durchsichtig, besitzt aber gewöhnlich einen grauen Farbton. Nach Befeuchten mit Wasser und Abdunsten bei gewöhnlicher Temperatur erhält man ein Produkt, das porzellanartig weiß aussieht.

Bei weiterem Ausdunsten tritt das frühere Aussehen wieder ein. Dies ist auch bei der geglühten Kieselsäure der Fall. Dieses Weißwerden geht, wie man an lamellenartigen Objekten unter dem Mikroskop beobachten kann, gleichsam ruckweise vor sich. Es treten plötzlich inselartig rauchfarbene Flecken mit fein verästelten Rändern auf, die sich mehren, dunkler werden und schließlich ineinander übergehen. Das Klarwerden solcher porzellanartigen Stücke erfolgt nicht ruckweise. Alle Stufen von der Undurchsichtigkeit durch dunkle und helle Rauchfärbung bis zur Durchsichtigkeit werden allmählich durchschritten, was augenscheinlich auf der Porosität des Produkts begründet ist. Sind die Poren nur teilweise mit Wasser gefüllt, so müssen optische Erscheinungen wie bei jeder Schaumbildung auftreten. Andere flüchtige flüssige Stoffe wie Alkohol, Äther, Benzin üben die gleiche Wirkung wie Wasser aus.

Zur Hervorrufung des porzellanartigen Aussehens der lufttrockenen Kieselsäure brauchte Maschke eine Wassermenge von 33,6 %.

Lufttrockene oder geglühte Kieselsäure, in heißes Wasser geworfen, läßt nach anfänglichem Zischen eine Menge kleiner Luftblasen aufsteigen.

Versuche, die Maschke unternahm, um festzustellen, ob Kieselsäure ähnlich wie Kohle und Platin eine Kondensation von Gasen oder gar eine Oxydation, z. B. des Alkohols, herbeiführen kann, gaben kein positives Resultat. Der Forscher hielt es aber immerhin für möglich, daß bei Anwendung größerer Massen und schärferer Untersuchung ein schwaches Kondensationsvermögen festgestellt werden könne.

Gegen Pigmentlösung verhielt sich die lufttrockene Kieselsäure indifferent, geglüht führte diese aber eine schwache, aber deutlich warnehmbare Entfärbung von Caramellösung herbei.

In geglühtem Zustande verhielt sich die Kieselsäure gegen Wasser vollkommen anders.

Mit Wasser befeuchtet und bei gewöhnlicher Temperatur getrocknet, trat ein Verlust von 9,36, 9,94, 10,21 %, im Durchschnitt also 9,8 % ein.

Mit Wasser befeuchtet und auf dem Wasserbade bei 100° C getrocknet, zeigte die (vorher geglühte) Kieselsäure 1,76, 1,79, 1,86, 1,62, 1,65, 1,68, 1,70 %, im Durchschnitt also 1,72 % Verlust.

Das mit Wasser befeuchtete und über Schwefelsäure getrocknete Produkt ergab nach dem Glühen einen Verlust von 1,41, 1,34, 1,35, 1,33 %, im Durchschnitt also 1,35 %.

Geglühte Kieselsäure ist übrigens in Wasser nicht ganz unlöslich.

Bei Prüfung verschiedener Membranen (Pergament, Collodium, Fischblase für Dialysezwecke durch R. Zsigmondy und R. Heye[1]) ergab sich, daß die Fischblase sich für die Reinigung der kolloiden Kieselsäure den anderen Membranen überlegen zeigte. Durch Dialyse

---

[1] Zeitschr. f. anorgan. Chem. **68**, S. 169—187, 1910.

bei öfterem Wasserwechsel ließen sich die Chlorionen in einigen Tagen praktisch entfernen.

Neuerdings ist verschiedentlich über die Schnelldialyse von Siliciumoxydhydrat, die kolloidale Kieselsäure, gearbeitet worden.

Nach Graham[1]) erleidet man bei der Dialyse eines Gemisches von Natriumsilicatlösung und Salzsäure in den ersten 24 Stunden einen Verlust von 5 $^0/_0$ an ursprünglich vorhandenem SiO_4. Dies ist von E. Jordis und E. H. Kanter[2]) bestätigt worden.

Nach F. Mylius und E. Groschuff[3]) geht die α-Kieselsäure durch eine Pergamentmembran, die aus dieser durch Zusatz eines Elektrolyten oder nach einiger Zeit von selbst entstehende β-Kieselsäure dagegen nur noch in geringem Maße. R. Zsigmondy und R. Heyer[4]) zeigten, daß die einzelnen, für die Dialyse der kolloiden Kieselsäure in Betracht kommenden Membranen verschieden durchlässig sind:

Pergament ist am wenigsten,
Fischblase mehr
und Collodium am meisten durchlässig.

O. Pösenbeck[5]) bestätigte diese Resultate.

Neuestens Datums sind die einschlägigen Arbeiten von A. Gutbier und H. Brintzinger[6]) und R. Willstätter und H. Krant und K. Lobinger[7]).

Das Verhalten der kolloiden Kieselsäure gegenüber den Membranen ergab, daß in Alkalisilicatlösungen, sofern das Verhältnis von $Na_2O : SiO_2$ = 1 : 2 nicht überschritten wird, die Kieselsäure im wesentlichen in ion- bzw. molekulardisperser Form vorhanden ist. Säuert man diese Lösungen an, so bildet sich zuerst molekulardisperse Kieselsäure, die durch Pergamentpapier diffundiert und durch Eiweiß gefällt wird, die aber sofort nach ihrer Entstehung sich zu größeren Teilchen zusammenlagern, also in möglichst wasserarme Kieselsäure übergehen will.

H. Brintzinger[8]) führte eine Reihe von Dialysierversuchen mit dem System Silicium(IV)oxyd/Wasser in den ersten Stadien seiner Existenz durch und stellte dabei die Veränderung der Wasserstoffionenkonzentration der Innenflüssigkeit mit dem Verlauf der Dialyse unter Zuhilfenahme der Apparatur von H. Lüers fest. Es ergab sich, daß die wässerige Lösung der gereinigten kolloiden Kieselsäure in allen Fällen schließlich einen p_H-Wert von 4,60 annahm.

---

[1]) Liebigs Ann. d. Chem. u. Physik. **121**, S. 1, 1862.
[2]) Zeitschr. f. anorg. Chem. **35**, S. 16, 1903.
[3]) Berichte d. deutsch. chem. Ges. **39**, S. 116, 1906.
[4]) Zeitschr. f. anorg. Chem. **68**, S. 169—187, 1910.
[5]) Beihefte. **16**, S. 271, 1922.
[6]) Zeitschr. f. anorg. Chem. **148**, S. 141, 1925.
[7]) Berichte d. deutsch. chem. Ges. **58**, II, S. 2462, 1925.
[8]) Zeitschr. f. anorg. Chem. **159**, S. 256—264, 1927.

34 Das Kieselsäuregel.

Die in Dialysatoren mit kontinuierlichem Wasserwechsel durchgeführten Versuche ergeben annähernd das gleiche Resultat.

Es wurde von den Genannten[1]) ein Dialysator folgender Einrichtung konstruiert. Man wählte einen mit einem 4 mm hohen Rand versehenen flachen Hartgummiteller von 25 cm^3 Durchmesser und einer Öffnung in der Mitte. Ferner wurden 8 schmale, 4 mm hohe, radial gestellte Leisten angeordnet, die die Strömung des Wassers regelten und bis auf 1—2 cm an den Rand des Tellers heranreichten. Sodann wurde auf den Rand des Tellers passend ein ebenfalls 4—5 mm starker und 40 mm hoher Ring aus Hartgummi aufgesetzt, der an seinem unteren Rande die Membran trug.

Zwischen der dem Ring und den Strahlenleisten aufsitzenden Membran und dem Teller wurde durch die beschriebene Einrichtung eine 4 mm hohe Wasserschicht eingeschlossen.

Es wurde nun das Wasser von der Telleröffnung (in der Mitte) aus beständig erneuert, durch die Leisten nach den Seiten hin verteilt, und floß endlich durch kleine Einkerbungen des oberen Tellerrandes ab.

Die Regelung des gleichmäßigen Abfließens, das durch Wagerechtstellung des Tellers schwierig zu erreichen war, wurde mittels Fließpapierstreifen, die zwischen den Ring und den Tellerrand eingeklemmt wurden, bewirkt.

Graham[2]) hatte angegeben, daß seine Kieselsäuren in etwa 4 Tagen so weit chlorfrei waren, daß Silbernitrat in ihnen eine Trübung nicht mehr hervorrief. Diese Wirkung wurde mit dem Grahamschen Dialysator von Zsigmondy und Heye bei öfterer Erneuerung des Außenwassers leicht auch in kurzer Zeit erreicht.

Sodann gaben die Letztgenannten noch eine Beschreibung der Methoden der Chlorbestimmung in der kolloiden Kieselsäure. Eingehend hat van Bemmelen[3]) die Entwässerung und Wiederaufnahme von Wasser des Hydrogels der Kieselsäure bei einer bestimmten Temperatur untersucht.

Er ging dabei von folgenden Voraussetzungen aus. Die Gele (Hydro- und andere Gele) sind als Niederschlagsmembranen zu betrachten und stimmen mit organischen Geweben insofern überein, als sie ebenfalls ein Maschenwerk amorph zusammenhängender Teile bilden, mit einer Flüssigkeit aufgequollen sind und diese einschließen. Trocken geworden quellen sie entweder wieder in Wasser auf oder absorbieren wenigstens eine gewisse Menge Flüssigkeit. Diese Formelemente bezeichnete van Bemmelen mit dem von Naegeli gewählten Ausdruck Micellen und das Absorptionswasser mit micellares Imbitionswasser, dagegen bloß eingeschlossenes Wasser mit capillares Imbitionswasser.

---

[1]) Zsigmondy, R., u. Heye, R., Zeitschr. f. anorgan. Chem. 68, S. 169—187, 1910.

[2]) Liebigs Ann. d. Chem. u. Pharmazie. 121, S. 36—41.

[3]) Zeitschr. f. anorgan. Chemie. 13, S. 233—356, 1896/1897.

Die Eigenschaften und Herstellung des Kieselsäuregels. 35

Diese Micellen können eine Verschiebung erleiden, denn wenn man einen Klumpen des Kieselsäuregels zerteilt und aufreibt und dann sich selbst überläßt, dann sammeln sich die einzelnen Flocken wieder zu einem zusammenhängenden Klumpen, der viel Wasser einschließt, nach einiger Zeit wieder durchsichtig wird (wie helles Glas) und an der Luft zu einer harten glasartigen Masse eintrocknet. An Stelle von Wasser kann in den Gelen auch Alkohol, Methylalkohol, Schwefelsäure, Essigsäure, Glycerin usw. treten.

Der Übergang des zunächst noch kolloidal in Lösung vorhandenen Gels zu Micellenverbänden mit eingeschlossenem und imbitiertem Wasser — also die Koagulation — ist graduell und geht um so langsamer vor sich, je verdünnter die Lösung ist. Schließlich kann, wie bei der Kieselsäure, alles Wasser von dem Maschenwerk absorbiert und eingeschlossen sein.

Auf Grund von Versuchen ergab sich:

1. eine Verschiedenheit im micellaren Bau, je nachdem das Gel aus einer konzentrierten alkalischen SiO_2-Lösung durch eine Säure momentan oder aus einer verdünnten nach Verlauf einiger Zeit abgeschieden war;

2. daß das Gel in der Zeit von ein oder zwei Jahren in eine andere Modifikation übergeht;

3. daß die Geschwindigkeit der Entwässerung Einfluß auf ihren Gang ausübt;

4. daß gewisse Nachwirkungen (Hysteresen) bei der Ent- und Wiederwässerung eintreten;

5. daß eine Umsetzung (Umschlag) an einem gewissen Punkte der Entwässerung eintritt, die für den weiteren Lauf der letzteren und der Wiederwässerung bestimmend ist und von den Einflüssen unter 1—4 abhängig ist.

Die Erkenntnis dieser Einflüsse und Erscheinungen gestattete es, die Regelmäßigkeiten des Prozesses zu entdecken und fast alle Beobachtungen unter bestimmte Gesichtspunkte zusammenzufassen.

Das Gel ist dem flüssigen Zustande um so näher, wenn es aus einer verdünnteren Lösung abgeschieden ist, und schließt dann unbestimmt große Mengen Wasser ein, so z. B. fand van Bemmelen, daß 1 Mol. SiO_2 330 Mol. Wasser einschloß. Auch zerrieben hielt es noch eine sehr große Menge Wasser zurück.

Der halbflüssige Zustand des Gels wird dadurch bewiesen, daß Flocken wieder zu einem Klumpen zusammentreten, der aufs neue einen Zusammenhang erhält und nach einiger Zeit durchsichtig wie Glas wird bei einem Gehalt von $\pm$ 120 — 50 Mol. H_2O.

Die Entwässerung des Gels fand über Schwefelsäure statt und ergab nach einigen Tagen annähernd das Gleichgewicht, d. i. der

3*

Das Kieselsäuregel.

Substanz	Kleine Körner	Klumpen Körnchen	Klumpen	Klumpen Körnchen	Klumpen	Klumpen Pulver	Klumpen	Klumpen
Beobachtungszeit	Stunde	Tag	Tag	Stunde	Tag	Tag	Tag	Tag
Konstanter Druck	0,0° mm	6^5 mm	8^1 mm	Zimmerluft	10 mm	10^6 mm	11^6 mm	12^2 mm
Spannungsdifferenz beim Anfang abnehmend bis 0,0 mm	12,67 mm	6^{17} mm	4^{57} mm	$\pm 3^3$ mm	2^{67} mm	2 mm	1 mm	0^{45} mm
Wassergehalt des Gels in Mol. H_2O auf 1 Mol. SiO_2								
$\pm 50 - 25$		$- 1$	$1 - 0{,}9$	$1 - 0{,}9$	$1 - 0{,}85$	1	$1 - 0{,}9$	$1 - 0{,}9$
$25 - 20$			$\pm 0{,}84$	$\pm 0{,}8$	$0{,}85 - 0{,}6$		$\pm 0{,}8$	$\pm 0{,}8$
$20 - 16$		$0{,}9 - 0{,}8$	$\pm 0{,}7$	$\pm 0{,}8$	$0{,}6 - 0{,}5$	$\pm 0{,}8$	$\pm 0{,}7$	$\pm 0{,}7$
$16 - 12$			$\pm 0{,}6$	$0{,}64 - 0{,}56$	$0{,}5 - 0{,}4$	$\pm 0{,}66$	$\pm 0{,}5$	$\pm 0{,}65$
$12 - 8$		$0{,}8 - 0{,}6$				$\pm 0{,}55$	$\pm 0{,}4$	$\pm 0{,}5$
$8 - 6$			$\pm 0{,}5$	$0{,}56 - 0{,}66$	$0{,}4 - 0{,}3$	$\pm 0{,}42$		
$6 - 5$		$0{,}6 - 0{,}5$		$\pm 0{,}37$	$0{,}3 - 0{,}2$		$\pm 0{,}3$	
$5 - 4^5$					$0{,}2 - 0{,}1$	$\pm 0{,}24$		
$4^5 - 4$				$\pm 0{,}24$		$\pm 0{,}10$		
$4 - 3^5$		$0{,}5 - 0{,}3$	$\pm 0{,}2$				$0{,}2 - <0{,}01$	$0{,}4 - <0{,}01^{1})$
$3^5 - 3$				$\pm 0{,}08$	$0{,}1 - <0{,}01$	$0{,}1 - 0{,}01^{1})$		
$3 - 2^5$		$0{,}3 - 0{,}2$	$0{,}03 - 0{,}01$					
$2^5 - 2^3$		$0{,}2 - 0{,}15$		$\pm 0{,}02^5$				
$2^3 - 2^2$		$0{,}15 - 0{,}00$						
$2^2 - 1{,}5$								
$1{,}5 - 1{,}0$								
$1{,}5 - 0{,}5$								
$0{,}5 - 0{,}2$								

$^{1})$ Gehalt H_2O	Geschwindigkeit	Gehalt H_2O	Geschwindigkeit
$3{,}8 - 3{,}3$	$0{,}1$	$16 - 10$	$\pm 0{,}62$
$3{,}3 - 3{,}1$	$0{,}033$	$10 - 9$	$\pm 0{,}52$
$3{,}1 - 3{,}0$	$0{,}015$	$9 - 8$	$\pm 0{,}47$
$3{,}0 - 2{,}97$	$0{,}01$	$8 - 7^5$	$\pm 0{,}39$
		$7^5 - 6^5$	$\pm 0{,}26$
		$6^5 - 6^2$	$\pm 0{,}19$
		$6^2 - 6^0$	$0{,}15 - <0{,}01$

Wasserverlust, der bei allen Versuchen mit konstanter Dampfspannung stetig abnimmt, hat sich bis ± 0,01 Mol. $H_2O =$ etwa 1 mg in einem Tage erniedrigt.

Folgende Tabelle gibt Auskunft über die Geschwindigkeit der Entwässerung unter verschiedenen konstanten Dampfdrucken bei abnehmendem Wassergehalt.

Ferner beschäftigte sich van Bemmelen[1]) mit der Untersuchung der Frage, ob sich bei der Entwässerung des Hydrogels von SiO_2 leere Räume bilden, die Luft absorbieren und sich beim Wiederwässern wieder anfüllen.

Bei der Gelbildung bilden sich keine isolierten Tropfen, sondern zusammenhängende, Zellform, also eine gewisse Struktur (z. B. Polygonalkörper) annehmende Produkte. Die Lamellen sind bei der ersten Abscheidung noch flüssig, jedoch viscoser als die Flüssigkeit, und schließen diese ein. Diese Erscheinung ist der als Schaumbildung bekannte makroskopische Vorgang.

van Bemmelen sieht die Koagulation eines Gels aus einer Lösung als eine Entmischung an, wobei nicht zwei sich gänzlich trennende Schichten entstehen, sondern ein Gewebe einer Substanz, die einen mehr oder weniger fortgeschrittenen Übergang zwischen dem flüssigen und dem festen Zustand darstellt. Diese Form ist die kolloidale. Zwischen dem Gewebe ist eine Flüssigkeit eingeschlossen.

Das Gel bildet mit der Flüssigkeit (Wasser, Alkohol) keine chemische Verbindung nach einfachen Proportionen, sondern Absorptionsverbindungen. Es zeigt in dieser Hinsicht die Eigenschaften einer amorphen Substanz und bildet einen kontinuierlichen Übergang von Lösung zur festen Substanz.

Die absorbierte Menge Flüssigkeit ist von dem Bau des Gels abhängig und ändert sich bei jeder Modifikation, die das Gel erfährt.

Die Flüssigkeit in dem Gel kann durch allerhand Flüssigkeiten unter Beibehaltung des Gels ersetzt (Alkohol, Äther, Glycerin, anorganische und organische Säuren) und ausgepreßt werden. Die Verdampfung der Gelflüssigkeit findet mit kontinuierlich abnehmender Geschwindigkeit statt, ebenso nimmt die Dampfspannung des Kolloids kontinuierlich ab.

Kieselsäurehydrogel, aus dem das Wasser bis zu 6—2 Mol. H_2O auf 1 Mol. SiO_2 vor dem Umschlag bei 15⁰ C verdampft ist, absorbiert nur ± 0,3 — ± 0,5 Mol. H_2O. Es kann sich infolgedessen also nur wenig ausdehnen.

Famintzin[2]) gelang es, eine glashelle durchsichtige Membran von Kieselsäure herzustellen, die nach dem Eintrocknen sich im Wasser nur

---
[1]) Zeitschr. f. anorgan. Chemie. **18**, S. 14—36, 1898.
[2]) Bull. Acad. Petersbourg. **29**, S. 414. 1884.

um 5 % wieder ausdehnte. In schwacher Kalilösung quoll die Membran erst auf, löste sich nachher zu einer kolloidalen Lösung auf.

Nach Graham gehört hierzu das Peptisieren des Gels, wodurch wieder eine kolloidale Lösung entsteht.

Die Lamellen ziehen sich beim Eindampfen so zusammen, daß leere Räume nicht gebildet werden. Es können in anderen Fällen auch leere Räume bei der Austrocknung der Gele entstehen, die Luft ohne Spalt- und Rißbildung absorbieren, wie dies F. Cohn[1]) beim Tabaschir beobachtete.

Nach Versuchen betreffend das Hydrogel des SiO_2 fand van Bemmelen, daß in diesem die absorbierte Luft unter starkem Druck verdichtet war.

Entstehen beim Eintrocknen des Gels keine leeren Räume, so wird es glas- oder hornartig und durchsichtig. Dies tritt beim Kieselsäuregel zuweilen schon ein, wenn es noch 6—2 Mol. H_2O enthält.

Findet dagegen die Austrocknung derart statt, daß das Gerüst nicht ganz zusammenfällt, so daß durch Luft gefüllte Räume entstehen, dann wird das Gel oft kreideweiß. Dies ist von Cohn[2]) auch beim Tabaschir festgestellt worden. Letzteres tritt nach Beobachtungen von van Bemmelmann auch dann beim Kieselsäuregel ein, wenn eine gewisse Änderung im Bau (eine neue Koagulation ohne Bildung leerer Räume) stattfand. Es wird nach Überschreitung des Umschlagpunktes bei fortgesetzter Entwässerung wieder hell. Auch durch Einwirkung von Wasser unter erhöhten Dampfspannungen wird das Gel wieder glashell.

Der glashelle homogene Klumpen bekommt, wenn er schrittweise entwässert wird, keine Risse und trocknet unter steter Abnahme des Volumens zu einer harten homogenen Glassubstanz ein, die auch bei langsamer Erhitzung bis zum Glühen seine Form bewahrt.

In einem gewissen Punkte fängt das Gel an trübe zu werden, erst blau opalisierend und fluoreszierend, dann weiß mit Porzellanglanz, dann opalweiß (kreideweiß ohne Glanz).

Dieser Umschlag tritt ein, wenn der Gehalt des Gels an Wasser zwischen 3 und 1,5 Mol. und der Druck zwischen 10 und 4,5 mm erniedrigt ist. Von dem Anfangspunkte breitet sich die Trübung über den ganzen Gelkörper aus.

Bei weiterem Entwässern verschwindet die Trübung in derselben Weise, wie sie entstanden ist, d. h. das Gel wird erst porzellanartig, dann blau fluoreszierend, dann wieder glashell und homogen und bleibt so bis zur gänzlichen Entwässerung. Diese Behandlungsweise läßt sich wiederholen. Die Wasserteile im Gel sind so beweglich, daß der Einfluß der

---

[1]) Zeitschr. f. anorgan. Chemie. S. 292—294.
[2]) Beiträge zur Biologie der Pflanzen. **4,** S. 365—407.

Die Eigenschaften und Herstellung des Kieselsäuregels. 39

größeren Oberfläche bei Pulver oder bei Körnern im Verhältnis zu einem ganzen Stück als sehr untergeordnet bezeichnet werden darf. Die Geschwindigkeitsbestimmungen erlauben aber nicht Grenzen zwischen eingeschlossenen und micellar-gebundenem Wasser anzunehmen. Diese Arbeit van Bemmelens enthält noch eine Reihe von theoretisch wichtigen Ausführungen, die sich auf Versuche stützen.

Der Einwirkung höherer Temperaturen auf das Gewebe des Hydrogels der Kieselsäure waren weitere Untersuchungen van Bemmelens[1]) gewidmet.

Sie ergaben, daß das spezifische Gewicht der Substanz, die im Kieselsäurehydrogel die Wände des Gewebes bildet, nachdem der Umschlag im Punkte O der Entwässerungskurve stattgefunden hat, die Zahl 2,2 (etwa 2,5—3,0) übersteigt, was wahrscheinlich einer Zusammenziehung der Substanz entspricht, wenn sie nicht gesättigt ist.

Nach dem Glühen des Gels ist das spezifische Gewicht dieser Substanz 2,2; wenn sie mit Wasser gesättigt ist, zieht sie sich also nicht mehr zusammen, nur die Hohlräume füllen sich.

Das Absorptionsvermögen der Gewebesubstanz wird durch Glühen, wodurch es mit Wasser eine feste Lösung bildet, allmählich aufgehoben. Ferner zieht sich das ganze Gewebe so zusammen, daß die Hohlräume allmählich verschwinden. Hierbei wird das Absorptionsvermögen, gemäß welchem die Höhlen Wasserdampf anziehen, gleichzeitig allmählich aufgehoben.

In gewissen Fällen bleiben wahrscheinlich Hohlräume in geringer Menge zeitlich bestehen und werden durch die undurchdringlich gewordenen Wände des Gewebes vom Wasserzutritt abgeschlossen.

Tschermak[2]) bestimmte die Verdampfungsgeschwindigkeit des Wassers der aus Silicaten abgeschiedenen Kieselsäuren an freier Luft, um deren Wassergehalt festzustellen, und stellte die verdampfte Wassermenge in Abhängigkeit von der Zeit graphisch dar. Die so erhaltenen Kurven weisen charakteristische Knickpunkte auf, und den Wassergehalt an Stelle eines solchen Punktes erklärte er als den eines bestimmten, der Art der Säure im früheren Silicat entsprechenden Hydrats.

Die so angenommenen Kieselsäurehydrate bestritten O. Mügge[3]) und van Bemmelen[4]).

Mügge behauptete auf Grund von Versuchen, daß sich diese Knickpunkte nicht scharf bestimmen lassen, mithin verschiedene Formeln

---
[1]) Zeitschr. f. anorgan. Chemie. **30**, S. 265—279, 1902.
[2]) Sitzungsber. d. Wien. Ak. **112,** I, S. 355, 1903; **114,** I, S. 455, 1905. **115,** I, S. 217, 1906; Zeitschr. f. physikal. Chem. **53,** S. 349, 1905.
[3]) Centralbl. f. Mineralogie, Geologie usw. **59**, S. 129, 1908.
[4]) Zeitschr. f. anorgan. Chemie. **30,** S. 265, 1902; **36,** S. 380, 1903; **49,** S. 125, 1906 u. **59,** S. 225, 1908.

40   Das Kieselsäuregel.

für das aus einem Mineral erhältliche Kieselsäuregel möglich erscheinen.

van Bemmelen kam zu der Überzeugung, daß die aus Silicaten durch Zersetzung erhältlichen Kieselsäurehydrate chemische Hydrate nicht darstellen, sondern Absorptionsverbindungen.

Weitere Beurteilung fand die Theorie Tschermaks durch Baschierie[1], Jordis[2], Löwenstein[3] und Zsigmondy[4] (vgl. Rinne)[5]. Tschermak[6] nahm gegen die von den genannten Forschern erhobenen Bedenken Stellung und sprach sich schließlich nochmals dahin aus, daß die einfachsten Hydrogele beim Trocknen eine Hemmung dann aufweisen, wenn der Wassergehalt einer bestimmten chemischen Proportion entspricht.

Diese Fragen wurden sodann von M. Theile[7] aufs neue zu lösen gesucht.

Die Resultate dieser Versuche sind folgende.

1. Man vermag oft einen deutlichen Knickpunkt auf den Entwässerungskurven der Kieselsäuregele nicht nachzuweisen, wenn diese (z. B. aus Skolecit und Natrolith gewonnenen) Produkte schleimig sind.

2. Führt man die Versuche bei höheren Temperaturen sowie unter Verwendung von verschieden Wasser entziehenden Mitteln durch, dann erhält man eine Verschiebung des Knickpunktes (nach Tschermak).

Erhaltene Zahlen.

Temperatur	Heulanditgel		Skolecitgel	
	Kieselsäure	$^0/_0$ W_W	Kieselsäure	$^0/_0$ W_W
30° C	1526	19,36	1091	34,99
40° C	1116	19,01	1438	30,62
50° C	1500	18,88	1229	26,36
60° C	1529	18,03	1336	23,72
80° C	1000	16,90	1020	19,90
Trockenmittel:				
Calciumchlorid . . .	1408	19,15	1275	33,21
Schwefelsäure (konz.)	1018	18,20	1208	25,95
Phosphorpentoxyd . .	1008	17,85	1168	24,62

3. Untersuchungen über Kieselsäuregel an künstlich dargestellten Silicaten von Blei und Lithium unter Zugrundelegung des Verfahrens

---

[1] Atti di Soc. Toscana. **19**, 1910.
[2] Zeitschr. f. anorgan. Chemie. **19**, S. 1697, 1906.
[3] Zeitschr. f. anorgan. Chemie. **63**, S. 81, 1909.
[4] Zsigmondy: Kolloidchemie.
[5] Fortschritte der Mineralogie. 1913.
[6] Centralbl. f. Min., Geologie usw. **59**, S. 225, 1908.
[7] Inaugural-Dissertat.: Beitrag zur Kenntnis der durch Zersetzung von Silikaten entstehenden Kieselsäuregele. Leipzig 1913.

Die Eigenschaften und Herstellung des Kieselsäuregels. 41

von Tschermak führten nicht zu nach der Theorie des letzteren zu erwartenden Gelen.

Nach Tschermak (1905) ist die aus Natursilicaten durch Salzsäure abgeschiedene Kieselsäure, die ein Gel darstellt, ein wahres Hydrat von verschiedenen Verhältnissen zwischen SiO_2 und H_2O :

$1\ SiO_2$ auf $2\ H_2O$ und auf $1\ H_2O$
$2\ SiO_2$,, $3\ H_2O$,, ,, $1\ H_2O$
$3\ SiO_2$,, $2\ H_2O$,, ,, $1\ H_2O$.

Die Richtigkeit dieser Behauptung ist von Jordis[1]) bezweifelt worden. Auch Mügge hat festgestellt, daß diese Formeln noch sehr unsicher sind, und infolgedessen erst recht die Ableitung von Formeln der Natursilicate. Dieser Äußerung hat Tschermak[2]) widersprochen. Daraufhin hat van Bemmelen[3]) die Frage, wieviel Wasser im Hydrogel chemisch und wieviel auf andere Weise gebunden ist, zum Gegenstand einer Untersuchung gemacht.

Das Wasser kann im Hydrogel in größeren Höhlen eingeschlossen und in capillaren Höhlen eingesogen sein — micellar (wie in quellbaren Stoffen wie Gelatine, Agar, Laub von Algen, Ton oder Porzellanerde) (nach Nägeli) nennt man die von Wasser ganz durchdrungenen Formelemente der quellbaren Stoffe (Micellen) — oder chemisch gebunden sein (Hydrat).

Auch andere Flüssigkeiten, wie Alkohole, Essigsäure, Benzol usw., vermögen mit Anhydriden und Hydraten Gele zu bilden.

Nach van Bemmelens Ansicht ist auch der kolloidale Zustand von Magnesia ein Hydrogel (MgO, H_2O), ebenso das kolloidale SiO_2 ein Hydrogel des Anhydrids SiO_2. Dagegen war es diesem Forscher bei den Hydrogelen SnO_2, MnO_2, Al_2O_3, Fe_2O_3 usw. zweifelhaft, wieviel Wasser in diesen Stoffen als Gelwasser, wieviel als Hydratwasser anzusehen ist.

Diese nicht konstante Kraft kann sehr groß sein und oft die chemische Bindungskraft übertreffen.

Tschermak, der nur über die Verdampfungsgeschwindigkeit der Kieselsäure bei gewöhnlicher Temperatur beim Dampfdruck der Luft berichtete, aber nicht über den Gang des Dampfdruckes, konstruierte mit der Verdampfungsgeschwindigkeit und dem Wassergehalt als Ordinate Kurven. Er fand, daß die Verdampfungsgeschwindigkeit stetig abnimmt, während die Untersuchungen von Mügge und van Bemmelmann ergaben, daß die Abnahme der Verdampfungsgeschwindigkeit zuerst konstant ist, solange das feuchte Gel noch viel Wasser enthält, dann aber abnimmt, wenn das Gel trocken geworden ist.

---
[1]) Z. angew. Chem. **19**, S. 1697, 1906.
[2]) Centralbl. f. Mineralogie usw. S. 129—134, 1908.
[3]) Zeitschr. f. anorgan. Chemie. **59**, S. 225—247, 1908.

Ferner fand Tschermak, daß die Abnahme des Gewichts an einem gewissen Punkt der Entwässerung sehr gering, dann konstant wird. Die Kurven zeigen einen Knickpunkt. Vor diesem soll nach der Ansicht Tschermaks nur freies Wasser verdampfen, sodann das hygroskopische oder mechanisch gebundene. Erst beim Knickpunkt soll das chemisch gebundene Wasser zu verdampfen beginnen.

Die Untersuchungen van Bemmelens ergaben, daß die Knickpunkte die Zeitpunkte angeben, an denen eine plötzliche Änderung im Gelbau stattgefunden hat. Die Knickpunkte geben daher noch kein Recht, chemische Formeln auf Kieselsäure anzuwenden. Letztere ist eine kolloidale Absorptionsverbindung von unbestimmter Zusammensetzung. Auch geben die Knickpunkte kein Recht, daraus die Formel abzuleiten, die dem Silicate zukommt, aus dem die Kieselsäure erzeugt ist. Die Änderungsursachen für den Umschlagspunkt sind bekannt. Mithin besteht ein Zusammenhang zwischen diesem Umschlagspunkt und dem Gelbau, wenn dieser Zusammenhang auch noch nicht theoretisch erklärt werden kann.

Ganz unbekannt dagegen ist, ob zwischen der Konstitution des Silicats und der Eigenschaft des daraus erzeugten Kieselsäurehydrogels ein Zusammenhang besteht, um an einem gewissen Punkte der Entwässerung seinen Bau plötzlich so zu ändern, daß das Volumen konstant wird und Höhlen entstehen.

1888 veröffentlichte van Bemmelen[1]) die Resultate einer Untersuchung, daß die aus anderen Verbindungen als aus Wasserglas ($SiCl_4$, SiF_4 und aus Methylsilicat durch Wasser) erzeugten Kieselsäuregele verschiedenes Absorptionsvermögen und verschiedene Wassergehalte zeigen. Diese Untersuchung war aber zu beschränkt.

Weiterhin veröffentlichte van Bemmelen[2]) im Jahre 1909 die Resultate von Untersuchungen über die Eigenschaften der Hydrogele bei ihrer Ent- und Wiederwässerung. Sie seien im folgenden mitgeteilt:

Eine wahre Lösung besteht nur aus einer flüssigen Phase und ist homogen.

Ein Sol ist heterogen, besteht aus zwei flüssigen Phasen, ist ein ziemlich durchscheinendes Gemisch beider Phasen, die meist in Flüssigkeit (Liquidität) verschieden sind und verschiedenes lichtbrechendes Vermögen besitzen.

Ein Sol opalisiert und erzeugt die bekannte Erscheinung von Tyndall. Die zweite flüssige Phase kann größere und dem festen Zustand etwas näher stehende Teilchen bilden, die je nachdem mehr opalisieren. Ein Gel ist noch stärker heterogen als ein Sol. Es entsteht auf einmal

---

[1]) Recueil Trav. Chim. Pays-Bas. **7**, S. 70. Die Kieselsäure aus SiF_4 war sehr voluminös.

[2]) Zeitschr. f. anorgan. Chemie. **62**, S. 1—23, 1909.

Die Eigenschaften und Herstellung des Kieselsäuregels.

durch Abscheidung eines micellären Gewebes im Sol. Die zwei Phasen sind dann noch mehr auseinander getrennt als im Sol, und die Opalescenz ist stärker, obgleich das Ganze bei durchfallendem Licht noch durchscheinend geblieben ist.

Die größere Abscheidung der beiden Phasen bildet die Gewinnung oder Koagulation des Sols zum Gel. Zwischen dem Gewebe ist das Sol eingeschlossen, das wahrscheinlich weniger als das erste Sol von der kolloidalen Substanz kolloidal gelöst enthält. Je nachdem die wahre Lösung, woraus das Sol und später das Gel sich gebildet hat, konzentrierter gewesen ist, sind die Micellen des Gewebes größer, weniger flüssig und das Ganze weniger durchscheinend und stärker opalescierend.

Die Entwässerung des Gels zeigt eine Trübung des Gelgewebes und das Wiederverschwinden dieser Trübung, ferner das Entstehen von Mikrohöhlen in diesem Gewebe, beide in einem gewissen Stadium der Entwässerung.

Das Wasser ist im Gel physisch, aber nicht chemisch gebunden. Die Verdampfungsgeschwindigkeit des Wassers aus dem Gel ist von der Kraft abhängig, womit das Wasser von den kolloidal gelösten Solteilen und den kolloidalen Gelteilen gebunden ist, und von dem Dampfdruck, unter dem das Gel entwässert wird.

In einer ersten Periode verdampft das lose auf dem Gel liegende Wasser schnell, in der zweiten Periode geht die Verdampfung des Wassers mit regelmäßig langsam abnehmender Geschwindigkeit vor sich. In der dritten Periode findet die Verdampfung mit stärker abnehmender Geschwindigkeit statt und kommt in der vierten Periode fast zum Stillstand.

Das Gel schrumpft bei der Verdampfung des Wassers bedeutend zusammen.

Hat das Einschrumpfen ganz oder fast aufgehört, dann entstehen Mikroporen und Mikrokanäle im Gewebe. Diese Poren und capillaren Kanälchen absorbieren und verdichten den Wasserdampf der Luft oder anderer Gase. Ihre Bildung dauert fort vom Ende der Einschrumpfung bis zum Ende der Entwässerung über Schwefelsäure.

Das Gesamtvolumen der Poren ist sehr groß und kann die Hälfte oder noch mehr des Gelvolumens betragen.

Bei der Entwässerung können die Gele eine zweite Gerinnung oder Gelatinierung, den sog. Umschlag, erfahren. Es entsteht in dem hell durchsichtigen, nur noch opalescierenden Gel eine weiße Trübung und bildet sich neues gröberes Gewebe, das dem festen Zustand näher steht. Es schließt ein neues Sol ein, das augenscheinlich reiner an kolloidal gelöster Kieselsäure als das frühere Sol ist. Das neue Sol verdampft vom Umschlagspunkt ab bis zur Entwässerung über Schwefelsäure. Die Erscheinung des Umschlags ist labil.

Das Kieselsäuregel.

Zweifellos ist ein Kriterium für die chemische Bindung des Wassers im Hydrogel die Geschwindigkeit der Verdampfung bei bestimmter Temperatur, wenn der Dampfdruck dabei konstant bleibt. Wird dagegen der Dampfdruck der Umgebung des Hydrates größer oder kleiner, so wird die Verdampfungsgeschwindigkeit kleiner oder größer. Ist der Prozeß umkehrbar, dann wird die Aufnahme von Wasser nach denselben Gesetzen erfolgen.

Als zweites Kriterium für eine chemische Verbindung (falls die Substanz einen Dampfdruck besitzt) gilt, daß bei der Entwässerung bei konstanter Temperatur der Dampfdruck konstant bleibt, unabhängig von der zersetzten Menge.

Als drittes Kriterium ist anzusehen, daß dieser konstante Wert mit einem Sprung einen kleineren Wert erhält, sobald das Hydrat vollkommen zersetzt, also in ein niedrigeres Hydrat übergegangen ist.

Falls das Wasser nicht chemisch gebunden ist, hat das Band zwischen dem Stoff und dem Wasser keinen bestimmten, konstanten Wert, sondern ist von der zersetzten oder wieder absorbierten Menge und allen Änderungen, die der Gelbau durch verschiedene Ursachen erleiden kann, abhängig.

Das eingeschlossene, das capillar eingesogene und das micellare Wasser zeigt also bei der Verdampfung des Gels keine konstante Verdampfungsgeschwindigkeit und keinen konstanten Druck, bei der Wiederwässerung keine konstante Absorptionsgeschwindigkeit und Druckzunahme.

Das eingeschlossene Wasser ist gewiß sehr schwach gebunden, das capillare Imbibitionswasser um so stärker, je enger die capillaren Kanäle sind. Das micellare Absorptionswasser ist um so stärker gebunden, je nachdem die Quellung noch geringer ist, da die Bindungskraft abnimmt mit der Zunahme der Quellung.

Modifikationen der Sole und Gele entstehen auf Grund ihrer Erzeugung aus mehr oder weniger konzentrierten Lösungen der Kieselsäure und verschiedenen chemischen Siliciumverbindungen, der größeren oder kleineren Entwässerungsgeschwindigkeit, der Zeit und der Hitze.

Das Gel aus sehr verdünnter Wasserglaslösung hat die geringste Veränderung erfahren, ist sehr dünn und hat ein feines Gewebe. Der Umschlag ist am niedrigsten, wenn der Wassergehalt und der Dampfdruck 2—1,5 Mol. H_2O und 7—4,5 mm betragen. Seine Einschrumpfung hört erst beim Umschlagspunkt auf. Dann ist das Gelvolumen konstant, und ein Knickpunkt tritt auf. In modifizierten Gelen tritt je nach der Größe der Veränderung der Umschlag schon bei höherem Wassergehalt und Dampfdruck, also früher als bei dem erstgenannten Gel auf.

Die Eigenschaften und Herstellung des Kieselsäuregels.

Die Entwässerung durch Verdampfung und die Wiederwässerung durch Absorption von Wasserdampf ist eine Wirkung der Oberfläche des Micellengewebes der Gele.

Der Umschlag und die Porenbildung sind zwei voneinander unabhängige Erscheinungen.

Ferner stellte W. Bachmann[1]) durch Versuche, über deren Resultate die folgende Tabelle Auskunft gibt, fest, daß die vom Kieselsäuregel aufgenommenen Mengen von Flüssigkeiten im Verhältnis der spezifischen Gewichte dieser Flüssigkeiten stehen. Die Flüssigkeiten durchtränken das Kieselsäuregel rein capillar, ohne daß Reaktionsprodukte mit der Substanz des Gelgerüstes zustande kommen.

Die Mikrostruktur der künstlich hergestellten Kieselsäuregallerten und des Tabaschirs, des Hydrophans (Hubertusberg in Sachsen) und des Edelopals bildete den Gegenstand eingehender Untersuchungen von O. Bütschli[2]).

Der Tabaschir und die künstlichen, eingetrockneten Kieselsäuregallerten verhalten sich in allen wesentlichen Punkten gleich. Der erstere ist, wie u. a. die Analysen von A. Turner[3]) und Poleck[4]) ergaben, annähernd reine Kieselsäure.

Beim Eintrocknen bei gewöhnlicher Temperatur verliert der rohe Tabaschir alles Wasser, bis auf einen geringen Rest (nach Poleck 0,6%, nach Turner bis 2,411%). Durch Glühen geht sein Gewicht um 1,0 bis 1,2% zurück. Dieser Verlust beruht teilweise auf dem Gehalt an organischer Substanz. An die Stelle des verdunsteten Wassers tritt Luft.

Lufttrockener Tabaschir nimmt beim Tränken mit Wasser 107 bis 112%, nach Turner bis zu 132% und Cohn[5]) 145% auf. Das Volumen des Tabaschirs besteht zu 69—72% nach Brewster[6]), nach Christiansen[7]) zu 71% und nach Cohn zu 74,3% aus Hohlräumchen.

Wie die Untersuchungen der genannten Forscher ergaben, zeigen nur dünnste Splitter des Gels hier und da Andeutungen einer feinwabigen Hohlräumchenstruktur bei Untersuchung in feuchter Luft.

---

[1]) Zeitschr. f. anorgan. Chemie. **79**, S. 202—208, 1912/1913.

[2]) Verhandl. d. naturwiss. Ver. zu Heidelberg. N. F. **6**, S. 287—348, 1898—1901.

[3]) Edinburgh. Journ. of science. **16**, S. 335; Schweiggers Journ. für Chemie u. Physik. **52**, S. 427—433.

[4]) Analyse des von Dr. Schuchardt bezogenen Tabaschir. Jahresber. d. schles. Gesellsch. f. vaterländ. Kultur f. d. J. 1886. S. 181—183.

[5]) Cohn, F.: Tabaschir. Beitr. z. Biologie d. Pflanzen. **4**, S. 365—407.

[6]) Philosoph Transact. roy. soc. London II. S. 283; Schweiggers Journ. für Chemie u. Physik. **29**, S. 411—429, 1820.

[7]) Liebigs Ann. d. Physik u. Chemie. **259**, S. 298—305; **260**, S. 439—446.

46   Das Kieselsäuregel.

I Nr. des Gels u. Menge	Nr.	Imbibierte Flüssigkeit spez. Gew.	Flüssigkeitsaufnahme in g u. Gew.-Proz.	Flüssigkeitsaufnahme in Mol. pro Mol.	Hohlraumvolumen in cmm	Hohlraumvolumen pro g Gelsubstanz in ccm	Verhältnis des spez. Gew. je zweier imbibierter Flüssigkeiten	Verhältnis der aufgenommenen Menge je zweier Flüssigkeiten	Bemerkungen
Nr. 3 0,5200 g	1	(a) Chloroform 1,477 bei 25° C	0,2238 = 43,04 % 25—27° C	0,218	152	0,2923	$\dfrac{b}{a} = \dfrac{1934}{1477} = 1{,}31$	$\dfrac{b}{a} = \dfrac{0{,}2980}{0{,}2238} = 1{,}33$	Aufnahme im Dampfraum
	2	Äthyljodid 1,934 bei 25° C	0,2980 = 57,3 % (etwa 25° C)	0,222	154	0,2960			Aufnahme im Dampfraum
	3	(b) Chloroform (Kontrollbest.)	0,2230 = 42,9 % (etwa 19° C)	0,2165	151	0,2902			
Nr. 5 0,5216 g	4	(c) Wasser 0,9984 bei 20° C	0,1886 = 36,15 % (etwa 20° C)	1,213	189	0,3621	$\dfrac{c}{d} = \dfrac{0{,}9984}{0{,}8791} = 1{,}137$	$\dfrac{c}{d} = \dfrac{0{,}1886}{0{,}6125} = 1{,}168$	Aufnahme im Dampfraum
	5	(d) Benzol 0,8791 bei 20° C	0,1615 = 30,96 % (etwa 20° C)	0,239	183,9	0,3521			
	6	(e) Wasser	0,2318 = 30,96 % (etwa 18° C)	2,119	232	0,6325			Aufnahme in der Flüssigkeit
Nr. 2 0,3672 g	7	(f) Wasser	0,2288 = 62,1 % (etwa 18° C)	2,083	228,4	0,6226	$\dfrac{f}{g} = 1{,}137$	$\dfrac{f}{g} = \dfrac{0{,}2280}{0{,}2024} = 1{,}126$	Aufnahme im Dampfraum
	8	(g) Benzol 0,8791 bei 20° C	0,2024 = 55,2 % (etwa 20° C)	0,427	230	0,6270			Aufnahme im Dampfraum
	9	(h) Acetylentetrabromid 2,9710 bei 17,5° C	0,6720 = 183,0 % (etwa 17,5° C)	0,320	226,1	0,6160	$\dfrac{h}{i} = \dfrac{2{,}9710}{0{,}9988} = 2{,}979$	$\dfrac{h}{i} = \dfrac{0{,}6720}{0{,}2276} = 2{,}955$	Aufnahme in der Flüssigkeit
	10	(i) Wasser (Kontrollbest.)	0,2276 = 62 % (etwa 18° C)	2,080	228	0,6210			Aufnahme im Dampfraum

Die Eigenschaften und Herstellung des Kieselsäuregels. 47

In einem gewissen Moment des Austrocknens von mit Wasser imbibiertem Gel und auch Tabaschir kann man die Wabenstruktur der beiden Stoffe genau erkennen unter dem Mikroskop.

Nach Bütschli sind die Wände, die die Hohlräumchen trennen, so dünn, daß sie mikroskopisch nicht mehr wahrgenommen werden können, obwohl sie ein erhebliches Berechnungsvermögen besitzen:

Tabaschir	nach	Brewster	} 1,500
,,	nach	Christiansen	
Hydrophan	nach	Christiansen	1,4647
,,	nach	Stscheglayew[1])	1,4564 u. 1,4584.

Beim Austrocknen von Körpern von solch feinwabiger Struktur, wie es das Gel ist, entsteht in jedem Hohlräumchen ein Gas- oder Luftbläschen. Der Rest des noch vorhandenen Wassers bedeckt demnach die Wände dieser Hohlräumchen, die durch das gegenüber Luft immerhin stark brechende Licht gleichsam verdeckt und daher sichtbar werden. Werden dann diese Wasserschichten so dünn, daß die Gesamtdicke von Wandung und Wasserschicht nicht mehr zur Sichtbarkeit genügt, so verschwindet die Strukturerscheinung.

Tabaschir und Gel lassen sich stark färben, auch Hydrophan zeigt diese Eigenschaft (Behrens)[2]).

Nach Bütschli ist es unwahrscheinlich, daß mit dem Eintritt des Umschlages eine neue Koagulation, eine Umwälzung im Bau des Gels erfolgt.

Mit van Bemmelen ist er darin einig, daß die Entstehung eines Gels einen Entmischungsvorgang darstellt, bei dem sich die eine, das Gerüst bildende Substanz bildet, zunächst zähflüssig ausscheidet, und die zweite flüssigere Substanz in sich einschließt.

Ebenso bezüglich der Ansicht, daß die Gelsubstanz mit dem aufgenommenen Wasser keine chemische Bindung eingeht.

Die Struktur des Halbopals (von Tekebánja) entspricht im allgemeinen der des Hydrophans. der Edelopal zeigt einen feinsphärolithischen Bau ähnlich dem des Opals von Vörösagas.

Nach Bütschli ist es schwierig, den eigentlichen Verwandlungsprozeß der Gele durch langes Glühen zu beurteilen; sicher ist nur, daß dabei ein tiefer gehender Umwandlungsvorgang sich abspielt.

Da es R. Zsigmondy[3]) sehr unwahrscheinlich erschien, daß ein ungetrübtes, trockenes Gel der Kieselsäure lufterfüllte Hohlräume von 1—1,5 μ Durchmesser enthalten sollte, denn diese Hohlräume müßten wahre Riesengebilde im Vergleich zu den Teilchengrößen in klaren

---
[1]) Ann. d. Physik u. Chemie. **300,** S. 325—332; **301,** S. 745.
[2]) Sitz.-Ber. d. K.-A. Wien, Mathem.-phys. Kl. Abt. I. **64,** S. 519—566.
[3]) Zeitschr. f. anorgan. Chemie. **71,** S. 356—377, 1911.

Kolloidlösungen darstellen, so untersuchte er die Struktur des Kieselsäuregels.

Nach seiner Ansicht müßte ein lufterfüllter Schaum von SiO_2 mit Hohlräumen von 1 μ Durchmesser, selbst wenn die Gerüstwände (Wabenwände) erheblich dünner als 0,2 μ wären, wegen der Beugung und Reflexion des Lichts an den Grenzflächen ganz weiß opak erscheinen und im Ultramikroskop blendend helle Heterogenitäten aufweisen.

Die ultramikroskopische Untersuchung ergab, daß die trockenen Hydrogele zuweilen deutliche Submikronen enthalten, zuweilen aber annähernd optisch leer erscheinen. Infolgedessen ist eine viel feinere als die von Bütschli beschriebene Struktur anzunehmen.

Im Exsikkator nahm ein klares, trockenes Gel mit lichtschwachen Submikronen und Amikronen, mit Benzoldämpfen behandelt, bis zu 37% seines Trockengewichts Benzol auf, worauf es völlig klar und optisch leer erschien.

Beim Verdunsten des Benzols an der Luft trat zunächst ein schwacher, immer stärker werdender Lichtkegel auf, ferner erschienen allmählich Submikronen, die nicht gezählt werden konnten und so hell wurden, daß sie die Nachbarteilchen bestrahlten. Dann nahm die Helligkeit des Lichtkegels allmählich ab. Die Submikronen waren dicht und ähnlich denen bei Rubingläsern an der Grenze der Wahrnehmbarkeit angeordnet[1]).

Das Licht war linear polarisiert, und der Kegel konnte durch Drehen des Nikols zum Verschwinden gebracht werden, was ebenfalls ein Beweis für die Feinheit der Heterogenität ist.

Die Umschlagserscheinungen erklären sich nach Zsigmondy in folgender Weise.

Wegen der Feinheit der Hohlräume ist die Kieselsäure-Luftmischung der Hauptsache nach amikroskopisch und nahezu optisch leer. Nur einzelne dichtere oder weniger dichte Anhäufungen der Kieselsäure sind als lichtschwache Submikronen im trockenen Präparat erkennbar, vielleicht auch etwas größere Hohlräume oder Kieselsäurekrystallchen evtl. auch Verunreinigungen des Gels.

Die amikroskopische Mischung von Kieselsäurebenzol besitzt einen Brechungsexponenten, der zwischen dem des Benzols und der Kieselsäure liegt (Brewster)[2]). Beim Eintrocknen bilden sich im Innern der Kieselsäure unzählige, sehr winzige Hohlräume, die mit Benzoldampf oder einem Benzolluftgemisch gefüllt sind. In dem Maße, wie das Benzol verdampft, breiten sich die Hohlräume aus und füllen die amikroskopischen Nachbarkanäle mit Luft- und Benzoldampf. Das sich bildende

---

[1]) Siedentopf, H., u. Zsigmondy: Ann. Phys. (4) **10**, S. 1—39, 1903.
[2]) Philos. Transact. II, S. 283, 1819; Schweigg. Journ. Chem. u. Phys. **29**, S. 411—429, 1820.

Die Eigenschaften und Herstellung des Kieselsäuregels. 49

ultramikroskopische Gaskieselsäuregemisch hat einen anderen Brechungsexponenten als das es umgebende Gemisch von Benzolkieselsäure. Es beugt das Licht ab und kann im Falle, daß der Raum groß genug ist, auch als Submikron wahrgenommen werden. Diese Auffassung steht mit der Beobachtung von W. Bachmann[1]) völlig im Einklang.

Die Bütschlische Wabenstruktur stellt mithin keineswegs die wahre feinste Struktur des Gels der Kieselsäure dar. Der Bau des Gels ist im wesentlichen amikroskopisch. Die amikroskopischen Hohlräume müssen miteinander im Zusammenhang stehen, da sonst ein völliges Durchtränken des Gels mit den verschiedensten Flüssigkeiten nicht möglich wäre.

Der Durchmesser der Hohlräume im Kieselsäuregel wurde zu etwa $5\,\mu\mu$ berechnet für eine Dampfdruckerniedrigung von 6 mm.

Mit diesen kleinen Abmessungen steht auch das optische Verhalten des Gels und seine Verwendbarkeit als Ultrafilter im Einklang. Die Entwässerungs- und Wiederwässerungsisothermen von van Bemmelen erklären sich auf Grund der Annahme, daß die Verminderung der Dampfdruckspannung auf die Tensionsverminderung des Wassers in sehr kleinen Capillaren zurückzuführen ist.

Die Struktur des Gels der Kieselsäure ist von J. S. Anderson[2]) untersucht worden, und zwar war der Hauptzweck dieser Untersuchungen zu ermitteln, ob die auf die Struktur des Gels angewendete Capillaritätstheorie übereinstimmende Resultate ergeben würde, wenn anstatt des Wassers Alkohol und Benzol zur Füllung der Hohlräume des Gels benutzt würden.

Anderson stellte sich eine größere Menge von Kieselsäuregel her, das nach dem Trocknen über Schwefelsäure 5,5% Wasser enthielt.

Die Entwässerung und Wiederwässerung des Gels fand in einem Apparat folgender Einrichtung statt[3]).

In dem gläsernen Apparat können die genannten Prozesse im luftleeren bzw. verdünnten Raum durchgeführt werden. Er besteht aus einem etwa 300 cm³ fassenden, zur Aufnahme von Flüssigkeit, die den erforderlichen Dampfdruck liefert, dienenden Behälter mit Manometer. Das zu prüfende Gel befindet sich in einem mit Hahn versehenen Gefäß, das durch ineinanderpassende Rohre mit dem Flüssigkeitsbehälter verbunden werden kann. Letzterer besitzt einen Hahn, ebenso das eine Verbindungsrohr. Die normal geschliffene Glasverbindung wurde mit Ramsay-Fett geschmiert. Zum Evakuieren des Apparates diente eine Gaedesche-Rotationskapselpumpe und wurde zwischen diese und die Glasverbindung ein luftdichter, mit Chlorcalcium gefüllter Glasturm geschaltet.

---
[1]) Inaugural-Diss. Göttingen 1911.   [2]) Inaugural-Diss. Göttingen 1914.
[3]) Vgl. auch: Zeitschr. f. anorgan. Chemie. **75**, S. 189, 1912 (R. Zsigmondy, W. Bachmann u. E. F. Stevenson).

50 Das Kieselsäuregel.

Man verband das Aufnahmegefäß für das Gel mit der Apparatur und füllte den Flüssigkeitsbehälter mit einem Gemisch von Schwefelsäure und Wasser bis zur Hälfte. Dann wurde der Apparat mit der Pumpe verbunden und nach Öffnen bzw. Schließen der Hähne ausgepumpt, bis das Manometer annähernd den der Mischung von Schwefelsäure und Wasser entsprechenden Dampfdruck zeigte. Der Apparat wurde so oft ausgepumpt, bis der Druck in dem Kieselsäure enthaltenden Behälter dem Dampfdruck in dem Flüssigkeitsbehälter gleich war. Schließlich wurde die Pumpe vom Apparat entkuppelt und das Gelgefäß gewogen.

Das gewogene Gel wurde nun entwässert und wiedergewässert. Die folgende Tabelle gibt die Resultate der Entwässerung des Gels an:

Gewicht des Gefäßes 32,2741, Gewicht des Gels über Schwefelsäure 0,7996 g.

Dampfdruck des Wassers mm	Datum	Zeit V=Vormittag N=Nachmittag	Temperatur °C	Beobachteter Dampfdruck mm	Gewicht des Wassers im Gel g	Tägliche Wasserabnahme g	Bemerkungen
0	20. 2.	11,00 V	15,5	1,2	0,0142	—	Das Gel ist klar.
	21. 2.	10,30 V	15,6	1,2	0,0031	0,0111	
	22. 2.	10,45 V	14,6	1,2	0,0008	0,0023	
	23. 2.	12,15 N	14,1	1,2	0,0006	0,0002	
12,70	24. 2.	10,30 V	15,65	17,6	0,3582	0,3576	Das Gel ist getrübt.
	26. 2.	9,45 V	15,55	16,5	0,4337	0,0755	Das Gel ist klar.
	27. 2.	9.30 V	14,75	13,0	0,4398	0,0061	
	28. 2.	10,30 V	15,3	13,0	0,4325	0,0073	
	29. 2.	9,00 V	15,0	13,8	0,5003	0,0678	Wasser kondensiert sich im Gefäß.
	1. 3.	10,00 V	15,3	13,0	0,4367	0,0636	
	2. 3.	10,20 V	15,4	13,0	0,4341	0,0026	
9,94	4. 3.	9,30 V	14,5	14,0	0,4093	0,0248	
	5. 3.	9,00 V	14,55	10,0	0,4091	0,0002	
8,90	6. 3.	10,30 V	14,95	10,5	0,3989	0,0102	Das Gel ist nicht ganz klar.
	7. 3.	9,00 V	14,25	10,0	0,3973	0,0016	
	8. 3.	9,15 V	15,3	9,5	0,3947	0,0026	
	9. 3.	10,00 V	15,2	9,3	0,3936	0,0011	
	11. 3.	10,20 V	15,1	9,0	0,3936	0,0000	Das Gel ist etwas getrübt.
7,94	12. 3.	9,30 V	15,0	9,0	0,3703	0,0233	Das Gel ist teilw. ganz getrübt.
	13. 3.	9,30 V	15,2	8,2	0,3619	0,0084	Das Gel ist ganz getrübt.
	14. 3.	10,00 V	15,4	8,2	0,3537	0,0082	
	29. 4.	5,30 N	14,8	8,0	0,3445	0,0092	
	30. 4.	9,30 V	14,5	8,0	0,3423	0,0022	
	1. 5.	11,30 V	15,3	8,0	0,3397	0,0026	
	2. 5.	9,30 V	14,9	8,0	0,3393	0,0004	
7,40	3. 5.	9,15 V	14,9	9,0	0,3263	0,0130	
	4. 5.	11,30 V	15,05	9,0	0,3173	0,0090	
	5. 5.	8,45 V	14,95	8,0	0,3120	0,0053	
	6. 5.	9,00 V	15,15	8,0	0,3111	0,0009	
	7. 5.	11,30 V	15,3	8,0	0,3021	0,0090	
	8. 5.	8,45 V	15,25	8,0	0,2987	0,0034	
	9. 5.	9,15 V	15,3	8,0	0,2979	0,0008	

Die Eigenschaften und Herstellung des Kieselsäuregels. 51

Gewicht des Gefäßes (Fortsetzung der Tabelle von S. 50).

Dampfdruck des Wassers mm	Datum	Zeit V=Vormittag N=Nachmittag	Temperatur °C	Beobachteter Dampfdruck mm	Gewicht des Wassers im Gel g	Tägliche Wasserabnahme g	Bemerkungen
7,40	11. 5.	9,15 V	15,3	9,0	0,2931	0,0048	
	13. 5.	8,15 V	15,4	8,0	0,2881	0,0050	
	14. 5.	11,15 V	15,3	7,5	0,2855	0,0026	
	15. 5.	8,45 V	15,4	7,5	0,2819	0,0036	
	17. 5.	11,15 V	15,3	7,5	0,2796	0,0023	
	18. 5.	8,45 V	15,3	7,5	0,2787	0,0009	
	20. 5.	8,45 V	15,3	7,5	0,2775	0,0012	
	22. 5.	11,15 V	15,4	7,5	0,2773	0,0002	
6,79	23. 5.	8,45 V	15,45	8,0	0,2299	0,0474	Das Gel ist getrübt.
	24. 5.	10,30 V	15,4	8,0	0,2185	0,0114	
	10. 6.	6,00 N	16,3	8,5	0,2085	0,0100	
	11. 6.	10,30 V	16,3	8,0	0,2079	0,0006	
	12. 6.	10,30 V	15,6	8,0	0,2023	0,0056	
	13. 6.	9,45 V	15,45	8,0	0,2011	0,0012	
	14. 6.	9,30 V	15,6	8,0	0,2006	0,0005	
5,88	15. 6.	10,00 V	15,2	7,5	0,1461	0,0545	Das Gel ist nicht ganz klar.
	17. 6.	9,20 V	14,8	7,5	0,1427	0,0034	
	18. 6.	9,30 V	14,7	7,0	0,1419	0,0008	
	19. 6.	11,15 V	14,6	7,0	0,1411	0,0008	
4,76	20. 6.	9,00 V	15,0	6,0	0,1037	0,0374	
	21. 6.	9,15 V	15,1	6,0	0,1031	0,0006	
2,79	22. 6.	10,45 V	15,2	4,0	0,0621	0,410	Das Gel ist beinahe klar
	24. 6.	10,00 V	15,6	4,0	0,0618	0,003	
0	25. 6.	10,00 N	15,9	2,0	0,0039	0,0579	Das Gel ist klar.
	26. 6.	9,30 N	15,6	2,0	0,0011	0,0028	
	27. 6.	9,00 N	15,7	2,0	0,008	0,0003	

In analoger Weise wurden die Versuche mit Alkohol und Benzol durchgeführt.

Ferner zeigt die folgende Tabelle die von Anderson beobachteten Resultate der Entwässerung und Wiederwässerung des Kieselsäuregels:

Dampfdruck des Wassers mm	Gel Nr. 1 Menge 0,7237 g		Gel Nr. 2 Menge 0,7704 g		Gel Nr. 3 Menge 0,7996 g	
	Gewicht des Wassers i. Gel g	g Wasser auf 100 g Gel	Gewicht des Wassers i. Gel g	g Wasser auf 100 g Gel	Gewicht des Wassers i. Gel g	g Wasser auf 100 g Gel
			Leerung der Poren:			
12,70	0,3843	53,10	0,4054	52,63	0,4341	54,30
9,94	—	—	0,3854	50,04	0,4091	51,17
8,90	—	—	0,3736	48,50	0,3936	49,23
7,94	0,3100	42,85	0,3398	44,11	0,3393	42,55
7,40	0,2447	33,82	0,2642	34,30	0,2773	34,69
6,79	0,1717	23,73	0,1894	24,59	0,2006	25,09
5,88	0,1265	17,49	0,1374	17,84	0,1411	17,65
4,76	—	—	0,0987	12,81	0,1031	12,89
2,79	0,0578	7,99	0,0610	7,92	0,0618	7,73
0	0	0	0	0	0	0

4*

Fortsetzung der Tabelle von S. 51.

Dampfdruck des Wassers mm	Gel Nr. 1 Menge 0,7237 g		Gel Nr. 2 Menge 0,7704 g	
	Gewicht des Wassers im Gel g	g Wasser auf 100 g Gel	Gewicht des Wassers im Gel g	g Wasser auf 100 g Gel
	Füllung der Poren:			
0	0	0	0	0
0,65	—	—	0,0164	2,13
2,79	0,0574	7,93	0,0626	8,05
4,76	0,0943	13,03	0,1002	13,01
5,88	0,1250	17,28	0,1326	17,21
6,79	0,1565	21,63	0,1699	22,06
7,40	0,1803	24,92	0,2058	26,72
7,94	0,2188	30,24	0,2296	29,81
8,90	0,2961	40,92	0,3138	40,73
9,94	0,3557	49,16	0,3824	49,65
12,70	0,3843	53,10	0,4054	52,63

Es ergab sich, daß im Gegensatz zu den von van Bemmelen untersuchten Kieselsäuregelen die Isothermen im Umschlagsgebiet bei dem untersuchten Gel nicht horizontal verliefen.

Dies ist bei Anwendung der Capillaritätsgesetze so zu deuten, daß verschieden große Hohlräume vorhanden sind. Bei O werden die größten, bei O_1 die kleinsten Capillaren entleert.

Die Dampfdruckerniedrigungen des Wassers, Alkohols und Benzols im Gel gaben die Durchmesser $2\,r$ und $2\,r_1$ der größten und kleinsten Capillaren:

	$2\,r$	$2\,r$
Wasser . . .	5,49 $\mu\mu$	2,75 $\mu\mu$
Alkohol . . .	5,17 $\mu\mu$	2,42 $\mu\mu$
Benzol . . .	5,98 $\mu\mu$	2,70 $\mu\mu$.

Der Durchschnitt der Durchmesser der größten Capillaren ist danach 5,55 $\mu\mu$ und der der kleinsten Capillaren 2,63 $\mu\mu$. Die Größenordnung stimmt mit den sonstigen Eigenschaften des Gels überein.

Die spezifischen Gewichte des trockenen und des mit Wasser gesättigten Gels wurden mit 2,048, 0,980 und 1,500 bestimmt.

Der Aufnahme und Abgabe von Flüssigkeiten beim Kieselsäuregel, ebenso dem Trübwerden des letzteren liegen Capillaritätsvorgänge zugrunde.

Die Bildung von Hydraten war nicht nachzuweisen.

H. N. Holmes und J. A. Anderson[1]) suchten das Zusammensinken der Capillaren des frisch gefällten Kieselsäuregels beim Auswaschen dadurch zu vermeiden, daß sie das Gel erst zu einer eine harte und feste Struktur aufweisenden Masse trockneten und dann erst das

---

[1]) Ind. and Engin. Chem. **17**, S. 280—282, 1925.

Die Eigenschaften und Herstellung des Kieselsäuregels. 53

Natriumchlorid auswuschen. Das so erhaltene Produkt zeigte gegenüber dem nach dem Verfahren von Patrick hergestellten Gel eine höhere Adsorptionskraft.

Durch Mischen von wässerigen Eisenchloridlösungen und Wasserglas erhaltenes Eisenoxyd-Kieselsäuregel zeigte ebenfalls, in vorstehender Weise behandelt, eine Steigung des Adsorptionsvermögens gegenüber dem naß ausgewaschenen Gel. Zwecks Erhöhung der Capillarität und damit der Adsorptionswirkung lösten die genannten Forscher ferner aus dem Gel mittels Salzsäure das Eisenoxyd heraus.

Ferner ersetzten sie das Eisenoxyd durch Aluminiumoxyd, Calciumoxyd, Chromoxyd, Kupferoxyd und Nickeloxyd.

A. F. Joseph[1]) hat mit Salzsäure gereinigtes Kieselsäuregel mit Kaliumcarbonat geschmolzen, aber keine Spur an Chlor gefunden. Dagegen stellte er fest, daß Kieselsäuregel in unreinem Zustande infolge ihres Alkaligehaltes Wasserstoff-Ionen bindet.

Um festzustellen, welchen Einfluß Salze auf die Koagulation kolloidaler Kieselsäurelösungen auszuüben vermögen, ließ N. Pappadà[2]) auf nach Graham durch Dialyse von mit Salzsäure neutralisierten Natriumsilicatlösungen (3,9 g SiO_2 in 100 cm³ Lösung) erhaltene Lösungen Chlorkalium, Bromkalium, Jodkalium, Bromnatrium, Jodnatrium, Chlornatrium, Kaliumperchlorat, Caesiumchlorid, Rubidiumchlorid, Lithiumchlorid, Cyankali, Kaliumcarbonat, Dinatrium- und Mononatriumphosphat, Zinksulfat, Cadmiumsulfat und Quecksilberchlorid einwirken und erhielt folgende Resultate.

Es ergab sich:
1. daß die Zeit der Koagulation je nach der Natur des zugesetzten Salzes schwankt,
2. daß saure und stöchiometrisch neutrale, aber in Lösung saure Reaktion zeigende Salze verdünnte Lösungen (0,6 % SiO_2-Gehalt) gar nicht, und konzentrierte nur schwach zur Koagulation bringen,
3. daß neutrale Salze die Lösungen energisch koagulieren. Diese Fähigkeit nimmt mit Abnahme des Molekulargewichts des Salzes zu,
4. daß in Lösung alkalische Reaktion zeigende Salze eine energische Koagulation hervorrufen.

Wirklich reines Kieselsäuregel vermochte E. Jordis[3]) nicht zu erhalten. Da dieses Resultat früheren Versuchsergebnissen[4]) entgegenzustehen schien, ging der genannte Forscher in folgender Weise vor.

Ein bei Reaktionen und in der Kälte rein erscheinendes Gel wurde mit viel Wasser einige Tage gekocht, und zwar unter Einhängen des

---
[1]) Nature. 115, S. 460. [2]) Gaz. chim. italiana. 33, II, S. 272—276.
[3]) Zeitschr. f. anorgan. Chemie. 44, S. 204—209, 1905; Zeitschr. f. Elektrochemie. 11, S. 835—836, 1905.
[4]) Zeitschr. f. anorgan. Chemie. 34, S. 459.

das Gel enthaltenden Kolbens in eine bei etwa 106° C kochende Chlorcalciumlösung.

Die Prüfung des alsdann abfiltrierten Wassers ergab eine starke Chlor- und Natriumreaktion, folglich mußte das Gel noch beide enthalten haben, wenn auch in einer Form, die in der Kälte nicht reagierte, in der Siedehitze dagegen zersetzt wurde.

Diese Prüfung wurde mit fünf Gelen vorgenommen, von denen drei aus Wasserglaslösung, eines aus konzentrierter Lösung und je eines aus $NaHSiO_3$ und Na_2SiO_3 erzeugt wurden. Bei einem wurde die Reaktion alkalisch gelassen, beim zweiten gerade neutral eingestellt und das dritte sauer gemacht.

Der qualitative Befund war immer der gleiche, d. h. in der Kälte zeigte das jeweilige Gel keine, beim Sieden erneute Reaktion, in allen Fällen Chlor und Natrium.

Bei fortgesetztem Kochen mit erneuerten Wassermengen löste sich die Kieselsäure mit den Verunreinigungen zum Teil in merkwürdigen Schwankungen. Bei einem Verlust von 90—95 % hörten die Reaktionen auf.

Eine derartige Herstellung ist natürlich unmöglich vom Standpunkt der Ausbeute aus.

Diese Versuche wurden mit je 1 g des Gels durchgeführt.

Die erhaltenen Resultate zeigt die nebenstehende Tabelle.

K. Sichling[1]) hydrolysierte Siliciumtetrachlorid, und zwar ließ er dieses direkt in Wasser eintreten. Neben der kolloidalen Kieselsäure bilden sich hierbei Abscheidungen fester Kieselsäure.

Dagegen erhält man nach E. Ebler und M. Fellner[2]) vollkommen klare und haltbare Sole, wenn man mit einem trockenen und indifferenten Gase vermischten Siliciumtetrachloriddampf in Wasser unter stetigem Umrühren einleitet.

Auf diese Weise aus 40 g des Siliciumtetrachloriddampf und 2000 cm³ Wasser (Leitfähigkeit $K\ 18° = 6{,}2 \cdot 10^{-6}$) erhaltenes Produkt, das bei längerer Dialyse der salzsauren Lösung in fließendem Wasser mittels Pergamenthülsen von Schleicher und Schüll von der Säure befreit wurde, wies folgende Leitfähigkeiten auf:

Zeit in Tagen	$K\ 18°$
14	$3{,}2 \cdot 10^{-5}$
18	$2{,}0 \cdot 10^{-5}$
22	$1{,}7 \cdot 10^{-5}$

Die Herstellung der kolloidalen Kieselsäure ist von Berzelius[3]) und Fremy[4]) durch Zersetzen von Schwefelsilicium durch Wasser oder

---
[1]) Ph. Ch. **77**, S. 30, 1911.
[2]) Ber. d. deutsch. chem. Ges. **44**, 1915—1918, 1911.
[3]) Lehrbuch der Chemie. 3. Aufl. 2, S. 122, 1833.
[4]) Ann. de Chim. phys. (3). **38**, S. 317—335.

Die Eigenschaften und Herstellung des Kieselsäuregels. 55

	Filtrat von Digestion		Abdampfrückstand von 1 l			Gel % SiO$_2$	Bemerkungen
	Aussehen	Reaktion	g	Reaktion Na-Flamme	Reaktion AgCl		
		Probe A					
1	opalisiert	deutlich AgCl	0,8120	stark	viel	—	4 Tage digeriert
2	stark milchig	schwach (1 l) AgCl	2,3310	,,	mäßig	6,7	6 ,, ,,
3	weniger ,,	unwägbar (2 l) AgCl	1,3536	,,	unwägbar	6,7	5 ,, ,,
4	,, ,,	kein (1 l) AgCl	1,0890	,,	,,	4,5	16 Tage digeriert, von nun an weiße Bröckchen von erdiger Beschaffenheit im Gel
5	opalisiert	Na-Flamme, kein AgCl	0,6464	,,	,,	6,9	5 Tage digeriert
5a	nach 6 Monaten	kein AgCl	0,3800	,,	,,	—	feiner Bodensatz in der Flasche
6	opalisiert	,, ,,	0,2160	,,	,,	6,8	2 Tage digeriert
7	,,	,, ,,	0,7490	,,	kein	6,7	1 Tag digeriert
8	,,	Na-Flamme schwach	0,5075	deutlich	,,	6,9	,, filtriert gut
9	,,	do. daneben K-Flamme	0,3468	,,	,,	—	,, ,,
10	,,	do. do. sehr schwach	0,4328	,,	,,	6,9	,, ,,
		Probe B					
1	klar	stark sauer 3,375 g Cl	0,6232 dav. 0,2924 SiO$_2$	stark	reichlich	5,8	5 Tage digeriert
2	,,	do. 0,5008 g Cl Filterrand, gelb von FeCl$_3$	0,3700	,,	,,	6,7	16 Tage digeriert, Filtration dauert 60 Stdn.
3	opalisiert sehr schwach	0,0796 g Cl schwach sauer	0,3046	,,	viel	5,5	10 Tage digeriert, filtriert sehr schlecht, 4 Tage nötig, weiße Bröckchen im Gel
4	ganz klar lebhafte Interferenzfarben	eben noch sauer, qualitativ Cl	0,5620	,,	mäßig	5,9	8 Tage digeriert, steht dann 6 Monate, dann noch 1 Tag digeriert, Filtration 38 Stdn.
5	klar, nach 36 Stdn. in Flasche m.	neutral, qualitativ Cl	0,2976	deutlich	,,	5,9	2 Tage digeriert, Filtration 18 Stdn.
6	Gummistopf. opal.	Na-Flamme schwächer	0,2260	,,	deutlich	6,1	1 Tag
7	,, nach 24 Stdn. opalisier.	,, ,, sehr schwach, Cl	0,2600	schwach	,,	—	1 ,, ,,
8	Gummi- ⎧ nach 24 Stdn.	,, ,, fehlt, Cl deutlich	0,2596	,,	,,	4,6	1 ,, ,, 8 ,, ,,
9	stopfen ⎨ opalisier. u.	,, ,, Cl deutlich	0,3668	sehr schwach	,,	—	1 ,, ,, 6 ,, ,,
10	⎩ so bleibend	,, ,, ,, ,,	0,2732	kaum sichtbar	,,	6,2	1 ,, ,, 6 ,, ,,

Probe A ist schließlich körnig und weißlich. Probe B ist klar und mit einzelnen weißen erdigen Klümpchen darin.

durch Verseifen des Kieselsäureäthylesters von Grimaux[1]) und Ebelmann[2]) durchgeführt worden.

Beide Verfahren kommen mit Rücksicht auf die schwer zugängliche Schwefelverbindung und im letzteren Falle mit Rücksicht auf die langwierige und beim Erhitzen im Rohr nur zum kleinen Teil zu kolloidaler Kieselsäure führende Arbeitsweise praktisch weniger in Betracht.

Dagegen erwies sich das aus folgender Vorschrift ersichtliche Verfahren von Kühn[3]) als brauchbar.

Lockere, d. h. aus sehr verdünnter Natriumsilicatlösung mit Salzsäure oder Kohlensäure gefällte Gallerte wird mit kaltem Wasser — am vorteilhaftesten in einer Verdrängungsvorrichtung, in der sie ständig mit Wasser bedeckt ist, oder durch Einhängen der in Leinen eingeschlagenen Masse in oft zu erneuerndes Wasser — sorgfältig ausgewaschen und sodann mit dem gleichen Volumen Wasser 12—16 Stunden unter Ersatz des verdampfenden Wassers gekocht und dann die erhaltene Lösung filtriert. Die Lösung wird hierauf in einem Kolben konzentriert und schließlich über Schwefelsäure auf 10 % Gehalt gebracht.

Es resultiert dann eine sich leicht in Wasser lösende Kieselsäure.

Man kann nach Kempe[4]) die Kieselsäure auf der Nutsche scharf abgießen und mit wenig Wasser nachwaschen.

Die so erhaltene Kieselsäure enthält nur noch wenig Natriumchlorid und kann davon rasch mittels Dialyse befreit werden.

Ebelmann[5]) erhielt 1846 durch langsames Zersetzen salzsäurehaltigen Kieselsäuremethylesters in feuchter Luft oder durch Einbringen von Siliciumchlorid in überschüssigen Alkohol und langsames Zersetzen der Flüssigkeit in feuchter Luft ein Kieselsäuregel, das an der Luft halbdurchsichtig oder undurchsichtig, in Wasser aber wieder völlig durchsichtig wurde. Dieser Eigenschaft wegen bezeichnete Ebelmann dieses Gel mit Hydrophan.

Frankenstein[6]) war bereits 1851 der Ansicht, daß Kieselsäuregele, Tabaschire und Opale mit feinsten Hohlräumchen vollkommen durchsetzt seien.

H. Kühn[7]) erhielt aus der durch Behandeln von Alkalisilicatlösungen mit Salzsäure gefällten und gut ausgewaschenen hergestellten Lösung wasserlöslicher Kieselsäure durch Eintrocknenlassen eine opalartige Masse von geringem spezifischen Gewicht und großer Porosität.

---

[1]) Ber. d. deutsch. chem. Ges. **17**, S. 109, 1884 Ref.
[2]) Journ. f. prakt. Chemie. **33**, S. 417, 1844 u. **37**, S. 359, 1846.
[3]) Journ. f. prakt. Chemie (2). S. 59, 1853.
[4]) Zeitschr. f. Chemie u. Industrie d. Kolloide. **1**, S. 43/44, 1906/1907.
[5]) Journ. f. prakt. Chemie. **37**, S. 347—376.
[6]) Journ. f. prakt. Chemie. **54**, S. 430—476.
[7]) Journ. f. prakt. Chemie. **59**, S. 1—6.

Die Eigenschaften und Herstellung des Kieselsäuregels. 57

Die auffallendste Übereinstimmung zwischen Tabaschir und künstlichem Kieselsäuregel ist jedoch bezüglich des Verhaltens der mit Wasser imbibierten und daher glasartig durchsichtig gewordenen Stücke festzustellen.

Die natürlichen, mineralischen Kieselsäuregallerten enthalten häufig etwas organische Substanz, wie z. B. der von Bütschli untersuchte Halbopal von Telkebańja (Ungarn) sowie der Hydrophan (Czernewitza). Beide werden beim Glühen tiefgrau bis hochschwarz (Reusch)[1].

Eine fast durchsichtige Gallerte gab nach Bender und Erdmann[2], nachdem sie zerteilt und durch Einhängen in Wasser möglichst ausgelaugt worden war, beim freiwilligen Verdunsten einen glasritzenden Rückstand.

Beim Vermischen von Wasserglaslösungen mit Wasserstoffsuperoxyd geht das Ganze nach A. Kowarowsky[3] in eine durchscheinende Gallerte über. Dampft man das Kieselsäuregel mit einem geringen Überschuß an 30%igem Wasserstoffsuperoxyd, dem sog. Perhydrol, auf dem Wasserbade ein, so entsteht eine glasähnliche amorphe Masse, die sich zu einem weißen Pulver zerreiben läßt.

Diese Masse stellt Perkieselsäure ($H_2SiO_4 + 1\frac{1}{2} H_2O$) oder das Perhydrogel der Kieselsäure ($H_2SiO_3 + H_2O_2 + \frac{1}{2} H_2O$) dar, das nach 24 Stunden Wasser verliert.

Dieses Produkt wurde auch durch langsames Verdunsten des Kieselsäurehydrogels mit Wasserstoffsuperoxyd im Exsiccator über konzentrierter Schwefelsäure erhalten. Es entwickelt aus Salzsäure Chlor, aus Jodkaliumlösung Jod, mit konzentrierter Schwefelsäure O_3, spaltet allmählich und beständig ozonisierten Sauerstoff ab, wirkt auf Kaliumpermanatlösung entfärbend und gibt die Reaktion auf Überchromsäure.

Auch Kieselsäurehydrosol reagiert mit Wasserstoffsuperoxyd unter Gerinnen. Die im Exsiccator erhaltenen glasartigen Massen (Schuppen) zeigen die Reaktionen der Peroxyde.

Beschreibungen der Herstellung, Eigenschaften und Verwendung von Kieselsäuregelen haben J. H. Frydlender[4] und H. A. Fells und J. B. Firth[5] gegeben.

Eine Beschreibung der Verwendung von kolloidaler Kieselsäure in Amerika gab G. Durocher[6].

---
[1] Ann. d. Physik u. Chemie. **200**, S. 431—448 u. 643—644.
[2] Chem. Praeparatenkunde. **1**, S. 336, 1893.
[3] Chem.-Zg. **38**, S. 121—122.
[4] Revue des Produits Chim. **27**, S. 1613—1616.
[5] Journ. Physical Chem. **29**, S. 241—248.
[6] Ind. Chim. **9**, S. 533—536.

2. Die im In- und Auslande patentierten Verfahren zur Herstellung von Kieselsäuregel.

1913 gelang es der Elektro-Osmose Akt.-Ges. (Graf Schwerin-Gesellschaft, Frankfurt a. M.) lösliche, chemisch reine Kieselsäure dadurch zu gewinnen, daß sie Alkalisilicatlösungen in dem Anodenraum einer mit Diaphragma ausgestatteten Zelle, die das gleichzeitige Hindurchwandern von Alkali und Kieselsäure verhinderte, dem elektrischen Strom aussetzte.

Man gießt bei Durchführung dieses Verfahrens eine 5—10 %ige Alkalisilicatlösung in eine Diaphragmazelle oder in die Anodenseite eines zweckmäßig ausgebildeten Diaphragmaapparates, verwendet zweckmäßig als Anode eine an der inneren Wand des Diaphragmas anliegende perforierte Elektrode und stellt das so vorbereitete Diaphragma in ein reines Wasser enthaltendes Gefäß. Die Kathode wird vorteilhaft ebenfalls als Drahtnetz ausgebildet und an die äußere Wand der Zelle angelegt.

Diese Anordnung der Elektroden — insbesondere des positiven Poles — bezweckt die Abscheidung amorpher Kieselsäure zu vermeiden.

Für ärztliche Zwecke stellt man die Kieselsäure mit netzförmigen Platinanoden, für technische Zwecke mit einer formierten Bleiantimonanode (D.R.P. 251098 vom 7. September 1911) her. Als Kathode verwendet man vorteilhaft ein Messingdrahtnetz.

Nach Zuführung des elektrischen Stromes wandert das Alkali durch das Diaphragma in den Kathodenraum, während lösliche Kieselsäure im Anodenraum zurückbleibt.

Zweckmäßig verwendet man ein Diaphragma aus einem Gemisch von Carborund (Siliciumcarbid) und Korund (D.R.P. 274039 vom 15. Januar 1910).

Zum Anfang kann mit geringerer Spannung gearbeitet werden, zuletzt kann diese auf etwa 60—70 Volt gesteigert werden.

Die noch in der alkalifreien Kieselsäure enthaltenen Säurespuren werden durch eine anodische Reinigung beseitigt.

Zu diesem Zwecke gibt man die Kieselsäure in ein als Kathode dienendes Gefäß und umgibt die Anode mit einem Diaphragma (Pergamentpapier). Dann wandern beim Stromdurchgang die Säurereste durch das Diaphragma in den Anodenraum.

Die erhaltene chemisch reine Kieselsäure besitzt ein niedriges Molekulargewicht und ist haltbar (D.R.P. 283886 vom 15. April 1913).

Das Kieselsäuresol der Elektro-Osmose Akt.-Ges. (Berlin) ist unter der Bezeichnung Elmosol im Handel.

Die patentierten Verfahren zur Herstellung von Kieselsäuregel. 59

Reine adsorptionsfähige Kieselsäure herzustellen, war das Ziel des Verfahrens von R. Marcus (Frankfurt a. M.). Es besteht darin, Wasserglaslösungen mit Aldehyden (wie Formaldehyd) oder Phenolen (Phenol, Kresol) zu versetzen. Es bildet sich dann sofort eine schnell gelatinierende und festere Formen annehmende Gallerte, die sorgfältig ausgewaschen und getrocknet wird. Auf diesem Wege wird das gesundheitsschädliche Arbeiten mit Säuren und die Anwesenheit von Säuren oder Salzen in dem Gel vermieden (D.R.P. 279075 vom 20. Februar 1914).

Da es schwierig ist, die letzten Spuren des Alkalis aus der durch Fällen von Wasserglaslösungen mit einer Säure (Kohlensäure z. B.) erhaltenen, amorphen Kieselsäure durch Waschen mit Wasser oder Säuren zu entfernen, empfahl die J. Michael & Co. (Berlin) das gefällte, in der genannten Weise ausgewaschene Produkt mit einem Metallsalz, insbesondere einem Salz der alkalischen Erden, des Magnesiums oder Aluminiums zu behandeln und nochmals auszuwaschen (D.R.P. 348769 vom 29. März 1922).

Ferner wollte die genannte Firma die gefällte Kieselsäure in ein feinpulveriges, hochvoluminöses Produkt überführen; was sie dadurch erreicht, daß sie die gallertartige Kieselsäure in noch feuchtem Zustande in Kugelmühlen bekannter Art vermahlt, dann trocknet und mit geringen Mengen Alkali (z. B. 1% NH_4Cl) versetzt.

Auf diese Weise soll man auch gallertartiges Magnesiumsilicat oder andere Silicate, Hydroxyde, Sulfide, insbesondere Eisensulfid und Tonerde in voluminöse Produkte überführen können (D.R.P. 374209 vom 29. März 1922).

Hochaktiv soll das Kieselsäuregel sein, daß man nach dem Vorschlage W. J. Müllers und H. Carstens (Leverkusen b. Köln a. Rh.) durch Behandeln der durch Umsetzen von Alkalisilicatlösungen mit Säure erhaltenen Gallerte mit hohen Drucken erhält. (I. G. Farbenindustrie Aktiengesellschaft, Frankfurt a. M., D.R.P. 427998 vom 5. Oktober 1922, Engl. P. 205081 und 255864, Franz. P. 572959, Farbenfabriken vorm. Friedr. Beyer & Co.).

Beim Auspressen des Wassers aus der Kieselsäuregallerte zerfällt diese zunächst in eine weiße pulverige Masse, die bei genügend langer Einwirkung von hinreichend hohem Druck in ein festes, opalartiges Produkt übergeht. Bei Anwendung von 350 Atm. Druck kann man 95% des Wassers aus der Gallerte herauspressen.

Das Preßgut läßt sich naturgemäß viel leichter als die Gallerte auswaschen und erfordert seinem geringen Wassergehalt entsprechend (100 Wasser auf 100 Kieselsäure gegenüber bis zu 1900 Wasser bei der Gallerte) einen viel geringeren Wärmeaufwand beim Trocknen. Der angewandte hohe Druck vermindert die Adsorptionsfähigkeit des Geles für Gase, Dämpfe usw. nicht.

Zur Herstellung der Gallerte arbeitet man zweckmäßig mit hochkonzentrierten Ausgangslösungen, um möglichst wenig Wasser bzw. Mutterlauge durch Auspressen entfernen zu müssen.

Man verdünnt eine handelsübliche Wasserglaslösung auf einen Gehalt von 16% SiO_2 und mischt sie mit dem gleichen Volumen einer Salzsäure, die man durch Verdünnen konzentrierter Salzsäure mit der dreifachen Menge Wasser erhalten hat. Das zuerst entstehende Kieselsäuresol gerinnt nach kurzer Zeit zu einer Gallerte, ein Vorgang, der durch Erwärmen beschleunigt werden kann. Die Gallerte wird etwa 1 Stunde lang einem Druck von 350 Atm. ausgesetzt. Dabei werden 100 Gewichtsteile Gallerte mit 8% SiO_2 auf 15 Gewichtsteile zusammengedrückt. Die erhaltene opalartige Masse wird durch Auswaschen von der Mutterlauge befreit und darauf bei allmählich steigender Temperatur bei 200⁰ getrocknet. Der Trockenprozeß kann durch Vakuum unterstützt werden. Das endlich erhaltene körnige Produkt nimmt aus einer zu 10% gesättigten Benzolluftmischung 22% seines Gewichtes an Benzol auf.

Ebenfalls durch Abpressen führt F. Stöwener die Entwässerung und Reinigung der Kieselsäuregallerten bei Hersteellung stark absorbierender Kieselsäure herbei, unterwirft aber das dabei entstehende halbfeuchte Produkt einer mechanischen Behandlung (Mahlen, Walzen, Schlagen, Kneten, Stoßen usw.), worauf die Masse allmählich getrocknet und in einem beliebigen Stadium gewaschen wird.

Zweckmäßig trocknet man hierbei das Gel nach der mechanischen Behandlung an der Luft oder durch gelindes Erwärmen vor, wäscht es dann und trocknet es alsdann weiter. Das Waschen kann auch unmittelbar nach dem Abpressen oder gleich nach der mechanischen Behandlung oder erst zum Schluß ausgeführt werden. Die so erhaltene Kieselsäure besitzt eine gute Adsorptionskraft, ist hart und widerstandsfähig gegen Wasser.

Wird die mechanische Behandlung der abgepreßten Kieselsäuregallerte mit metallenen Vorrichtungen durchgeführt, so nimmt die Gallerte leicht Metallteilchen oder Metallverbindungen (Eisen, Eisenoxyde, Eisensalze) auf, die beim Waschen meist nicht entfernt werden können, die Adsorptionskraft des fertigen körnigen Produkts aber nicht merklich beeinträchtigen, es dagegen befähigen, für manche katalytische Zwecke Verwendung zu finden.

Der Gallerte oder dem Gel kann man auch zu beliebigem Zeitpunkte Metalle oder Metallverbindungen besonders beimischen, wobei man zweckmäßig Nitrate, Acetate oder andere beim Erhitzen sich leicht zersetzende Verbindungen verwendet.

Man kann die Metalle oder Metallverbindungen aber gewünschtenfalls auch nachträglich ganz oder teilweise entfernen, wodurch in

Die patentierten Verfahren zur Herstellung von Kieselsäuregel. 61

gewissen Fällen die Adsorptionskraft des Endprodukts noch erhöht wird. Zu diesem Zwecke wird das Gel nach dem Erhitzen oder dem Vortrocknen mit Säuren behandelt, ausgewaschen und getrocknet. Beispielsweise mischt man gleiche Volumina zweifach normaler Essigsäure und technischer Natronwasserglaslösung vom spezifischen Gewicht 1,083 (18⁰) bei 20⁰ und erhält dann ein Sol, das nach einigen Stunden durch die ganze Masse zu einer steifen durchsichtigen Gallerte erstarrt. Diese wird z. B. in einer Spindelpresse durch Zusammenpressen auf etwa ein Drittel ihres Volumens von der Hauptmenge der Mutterlauge befreit und sodann längere Zeit in einer Kugelmühle gemahlen.

Nach dem Trocknen an der Luft wird die ziemlich harte, schwarzbraune Masse mit Wasser ausgekocht und hierauf durch allmähliches Erhitzen auf 220⁰ C, gegebenenfalls im Luftstrom oder Vakuum aktiviert. Gegebenenfalls wird das eisenhaltige Produkt mit Salzsäure behandelt, ausgewaschen und getrocknet (J. G. Farbenindustrie Aktiengesellschaft, Frankfurt a. M., D.R.P. 428041 vom 21, Juni 1924).

Die Entwässerung des Kieselsäuregels bis auf einen Wassergehalt von 90 % bildet die dem D.R.P. 402519 vom 31. Mai 1923 zugrunde liegende Erfindung (Franz Herrmann G. m. b. H., Köln-Bayenthal). Das soweit entwässerte Gel läßt sich leicht in beliebige Formen bringen, die nach dem Trocknen sehr fest und sehr aktiv sind. Entzieht man dem Gel mehr als 10 % Wasser, so zerbröckelt das getrocknete Produkt leicht, bei einer geringeren Entwässerung dagegen backt es beim Formgeben zu Klumpen zusammen.

Das nach dem angegebenen Verfahren erhältliche Produkt eignet sich außerordentlich gut für Trocknungs- und Filtrationszwecke.

Ebenfalls geformtes Kieselsäuregel ist das Ziel des durch das D.R.P. 432418 vom 22. März 1925 geschützten Verfahrens von M. Praetorius (Berlin-Treptow) und K. Wolff (Charlottenburg).

Es besteht in folgendem:

Eine 75—95 % Wasser enthaltende Kieselsäuregallerte wird mit einer 10 %igen kolloiden Kieselsäurelösung durchgeknetet und bei 110—180⁰ C in einer der üblichen Trockenvorrichtungen getrocknet. Hierbei fritten die Teilchen zusammen und es entsteht eine ihre Form beibehaltende Masse.

Die Menge der zuzumischenden Kieselsäurelösung beträgt 1—2 %.

Nimmt man eine 1—5 %ige an Stelle einer 10 %igen kolloiden Kieselsäurelösung, so muß das Tempo der Trocknung verlangsamt werden, um auch in diesem Falle ein brauchbares Produkt zu erhalten.

Die erforderliche Kieselsäurelösung kann man unter Anwendung eines Autoklaven selbst herstellen. Wird nämlich in letzterem eine Kieselsäuregallerte allmählich auf höhere Temperatur gebracht, so löst sich ein Teil der Kieselsäure in dem Hydratwasser kolloidal auf. Durch

Versuche läßt sich ermitteln, wie lange man erhitzen muß, um die zur Formgebung erforderliche Menge kolloider Kieselsäurelösung herzustellen. Dann entleert man den Autoklaven, formt die Masse und trocknet sie bei 110—180⁰ C.

Die Herstellung des unter dem Namen Siliquid im Handel befindlichen Kieselsäurehydrosols erfolgt nach dem der Firma Dr. C. F. Boehringer & Söhne (Mannheim-Waldhof) geschützten Verfahren (D.R.P. 373110 vom 25. Juli 1920) in der folgenden Weise.

Wasserreiches, gut gereinigtes Kieselsäuregel wird in 3—5 N-Ammoniak eingetragen (auf 100 cm³ Ammoniak sollen etwa 0,4 g wasserfreie SiO_2 kommen), nach 100 Stunden wird die erhaltene Lösung vom geringen Rückstande abfiltriert und das Filtrat durch ein gutes Ultrafilter (Membranfilter von de Haën) ultrafiltriert. Hierauf wird das Ultrafiltrat etwa 8 Tage über verdünnter Schwefelsäure im Vakuum aufbewahrt. Man erhält ein wasserklares Sol hoher Dispersität mit etwa 0,3 % SiO_2, das etwa noch 0,008 N alkalisch ist.

Auch in der Patentliteratur des Auslandes sind eine Reihe von Vorschlägen zur Erzeugung von brauchbaren Kieselsäuregelen auf möglichst einfache und wirtschaftliche Weise niedergelegt.

Ammoniumsilicat zersetzt die British Thomson-Houston Company, Limited (London) (General Electric Company, Schenectady) zwecks Herstellung von Kieselsäuregel (Engl. P. 113769).

Nach Beobachtungen von A. Poulson scheint die Anwesenheit einer großen Menge Wassers die Reaktion zwischen Natriumsilicat und Salzsäure bei der Erzeugung von gelatinöser Kieselsäure sehr zu begünstigen und ein reineres und homogeneres Produkt als bei Anwendung konzentrierter Lösungen zu liefern. Aus diesem Grunde empfiehlt er Natriumsilicatlösungen von 25⁰ Twaddle mit Salzsäure, die auf 15⁰ Twaddle verdünnt ist, umzusetzen, und sobald die Gelatinierung vollkommen ist, das gebildete Natriumchlorid auszuwaschen (Engl. P. 491, 1909, Amer. P. 1012911, Franz. P. 410716).

Hier ist ferner das Verfahren von W. A. Patrick (Amer. P. 129772, Franz. P. 507068) anzuführen, gemäß dem in folgender Weise gearbeitet wird.

Sorgfältig werden die Konzentrationen der zur Fällung des Kieselsäuregels aus Wasserglaslösungen erforderlichen Säure und die Konzentrationen der Wasserglaslösungen bestimmt, so daß man durch Mischen äquivalenter Volumina dieser Flüssigkeiten nach 4—5 Stunden ein klares Gel erhält. Große Sorgfalt ist ferner beim Zusammenbringen der Flüssigkeiten zu üben, da sonst infolge der Unbeständigkeit der Mischung eine sehr schnelle Koagulation stattfindet.

Durch wirksames Rühren der Flüssigkeiten im Augenblick des Zusammenbringens wird diese Koagulation vermieden.

Die patentierten Verfahren zur Herstellung von Kieselsäuregel. 63

Im Falle der Verwendung von Salzsäure wird eine solche von 10 Gewichtsprozent und eine Natriumsilicatlösung vom ungefähren spezifischen Gewicht 1,185 benutzt. Wasserglaslösungen vom spezifischen Gewicht 1,15—1,22 haben gute Resultate ergeben. Ferner lieferten Wasserglaslösungen vom spezifischen Gewicht 1,1—1,3 ebenfalls gute Resultate.

Bei einer Temperatur der Lösungen von etwa 50^0 C setzt sich bei ihrer Mischung in 30 Minuten bis zur ersten Stunde ein Gel ab, das dem gleich ist, was sich bei tieferer Temperatur aber in beträchtlich längerer Zeit abscheidet. Die günstigsten Temperaturen beim Mischen der Flüssigkeiten sind 45—55^0 C, aber auch bei Temperaturen von 35—80^0 C sind zufriedenstellende Resultate erhalten worden.

Beim Mischen der Säure und der Silicatlösung bildet sich zunächst eine kolloidale Lösung der Kieselsäure, aus welcher Lösung sich sodann die Siliciumverbindung als Gel absetzt.

Das erhaltene Gel wird zu kleinen Stücken zerkleinert und von Säure und Salz durch Waschen befreit. Begünstigt wird das Waschen durch Anwendung von heißem Waschwasser.

Das ausgewaschene Gel muß hierauf sorgfältig getrocknet werden, ehe es Verwendung finden kann. Es wird daher zunächst im Luftstrom bei 75—120^0 C getrocknet. Das Produkt enthält dann noch geringe Mengen Wasser, die durch allmähliche Steigerung der Temperatur auf 300—400^0 C ausgetrieben werden. Die Beständigkeit des Gels kann am sichersten durch Erhitzen auf 700^0 C erreicht werden.

Man kann den Trockenprozeß auch dahin abändern, daß man das Gel nach dem Erhitzen auf 75—120^0 C bei dieser Temperatur im Vakuum behandelt. Diese Arbeitsweise führt zu einem ebenso beständigen Produkt wie das Erhitzen auf 300—400^0 C und 700^0 C.

Das erhaltene Endprodukt stellt einen dem Glase ähnlichen Stoff dar, der sehr porös ist. Die Poren sind ultramikroskopisch und gewährleisten eine gute Adsorptionsleistung.

Die Härte des Produkts ist zur Aufrechterhaltung seiner Form und Struktur erforderlich, damit es in den Adsorptionsbehältern nicht krümelig wird und keine dichten, schwer gasdurchlässigen Schichten bildet.

Das Durchscheinen der Masse ist eine Funktion der Porengestalt und des Wassergehalts des Gels. Sind diese Poren mit Wasser gefüllt, so sind sie weit, und das Gel ist dann durchscheinend. Bei Verminderung des Wassergehalts werden sie kleiner, und das Durchscheinen nimmt ab. Bei weiterer Verminderung des Wassergehalts über diesen Punkt hinaus werden die Poren immer kleiner, und das Durchscheinen wird stärker. Endlich führt das fast völlige Austreiben des Wassers zum praktischen Durchscheinen, die Poren sind dann ultramikroskopisch.

An Stelle von Salzsäure können andere Säuren oder Säuregemische Verwendung finden, was naturgemäß eine Regelung der Temperatur und Konzentration der Flüssigkeiten bedingt.

Ferner kann man das Natriumsilicat durch Kaliumsilicat oder Gemische von löslichen Silicaten ersetzen.

Die gemachten Angaben können Abänderungen erfahren.

Ferner ist Patrick (Silica Gel Corporation) (Baltimore) die Herstellung von Gelen aus Ausgangsstoffen, welche (wie lösliche Silicate) durch Behandlung mit Säuren kolloide Lösungen ergeben, in Österreich patentiert worden (Nr. 100191, Amer. P. 136543), die dadurch gekennzeichnet ist, daß dabei die Wasserstoffionenkonzentration derart eingestellt wird, daß einerseits weder die Bildung eines Niederschlages noch sofortige Gelatinierung eintritt, andererseits die kolloide Lösung aber auch nicht stabilisiert wird. Hierauf wird die Lösung ohne Entfernung der Krystalloide durch Dialyse oder ähnliche Trennungsmethoden bis zur freiwilligen Erstarrung zum Hydrogel sich selbst überlassen und dieses Hydrogel durch einfaches Auswaschen von der überschüssigen Säure und den Salzen befreit und sodann entsolvatisiert.

Zweckmäßig wird die Wasserstoffionenkonzentration oberhalb von 10^{-7} eingestellt, z. B. gleiche Raumteile einer 10%igen Salzsäurelösung und einer durch Verdünnen gewöhnlichen Wasserglases gewonnenen Wasserglaslösung, deren spezifisches Gewicht zwischen 1,15—1,23 liegt, unter kräftigem Rühren zusammengebracht.

Zur Herstellung von Kieselsäuregel verwendet die Elektro-Osmore Aktiengesellschaft (Wien) Alkalisilicatlösungen (Wasserglaslösungen) vom spezifischen Gewicht 1,3, wählt das Volumen der zur Fällung zu verwendenden Salzsäure und des Verdünnungswassers halb so groß bis ebenso groß wie das Volumen der verwendeten Wasserglaslösung und läßt das Gemisch 15—20 Stunden stehen (Öst. P. 102961).

Hier ist ferner das Verfahren von A. van Baerle anzuführen, das dahin strebt, gefällte amorphe Kieselsäure von denkbar größter Absorptions- und Adsorptionsfähigkeit, sowie geringerem spezifischen Gewicht (als das durch Säuren aus Alkalisilicatlösungen gewonnene Produkt aufweist) auf billige Weise zu gewinnen (Schweiz. P. 93268).

Zu diesem Zwecke setzt man zu der Wasserglaslösung zweckmäßig so viel Bisulfat oder Bisulfit in nicht zu schwacher Verdünnung, daß das Flüssigkeitsgemisch schwach sauer reagiert. Auch kann man zu einer warmen Bisulfatlösung von etwa 40° Bé so viel verdünnte Wasserglaslösung zu setzen, daß das Gemisch noch schwach sauer reagiert. Das Gemisch wird einige Zeit stehengelassen. Dann wird die erhaltene Kieselsäure abfiltriert, abgenutscht oder abgeschleudert.

Die patentierten Verfahren zur Herstellung von Kieselsäuregel. 65

Die Entfernung des Wassers aus dem Kieselsäuresol, bevor die Gelbildung eingetreten ist, strebt F. X. Govers (Manhattan) an (Engl. P. 243123, Amer. P. 1504549 und 1506118).

Brauchbares Kieselsäuregel wollen die Chemische Fabrik auf Aktien (vorm. E. Schering) und W. Klaphake (Berlin) nach dem Engl. P. 250078 (Franz. P. 600944) in der Weise herstellen, daß sie das aus Alkalisilicatlösung mit Salzsäure gefällte Kieselsäurehydrogel mehrere Tage an der Luft und dann bei über 600° C trocknen. Ferner wäscht die genannte Firma das Kieselsäuregel nur so weit aus, bis der Salzgehalt etwa 2 % der Trockensubstanz beträgt (Franz. P. 601130, Engl. P. 242234 [W. Carpmanel]).

Durch Hydrolyse einer Siliciumverbindung (Siliciumtetrachlorid) in Abwesenheit einer Base stellen P. G. Somerville (Buckingham Gate) und E. C. Williams (Huddersfield) Kieselsäuregel her, das sie bei erhöhter Temperatur trocknen.

Zweckmäßig gießen sie Siliciumtetrachlorid in Wasser unter lebhaftem Umrühren. Nach Zusatz von 12 % Volumenprozent des Chlorids erhält man schnell ein festes Gel (bei Zusatz von 8—9 % dauert die Gelabscheidung 2—6 Stunden). Das erhaltene Gel wird gewaschen, bei 100° C getrocknet 12—24 Stunden lang, wobei die Temperatur auf 400° C erhöht werden kann. Es muß dafür Sorge getragen werden, daß die Mikrostruktur des Gels nicht zerstört wird.

Das so erhaltene alkalifreie Produkt kann zur Adsorption von Substanzen aus Flüssigkeiten oder Gasen (Kohlen- oder Koksofengas) Verwendung finden und kann durch Glühen in einer oxydierenden Atmosphäre regeneriert werden (Engl. P. 219352, Franz. P. 576822, National Benzole Association [England]).

Als Ausgangsstoffe für diese Art der Gelherstellung können auch Siliciumsulfid oder andere Siliciumhalogenide verwendet werden (Engl. P. 219352, Amer. P. 1539342, Engl. P. 221487, Franz. P. 576822). National Benzole Association [London],

Die Farbenfabriken vorm. Friedr. Bayer & Co. (Leverkusen b. Köln a. Rh.) erzeugen aus unlöslichen Silicaten durch Behandeln mit einer Säure zunächst ein Kieselsäuresol, trennen dieses von dem unlöslichen Rückstand und lassen das Sol gelatinieren, worauf das erhaltene Gel gewaschen und getrocknet wird.

Z. B. werden 20 Teile einer fein gemahlenen Schlacke in ein Gemisch von 50 Teilen Salzsäure vom spezifischen Gewicht 1,15 und 50 Teilen Eis unter Umrühren der Flüssigkeit eingebracht. Während der Reaktion steigt die Temperatur auf 50° C.

Nach Beendigung der Lösung wird das Ganze durch ein feines Roßhaarsieb filtriert. Nach einiger Zeit bildet sich in der Lösung das Gel, das unter starkem Druck gepreßt, gewaschen und getrocknet wird (Engl. P. 221487).

Auch fällten sie die Kieselsäure aus einer Silicatlösung mittels eines neutralen oder sauren Salzes oder eines Gemisches beider und erhält sodann z. B. Niederschläge aus Kieselsäure und Aluminium, Eisen, Chrom oder Nickel. Schließlich hydrolysieren sie Siliciumfluorid, indem sie letzteres mit Wasser, Alkali oder Alkalisilicatlösungen, die vom Pressen herrühren, behandeln (Engl. P. 255 864).

Kieselsäuregele u. dgl. mit kleinen Poren will die genannte Firma dadurch erzeugen, daß sie gelatinöse Massen (Kieselsäure-, Tonerde-, Eisenoxydgele) sehr rasch bei Temperaturen über 120° C unter vorheriger oder nachheriger Reinigung trocknet (Engl. P. 255 863).

Ein poröses Adsorptionsmaterial wollen Th. P. Hilditch (Cross Lane), H. J. Wheaton (Lower Walton) und Josef Crosfield and Sons, Limited (Warrington) dadurch erzeugen, daß sie Siliciumverbindungen und Natriumcarbonat mit oder ohne Zusatz von Natriumaluminat, -pyroborat, -bichromat, -bicarbonat usw. mit verdünnter Säure kochen und das unlösliche Reaktionsprodukt aus der Lösung entfernen sowie trocknen (Engl. P. 206 268).

Auf elektrolytischem Wege erzeugt ferner N. Collins (Clarinda, Java) Kieselsäuregel in der Weise, daß er eine wässerige Wasserglaslösung und eine Quecksilberkathode anwendet, wobei er die Anode ständig bewegt (Amer. P. 1 562 946).

Auf einer porösen Trägersubstanz (Diatomeenerde) läßt Cl. S. Teitsworth (Lompoc, Californien) (Celite Company, Los Angeles, Californien) Kieselsäuregel sich absetzen (Amer. P. 1 570 537).

Um Kieselgur in ihrer Adsorptionswirkung zu erhöhen, imprägniert R. W. Mumford (New York) (Darco Corporation, Wilmington) mit Stärke und glüht das Produkt bei über 600° C (Amer. P. 1 396 773).

Hier ist auch des Verfahrens von R. Calvert, K. L. Dern und G. A. Alles (Lompoc, Californien) zu gedenken, der die Kieselgur durch Glühen ihres gemahlenen Gemisches mit Alkalisalzen (Kochsalz) bei 1800° F (eine Stunde lang) in ein zum Klären, Reinigen und Filtrieren von tierischen, pflanzlichen und mineralischen Ölen, Zuckerlösungen oder Salzen, Abfallflüssigkeiten u. dgl. geeignetes Produkt überführen will (Amer. P. 1 502 547).

Zwecks Herstellung wirksamer Bleichmittel mischt P. A. Boeck (New York) (Celite Products Company, Los Angeles, Californien) calcinierte Infusorienerde mit Bleicherde (Fullererde) (Amer. P. 1 272 197).

Die kohlenstoffhaltigen Rückstände eines industriellen Verkohlungsprozesses behandelt R. M. Catlin (Franklin Furnace, N. J.) mit Flußsäure und erhält so ein Gemisch von aktiver Kohle und Kieselsäure, das als Entfärbungsmittel brauchbar ist (Amer. P. 1 219 438).

3. Die Verwendung des Kieselsäuregels.

Im Jahre 1918 wurden[1]) zuerst mit dem Kieselsäuregel (Silicagel) im Laboratorium der Davison Chemical Company (Baltimore) Versuche angestellt, die der Feststellung galten, zu welchen Zwecken dieses Adsorptionsmittel technisch verwendet werden kann.

Es ergab sich, daß man mit seiner Hilfe auf verschiedenen Gebieten der Technik mit Erfolg zu arbeiten imstande ist.

Hierher gehört das Trocknen von Luft und des Gebläsewindes für Hochöfen, die Erzeugung von Eis und Kälte nach dem Vakuumverfahren, ferner die Gewinnung von Benzin aus Gasquellen oder Gasen der trockenen Destillation und Benzol aus Koksofengasen, die Wiedergewinnung flüchtiger organischer Lösemittel, sodann die Gewinnung nitroser Gase, die Konzentration von Schwefeldioxydgas in solcher enthaltenden Luft, die Herstellung von wasserfreier, flüssiger, schwefliger Säure und schließlich die Schwefelsäureherstellung auf dem katalytischen Wege, wobei das Gel als Träger für das Platin benutzt werden kann. Die folgende Tabelle gibt einen Überblick über diese Verwendung.

a) Die Verwendung des Kieselsäuregels zur Adsorption von Gasen und Dämpfen.

Die Aufnahme von Gasen durch Kieselsäuregel ist von Walter A. Patrick[2]) studiert worden, der Kohlendioxyd und schweflige Säure auf das Gel zur Einwirkung kommen ließ, und zwar bei Temperaturen zwischen —79 und 100° C.

Er fand dabei, daß das Gel nicht so stark wie Kokosnußkohle adsorbierte, obgleich das erstere bei niedrigeren Temperaturen ein stärkeres Adsorptionsvermögen aufweist.

Ammoniak wird auch bei 100° stärker vom Kieselsäuregel absorbiert als von Kokosnußkohle.

Als feines Pulver wirkt das Gel stärker adsorbierend als kleinere Stücke.

Schwefeldioxyd verdichtet sich in den Poren des Gels bei Drucken, die erheblich unter dem normalen Dampfdruck bei 0 und 15° liegen.

Die quantitative Anwendung der Zsigmondyschen Capillartheorie des Gels der Kieselsäure ergab, daß bei Sorptionsversuchen über dem Siedepunkt der Flüssigkeit eine Reihe neuer Faktoren zu berücksichtigen sind, die bei tiefen Temperaturen und niedrigen Dampf-

---

[1]) Miller, E. B.: Vortrag vor dem amerikanischen Institut der chem. Ingenieure 1923.

[2]) Patrick, Walter A.: Die Aufnahme von Gasen durch das Gel der Kieselsäure. Inaugur.-Diss. Göttingen 1914.

Das Kieselsäuregel.

Verwendung des Kieselsäuregels in der Industrie[1]

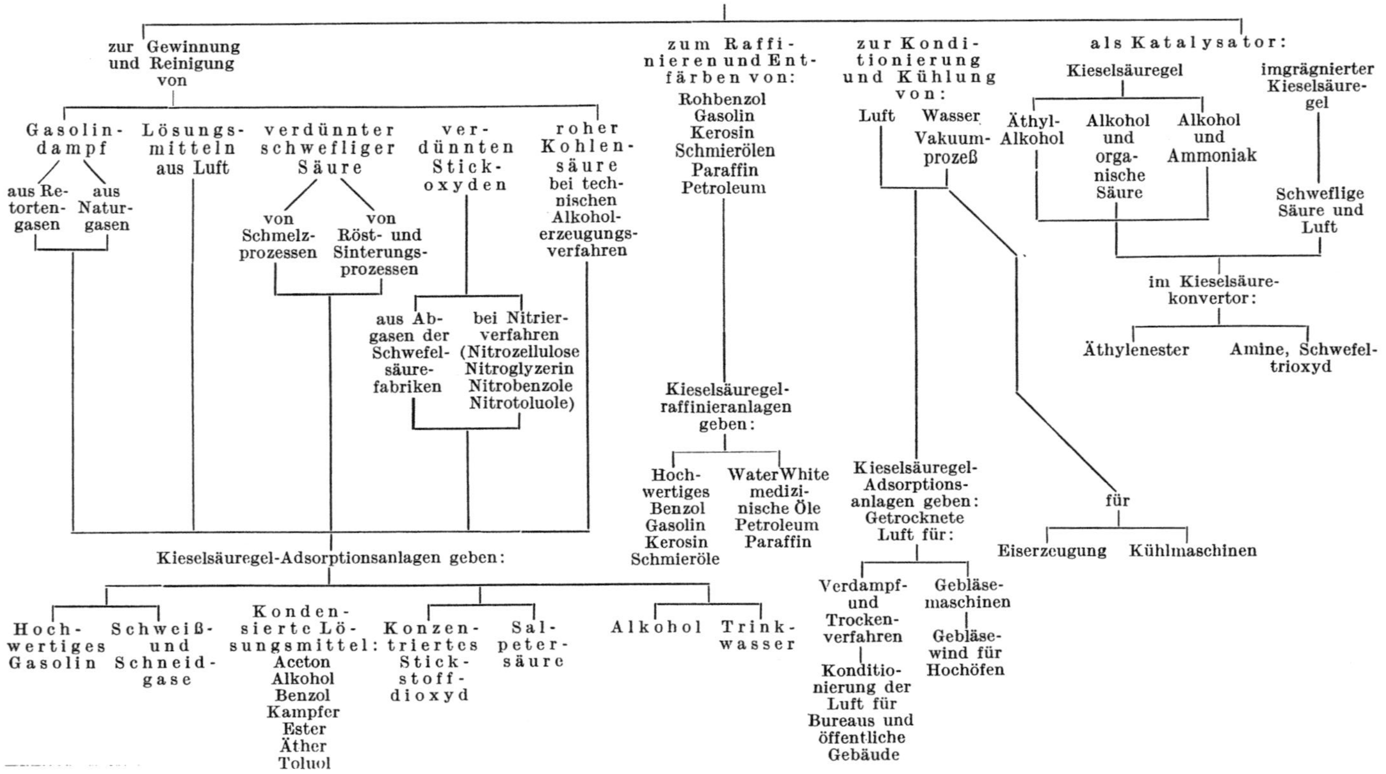

[1] Silica Gel Corporation, Some Industrial Uses for Silica Gel. Bulletin Nr. 2.

Die Verwendung des Kieselsäuregels. 69

drucken wegfallen. Die übliche Adsorptionsformel erwies sich bis zu den Punkten, in denen Verdichtung im Gel verwendbar, als anwendbar.

Zu diesen Resultaten gelangte Patrick auf Grund folgender Versuche.

Zunächst stellte er sich ein Kieselsäuregel in der Weise her, daß er eine 10%ige Natronwasserlösung langsam zu 20 cm³ einer 100%igen Salzsäure hinzusetzte, bis Koagulation der Kieselsäure erfolgte. Es waren hierbei 43 cm³ Wasserglaslösung erforderlich, um beim Einfließenlassen in 20 cm³ 100%iger Salzsäure die Koagulation herbeizuführen.

Hierauf setzte er 500 cm³, d. h. die annähernde Hälfte der zur Koagulation erforderlichen Menge, Wasserglaslösung zu 500 cm³ Salzsäure und befreite das entstandene Sol durch Filtration von der suspendierten Substanz.

Dann dialysierte er die Lösung in einem Steindialysator bis zur Chloridfreiheit. Das inzwischen auf dem Dialysator gebildete Gel wurde in kleine Klumpen zerteilt und mit Salzsäure behandelt, um etwaige, darin lösliche Verunreinigungen (Eisenoxyd und Tonerde) zu entfernen. Hierauf wusch er das Gel bis zum Verschwinden der Chlorreaktion, trocknete es in einem Trockenschrank und schließlich völlig im Vakuum über Phosphorpentoxyd.

Das so erhaltene Gel ist farblos und glasig und enthält noch etwa 7% Wasser.

Dieses Wasser kann durch Erhitzen im Gebläse entfernt werden, das Gel zeigt jedoch nach solcher Behandlung eine starke Verringerung des Absorptionsvermögens.

Patrick stellte ferner fest, daß auch eine Strukturänderung die Abnahme der Absorptionsfähigkeit des Gels zu verringern vermag.

Es wurde eine Probe des Gels 48 Stunden lang auf 300° C erhalten, was eine Änderung des Adsorptionsvermögens nicht herbeiführte, auch trat keine Strukturänderung ein.

Ferner benutzte der genannte Forscher zu seinen Untersuchungen eine von Anderson hergestellte, ein Jahr alte Probe.

Nach dem Erhitzen des Gels auf 200° C unter andauerndem Evakuieren enthielt das Gel noch 3,5% sehr fest gebundenes Wasser. Das spezifische Gewicht des Gels war (von Anderson bestimmt) 2,048.

Zur Durchführung der Adsorptionsversuche benutzte er einen Apparat folgender Konstruktion.

Eine Adsorptionskugel, die etwa 4 g des Gels aufzunehmen vermochte, war durch einen Normalschliff mit den übrigen Teilen des Apparates verbunden und wies einen Hals auf, der so weit gerade war, daß er das Füllen der Kugel mit kleinen Gelstücken zuließ. Der Glasschliff ermöglichte den Wechsel des Gels, ohne das Volumen der Kugel messen zu müssen. Der Schliff war absolut gasdicht und konnte daher der Apparat häufig 48 Stunden lang unter einem Druck von weniger als 0,01 mm stehen, ohne eine Spur einer Undichtigkeit zu zeigen.

Es wurde das Volumen der Adsorptionskugel und der Capillare bis zu dem Hahn bestimmt, während die Kugel an der Apparatur befestigt war. Zu diesem Zwecke wurde sie gründlich evakuiert, worauf man ein gemessenes Volumen Luft eintreten ließ. Der Druck wurde sodann am Monometer abgelesen und das Volumen berechnet, was leicht war, da die Temperatur des Gases bekannt war.

Die Adsorptionskugel stand durch das genannte Capillarrohr mit einem 50 cm^3 Fassungsraum aufweisenden Gefäß in Verbindung, das andererseits mit einem Quecksilberthermometer, einem Quecksilberreservoir (an den Schlauch angeschlossen), einem Rohr und einem Behälter verbunden war. Letzterer diente zum Sammeln der Luftblasen, die aus dem Quecksilberreservoir übertraten.

Das Manometer war 80 cm und direkt über der Glasskala angeordnet.

Durch einen Zweighahn in dem Rohre konnte entweder die Verbindung mit einer Vakuumpumpe oder einer Gasbürette hergestellt werden. Die Gasbürette hatte ein Fassungsvermögen von 100 cm^3, war in zehntel Kubikzentimeter geteilt, von einem Wassermantel umgeben und stand mit dem Gasvorrat und dem Quecksilberreservoir in Verbindung.

Da der seitliche Arm der Bürette einen kleineren Durchmesser als diese aufwies, so war es notwendig, für die Capillardepression eine Korrektur anzubringen.

Der Wert der letzteren wurde aus dem Durchmesser beider Rohre berechnet und der erhaltene Betrag dem Barometerdruck hinzugefügt. Man erhielt so den wahren Druck des Gases in der Bürette.

Ein Mac Loed-Manometer war zwischen der Vakuumpumpe und dem Apparat angeschmolzen und diente zur Messung des im Apparat erzielten Vakuums. Zur anfänglichen Evakuierung des Apparates diente eine rotierende Kapselpumpe (Gaede).

Da mit dieser Pumpe nur ein Druck von 0,05—0,10 m erreicht werden konnte, wurde die endgültige Evakuierung mit einer großen, fein konstruierten Toepler-Pumpe vorgenommen.

Mit Hilfe dieser Pumpe wurde ein Druck von 0,01 mm im Apparat erreicht.

Die Versuche wurden, wie folgt, ausgeführt.

In die Adsorptionskugel wurde das Gel (etwa 3,5) eingebracht und erstere alsdann mittels Ölbades auf 200° erhitzt. Nach Fallenlassen des Quecksilbers in dem 50 cm^3-Gefäß unter die Einmündung des Rohres verband man den Apparat mit der Pumpe und evakuierte ihn, bis das Mac Loed-Manometer einen Druck von 0,01 mm anzeigte.

Die Verwendung des Kieselsäuregels. 71

War das Gel einmal mit Schwefeldioxyd oder Ammoniak gesättigt, dann mußte das Auspumpen einen ganzen Tag lang fortgesetzt, d. h. der Druck auf 0,01 mm reduziert werden. Hierauf ließ man das Gel bis zum allmählichen Ansteigen des Druckes stehen. Dies wurde bis zum Konstantbleiben des Druckes wiederholt.

Während des ersten Teiles der Evakuierung ließ Patrick häufig trockene Luft in den Apparat eintreten, wodurch das Auswaschen des vom Gel absorbierten Gases stattfand.

Wenn das Gel unter einem Druck von 0,01 mm bei 200° im Gleichgewicht war, wurde es als gasfrei angesehen.

Nach dem Abkühlen auf 15° C war der Druck über dem Gel zu gering, als daß ein Ablesen an dem Manometer möglich gewesen wäre.

Nach vollkommener Evakuierung des Gels wurde der Hahn geschlossen und durch das Rohr ein gemessenes Gasvolumen aus der Bürette in das 50 cm³-Gefäß strömen gelassen. Dann wurde der Hahn geöffnet, so daß das Gas nach dem Gel strömen konnte, woselbst die Adsorption stattfand. Nach Öffnen des anderen Hahnes wurde das Quecksilber in dem Gefäß so weit gehoben, daß die obere Oberfläche gerade mit der Glasspitze in Berührung stand. Nach Erreichung des Gleichgewichts wurde der Druck des nicht adsorbierten Gases am Manometer abgelesen.

Man war dann in der Lage, das von dem Gel adsorbierte Gasvolumen zu bestimmen, da sich aus dem bekannten Volumen der Adsorptionskugel und dem durch das Manometer angegebenen Druck das Volumen des nicht adsorbierten Gases im Apparat leicht berechnen ließ.

Den Unterschied zwischen diesem Volumen und dem in den Apparat eingelassenen Gasvolumen gibt das Volumen des von dem Gel adsorbierten Gases an.

Man betrachtete das nicht adsorbierte Gas aus zwei getrennten Volumina, deren eines sich auf der Temperatur der Adsorption und das andere auf der Temperatur von 15° befand. Zuerst wurde das Volumen der Adsorptionskugel, die bei der Adsorptionstemperatur ausgesetzt war, für sich ermittelt, und zwar durch Füllen der Kugel mit Quecksilber bis zu einer bestimmten Marke. Dann wurde in jedem Versuch gerade soviel der Kugel der Adsorptionstemperatur ausgesetzt.

Das gemessene Volumen um das von dem Gel eingenommene vermindert, gab das der höheren oder niedrigeren Temperatur ausgesetzte Volumen.

Man reduzierte alle Volumina auf Normalbedingungen des Drucks und der Temperatur und benutzte die folgende Formel für die Auswertung des adsorbierten Volumens:

$$A = \frac{V \cdot 273\, B}{T_a\, 76} - \frac{V_2\, 273\, P}{T\, 76} - \frac{V_1\, 273\, P}{288 \cdot 76}.$$

Das Kieselsäuregel.

Hierbei bedeutet:
V die Differenz der Bürettenablesungen,
V_1 das Volumen des toten Raumes bei 15°,
V_2 das Volumen des eintauchenden Raumes,
Ta die Bürettentemperatur,
T die Versuchstemperatur,
P den gemessenen Druck,
B den korrigierten Barometerdruck.

Man erhielt 0° C durch Eintauchen der Adsorptionskugel in ein Gemisch von fein gestoßenem Eis und Wasser. Das umschließende Gefäß war sehr groß und gut isoliert. Zur Erreichung von 15° C diente ein großer Wasserthermostat, in dem die Temperatur bis auf 0,05° C konstant gehalten wurde.

Zur Erzeugung von Temperaturen über 15° C umgab man die Kugel mit Dämpfen von siedendem Alkohol, Äther oder Wasser, die durch einen elektrischen Ofen erhitzt wurden; letzterer gestattete die Regelung der Temperatur.

Eine Überhitzung der Flüssigkeit wurde vermieden.

Die Temperatur von —14° C erreichte man durch ein Gemisch von Eis und Calciumchlorid, das durch einen Luftstrom gerührt wurde.

Zur Erzeugung von —75,5° verwendete Patrick eine Mischung von festem Kohlendioxyd und Äther in einem Dewargefäß.

Ein Pentanthermometer diente zur Temperaturbestimmung.

Zwecks Adsorption des leicht zugänglichen Kohlendioxyds wurde eine große Anzahl von Versuchen durchgeführt, bei denen der Einfluß der Zeit des Evakuierens, der Temperatur des vorhergehenden Erhitzens, des Auswaschens mit trockener Luft und der der Natur des Gels untersucht wurden.

Kohlensäure erhielt man aus Calciumcarbonat und Salzsäure. Das Gas wurde mittels einer konzentrierten Natriumbicarbonatlösung gewaschen, hierauf mittels Schwefelsäure und endlich mit Phosphorpentoxyd getrocknet.

Abkürzung der folgenden Tabellen:
Gel I ist das von Anderson (1 Jahr alt) erzeugte Gel,
Gel II ist das frisch hergestellte Gel,
V_0 sind die angewandten Kubikzentimeter Gas (auf 76 mm und 0° reduziert).
V_3 sind die Kubikzentimeter des nicht adsorbierten Gases.
P ist der Druck des nicht adsorbierten Gases in cm Quecksilber.
X ist das adsorbierte Gas (in Kubikzentimeter),
$\dfrac{X}{M}$ sind die vom Gel pro Gramm adsorbierten Kubikzentimeter Gas.

Bei Verwendung von Kohlensäure bei 15° C und 3,6574 Gel I wurde dieses evakuiert, während es 900° C heiß war.

P	V_0	V_3	X	X/M	$\log X/M$	$\log P$
7,70	9,35	1,43	7,92	2,17	0,33646	0,88649
20,52	21,50	3,81	17,69	4,85	0,68574	1,31218

Die Verwendung des Kieselsäuregels. 73

Bei Wiederholung des Versuchs wurde das Gel evakuiert, während es sich auf 160° C befand.

P	V_0	V_3	X	X/M	log X/M	log P
20,8	33,4	3,86	29,54	8,09	0,90795	1,31806

Beim Erhitzen des Gels während des Evakuierens auf 160° C steigt die Adsorption fast auf das Doppelte.

Das trockene Gel adsorbiert also mehr Gas als das Wasser enthaltende. Das letztere geht erst aus dem Gel beim Erhitzen auf 120—130° C heraus.

Bei nochmaliger Durchführung des Versuchs mit Kohlensäure bei 15° C und 3,3548 g Gel erhitzte man letzteres 48 Stunden lang auf 300°.

P	V_0	V_3	X	X/M	log X/M	log P
4,50	9,31	0,98	8,33	2,48	0,39445	0,65321
12,90	23,06	2,80	20,26	6,04	0,78104	1,11059
22,00	34,60	4,78	29,82	8,89	0,94890	1,34242
40,05	54,00	8,70	45,30	13,50	1,13033	1,60260
56,20	69,28	12,23	57,05	17,00	1,23045	1,74974
68,10	80,24	14,78	65,46	19,52	1,29048	1,83315

Durch 48stündiges Erhitzen auf 300° C hatte das Gel keine Strukturänderung erfahren.

Zwecks quantitativen Vergleiches der Ergebnisse des einen Versuches mit denen eines anderen benutzt man zweckmäßig die Adsorptionsformel von Freundlich[1]).

$$\frac{X}{M} = a\, P^{1/n}$$

oder

$$\log \frac{X}{M} = \log a + \frac{1}{n} \log P.$$

Ein größeres Adsorptionsvermögen wies ein neues Gelpräparat auf.

Ferner ergab es sich, daß das Gel in feiner Pulverform ein größeres Adsorptionsvermögen besitzt als ein kleinstückiges.

Über die Aufnahmegeschwindigkeit des Gels hat Patrick quantitative Messungen nicht angestellt. Große Unterschiede in dieser Beziehung wurden beobachtet. Bei höherem Druck stellte sich schneller das Gleichgewicht ein als bei niedrigerem.

Kohle (Kokosnußkohle) adsorbiert stärker als das Gel Kohlendioxyd. Nur bei — 75,5° C nimmt letzteres oberhalb eines Druckes von 52 cm mehr des Gases auf.

---

[1]) Freundlich, H.: Kapillarchemie. S. 92. Zeitschr. f. physikal. Chemie. **57**, S. 391, 1907.

Das Kieselsäuregel.

Bei der niedrigen Temperatur nimmt das Gel mehr Gas auf, es dürfte etwas anderes noch als reine Adsorption vor sich gehen.

Es ist anzunehmen, daß die sehr feinen Poren eine Verflüssigung des Gases bewirken.

Ferner wurden Versuche mit aus den gewöhnlichen (Handels-) Bomben entnommenem Schwefeldioxyd angestellt. Letzteres wurde gewaschen mit Wasser und Schwefelsäure und über Phosphorpentoxyd getrocknet. Es ließ über Natronlauge praktisch ungelöstes Gas nicht zurück.

Beim Einwirkenlassen von Schwefeldioxyd bei 0° auf 3,5760 g Gel ergab sich folgendes:

P	V	V_s	X	X/M	$\log X/M$	$\log P$
2,20	209,42	0,52	208,90	58,35	1,76604	0,34242
5,15	256,45	1,05	255,40	71,40	1,85370	0,71181
8,30	277,77	1,82	275,95	77,10	1,88705	0,91908
13,10	323,66	2,76	329,90	92,20	1,96473	1,11727
17,50	388,45	3,65	384,80	107,50	2,03141	1,24304
29,50	469,62	5,82	463,80	129,65	2,11261	1,46982
47,60	539,42	9,42	530,00	148,20	2,17085	1,67761
über 80	582,30	18,50	563,80	157,60	2,19756	1,9

bei 15° waren die Resultate:

P	V	V_s	X	X/M	$\log X/M$	$\log P$
5,10	182,64	1,04	181,60	50,75	1,70544	0,70757
12,60	257,42	2,57	254,85	71,20	1,85248	1,10037
20,50	307,20	4,19	303,01	84,62	1,92747	1,31175
34,30	345,80	7,01	338,79	94,60	1,97589	1,53529
51,50	401,88	10,52	391,36	109,35	2,03880	1,71181
60,60	452,28	12,38	439,90	122,90	2,08955	1,78247
73,20	493,14	14,94	478,20	133,65	2,12581	1,86451

bei Anwendung des anderen Gels bei 15° C:

P	V	V_s	X	X/M	$\log X/M$	$\log P$
2,90	137,39	0,59	136,80	38,25	1,58263	0,46240
5,00	175,40	1,02	174,34	48,75	1,68797	0,69897
10,70	238,13	2,18	235,95	66,00	1,81954	1,02938
19,40	296,21	3,96	292,25	81,77	1,91259	1,28786
45,90	373,57	9,37	364,20	101,88	2,00810	1,66181
54,80	421,70	11,20	410,50	114,82	2,04998	1,73878
64,10	469,39	13,09	456,30	126,76	2,10302	1,80686
75,15	498,24	15,34	482,90	135,10	2,13066	1,87593

bei 34,5°:

P	V	V_s	X	X/M	$\log X/M$	$\log P$
2,00	60,08	0,40	59,68	16,69	1,22246	0,30103
5,50	100,88	1,09	98,79	27,65	1,44170	0,74036
11,45	147,13	2,29	144,84	40,50	1,60746	1,05881
21,50	199,95	4,32	195,63	54,66	1,73767	1,33244
33,82	254,80	6,70	248,10	69,40	1,84136	1,52917
50,75	305,88	10,16	295,72	82,60	1,91698	1,70544
69,55	354,57	13,92	340,65	95,18	1,97855	1,84230

Die Verwendung des Kieselsäuregels. 75

bei 100⁰:

P	V	V_3	X	X/M	log X/M	log P
7,51	25,52	1,18	24,34	6,81	0,83315	0,87564
20,00	52,06	3,15	48,91	13,68	1,13609	1,30103
45,51	90,24	8,73	81,51	22,79	1,35774	1,65811
70,10	120,15	13,46	106,69	29,84	1,47480	1,84572

Große Unterschiede fanden bezüglich der Aufnahmegeschwindigkeit statt, und zwar je höher die Temperatur war, um so rascher erfolgte die Adsorption.

Versuche mit Ammoniak ergaben, daß letzteres stärker von dem Gel adsorbiert wird als ein anderes Gas.

Bei 100⁰ und 3,6060 g Gel ergab sich für:

P	V	V_3	X	X/M	log X/M	log P
1,00	41,78	0,19	41,59	11,53	1,04610	0,00
3,55	83,10	0,68	82,42	22,88	1,35946	0,5523
12,32	154,89	2,36	152,53	42,33	1,62665	1,09061
25,75	198,94	4,93	194,01	53,82	1,73094	1,41078
39,52	225,98	7,64	218,34	60,58	1,78233	1,5968
75,33	263,36	14,42	248,94	69,08	1,83935	1,87697

bei 15⁰ und 3,7804 g Gel:

P	V	V_3	X	X/M	log X/M	log P
16,50	267,05	3,35	263,70	69,75	1,84354	1,21748
19,85	317,44	4,01	313,43	82,98	1,91897	1,29776
25,74	383,44	5,20	378,24	100,16	2,00069	1,41061
30,22	418,34	6,11	412,23	109,00	2,03743	1,48029
34,48	446,47	6,96	439,51	116,30	2,06558	0,53757
42,80	481,77	8,65	473,12	125,25	2,09780	1,63144
51,35	518,17	10,38	507,79	134,30	2,12808	1,71054
58,15	547,39	11,75	535,64	141,60	2,15106	1,76455

Nach Patrick eignet sich das Gel der Kieselsäure nicht besonders zum Studium der reinen Adsorption wegen der Komplikation infolge Verdichtung der Gase in den feinen Poren.

Über Versuche zur Absorption von Dämpfen durch Kieselsäuregel berichtet E. C. Williams[1]).

Dieser verwendete nach dem Verfahren von Patrick[2]) hergestelltes Kieselsäuregel und bestimmte zunächst die Wirkung und Kapazität des Gels bei Adsorption von Benzol aus Luft-Benzol-Gemischen.

Der hierbei verwendete Apparat ist aus Abb. 1 ersichtlich. Ein Luftstrom wurde durch das Chlorcalciumrohr A, den kalibrierten Strömungsmesser B, den 3-Kugelsättiger C, der Benzol enthielt, das U-Rohr D, in dem das zu untersuchende Gel untergebracht war, und beide Sicherheitsrohre E, F, die ebenfalls Gel enthielten und zur Bestimmung der das Rohr D passierenden Menge Benzol dienten, gesaugt. Das Auslaßventil G sorgte für ein ständiges Durchsaugen des Luftstromes durch den Apparat.

---

[1]) Silica Gel as an Industrial Adsorbent. The Silica Gel Corporation Bulletin Nr. 5. 1924.   [2]) Amer. P. Nr. 1 129 772.

Das Rohr D enthielt 12,606 g Gel, und pro Minute wurden 100 cm^3 Luft durch den Apparat gesaugt. Der Sättiger C und die 3 U-Rohre

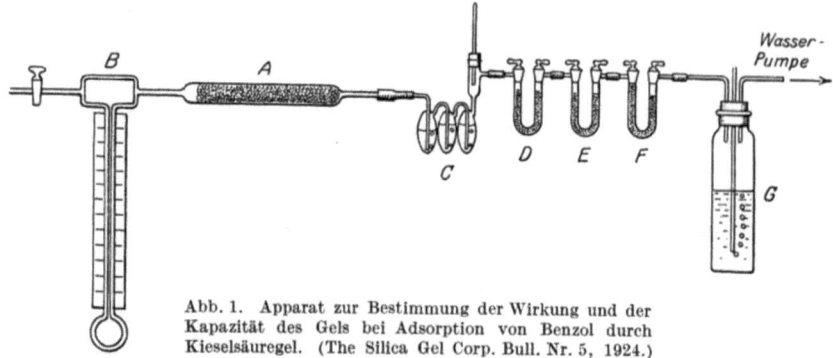

Abb. 1. Apparat zur Bestimmung der Wirkung und der Kapazität des Gels bei Adsorption von Benzol durch Kieselsäuregel. (The Silica Gel Corp. Bull. Nr. 5, 1924.)

wurden nach mehrfachen Zeitabschnitten gewogen. Williams fand, daß der gesamte Benzolverlust aus C in den drei mit Gel beschickten Rohren aufgenommen wurde.

Wie die Tabelle zeigt, wurde das Benzol meist quantitativ in 3 Stunden von dem Gel adsorbiert, in welcher Zeit letzteres 40 % ihres Eigengewichts an Benzol aufnahm. Nach Verlauf von 3 Stunden sank die Adsorptionswirkung schnell auf 0 und das Gel war dann mit 54,4 %

9,5 % Benzol im Gas

Dauer vom Beginn des Versuchs an Minuten	Temperatur während des Intervalls °C	Gesamtgewicht des durchgeströmten Benzols g	Gesamtgewicht des adsorbierten Benzols g	Adsorptionswirkung während des Zeitabschnittes %	Benzol im Gel %
0	—	—	—	—	—
30	18,0	0,8600	0,8600	100,00	6,87
60	18,0	1,7980	1,8010	100,10	14,30
100	18,5	2,8675	2,8627	99,70	22,70
120	18,5	3,3960	3,3945	98,70	26,90
130	18,5	3,7110	3,7055	99,70	29,50
140	18,5	4,0200	4,0130	99,15	31,40
150	18,5	4,3435	4,3355	99,70	36,60
160	18,5	4,6480	4,6375	99,20	39,50
170	18,5	4,9865	4,9735	99,20	40,00
Unterbrechung über Nacht.					
180	18,0	5,2775	5,2565	97,20	41,60
190	18,0	5,5880	5,5485	94,00	44,00
200	18,5	5,9020	5,8315	90,10	46,30
220	19,0	6,5605	5,3545	79,40	50,30
250	19,0	7,5533	6,8530	50,20	54,20
270	19,0	8,1715	6,9700	18,90	55,10
290	19,0	8,8585	6,9775	1,10	55,38

Benzol gesättigt. Das verwendete Gel wurde 30 mal auf 600° C je eine Stunde lang erhitzt, wobei sich eine merkliche Abnahme der Adsorptionskraft des Gels nicht zeigte.

Die Verwendung des Kieselsäuregels. 77

Die aus Abb. 2 ersichtlichen Kurven lassen die Wirkung und Kapazität zweier Gelrohre, die hintereinander in einen 0,84 % Benzol enthaltenden Gasstrom eingeschaltet waren, erkennen.

Das erste Rohr enthielt 5 g, das zweite 9,5865 g Gel. Der Gasstrom betrug 185 cm³ pro Minute und berührte das Gel im ersten Rohr 2 bis 3 Sekunden, das im zweiten Rohr etwa zweimal so lange.

Diese Adsorption von 55,4 % Benzol fand bei mit Benzol gesättigter Luft statt. Die Wirkung des Gels bei Anwendung eines Gases, das Benzol entsprechend dem zur Zeit im Kohlengas oder Koksofengas enthaltenen Benzol aufwies, wurde sodann geprüft. Kohlengas, das dabei verwendet wurde, enthielt etwa 0,8 Volumenprozent an Benzo,l entsprechend der Sättigung mit 8 %. Der hierbei verwendete Apparat zeigte die gleiche Einrichtung wie der oben beschriebene, mit der Ausnahme, daß ein zweiter gemessener Strom trockener Luft durch eine Zusatzvorrichtung mit dem Strom der mit Benzol gesättigten Luft gemischt werden konnte. Durch Regelung der zuzumischenden Luftmenge konnte jede gewünschte Konzentration des Gasgemisches erzielt werden.

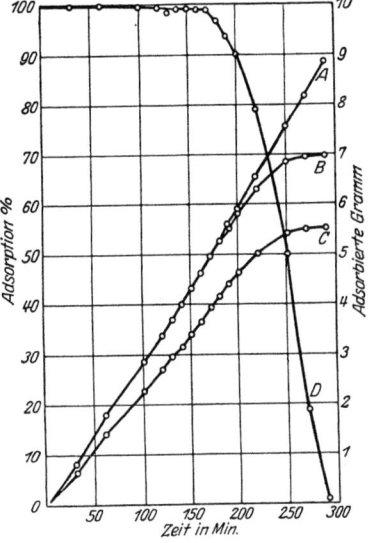

Abb. 2. Absorption des Benzols durch Kieselsäuregel (The Silica Gel Corp. Bull. Nr. 5, 1924).
Zeit in Minuten.
A ist das Gewicht des hindurchgeleiteten Benzols; B ist das Gewicht des adsorbierten Benzols; C % Benzol im Gel; D Adsorptionswirkung in %.

Adsorption von Benzol aus einem Gemisch von Luft und 0,84 Volumenprozent Benzol:

Dauer von Beginn des Versuchs ab Stunden	Durchschnittliche Temperatur während des Zeitintervalls	Gesamtgewicht des durchgeströmten Benzols g	Adsorption im ersten Rohr			Adsorption im zweiten Rohr		
			Gesamtgewichte des adsorbierten Benzols g	Wirkung während des Zeitabschnitts %	Benzol im Gel %	Gesamtgewicht des adsorbierten Benzols	Wirkung während des Zeitabschnitts %	Benzol im Gel %
0	—	—	—	—	—	—	—	—
1	16	0,3172	0,3165	99,70	6,30	—	—	—
2	17	0,6440	0,6170	92,00	12,34	0,265	99	0,028
3	18	0,9990	0,6615	12,60	13,23	0,3340	99	3,500
5	19	1,7250	0,6630	0,27	13,26	1,0600	100	11,100
Unterbrechung über Nacht.								
6	16	2,0327	0,6897	8,7	13,79	1,2622	72	13,200
7	17	2,3242	0,6770	Verlust	13,50	1,3160	17,7	13,700
Unterbrechung über Wochenende.								
9	15	2,9012	0,6805	0,6	13,65	1,3380	3,85	13,900

Diese Tabelle zeigt einen Sättigungswert des Gels bei 16°C von 13,7 Gewichtsprozent, während 11% bei 100% Wirkung aufgenommen werden. Diese Adsorptionswerte wurden erhalten mit einem Durchschnittskohlengas, wobei die Adsorption durch andere Faktoren nicht beeinflußt wurde.

Die vorhergehenden Tabellen veranschaulichten die Adsorption bei Verwendung eines 9,5 und 0,84% Benzol enthaltenden Gases.

Die Adsorptionskapazität des Gels bei Gasen mittlerer Konzentration ist nicht von unmittelbarem Interesse vom Standpunkt der Gewinnung des Benzols aus Kohlengas, kann aber leicht bestimmt werden.

Bei Adsorption von Kohlengas oder Koksofengas ist die Sachlage nicht so einfach, da diese Gase Stoffe verschiedener Dämpfe enthalten, die das Gel angreifen und damit seine Wirksamkeit schwächen. Ferner sind in diesen Gasen Dämpfe enthalten, deren jeder seinen eigenen Partialdruck und entsprechenden Druck p/p_0 hat (Williams und Donnan). Im Kohlengas z. B. wurden folgende Zahlen gefunden:

Saturationswerte für Gel im Gleichgewicht und Benzol verschiedener Konzentrationen.

Benzolkonzentration %	Partialdruck des Benzols mm Quecksilber	Gewichtsprozent des bei der Sättigung adsorbierten Benzols
0,84	6,40	13,65
1,19	9,05	16,85
1,69	12,8	22,96
2,55	19,4	29,50
3,90	29,7	40,00
5,65	43,0	50,20
6,41	48,9	53,40
9,50	72,2	55,40

	Partialdruck (p) mm Quecksilber	Sättigungsdruck (p_0) mm Quecksilber	Entsprechender Druck p/p_0
Vorbenzol	0,165	195	0,0009
Benzol	5,880	60	0,0980
Toluol	1,158	14	0,0825
Xylol	0,528	4	0,122
Naphthalin	0,019	0,03	0,65
Wasser	12,780	12,78	1,00

Es ist klar, daß, wenn die Adsorption dieser Bestandteile unabhängig betrachtet werden könnte, die Sättigungskapazität des Gels die größte im Falle des vorhandenen Wassers sein würde, was bei einem entsprechenden Druck gleich 1 ist. Es wurde von dem Gel zu etwa 60 Gewichtsprozent aufgenommen (55% Benzol wurden aus einem gesättigten Benzoldampf aufgenommen und das gleiche Volumen Wasser aus gesättigtem Wasserdampf). Dann käme Naphthalin, dann Xylol, Benzol, Toluol und schließlich Vorbenzol in rasch abfallenden Mengen.

Um den Benzolgehalt in einem Gemisch von Benzol und Wasserdampf zu bestimmen, stellte sich Williams ein solches Gasgemisch her, indem er zwei Luftströme miteinander mischte, deren einer durch einen Wasser-, der andere durch einen Benzolsättiger hindurchgeführt worden war.

Die Verwendung des Kieselsäuregels. 79

Beide Ströme wurden je in einem langen Calciumchloridrohr (vgl. Abb. 3), bevor sie den Sättigern zuströmten, getrocknet.

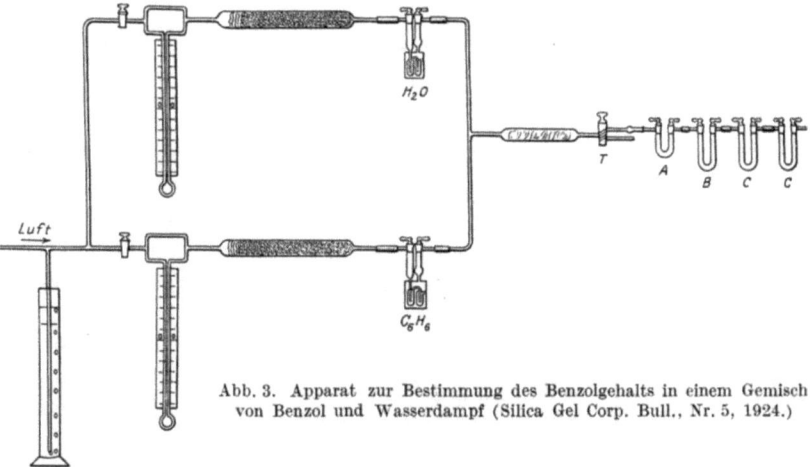

Abb. 3. Apparat zur Bestimmung des Benzolgehalts in einem Gemisch von Benzol und Wasserdampf (Silica Gel Corp. Bull., Nr. 5, 1924.)

Das erhaltene Gasgemisch wurde sodann in einem (Zwischen-) Gefäß durcheinander gemischt und durch das schmale Rohr A, das 3,708 g Gel enthielt, durch das mit körnigem Calciumchlorid gefüllte Rohr B und die beiden mit Gel beschickten Rohre C, C geleitet.

Der Gasstrom enthielt 0,86 Volumenprozent Benzol und 1,85% Wasser mit den Partialdrucken 6,5 mm und 14,2 mm.

Die Temperatur der Saturator- und Adsorptionsrohre war 18° C, der Sättigungsdruck des Wasserdampfes bei 18° C 15,46 mm. Das Gas war also nicht vollständig mit Wasser gesättigt. Die Dauer des Durchleitens des Gases durch die Adsorptionsrohre betrug 21,7 Stunden bei einer Geschwindigkeit von 135 cm³ pro Minute. Durch periodisches Wägen des Wasser- und des Benzolsaturators, des Gelrohres A, des Chlorcalciumrohres und der beiden letzten Rohre wurden die Mengen des durch das Gel in A adsorbierten Wassers und Benzols bestimmt. Die folgende Tabelle läßt die bei diesem Versuch erhaltenen Resultate erkennen.

Zweifellos ist die Anwesenheit von Wasserdampf ein ernst zu nehmender Faktor bei der Gewinnung von Benzol aus Gas. Er hindert nicht nur das Benzol, seinen Normalsättigungswert entsprechend seinem Dampfdruck zu erreichen, sondern führt auch, falls das Gas in zu großem Volumen über das Gel geleitet wird, zu einem vollkommenen Auswaschen des anfänglich adsorbierten Benzols, so daß die Konzentration des Benzols in dem Gas konstant bleibt. Dies beruht augenscheinlich in der relativen Leichtigkeit, die Geloberfläche durch Wasser und Benzol feucht zu machen. Ist das Gel an seiner Oberfläche mit

Dauer in Stunden	Temperatur °C	Wasser adsorbiert durch			Benzol adsorbiert durch			Gesamtdämpfe im Gel		Prozentgehalt an Dämpfen im Gel		% des durchd. Schlußrohre hindurchgeströmten und adsorbierten Benzols bei jeder Messung
		Hindurchgeströmtes Wasser	Gel	CaCl₂ g	Hindurchgeströmtes Benzol	Gel	das Gel in den Schlußrohren	Wasser g	Benzol g	Wasser %	Benzol %	
0,0	—	—	—	—	—	—	—	—	—	—	—	—
2,0	18,0	0,1794	0,1726	0,0068	0,4395	+0,2945	0,1450	0,1726	0,2945	4,46	7,92	33
3,2	19,0	0,1128	0,0946	0,0812	0,2615	−0,0515	0,3130	0,2672	0,2430	7,20	6,56	120
4,4	19,0	0,1162	0,0800	0,0362	0,2770	−0,0270	0,3040	0,3472	0,2160	9,35	5,82	110
7,4	20,0	0,3433	0,1949	0,1484	0,7885	−0,0557	0,8442	0,5421	0,1603	14,65	4,33	107
8,9	21,5	1,703	0,0814	0,0889	0,4053	−0,0134	0,4187	0,6235	0,1469	16,80	3,95	103
9,7	21,5	0,0885	0,0418	0,0467	0,2247	−0,0001	0,2248	0,6653	0,1468	17,98	3,95	100
13,7	20,0	0,4373	0,1853	0,2520	1,2183	−0,1140	0,3323	0,8506	0,0328	20,30	0,88	110
15,2	17,5	0,1029	0,0294	0,0735	0,2796	−0,0215	0,3011	0,8800	0,0113	23,70	0,30	108
17,5	18,5	0,2415	0,0900	0,1515	0,5361	−0,0088	0,5449	0,9700	0,0025	26,10	0,06	102
17,7	17,5	0,0796	0,0222	0,0574	0,2120	++0,0077	0,2043	0,9220	0,0102	26,70	0,27	97
18,7	18,0	0,0854	0,0127	0,0576	0,2122	−0,0031	0,2091	1,0200	0,0133	27,50	0,35	99
19,7	18,5	0,1043	0,0343	0,0700	0,2413	−0,0024	0,2437	1,0543	0,0109	28,40	0,29	100
20,7	18,5	0,1053	1,033	0,0740	0,2400	−0,0003	0,2403	0,0856	0,0106	29,40	0,28	106

Geschwindigkeit des Gasstromes = 135,5 cm³ pro Minute, Benzolgehalt des Gases = 0,86 Volumenprozent, Wassergehalt des Gases = 1,85 Volumenprozent.

einem Wasserüberzug versehen, so kann das Benzol die Oberfläche nicht befeuchten. Ist das Gel zuerst von Benzol überzogen, dann wird das letztere durch Wasser verdrängt. Die Adsorption ist eben eine molekulare Oberflächenadsorption oder eine reine capillare Kondensation.

Dann untersuchte Williams die Adsorption von Kohlenwasserstoffen aus dem gewöhnlichen Kohlengas. Dieses wurde gereinigt von den Leeds-Gaswerken bezogen und ein abgemessener Strom dieses Gases durch sechs Adsorptionsrohre, deren jedes 12 g Kieselsäuregel enthielt, so lange geleitet, bis Benzol aus dem letzten Rohre zu entweichen beginnt. Der Inhalt der Rohre wurde im Vakuum destilliert und in einem produzierten Behälter bei —10° C gesammelt.

Wenngleich die dabei erhaltenen Mengen zur akkuraten Analyse zu klein waren, so ließen sie sich doch selektive Adsorption der verschiedenen Gasbestandteile in einer Gelsäule erkennen.

Die Verwendung des Kieselsäuregels.   81

Die nebenstehende Tabelle läßt die erhaltenen Resultate erkennen, wobei die Kohlenwasserstoffe mit höherem Siedepunkt, als ihn das Toluol, und niedrigerem Siedepunkt, als ihn das Benzol hat, vernachlässigt sind.

Adsorption von Wasser und Kohlenwasserstoffen aus Kohlengas in einer Sechsrohrkolonne.

Nr. des Rohres	Wasservolumen cm³	Kohlenwasserstoffvolumen cm³	Prozentuale Zusammensetzung der Kohlenwasserstoffe		Siedepunkt der Kohlenwasserstoffe °C
			Benzol	Naphthalin	
1	1,15	1,90	25	75	98,9
2	0,65	1,40	65,5	34,5	86,7
3	0,15	1,15	100	0	80,1
4	0,05	1,20	100	0	80,0
5	0,0	1,45[1])	100	0	79,7
6	0,0	1,10	100	0	79,5

Danach hat eine fraktionierte Adsorption in beträchtlichem Grade stattgefunden. Das Wasser und die höher siedenden Kohlenwasserstoffe werden beim Eintritt in die Gelsäule konzentriert. Das untersuchte Kohlengas enthielt 0,80 % Benzol und 0,19 % Toluol (einschließlich Xylol und Naphthalin). Dann untersuchte Williams die Wirkung der Adsorption und die Zusammensetzung der gewonnenen Gase, wenn verschiedene Mengen Gas über eine konstante (Gewichts-) Menge Kieselsäuregel geleitet werden.

Dabei wurde bei 14° C gearbeitet.

Es ist praktisch, Kieselsäuregel für die Adsorption von Kohlenwasserstoffen aus Kohlengas zu verwenden, welch letzteres mit Wasserdampf gesättigt ist.

Tabelle der Resultate.

Versuch Nr.	Gasvolumen pro 100 g Gel l	Totalmenge der adsorbierten Kohlenwasserstoffe in Gewichtsprozenten des Gels	Verteilung der Kohlenwasserstoffe auf das Gel-Gewichtsprozent			Zusammensetzung der gewonnenen flüssigen Kohlenwasserstoffe		
			Benzol	Toluol	Xylol	Benzol %	Toluol %	Xylol %
1	273	9,84	7,65	1,86	0,39	77,5	18,5	4,0
2	315	10,79	8,26	2,04	0,46	76,2	19,45	4,35
3	405	11,89	8,41	2,70	0,78	70,2	22,1	7,7
4	578	12,95	8,35	3,75	0,85	64,0	29,4	6,6
5	743	14,80	8,46	4,96	1,44	56,2	33,9	9,9

Vergleichsversuche, betreffend die für Benzol in Vorschlag gebrachten festen Adsorptionsmittel, hat W. H. Hoffart[2]) mit Silicagel (Handelsware), aktiver Kohle (Bayer), amerikanischer Kokosnußkohle und im Laboratorium hergestelltem Eisenoxydgel durchgeführt.

---

[1]) Dieses Volumen schließt einen Tropfen des Destillats aus dem vorhergehenden Rohre ein.   [2]) Journ. Soc. Ind. 44. T. 357—366.

Ferner haben E. Berl und E. Wachendorff[1]) die Adsorption von Krystallviolett aus Wasser und Tetralin sowie Brucin aus Wasser und Toluol und Jod aus wässeriger Kaliumjodidlösung und aus Toluol durch Kieselsäuregel untersucht und die Ergebnisse mit den Werten für die integralen Benutzungswärmen der einzelnen Adsorbentien mit Wasser und Benzol verglichen.

Williams, Basil Sadler und Reavell haben die amerikanischen, mit Kieselsäuregel von der Silica Gel Corporation arbeitenden Fabrikanlagen zur Herstellung von Motortreibmitteln (Benzol) aus Koksofengasen besichtigt.

Die Absorber, die mit dem Gel beschickt sind, weisen entweder ruhende Schichten von gekörntem Gel auf oder arbeiten (bei Bewältigung großer Gasmassen) mit kontinuierlichem Kreislauf. In letzterem Falle wird das Gel in fein pulverisiertem (200 Maschen) Zustande verwendet und mit dem Gase durch einen Ventilator im Kreislaufe bewegt.

Die Adsorption wird in senkrechten Absorbern (Zylindern mit Röhrenbündeln und äußerem Kühlmantel) vorgenommen. Gas und Gel werden am Deckel jedes Absorbers durch einen Zyklonseparator voneinander getrennt. Am Boden des Adsorbers wird das Gel durch eine kleine Förderschraube dem Gasstrom zugeführt. Drei derartige Adsorber werden gewöhnlich in Reihe geschaltet verwendet, und das Gel fliegt im Gegenstrom durch diese Apparate. Nach Verlassen des letzten Adsorbers wird das gesättigte Gel von dem Zyklonseparator durch eine Förderschraube dem Aktivator zugeführt. Dieser besteht aus einer Anzahl übereinander gelagerter Platten, die durch Verbrennungsgase eines Gasofens erhitzt werden. Diese Verbrennungsgase kommen mit dem Gel oder den Destillationsprodukten nicht direkt in Berührung, da sie durch Rohre zwischen den Platten (Herden) strömen. Das oben eintretende Gel wird allmählich über alle diese Herdplatten durch an einer zentralen Achse befestigte Rührwerke herabgeführt. Dieser Aktivator (Regenerator) ist ähnlich den mechanischen Pyritroströfen eingerichtet.

Da Koksofengase auch teerige Verunreinigungen führen, die bei der normalen Aktivationstemperatur nicht aus dem Gel entfernt werden können, ist der Aktivator zweigeteilt; während in den Gelkammern des oberen Teiles das aufgenommene Benzol frei gemacht wird, sind die Gelkammern des unteren Aktivators mit einem Lufteinlaß versehen, so daß die teerigen Rückstände auf dem Gel regelrecht verbrannt werden können. Im ersten Aktivator herrscht eine Temperatur von 300—350° C, im zweiten von 550—600° C. Das Gel verläßt den zweiten Aktivator vollkommen regeneriert und wird durch ein Luft-

[1]) Kolloid-Zeitschrift 36, Erg. Bd. S. 36—40. Zeitschrift für angewandte Chemie. 37, S. 747.

Die Verwendung des Kieselsäuregels. 83

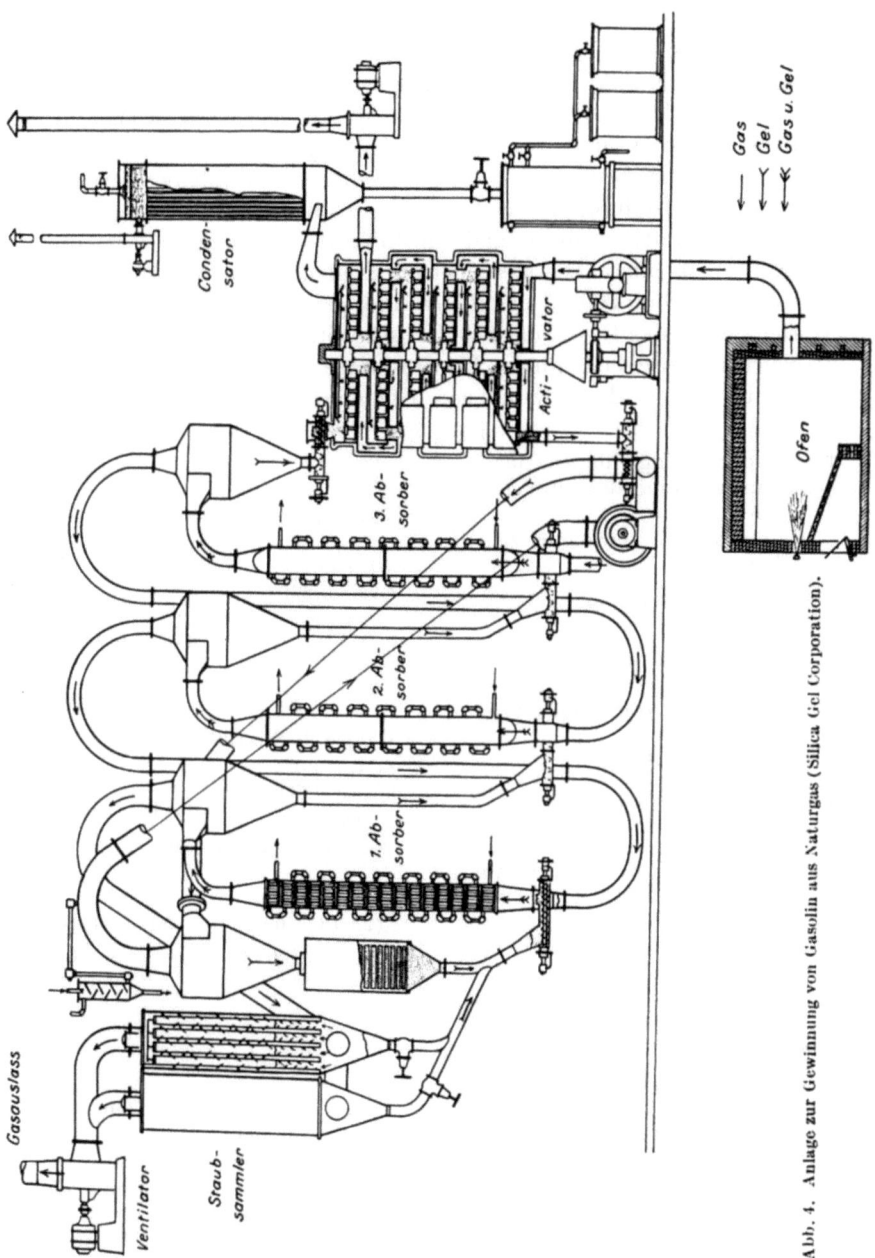

Abb. 4. Anlage zur Gewinnung von Gasolin aus Naturgas (Silica Gel Corporation).

gebläse in den Vorratsbehälter gebracht. Das Koksofengas, das durch die Adsorber in entgegengesetzter Richtung strömt, wird durch den letzten Zyklon durch Staubfilter geführt, woselbst es mitgerissenes

Gel absetzt. Von dem von den Öfen der **Bethlehem Steel Corporation** zu Baltimore gelieferten Koksofengas konnten in der beschriebenen Anlage 60—80 Kubikfuß pro Minute verarbeitet werden. Es war in Öfen der **Koppers**-Type erzeugt und durch die üblichen Teerwäscher, Ammoniaksaturatoren und Wasserspritzkühler geleitet worden. Abb. 4 zeigt die beschriebene Anlage. Der Gehalt an Kohlenwasserstoffen wurde durch Hindurchführen des Gases in abgemessener Menge durch ein Chlorcalciumtrockenrohr und ein 3 Pfund Kieselsäuregel enthaltendes Rohr bestimmt. Die adsorbierten Kohlenwasserstoffe werden mit Wasserdampf bei 200^0 C destilliert und gemessen.

Der Gehalt des Gases, das aus der Adsorptionsanlage abströmt, wird in gleicher Weise bestimmt. Die Resultate beider Bestimmungen ergeben die Menge der gewonnenen Kohlenwasserstoffe.

Beispiel:

1. Benzol im eingeführten Gas:
   Gesamtvolumen des durchgeleiteten Gases = 54,53 Kubikfuß bei 90^0 F
   Gesamtbenzol, gewonnen bei der Destillation = 51,5 cm³
   Benzolgehalt (bei 90^0 F) = $\dfrac{51{,}5 \cdot 0{,}2200}{5{,}463}$ = 2,073 Gallonen pro 10000 Kubikfuß.

2. Benzol in dem aus der Anlage ausströmenden Gas:
   Volumen des durchgeleiteten Gases = 186,58 Kubikfuß bei 90^0 F
   Gewonnenes Benzol = 7,5 cm³
   Benzolgehalt (bei 90^0 F) = $\dfrac{7{,}5 \cdot 0{,}2200}{18 \cdot 668}$ = 0,0884 Gallonen pro 10000 Kubikfuß.

3. Adsorptionswirkung der Anlage (berechnet auf Grund der obigen Bestimmungsresultate) = $\dfrac{(2{,}073 - 0{,}0884) \cdot 100}{2{,}073}$ = $\dfrac{1{,}9846}{2{,}075}$ = 95,7 %.

4. In der Anlage gewonnenes Rohbenzol:
   In der gleichen Zeit wie bei obigen Bestimmungen:
   Behandeltes Gas = 10,3505 Kubikfuß (bei 90^0 F)
   Gewonnenes Rohbenzol = 10,55 Gallonen
   Benzol = 1,898 Gallonen pro 10000 Kubikfuß
   Theoretische Ausbeute = 1,95856 Gallonen pro 10000 Kubikfuß
   Tatsächliche Ausbeute = 95,6 %.

Letztere Angabe ist der Durchschnitt von drei Schichten des kontinuierlichen Betriebes, eine dieser Schichten ergab 97 %.

Die Verwendung des Kieselsäuregels. 85

Die aus den Abgasen gewonnenen Kohlenwasserstoffe hatten einen unangenehmen Geruch und einen Siedepunkt von 76—78⁰ C.

Da die Ausbeute zu gering war, wurde eine Prüfung nicht vorgenommen, es dürfte aber sicher sein, daß nur ein geringer Teil dieser Fraktion sich zum Motortreibmittel eignet. Nimmt man diesen Teil als 50%, so ist der Gesamtverlust an Motortreibmittel in dem Abgas nur 0,044 Gallonen pro 10000 Kubikfuß Gas und die Ausbeute an adsorbiertem Motortreibmittel 97,9% der Theorie.

Die Gesamtausbeute der Anlage ist rund 93,6—95% des ursprünglich in dem Gas enthaltenen Benzols.

Das gewonnene Rohprodukt wird von der Silica Gel Corporation mittels Gel in Verbindung mit der Raffinierung von Petroleumölen unter beständigem Rühren und Filtrieren in einer Menge von 3000 Gallonen pro Tag gereinigt.

Es hatte sich ergeben, daß ein starkgefärbtes Kerosin, Gasolin oder Schmieröl durch Verrühren mit zunehmenden Mengen von Gel und Filtrieren eine ausgezeichnete Färbung annimmt und praktisch schwefelfrei wird.

Im Falle der Reinigung von Rohbenzol wird dieses durch die genannte Behandlung nicht hinreichend gereinigt, es muß vielmehr noch destilliert werden, wobei bei 130⁰ C 88—89% als farbloses Produkt übergeht, während der zurückbleibende hochsiedende Anteil von 10% nur sehr schwach gefärbt ist.

Behandelt man letzteren nochmals mit Gel und destilliert man ihn nochmals, so erhält man eine farblose Flüssigkeit. Die Raffination durch das Gel scheint auf einer sehr raschen Polymerisation dieser die Färbung hervorrufenden Bestandteile in dem Rohbenzol zu beruhen. Beim längeren Stehenlassen von Rohbenzol tritt diese Polymerisation bekanntlich ebenfalls ein (Reifung), und so verändertes Benzol gibt beim Destillieren einen hochsiedenden Rückstand in Gestalt einer gummiartigen Masse im Destillationsgefäß.

Das Kieselsäuregel erhöht durch Adsorption dieser Bestandteile deren Aktivität und befördert den Polymerisationsprozeß.

Der Schwefelgehalt des Rohbenzols wird durch diese flüssige Raffination nicht sehr verringert (von 0,37% auf 0,28%).

Bei Petroleum dagegen gelingt es der Silica Gel Corporation, den Schwefel durch Verrühren mit Gel zumeist vollkommen daraus zu beseitigen.

Dieses Verfahren wird von der genannten Firma in folgender Weise ausgeführt.

Die Flüssigkeit wird (vgl. Abb. 5) in einem mit Rührwerk ausgestatteten Behälter mit dem Gel innig gemischt; worauf die erhaltene Mischung zu einem kontinuierlich arbeitenden Olivafilter gelangt.

Das Gel schafft eine Förderschraube nacheinander zu zwei Aktivatoren. In der Praxis verwendet man die Mischgefäße und drei Filter und hält alle Apparate und Leitungen dicht, so daß Verluste durch Ver-

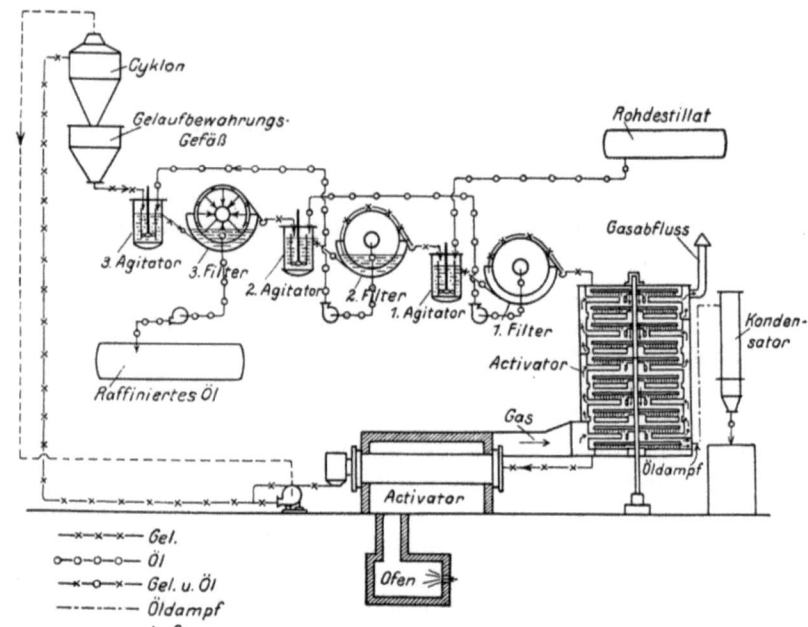

Abb. 5. Anlage zur Entschwefelung von Mineralölen mittels Kieselsäuregel (Silica Gel Corporation).

dampfung auf ein Minimum reduziert werden. Die Verluste an Benzol betragen höchstens 2 % und meist weniger als 1 % des Rohproduktes.

Das Rohbenzol wird nach der Filtration destilliert, wodurch eine Fraktionierung der Flüssigkeit in Motortreibmittel und Lösungsmittel erreicht wird.

Resultate.

Phase des Verfahrens	Gewinn in Prozent	Gewinn in Proz. der ursprünglichen in dem Gas enthaltenen Menge
Adsorption	97,0	97,0
Destillation des Gels	95,6	92,7
Raffination der Flüssigkeit als solche	98,8	91,0
Fraktionierung:		
Motorbenzol (80—130° C)	88,8	80,8
Lösemittel (130—184° C)	7,7	7,0
Rückstand und Verluste	3,5	—
		87,8

Die Verwendung des Kieselsäuregels. 87

Das erhaltene Benzol für Motor entspricht den Forderungen der British Engineerung Standards Specification 135 (1921). Danach soll gutes Benzol für Motoren mit Schwefelsäure eine schwach gelbe Färbung zeigen, was anzeigt, daß alle ungesättigten Bestandteile aus dem Benzol entfernt sind. Das Kieselsäuregel entfernt lediglich die Bestandteile, die zur Polymerisation neigen.

Das mit Kieselsäuregel raffinierte Benzol ist dem mit Säure gewaschenen Produkt überlegen, da es keine bei hohen Temperaturen unter SO_2-Entwicklung zerfallende, neutrale, im Benzol lösliche Schwefelsäureester enthält, also auch zu Korrosionen der Metallteile des Motors keine Veranlassung gibt.

Die folgende Tabelle zeigt die Unterschiede bei Verwendung von mit Kieselsäuregel und mit Säure gewaschenem Benzol in zwei einander ähnlichen Studebaker Light-Maschinen (6, 1922).

Zeit in Stunden	Mit Säure gewaschenes Benzol	Mit Kieselsäuregel behandeltes Benzol
Brennstoffverbrauch	44,5	44,5
Gallonen	67,25	65,75
Pfund	490	480
Luftverbrauch	10,2	10,4
R. p. m.	1000	1000
Leistungsfähigkeit in Pferdestärken	13,1	13,1
Wasser in Grad Fahrenheit	120	117
Differenz in Grad Fahrenheit	50	49
Kurbelung in Grad Fahrenheit	166	165
Schmieröl in Quarts	2,1	2,3
Kohle in den Auslaßventilen in Gramm	0,0800	0,0402
Gummibelag in den Einlaßventilen in Gramm	0,8600	0,5903
Kohle an den Zylinderwandungen und Kolben in Gramm	25,5189	28,6714

Für die Beurteilung der Verwendbarkeit eines Adsorptionsmittels, z. B. bei der Gasolingewinnung aus Erdgas, kommen verschiedene Faktoren in Betracht, wie E. Kroch[1]) (Jedlicze) ausgeführt hat.

Maßgebend für die Beurteilung des Adsorptionsvermögens eines festen Stoffes für Gase und Dämpfe sind vor allem die Konstanten der Freundlichschen Isothermengleichung:

$$a = \alpha p^{1/n}.$$

In dieser bedeuten a die von 1 g des Adsorptionsmittels adsorbierte Gas- oder Dampfmenge, p den Adsorptionsdruck in Zentimeter (der Quecksilbersäule) und $1/n$ Konstanten, wobei die von 1 g des Adsorptionsstoffes bei 1 cm Druck und $1/n$ die trigonometrische Tangente des

[1]) Petroleum. **20**, 1, S. 732—733, 1924.

Winkels, den die a—p-Kurve im $\log a$—$\log p$-Koordinatensystem mit der Abszissenachse bildet.

Vergleiche mit Kieselsäuregel und z. B. aktiver Kohle gegenüber Kohlenwasserstoffdämpfen (Benzol, Gasolin) ergaben, daß das Adsorptionsvermögen des Kieselsäuregels übertroffen wird.

Das selektiv gesteigerte Adsorptionsvermögen des Gels gegenüber Wasserdampf beeinflußt die Verwendung des Gels. In vielen Fällen werden feuchte Gase und Dämpfe verarbeitet.

Nach Erfahrungen von R. Furness[1]) sind die besten Adsorptionsmittel für Benzol, das sich in Gasen befindet, Kieselsäuregel und Eisenoxydgele sowie basische Silicate (Schlacken). Versuche ergaben, daß das Kieselsäuregel 25% seines Gewichts bei 25° C auch aus sehr verdünnten (Gas-) Gemischen aufzunehmen vermag.

Für Verwendung des Kieselsäuregels in der Mineralölgewinnung aus Gasen wird es derart pulverisiert, daß es auf eine Feinheit von 200 Maschen pro Quadratzoll kommt.

In diesem Zustande wird es in Adsorbern, die 3 Kammern mit wassergekühlten Rohren enthalten, dem jeweiligen Gasstrom ausgesetzt, wobei die Geschwindigkeit des Gasstromes so geregelt wird, daß das Gas das pulverisierte Gel mit sich durch die Adsorptionskammern reißt.

Durch die Kühlrohre wird das Gas mit dem Gel innig gemischt, außerdem dienen sie zur Aufnahme der Wärme, die bei dem Adsorptionsvorgang durch Verflüssigung des Gases frei wird.

Jede der Adsorptionskammern mündet oben in einen Cyclonseparator, indem das mitgerissene Gel von dem Gase getrennt wird.

Dieses Gel fällt in einen Schraubentransporteur, der unterhalb der jeweiligen Kammer angeordnet ist und zum Unterteil der nächsten Adsorptionskammer führt. Das den Cyclon verlassende Gel strömt in den nächsten Adsorber. Gas und Gel bewegen sich mithin im Gegenstrom durch die ganze Anlage.

Die Sättigung des Gels wird so lange fortgesetzt, bis sie in der letzten Kammer vollendet ist. Dabei wird das Gas immer mehr und mehr von seinen verflüssigbaren Bestandteilen befreit und strömt aus der ersten Adsorptionskammer ab, gelangt in einen Staubsammler zur Abgabe des letzten Restes an Gel.

Vom letzten Cyclon gelangt das Gel in einen einem Erzröstofen ähnlichen Apparat, der durch Verbrennungsgase indirekt beheizt wird. An diesen Ofen schließt sich z. B. bei der Gasolingewinnung aus Naturgas ein Kühler (Kondensator) für die Gasolindämpfe an. Das über alle

---

[1]) Chemistry and Industry. **42**, S. 850—854.

Herdplatten hinweggeführte Gel ist dann wieder adsorptionsfähig und wird durch ein Gebläse an den Ausgangspunkt zurückgeführt. Das geschilderte Verfahren ist das der Silica Corporation (Baltimore), das weiter unten eingehender erläutert ist.

Bei der Gewinnung von Gasolin aus Öldestillationsdämpfen und aus Naturgasen wird die Menge des in die Adsorber einzubringenden Kieselsäuregels derart bemessen, daß das gesamte Gasolin aus den Gasen entfernt und nur die sehr leichten Funktionen entweichen.

Die Abb. 6 läßt eine in diesem Verfahren verwendbare Adsorbereinheit der Silica Gel Corporation erkennen.

Für verhältnismäßig wenige Anwendungsgebiete, wie die Gewinnung flüchtiger Gase oder Dämpfe, eignet sich der eine unbewegliche Gelschicht aufweisende Adsorptionsapparat. Er besteht aus einer Anzahl von Rohren, die mit körnigem Kieselsäuregel gefüllt sind und durch die das zu behandelnde Gas oder der Dampf filtriert wird.

Abb. 6.

Diese Rohre sind von einem Mantel umgeben, in dem Kühlwasser fließt, um die Adsorptionswärme zu entfernen und das Gel bei höchster Wirksamkeit zu erhalten.

Wenn ein Adsorptionsapparat dieser Art gesättigt ist, wird ein zweiter eingeschaltet in den Strom des Gases. Bis der zweite Adsorptionsapparat gesättigt ist, hat man den ersten von den aufgenommenen Gasen oder Dämpfen durch erhitzte Luft, Wasserdampf oder äußere Erhitzung befreit. Dann wird der regenerierte Adsorptionsapparat nach Sättigung des zweiten Behälters an dessen Stelle in den Gasstrom geschaltet. Die Abb. 7 veranschaulicht eine mit solchen Adsorptionsapparaten ausgestattete Anlage zur Raffination von Kohlensäure, die aus Gärbottichen entweicht.

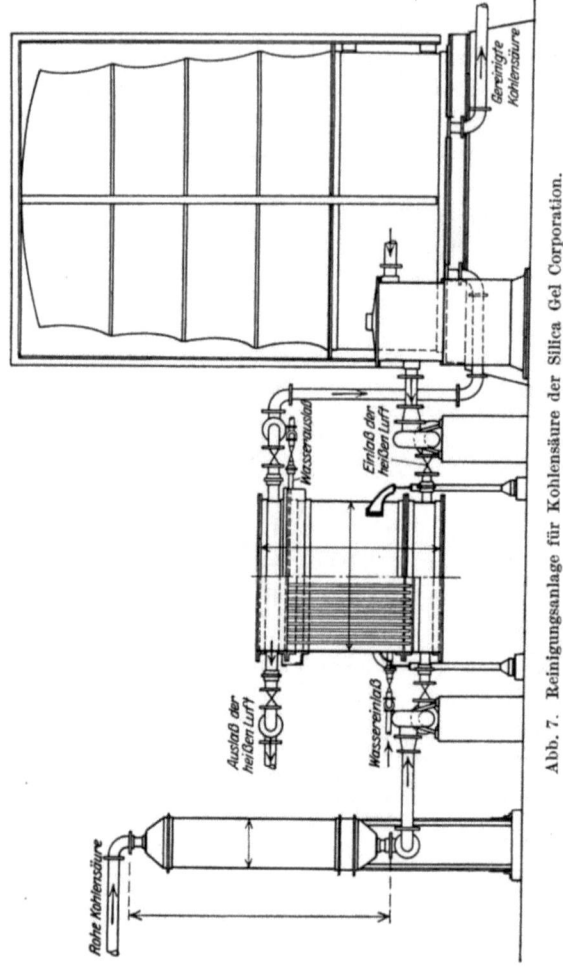

Abb. 7. Reinigungsanlage für Kohlensäure der Silica Gel Corporation.

Die Anlage vermag etwa 30000 Pfund Kohlensäuregas in 24 Stunden zu reinigen und entfernt daraus Wasser, Alkohol und die unangenehmen Geruchs- und Geschmacksstoffe. Die so gereinigte Kohlensäure kann verflüssigt und zur Herstellung kohlensäurehaltiger Getränke Verwendung finden.

Auch zur Trocknung von Luft ist das Kieselsäuregel mit gutem Erfolg verwendet worden.

Die Menge des anzuwendenden Gels hängt von der Feuchtigkeit der zu trocknenden Luft der Temperatur und dem gewünschten Trockengrade ab.

Mit 0,75 Pfund Gel auf 100 Kubikfuß Luft erhält man

bei einer Auslaßtemperatur von	eine Luftentfernung von
80° F	92,6 %
85° F	86,6 %
90° F	82,0 %
95° F	78,6 %
100° F	75,5 %
105° F	72,9 %

Die Verwendung des Kieselsäuregels. 91

Es hat sich gezeigt, daß mit trockener Luft (0,7 Grain Wasser auf den Kubikfuß) arbeitende Hochöfen eine Erhöhung der Ausbeute um 10 % aufweisen, während der Koksverbrauch eine Verringerung um 10 % erfährt.

Das Gellufttrocknungsverfahren eignet sich besonders zur Erzeugung trockener Gebläseluft für Eisenöfen.

Tabelle der Resultate der Luftentwässerung durch Kieselsäuregel in einer 100-Kubikfußanlage.

Datum	Volumen der Luft Kubikfuß/Min.	Luftsättigung Grain pro Kubikfuß		Zurückgehaltenes Wasser %	Lufttemperatur °F	
		Einlaß	Auslaß		Einlaß	Auslaß
4-6-22	80	2,62	0,20	92,5	53,0	69
11	100	4,69	0,24	95,0	61,5	75
13	110	6,15	0,30	95,0	74,0	82
14	92,5	7,92	0,60	92,5	75,0	82
6-8-22	100	11,0	0,2	98,0	86,0	86
9	97,5	10,4	0,3	97,0	94,5	85
10	100	9,9	0,5	95,0	105	85,5
12	100	9,2	0,4	95,6	91,5	77
13	120	11,8	0,7	94,0	114	81
14	115	11,5	1,0	91,4	105	86
15	106	19,6	0,8	96,0	103	75
16	97,5	15,7	0,6	96,0	99	69
19	110	14,6	1,2	91,6	101	76,5
20	135	18,9	1,3	93,0	107	82

Wie E. Berl und W. Urban[1]) auf Grund der nachfolgend beschriebenen Versuche feststellten, weist das Kieselsäuregel je nach seiner Vorbehandlung durch künstliche Alterung infolge Erhitzung oder Behandlung mit Salzsäure und Erhitzen eine verschieden starke Aufnahmefähigkeit für Wasserdampf aus wasserdampfhaltiger Luft mit gleichen Wasserdampfdrucken und gleicher Temperatur auf.

Probe Nr.	Wasseraufnahme aus einem Luft—Wasserdampfgemisch mit 100 % relativer Sättigung	Spezifisches Gewicht	Optisches Verhalten	Schwimmfähigkeit nach Anfärben mit basischem Farbstoff
1	83,0 Gewichtsproz.	2,465	löscht zwischen gekreuzten Nicols aus	schwimmt nicht
2	55,6 ,,	2,390	löscht zwischen gekreuzten Nicols aus	schwimmt nicht
3	35,0 ,,	2,271	teilweise Aufhellung	schwimmt teilweise
4	8,7 ,,	2,627	ziemlich starke Aufhellung	schwimmt vollständig
5	2,6 ,,	2,685	vollständige scharfe Aufhellung	schwimmt vollständig

[1]) Z. angew. Chemie. **36**, S. 57—60, 1923.

Das Kieselsäuregel.

Schwefelsäurevorlage Proz. an H_2SO_4	Wasserdampftension mm Quecksilber bei 20°C	Kieselsäuregel Probe 1 bei 25°C getrocknet Bewässerung Gew.-Proz.	Mol.-Proz.	Entwässerung Gew.-Proz.	Mol.-Proz.	Probe 2 bei 300°C erhitzt Bewässerung Gew.-Proz.	Mol.-Proz.	Entwässerung Gew.-Proz.	Mol.-Proz.	Probe 3 bei 1000°C geglüht Bewässerung Gew.-Proz.	Mol.-Proz.	Entwässerung Gew.-Proz.	Mol.-Proz.	Probe 4 mit HCl abgedämpft bei 1000°C geglüht Bewässerung Gew.-Proz.	Mol.-Proz.	Quarz-Kieselsäure Probe 5 mit HCl ausgekocht Bewässerung Gew.-Proz.	Mol.-Proz.
96,0	0,05	4,91	0,12	—	—	0,0	0,0	—	—	—	—	—	—	—	—	—	—
71,74	1,1	9,6	0,32	—	—	5,4	0,18	—	—	—	—	—	—	—	—	—	—
65,77	1,8	14,9	0,50	—	—	7,2	0,24	—	—	—	—	—	—	—	—	—	—
62,07	2,6	18,8	0,63	18,8	0,63	9,0	0,30	7,3	0,24	—	—	—	—	—	—	—	—
58,04	3,7	28,1	0,94	28,5	0,96	13,1	0,44	10,4	0,35	—	—	—	—	—	—	—	—
49,60	6,8	46,6	1,56	57,5	1,92	24,2	0,81	17,3	0,58	6,6	0,22	7,1	0,23	0,0	0,0	0,0	0,0
40,00	10,2	61,8	2,06	61,9	2,06	35,0	1,17	30,2	1,01	14,1	0,47	15,6	0,52	0,6	0,02	0,02	0,0
27,23	13,8	68,8	2,30	78,7	2,30	42,2	1,41	35,6	1,19	20,6	0,69	24,4	0,82	2,2	0,07	0,75	0,03
10,76	16,6	78,1	2,61	—	—	51,8	1,73	42,0	1,40	26,9	0,90	26,4	0,89	8,7	0,29	2,60	0,09
Wasser	17,5	83,0	2,78	—	—	55,6	1,86	—	—	31,6	1,05	31,4	1,05	—	—	—	—
										35,0	1,17						

Diese Aufnahmefähigkeit wird um so geringer, je mehr sich die einzelnen Capillarhohlräume verengen oder schließen und je mehr die amorphe Kieselsäure in den krystallinen Zustand übergeht. Krystalline Kieselsäure nimmt nur sehr wenig Wasser auf.

Die mit Äther bestimmten spezifischen Gewichte der verschiedenen Kieselsäuremodifikationen waren recht verschieden. Auch zeigten letztere verschiedenes optisches Verfahren und verschiedene Schwimmfähigkeit in einem mit basischen Farbstoffen versetzten Wasserbenzolgemisch.

Die nebenstehende Tabelle läßt die Versuchsanordnung erkennen.

Das Kieselsäuregel ist auch geeignet, verdünnte Schwefeldioxydluftgemische an SO_2 (von z. B. 0,5—5 Volumenprozent SO_2) anzureichern.

Man kann mit Hilfe des Gels aber auch reines Schwefeldioxyd, das sich zur Herstellung flüssiger schwefliger Säure eignet, aus SO_2-Gasen erzeugen.

In einem Gange kann z. B. 1—4 Volumenprozent SO_2 enthaltendes Gas bis auf 8% oder mehr konzentriert werden.

Dieses Verfahren ist daher dazu berufen, verdünnte,

Die Verwendung des Kieselsäuregels.

aber immer noch auf die Pflanzen schädlich wirkende SO_2-Gase für die Schwefelsäurefabrikation in Bleikammern nutzbar zu machen. Welche Wichtigkeit einem solchen Verfahren zukommt, ist daraus zu ermessen, daß die ganze, in den Vereinigten Staaten von Nordamerika verlorengehende Menge von schwefliger Säure größer ist als die in den Schwefelsäurebleikammern verarbeitete Menge von Schwefeldioxyd.

Die durchschnittliche Konzentration der in den Bleikammern verarbeiteten Gase ist etwa 8%. Dies ist die höchste, heutzutage unter praktischen Verhältnissen erzielbare Konzentration der umzusetzenden Gase an SO_2. Alle Sachverständigen erklären aber, daß eine höhere Konzentration erwünscht wäre.

Gehen die Gase direkt von den Schwefelbrennern in die Kammern, so werden sie 13,3%ig sein. Schaltet man ein Kieselsäuregel ein, so ist das theoretische Maximum 28%; dies eröffnet Ausblicke von fundamentaler Bedeutung im Bleikammerverfahren.

Auch kann man die im Gay-Lussac auftretenden Verluste an Stickoxyden, wie sie heutzutage eintreten (in den Abgasen), vermeiden mit Hilfe des Kieselsäuregels.

Die Fabrikation der flüssigen schwefligen Säure ist eine große und schnell wachsende Industrie. Die flüssige schweflige Säure läßt sich nämlich bei vielen chemischen Prozessen, besonders auf dem Papier- und Textilgebiet, in der Metallurgie des Kupfers, als Ammoniakersatz bei der Kälteerzeugung in kleinen Haushalten usw. verwenden. Sie könnte auch in der Bleikammer oder im Kontaktofen in Schwefelsäure übergeführt werden.

Luft-SO_2-Gemische mit einem Gehalt von 4—8% SO_2 werden bis heute durch kaltes Wasser geleitet und letzteres mit dem SO_2 gesättigt. Aus dem Wasser wird das letztere sodann durch Erhitzen oder Vakuum ausgetrieben. Das erhaltene Gas wird getrocknet und durch Druck und Kälte verflüssigt.

Der Ersatz des Wassers durch Kieselsäuregel, dessen spezifische Wärme etwa nur $1/_5$ des ersteren beträgt und das unter gleichen Bedingungen 5mal soviel SO_2 aufnimmt, ist vorteilhaft.

In Kälteerzeugungs- und Eisgewinnungsanlagen, die nach dem Vakuumverfahren arbeiten, hat das Kieselsäuregel als Adsorptionsmittel Verwendung gefunden. In diesen ist der Adsorptionsapparat mit der Vakuumleitung verbunden und erzeugt Hochvakuum durch die plötzliche Adsorption von verdampfendem Wasser. Für kontinuierlichen Betrieb sind zwei Adsorptionsapparate und ein einfacher Erhitzer zum Regenerieren des Gels erforderlich. Abb. 8 zeigt eine in 24 Stunden 500 Pfund Eis liefernde Anlage (Silica Gel Corporation).

Auch die Reinigung von Gasen mit gekörntem, pulverisiertem Kieselsäuregel kann durchgeführt werden.

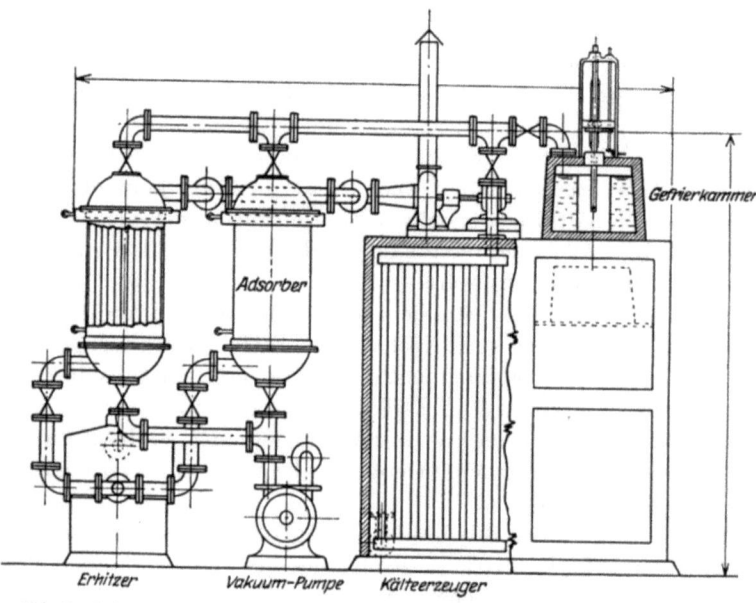

Abb. 8. Anlage zur Erzeugung von Eis mittels Kieselsäuregels (Silica Gel Corporation).

Dabei wird dieser Stoff z. B. in Pulverform den Gasen und Dämpfen beigemischt und durch die Anlage geblasen.

b) Die im In- und Auslande patentierten Verfahren zur Adsorption von Gasen und Dämpfen durch Kieselsäuregel.

Die Trennung von Dämpfen und Gasen führen W. A. Patrick, F. Lovelace und E. B. Miller (Baltimore) gemäß dem Amer. P. 1335348 in der Weise durch, daß sie das Gas- oder Dampfgemisch durch hydratisiertes Kieselsäuregel hindurchleiteten und sodann das letztere von dem adsorbierten Gas oder Dampf befreiten.

Das Gel, das dabei verwendet werden soll, hat Poren von solcher Gestalt, daß sie einen Wasserdampfdruck von 3—11 mm bei 15° geben, wenn die Adsorption des Wassers die konstante Druckphase erreicht hat.

Ausgeführt wird das Verfahren z. B. in der Weise: Schwefelerze werden geröstet oder gesintert, und die dabei erhältlichen Gase werden durch ein Gebläse durch einen Kühlturm getrieben, in dem sie mit Wasser von der Temperatur der Flüsse oder dergleichen gekühlt, entwässert und entstaubt werden. Dann werden sie in einem besonderen Kühler noch tiefer abgekühlt und dabei noch weiter entwässert. Von

Die Verwendung des Kieselsäuregels. 95

dem Kühler gelangen sie durch parallel laufende Rohre in Türme, in denen sie durch mit dem gekörnten Gel beschickte, senkrechte Rohre hindurchströmen müssen. Hierbei wird das in den Gasen befindliche Schwefeldioxyd von dem Gel adsorbiert, aus dem es alsdann durch heiße Verbrennungsgase ausgetrieben wird.

Zur Adsorption von Gasen und Dämpfen und Entfärben von Flüssigkeiten besonders geeignet soll das Produkt sein, das C. S. Teitsworth (Lompoc, Californien), (Celite Company, Los Angeles), durch Aufbringen von Kieselsäuregel auf Kieselgur, die zweckmäßig geglüht und gemahlen ist, erhält (Amer. P. 1 576 537).

Den Gegenstand des Engl. P. 220 899 (P. S. Somerville und E. C. Williams) bildet die Trennung von Flüssigkeiten, Gasen und Dämpfen mittels Kieselsäuregel.

Die Badische Anilin- u. Soda-Fabrik (Ludwigshafen a. Rh.) läßt zwecks Gewinnung von Gasen und Dämpfen aus feuchten Gasgemischen die letzteren mehrere Behälter durchströmen, die mit Kieselsäuregel oder einem anderen hydrophilen Adsorptionsmittel beschickt sind. Nach Sättigung des ersten oder der folgenden Adsorptionsmassen mit Wasser nehmen die letzten den zu adsorbierenden Bestandteil des Gases (Benzol, Äthylen) auf. Zweckmäßig wählt man hierbei für die ersten Behälter Adsorptionsstoffe mit größeren Poren für die Adsorption des Wassers, für die letzten Behälter feinporigere Masse. Auch kann man hydrophile Adsorptionsmittel (Kieselsäuregel) mit hydrophoben (aktive Kohle) kombinieren. Die das Wasser enthaltenden Adsorptionsmassen werden mittels heißer Gase und die mit dem zu extrahierenden Gasbestandteil beladenen Adsorptionsstoffe durch Wasserdampf regeneriert (Franz. P. 604 207).

Ferner entfernen die Baltimore Gas Engineering Company (Baltimore) und Robert E. Wilson (Cambridge, Massachusetts) flüchtige Stoffe aus festen, solche enthaltenden Substanzen (Gasolin aus solches enthaltendem Kautschuk, Aceton aus rauchlosem Pulver), indem sie letztere unter Verschluß mit Kieselsäuregel in Berührung bringen (Amer. P. 1 603 568).

Die Wiedergewinnung flüssiger Lösungsmittel und Kohlenwasserstoffe aus ihren Gemischen mit Luft oder Gasen strebt die Henry L. Doherty & Company (New York), R. C. Allen (Lakewood, Ohio) dadurch an, daß sie die Gasgemische durch eine sich bewegende (in einem Schacht herabsinkende) Säule von Kieselsäuregel hindurchschickt (Amer. P. 1 292 480).

Dämpfe von Benzol, Toluol, Amylen, Salventnaphtha (Naphthalin), Xylol oder dergleichen werden nach der Erfindung von Cl. L. Voress (New York) und V. C. Canter (Bradford, Pennsylvanien), Gasoline Recovery Corporation (Delaware) von Kieselsäuregel adsorbieren gelassen und sodann wird das Gel mit Destillationsdämpfen behandelt, um z. B. das Benzol aus ihm auszutreiben. Man kann auch Wasserdampf zum Austreiben benutzen (Amer. P. 1453215).

Neuesten Datums ist das Verfahren der Badischen Anilin- u. Soda-Fabrik (Ludwigshafen a. Rh.), gemäß welchem mittels schmal- und weitporigen Kieselsäuregels Benzol, Äthylen oder dergleichen aus Luft oder anderen Phasen zur Abscheidung gebracht wird. Zu diesem Zwecke leitet man die feuchten Gase z. B. durch mehrere, in Serie geschaltete, mit dem Gel beschickte Behälter. In dem weitporigen Gel scheidet sich das Wasser aus den Gasen ab, in den feinporigen Gel das Benzol usw. Das Wasser wird mit heißen Gasen und das Benzol mittels Dampf ausgetrieben (Engl. P. 255655).

Gasadsorptionsapparate hat die Silica Gel Corporation (Baltimore), (F. B. Krull, Berlin-Tegel) angefertigt, die sich drehende Ventile aufweisen, um den Ein- und Austritt des zu behandelnden Materials und des reaktivierenden Mittels für das Adsorptionssmittel zu regeln (Engl. P. 255819).

Neuerdings empfiehlt die J. G. Farbenindustrie Akt.-Ges. (Frankfurt a. M.), Gase zwecks Trocknung durch sich drehende Trommeln im Gegenstrom zu Kieselsäuregel zu leiten. Das Gel wird regeneriert, indem man es im Gegenstrom zu Trockenmitteln in ebenfalls sich drehenden Trommeln führt, worauf man es direkt in den Gastrockner wieder einbringt. Die Trommeln können aus länglichen Zellen bestehen (Engl. P. 260914).

c) Die Verwendung des Kieselsäuregels zum Raffinieren von Öl.

Das auf eine Feinheit von etwa 200 Maschen pro Quadratzoll gebrachte Gel wird im Gegenstrom zu dem zu reinigenden Öl in kontinuierlicher Weise (Hintereinanderschaltung mehrerer mechanischer und rotierender Vakuumfilter) geführt.

Die von der Silica Gel Corporation hierbei verwendete Apparatur arbeitet dreistufig.

Das Öl gelangt in den ersten Rührapparat (Agitator, vgl. Abb. 9), wird dort gründlich mit dem Gel gemischt und gelangt dann in die erste Filtertrommel. Hier wird das Gel von der Oberfläche der mit einem Tuch bekleideten Trommel abgeschabt; das Öl gelangt in das Innere der Trommel.

Das letztere wird in den nächsten Mischaparat gepumpt, wo sich der gleiche Vorgang abspielt.

Die Aktivierung wird in zwei Regenerationsapparaten, und zwar in dem ersten von dem an den äußeren Teilchen haftenden Öl, in dem

Die Verwendung des Kieselsäuregels. 97

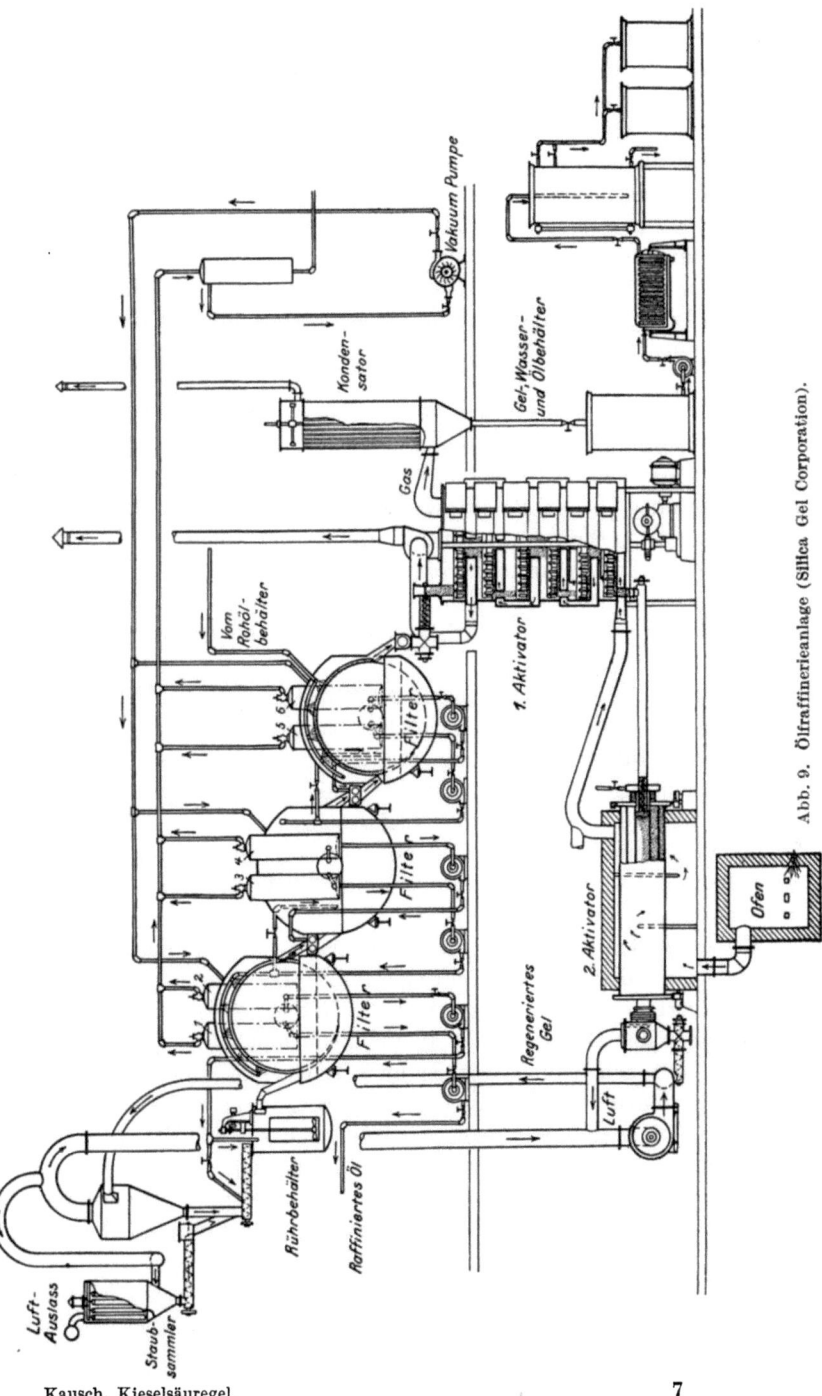

Abb. 9. Ölraffinerieanlage (Silica Gel Corporation).

zweiten von dem restlichen Öl und Gummi durch Rösten befreit. Während der erste der beiden Regenerationsöfen ähnlich den Erzröstöfen konstruiert ist, besteht der andere aus einem Stahlzylinder, der in einer Verbrennungskammer rotiert.

Die für die jeweilige Raffination anzuwendende Kieselsäuremenge (Gewichtsprozente auf das Öl berechnet) schwankt.

Hat die Adsorptionswirkung einen besonderen Schwellenwert erreicht, dann nimmt man die Regenerierung des verwendeten Gels vor. Zu diesem Zwecke drückt man mittels Luft etwa die Hälfte des in der Kieselsäure zurückgebliebenen Öles heraus und behandelt sodann das Gel mit Wärme. Durchschnittlich braucht man 160000 Wärmeeinheiten für je 100 kg des Gels.

Man treibt mit überhitztem Dampf (bis 450^0 C) den größten Teil der adsorbierten obigen Bestandteile aus und behandelt das Gel weiterhin mit dem Gemisch von Dampf und heißer Luft (350^0 C). Die organischen Stoffe beginnen in den Poren des Gels zu verbrennen, und infolge der auftretenden Verbrennungswärme erhöht sich die Temperatur auf 410—450^0 C. Die Gesamtdauer der Regenerierung mit Dampf und Luft beträgt etwa 5 Stunden.

Das Regenerieren kann in den Bleichapparaten selbst vorgenommen werden.

Es hatte sich herausgestellt, daß der Schwefel die guten Eigenschaften aller Mineralölfraktionen wesentlich herabzusetzen in der Lage ist. Seine Anwesenheit führt zur Bildung von Gummi und Harzen im Gasolin, zur Abscheidung von Schlämmen in Schmierölen und zur Mißfärbung von Wachs, wenn solches dem Licht ausgesetzt wird. Die schlecht brennenden Qualitäten des Kerosins beruhen gleichfalls auf der Anwesenheit von Schwefel und ungesättigter Verbindungen in hohem Prozentsatz.

Bisher verwendete man zur Verringerung dieses Schwefelgehaltes in den Ölen konzentrierte Schwefelsäure. Da aber nur ein Teil der Schwefelverbindungen in dieser Säure löslich ist, so ist eine völlige Entschwefelung der Öle auf diese Weise nicht möglich.

Auch mit schwefeliger Säure und ferner mit Natriumhypochlorit ist die Raffination der Öle angestrebt worden. Diese Verfahren hatten aber zur Folge, daß mit dem Schwefel auch die für die Verwendung der Öle notwendigen ungesättigten Verbindungen entfernt wurden. Auch bleibt bei Anwendung des Hypochlorits zur Behandlung des Gasolins ein erheblicher Teil des Chlors in Gestalt schädlicher Chlorverbindungen in dem Öl zurück.

Da erwies sich das Kieselsäuregel als geeignetes Entfernungsmittel für den Schwefel aus den genannten Ölen, und zwar übertrifft dieses die bisher zu diesem Zwecke verwendeten Fullererden, den Bauxit und die Holzkohle.

Die Verwendung des Kieselsäuregels. 99

Die folgende Tabelle der Silica Gel Corporation gibt einen Überblick über die mit Kieselsäuregel bei der Raffination von typischen Petroleumprodukten.

Öle und Wachs	Schwere Bé bei 60° F	Schwefelgehalt	Doctor	Gehalt an ungesättigten Verbindungen	Farbe (Saybolt)	Endpunkt	Brennt:
Mexik. Gasolin							
roh	57,5°	0,32	sauer	4,4	−2	419	
raffiniert . . .	59,0°	0,01	süß	2,6	+25	418	
Persian Gasolin							
roh	60,0°	0,071	sauer	3,0	+2	369	
raffiniert . . .	61,5°	0,01	süß	3,0	+25	369	
Mid.-Cons. Naphtha							
roh	53,6°	0,086	sauer	6,8	−17	568	
raffiniert . .	55,9°	0,01	süß	4,0	+25	562	
Gekracktes Gasolin							
roh	59,0°	0,118	sauer	24,8	−2	446	
raffiniert . .	60,9°	0,01	süß	23,6	+25	442	
Schiefergasolin							
roh	40,5°	0,583	sauer	46,2	schwarz	502	
raffiniert . .	44,5°	0,01	süß	35,4	+25	—	
Texas Kerosin							
roh	40,6°	0,21	sauer	2,8	+2	526	
raffiniert . .	44,5°	0,01	süß	2,4	+25	527	ausgezeichnet
Mexik. Kerosin							
roh	43,8°	0,62	sauer	6,3	−15	538	—
raffiniert . .	47,8°	0,04	süß	3,0	+25	540	ausgezeichnet
Mex. Kerosin							
roh	43,8°	0,756	sauer	9,6	−17	552	—
raffiniert . .	49,6°	0,011	süß	3,6	+25	547	ausgezeichnet
Calif. Kerosin							
roh	38,7°	0,227	sauer	6,0	−17	527	—
raffiniert . .	39,5°	0,007	süß	2,8	+25	518	ausgezeichnet
Persian Kerosin							
roh	46,1°	0,216	sauer	2,8	−17	545	—
raffiniert . .	48,6°	0,058	süß	2,7	+25	545	ausgezeichnet

Einem Vortrage von E. B. Miller[1]) sei das Folgende auf die Raffination des Petroleums Bezügliche entnommen.

Die Aktivierung des Kieselsäuregels geschieht dadurch, daß man seine 41 % des Gesamtvolumens des Gels betragenden Poren, die bis zu 41 % seines Eigengewichts Wasser enthalten können, evakuiert.

Für das Raffinieren von Flüssigkeiten muß man das Gel so fein zermahlen, daß es ohne Rückstand durch ein Sieb 200 (200 Maschen auf den Quadratzoll) hindurchgeht. Anderenfalls würde seine Wirkung zu langsam sein. Die Trennung des Öles von dem Gel erfolgt durch ein

---
[1]) Vgl. Meyer, F.: Brennstoffchemie. 4, S. 358, 1923.

Tauchsaugfilter (Oliver-Vakuumfilter), wobei das Gel beständig von der Filteroberfläche abgeschabt wird.

Die Entschwefelung von Erdöldestillaten mittels Kieselsäuregels haben J. H. Waterman und J. N. J. Perquin[1]) untersucht und folgendes ermittelt.

Es wurde hierbei Kieselsäuregel durch Mischen von technischem Wasserglas (spezifisches Gewicht 1,35) mit konzentrierter Schwefelsäure, Auswaschen der ausgefallenen Kieselsäure, Dekantieren bis zur Schwefelsäurefreiheit des Waschwassers (8 Tage Dauer) hergestellt, und hierauf das Gel einmal durch Erhitzen in einem über Schwefelsäure getrockneten Luftstrom auf 200° C (Gel I), das andere Mal durch Erhitzen auf 300° im Vakuum aktiviert (Gel II).

Beim Schütteln einer Erdölfraktion mit dem Gel wurde eine dunkle Verfärbung des Gels festgestellt; die entschwefelnde Wirkung bei einer zweiten Behandlung war geringer. Diese Tatsachen berechtigten zu dem Schluß, daß das Gel anfänglich polymerisierend und dann erst entschwefelnd wirkt (vgl. auch A. E. Dunstan)[2]).

Die Schwefelbestimmung nahmen die genannten Forscher durch Verbrennung mit der kleinen Lampe, Hindurchsaugen der Verbrennungsgase durch eine Wasserstoffsuperoxydlösung und Titrierung der hierbei entstandenen Schwefelsäure vor.

Zwecks Ermittlung der Adsorptionswirkung des Gels gegenüber verschiedenen Schwefelverbindungen wurden zu einer Reihe von an sich schwefelfreien Ölproben bestimmte Mengen bekannter Schwefelverbindungen hinzugesetzt. Dann wurde nach Behandlung der Öle mit dem Gel der Schwefelgehalt der ersteren bestimmt.

Z. B. wurde schwefelfreies Borneo-Kerosin (spezifisches Gewicht 0,857, Siedepunkt 150—250°) mit Diäthylsulfid: $(C_2H_5)_2$ versetzt, und es betrug alsdann der Schwefelgehalt der erhaltenen Lösung 2,83 %.

Man schüttelte nun 70 g dieser Lösung mit 25 g des Gels I zweimal 8 Stunden lang. Der Schwefelgehalt der ganz entfärbten Ölprobe betrug 1,91 %. Es waren mithin 48 % des Gesamtschwefels der Öllösung dieser entzogen worden.

Bei Behandlung von 300 cm³ einer persischen Erdölfraktion (spezifisches Gewicht 0,86—0,92) mit 75 g Gel zweimal 8 Stunden lang ergab sich ein hellgelbes Produkt, das Gel war danach tief geschwärzt. Eine zweite Behandlung von 150 cm³ dieses vorbehandelten Öles mit 35 g Gel während 8 Stunden ergab eine völlige Entfärbung des Öles. Der Schwefelgehalt des Öles war bis auf 22,4 % (des Gesamtschwefels) verringert.

---

[1]) Brennstoffchemie. **6**, S. 255—257, 1925.
[2]) Journ. Soc. Chem. Ind. XLIII, S. 181 T, 1924.

Die Verwendung des Kieselsäuregels.

Die folgende Tabelle gibt die Resultate wieder, die bei Behandlung von an sich schwefelfreiem, mit den angegebenen Schwefelverbindungen versetztem Borneo-Kerosin mit dem Gel erhalten wurden.

Verbindung	Menge der Lösung cm³	Menge Gel bei jedem Schütteln	Anzahl der Behandlungen	% Schwefel vor dem Schütteln	% Schwefel nach dem Schütteln	Verringerung des Schwefelgehalts bezogen auf die Lösung	Verringerung des Schwefelgehalts bezogen auf den Gesamtschwefel	
$(C_2H_5)_2S$ . . .	100	25	1	2,83	1,91	0,92	33	⎫ völlig
C_6H_5SH . . .	150	25	2	0,93	0,64	0,29	31	⎬ entfärbt
C_6H_5-Rhodanid	125	20	2	0,46	0,06	0,40	88	⎭
C_2H_5-Rhodanid	135	25	2	0,59	0,02	0,57	97	⎫ fast
$C_6H_5 = C = S$.	125	25	2	0,465	0,79	0,075	17	⎬ völlig
$(C_2H_5)_2SO_2$ . .	150	25	2	0,465	0	0,465	100	⎭ entfärbt
$(C_6H_5)_2SO_2$ . .	150	25	2	0,05	0	0,05	100	

Die Gele I und II besaßen, wie Vergleichsversuche ergaben, gleiche entschwefelnde Wirkung.

Ferner wurden noch weitere Gele von Waterman und Perquin gemeinsam mit J. R. H. Goris, und zwar auch technisch hergestelltes Kieselsäuregel in beregter Richtung untersucht.

Dies letztere Gel wurde im elektrischen Ofen auf 150—200° C getrocknet.

Nach Schütteln von mexikanischem Kerosin mit einem Schwefelgehalt von 1,75% mit dem feinen, braungrauen Pulver ($1/5$ g Gel auf je 1 cm³ des Öles) erhielt man nach viermal 2 Stunden eine Entschwefelung des Öles von mehr als 60% des Gesamtgehaltes. Mithin wirkte dieses Gel besser als die im Laboratorium hergestellten Gele.

Der Anilinpunkt, d. h. die Entwaschungstemperatur mit Anilin 1 Vol. : 1 Vol. des ursprünglichen Öles, erhöhte sich durch die Kieselsäuregelbehandlung erheblich:

Anilinpunkt des unbehandelten Öles . . . . 52,1° C
„   „   Öles nach der 1. Behandlung mit dem Gel . . 55,3° C
„   „   „   „   „   2.   „   „   „   „   . . 58,2° C
„   „   „   „   „   3.   „   „   „   „   . . 61,0° C
„   „   „   „   „   4.   „   „   „   „   . . 63,8° C

Hier ist auch der Versuche von E. B. Miller[1]) zu gedenken, die zur Feststellung der Entschwefelungskraft des amerikanischen Kieselsäuregels (Silicagel) gegenüber derjenigen von Bleicherden angestellt wurden und eine erhebliche Überlegenheit des ersteren bei einem 0,756% Schwefel aufweisenden Petroleumdestillat ergaben. Ferner ist die Verwendung des Gels billiger als die der Schwefelsäure beim Raffinieren von Benzindestillaten.

---

[1]) Vgl. Meyer, F.: Brennstoffchemie. 4, S. 361, 1923.

H. S. Bell[1]) hat folgende Beschreibung der Raffination von Benzin durch Kieselsäuregel gegeben.

Es handelt sich um eine Anlage für einen Durchsatz von 1000 Barrels minderwertigen Benzins in 24 Stunden. Sechs Abteilungen sind vorgesehen, die von dem Öl nach dem Gegenstromprinzip durchlaufen werden.

Jede dieser Abteilungen besteht aus einem kleinen Mischgefäß-Agitator und einem größeren Absatzbehälter (Thickener). Die Anordnung der Behälter (Tanks) ist treppenartig. Das zur Entfärbung bestimmte Gel wird nach dem Absetzen in den nächst höheren Mischapparat gepumpt, das Öl fließt nach dem entsprechend niedrigeren Mischgefäß. Aus der letzten Abteilung wird das Gel in einen Wäscher gepumpt, dann filtriert und in einem Apparat (Aktivator) zu weißem Pulver regeneriert. Der Aktivator weist eine dem bekannten Herreshoff-Röstofen ähnliche Konstruktion auf. In der Anlage laufen in der Minute 50 Pfund Kieselsäuregel um. Zur Bedienung der Anlage sind zwei Mann erforderlich, und der Kraftbedarf ist etwa 35 PS.

Eine derartige Anlage befindet sich in dem Werke der Massachusetts Oil Refining Company (East Braintree).

Eine Anlage mit einem Öldurchsatz von 3500—5000 Barrels, wie eine solche in der Raffinerie der Davison Chemical Company (Baltimore) sich befindet, erfordert eine Grundfläche von nur 27 mal 8,5 m oder wenig mehr.

Die Franz Herrmann Maschinenfabrik verwendet das nach D.R.P. 402508 vom 31. Mai 1923 abgepreßte Kieselsäuregel zum Filtrieren von Flüssigkeiten, insbesondere von Petroleumkohlenwasserstoffen und fetten Ölen jeder Art sowie von deren Lösungen.

Dabei hat sich herausgestellt, daß der Filtrationseffekt bei Verwendung des gekörnten Gels überraschend groß ist und in nichts dem der pulverisierten Kieselsäure nachsteht. Rohe dunkle Mineralöldestillate z. B. werden durch dieses Verfahren in helle Raffinate übergeführt und können dann zur Erzeugung noch hochwertiger Ölprodukte dienen. Der übliche schwerfällige und verlustreiche Raffinationsprozeß mittels Schwefelsäure und Natronlauge kann durch diese Filtration ganz oder zum Teil ersetzt werden. Dieser Effekt war nicht ohne weiteres vorauszusehen, da bis dahin die Ansicht maßgebend war, daß die Filtrationsmittel eine möglichst große Oberfläche darbieten, also in möglichst feiner Form, womöglich in kolloidem Zustande, zur Verwendung kommen sollen. Die gekörnte Kieselsäure bietet den sie durchdringenden Flüssigkeiten nur geringen Widerstand dar.

---

[1]) van Nostraad Co., D.: American Petroleum. Ref., S. 207, New York 1923. — Koetschau, R.: Chem.-Zg. **48**, S. 518, 1924.

Die Verwendung des Kieselsäuregels. 103

Ferner kann das Filtermaterial im Filtriergefäß selbst durch Auskochen mit Wasser, Ausdampfen, Extrahieren usw. leicht regeneriert werden.

Einen Raffinationsapparat, der gemäß diesem Verfahren arbeitet, hat z. B. die folgende Einrichtung[1]).

Es ist eine Anzahl von schmalen Rohren zu einem Bündel vereinigt und in dem Gefäß, durch das das zu entfärbende Petroleumprodukt u.dgl. geschickt werden soll, derart in einer Rohrplatte befestigt, daß das eine Ende etwas über diese Platte hinausragt. Im Innern der Röhre sind solche von kleinerem Durchmesser, die ebenfalls in einer Rohrplatte befestigt sind, angeordnet, die aber von der erstgenannten Platte etwa 30—40 cm entfernt ist. Der Zwischenraum zwischen den beiden Rohren ist mit dem gekörnten Gel angeführt, unten und oben sichert ein Sieb die Körner gegen Herausfallen. Nach außen sind die weiteren Rohre oben durch Kappen dicht verschlossen. Unterhalb des Rohrbodens ist ein gewölbter Boden vorgesehen. Das Gefäß ist ferner mit einer Zulaufleitung, einer Luftzuleitung, einer Dampfzuführung, einem Austrittsstutzen für Luft, einer Ablaufleitung für das Raffinat, einer Leitung für die Abfallflüssigkeit, einem Kühler und einem Wasserabscheider ausgestattet.

Ein feuerfester Mantel, der das Gefäß bildet, umschließt das Rohrbündel und steht mit einer Feuerung, deren Gase durch eine Klappe einer Regelung unterliegen, in Verbindung. Die Feuergase ziehen durch den Schornstein ab. Falls das Rohrbündel gekühlt werden soll, öffnet man eine Luftklappe, die Luft einläßt, welche abgesaugt wird.

Das in diesen Apparat eingeführte Destillat od. dgl. steigt in den inneren Rohren hoch, läuft über und verteilt sich von oben nach unten über das Gel und füllt dabei den ringförmigen Querschnitt des Zwischenraums zwischen den Rohren aus und läuft als Raffinat ab.

Nach Erschöpfung der Gelmasse wird der Rohrinhalt auf etwa 100° C erwärmt und das noch in den Zwischenräumen und Poren befindliche Raffinat mittels Luft abgeblasen. Zurückgehalten werden dabei die adsorbierten dunklen Bestandteile. Tropft Öl nicht mehr ab, dann wird die Temperatur auf etwa 300° C erhöht. Die adsorbierten dunklen Öle werden mittels Wasserdampf herausdestilliert, das dunkle Abfallöl wird mit dem Wasserdampf dem Kühler und Wasserabscheider zugeführt.

Die Gelmasse wird 1—2mal monatlich ausgeglüht zwecks Durchführung der Regenerierung. Zu dem Zweck verdrängt man mit Luft das noch in dem Gel befindliche Raffinat, destilliert das Abfallöl mit Wasserdampf und steigert alsdann die Temperatur in der Masse auf

---

[1]) Koetschau, R.: Chem.-Zg. Nr. 86 u. 89, 1924.

etwa 600° C. Gleichzeitig wird Verbrennungsluft durch die Gelmasse hindurchgeleitet, wodurch ein Weißbrennen der letzteren erreicht wird. Nach dem Glühen wird durch Hindurchleiten von Luft nach Abschluß der Feuerklappe die Masse wieder abgekühlt.

Wie Versuche ergeben haben, kann man die Masse 80—100 mal regenerieren, ohne sie in ihrer Wirkung zu schädigen.

Bei Anwendung des gekörnten Kieselsäuregels gelangen Kieselsäureanteile nicht in das Raffinat.

Durch Entfernen der sauren Bestandteile aus dem Transformator- oder Turbinenöl mittels Kieselsäuregel erzielt man eine höhere Beständigkeit des Öles.

Zu diesem Zwecke wird mit Schwefelsäure vorbehandeltes Öl etwa 1,5 Stunde mit 13 % Gel in Berührung gelassen. Es absorbiert etwa 10 % (auf das Öl bezogen) an Sulfosäuren.

Die Regenerierung des Gels erfolgt durch Erhitzen (N. Butkow)[1].

Schmieröle.

	Schwere Bé bei 60° F	Schwefelgehalt	Entflammungspunkt	Brennpunkt	Viscosität bei 100° F	Gießprobe	Farbe Robinson	Säuregehalt
Texas, roh ..	29,7°	0,473	412	450	180	28	schwarz	—
raffiniert ..	30,9°	0,164	414	452	168	29	9 1/2	keiner
Mexikan., roh	18,6°	3,93	385	425	206	35	schwarz	—
raffiniert ..	30,4°	0,41	380	425	146	35	9 3/4	keiner
Mid. Cont., roh	19,4°	0,575	360	400	306	8	schwarz	—
raffiniert ..	24,3°	0,242	350	395	265	7	7	keiner
Persian, roh .	27,2°	1,46	173	249	71	—	schwarz	—
raffiniert ..	33,0°	0,49	—	338	72	—	11 1/2	keiner

Wachs.

								Schmelzpunkt
Mexikan. Slack Wax	—	1,07	—	—	—	—	schwarz	109
raffiniert .	—	0,23	—	—	—	—	+25 Saybolt	114

Zum Reinigen und Entfärben von Flüssigkeiten (Rohflüssigkeiten oder Destillaten: Gasolin, Kerosin oder Benzol) verwendet die Silica Gel Corporation eine Anlage, die aus einer Anzahl von im Gegenstrom von der Flüssigkeit zu durchlaufenden Elementen besteht. Jedes dieser Elemente weist einen Mischbehälter, in dem das Gel und die Flüssigkeit innig gemischt wird, und einen Behälter auf, in dem das Gel sich absetzt, und aus dem die geklärte Flüssigkeit in den folgenden Rührbehälter überfließt.

Das getrocknete und wiederbelebte Gel wird am unteren Ende eines Elements eingeführt und allmählich durch alle Elemente hindurch-

---

[1] Nestanjoe Chozjajstwo 10, S. 388—392).

Die Verwendung des Kieselsäuregels. 105

gepumpt, während die zu reinigende Flüssigkeit am oberen Ende eines jeden Mischbehälters eingeführt und nach unten durch diesen und jeden Absitzbehälter hindurchfließt, um schließlich unten am Ende gereinigt abzufließen.

Das mit den Verunreinigungen gesättigte Gel gelangt vom letzten Absitzgefäß in eine Waschvorrichtung, wo der Überschuß der Flüssigkeit und die meisten der Verunreinigungen durch Wasser aus dem Gel verdrängt werden. Es wird dann auf ein Filter zum Entwässern und schließlich in eine Regenerativvorrichtung (Aktivator) gebracht, in dem die Verunreinigungen aus dem Gel abgetrieben werden. Das Gel kehrt alsdann selbsttätig in das Verfahren zurück.

d) Die Verwendung des Kieselsäuregels als Träger für Katalysatoren.

Auch bei der Herstellung von Schwefelsäureanhydrid aus Schwefeldioxyd und Luft (Sauerstoff) mit Hilfe von Kontaktsubstanzen hat Kieselsäuregel, und zwar in platinisiertem Zustande, also als Träger der Kontaktmasse, Verwendung gefunden.

F. Meyer[1]) hat über die Verwendung von Silicagel (der Silicagel Corporation) als Katalysator und Träger von Katalysatoren berichtet.

e) Die Verwendung des Kieselsäuregels in der Pharmazie und Medizin.

Auch für pharmazeutische und medizinische Zwecke hat Kieselsäuregel, wie aus folgendem hervorgeht, Verwendung gefunden.

Elektroosmotisch gereinigte Kieselsäure zur Herstellung cutrifrizischer und dentifrizischer Präparate (Perubalsamsalbe, Zahnseife, Wundpaste), die sich zum Imprägnieren von Verbandstoffen, Tupfern, Schweißblättern, Monatsbinden u. dgl. verwenden lassen, zog R. Marcus (Frankfurt a. M.) heran (D.R.P. 300303 vom 20. Februar 1902).

Salben, Pasten, Cremes usw. stellt die Elektro-Osmose-Aktiengesellschaft (Graf-Schwerin-Gesellschaft) (Berlin) gemäß dem D.R.P. 329672 vom 24. Februar 1916 dadurch her, daß sie Kieselsäuregallerte mit verhältnismäßig geringen Mengen von Fetten (Schweinefett, Kohlenwasserstoffe, wie Paraffin, Vaselin oder Glycerin u. dgl.) aufs innigste vermischte.

R. E. Liesegang und A. Abelmann[2]) verwendeten aus Wasserglas und überschüssiger Säure erhaltene Kieselsäuregallerte nach Zusatz von Glycerin oder Glycinal als Salbengrundlage.

---
[1]) Max Kern, Der Ölmarkt Nr. 8.
[2]) Pharmazeut. Centralhalle. **60**, S. 121—123.

Ferner erzeugen die Chemisch-pharmazeutischen Werke Bad Homburg A.-G. (Bad Homburg) kolloidal lösliche Granulate, indem Kieselsäuregallerte entwässert und vorgetrocknet wird, worauf das gewonnene fettfreie Granulat mit Glycerin oder wässerigen Lösungen von Schleimstoffen vermischt und gegebenenfalls durch geeignete, der Adsorption fähige Desinfektionsmittel konserviert wird (D.R.P. 386760 vom 4. Januar 1922). Auf diese Weise erhält man Präparate, die nicht in die pulverige unlösliche Form übergegangene Kieselsäure mit der Zeit enthalten.

Ferner hat sich Kieselsäuregallerte als wirksames Filtermaterial für pharmazeutische Präparate erwiesen (J. C. Krantz jr.)[1].

H. Schulz[2] und Kobert[3] wiesen auf die (kolloidale) Kieselsäure als Heilmittel hin. Kahle[4] erkannte, daß das Pankreas der Aufbewahrungs- und Aufspeicherungsort für die Kieselsäure ist, die zum Aufbau menschlicher und tierischer Organismen erforderlich ist (vgl. auch Kunkel)[5]. Nach Kahle ist bei der Tuberkulose der Pankreassiliciumgehalt herabgesetzt, bei Carcinom dagegen erhöht.

Bei beiden Krankheiten wird neuerdings Kieselsäure als Heilmittel eine Rolle spielen.

Kahle studierte die Beeinflussung tuberkulöser Lungenprozesse durch Kieselsäure (vgl. auch Rößle[6]), Keßler[7], ferner Roth[8], Schmidt[9], Zickgraf[10]), Ladendorf[11]), Uhl[12]), Zimmer[13]), Bogendörfer[14]) und Kühn[15]).

G. Zimmer[16]) verwendete Kieselsäure bei chronischen Gelenkerkrankungen, und es ergab sich, daß die zur Verfügung gestellte 0,2 %ige, hochdisperse, kolloide SO_2-Lösung zu starke Herdreaktionen

[1]) Pharm. Ass. **11**, S. 701, 1922.
[2]) Pflügers Arch. **84**, 1901; **89**, 1902; **144**, 1912. — Münch. med. Wochenschr. Nr. 11, 1902.
[3]) Kieselsäurehaltige Heilmittel. Veröff. d. Zeitschr. f. Balneologie. **3**, S. 3, 1917. — Tuberculosis. S. 149, 1918.
[4]) Münch. med. Wochenschr. Nr. 14, 1914.
[5]) Jahresber. üb. d. Fortschritte d. Tierchemie. **30**, S. 512.
[6]) Münch. med. Wochenschr. Nr. 14, 1914.
[7]) Dtsch. med. Wochenschr. Nr. 9, 1914.
[8]) Therapie d. Gegenw. Nr. 10, 1921.
[9]) Münch. med. Wochenschr. Nr. 18, 1904.
[10]) Beitr. zur Klin. d. Tuberkul. **5**, 1906.
[11]) Zeitschr. f. Balneologie. **5**, Nr. 11, 1912.
[12]) Beitr. zur Klin. d. Tuberkul. **6**, Nr. 3.
[13]) Münch. med. Wochenschr. Nr. 18, 1921. — B. kl. W. Nr. 43, 45 u. 55, 1921.   [14]) Therapie d. Gegenw. Nr. 11, 1922.
[15]) Ther. Monatshefte. Nr. 19, 1919. — Münch. med. Wochenschr. S. 1459—1460, 1918 u. Nr. 9, 1920. — Zeitschr. f. Tuberkul. **32**, Nr. 6, 1920. — Med. Klinik. Nr. 1, 1922.
[16]) Münch. med. Wochenschr. **70**, S. 233—236, 1923.

bei Injektionen von $^1/_5$ mg SiO_2 hervorrief, bei Verwendung von $^1/_{10}$ mg eine Besserung des Befindens der Behandelten bewirkte.

Als geeignet erwies sich die von der Firma Böhringer & Söhne erzeugte 0,05 %ige, hochdisperse, kolloide SiO_2-Lösung, die in Dosen von 0,2—1 cm³ verwendet wurde. Bei 1 cm³ zeigte sich erhebliche Reizwirkung. Weitere Versuche wurden mit Dosen von $^1/_{200}$ und $^1/_{2000}$ mg gemacht. Diese Versuche ergaben, daß sich Silicium als Reizmittel für die Reiztherapie chronischer Gelenkerkrankungen gut eignet. Jedoch ist vorsichtige Dosierung am Platze.

W. Düll[1]), der die Verwendung von Kieselsäure zu Injektionen bei Lungentuberkulose studiert hat, hat diese Art der Einführung aufgegeben, empfiehlt jedoch die orale Einführung der Kieselsäure als Heilmittel bei dieser Krankheit.

Versuche L. v. Liebermanns[2]) ergaben, daß die kolloidale Kieselsäure, deren Blutkörperchen agglutinierende Fähigkeit von Landsteiner und Jagić festgestellt worden war, sich mit dem Stroma verbindet, und daß infolgedessen die Erscheinungen der Hämatolyse auftreten.

Ferner hat M. Liebers[3]) festgestellt, daß sich mit dem System Kieselsäure + Blut + Komplement bei verschiedenen Kombinationen Hämolyse erzielen läßt; aber nicht in allen Fällen hat sich die kolloidale Kieselsäure als vollgültiger Ersatz des Amboceptors erwiesen.

Die gröberen kolloidalen, leicht trüben Kieselsäurelösungen geben verstärkte Agglutinationen und dadurch eine schlechtere hämolytische Wirkung mit Komplement.

Versuche bei Kaninchen ergaben, daß Kieselsäuregel, intravenös verabreicht, giftiger als das Sol ist (W. E. Guye und W. J. Purdy)[4]).

Kieselsäuregele wirkten bei Behandlung mit Tierserum wechselnd (giftig und ungiftig) (W. Kopaczewski und Z. Gruzewska)[5]).

Ferner gewann A. T. Legy[6]) Kieselsäuregallerte zum Gebrauch als bakteriologischer Nährboden durch Dialyse der Natriumsilicatlösung und Salzsäure bestehenden Mischung mittels einer dicken Membran (Kollodium) unter Verwendung von destilliertem Wasser. Der Nährboden wurde bald nach seiner Entfernung aus dem Dialysator in Röhren und in den geheizten Autoklaven gebracht.

---

[1]) Dtsch. med. Wochenschr. **49**, S. 820—821.
[2]) Biochem. Zeitschr. **44**, S. 26.
[3]) Arch. f. Hyg. **80**, S. 43—55.
[4]) Brit. journ. of exp. pathol. **3**, S. 75—85, 86—94. — Berichte der ges. Physiologie. **14**, S. 63—64.
[5]) Comptes Rendus. **170**, S. 133—135.
[6]) Biochem. Journ. **13**, S. 107—110.

f) Die Verwendung des Kieselsäuregels für verschiedene sonstige Zwecke.

Die Gewinnung von Schwefel aus schwefelwasserstoffhaltigen Gasen bewirken die Farbenfabriken vorm. Friedr. Bayer & Co. (Leverkusen b. Köln) dadurch, daß sie die Gase im Gemisch mit Luft oder schwefeliger Säure durch poröses aktiviertes Kieselsäuregel hindurchleiten. Ist letzteres mit Schwefel gesättigt, wird es mit einem organischen Lösungsmittel für Schwefel extrahiert und aus der erhaltenen Lösung der Schwefel durch Krystallisation gewonnen (Engl. P. 207196).

Zwecks Stabilisierung von Metallsolen ging die Elektro-Osmose, Akt.-Ges. (Graf-Schwerin-Ges. (Frankfurt a. M.) in der Weise vor, daß sie eine lösliche Kieselsäure (mit etwa 2,5 % Kieselsäuregehalt) mit einer verdünnten Gold- oder Silbersalzlösung versetzte und mittels eines Metalles in kolloider Form abscheidenden Reduktionsmittels (z. B. Hydrazinhydrat) eine Reduktion vornahm. Sie erhielt so vollständig klares braunes Silber- bzw. tiefblaues Goldsol (D.R.P. 285025 vom 15. April 1913).

Wie J. B. Senderens[1]) feststellte, führt aus Natriumsilicatlösung gefällte, gewaschene und bei gelinder Hitze getrocknete Kieselsäure Alkohole bei 280° C ausschließlich in Äthylenkohlenwasserstoffe über; bei lebhafter Rotglut geglüht, bewirkt sie eine Umwandlung erst bei 340° C, wobei sich aus den Alkoholen neben Äthylen 5,3 %$_0$ Wasserstoff bildet, endlich führt das 6 Stunden auf helle Rotglut ersetzte Produkt erst bei 390° C die Alkohole in Äthylen und 17,1 % Wasserstoff über.

Mit durch Einleiten von Kohlensäure in verdünnte Alkalisilicatlösungen hergestellter Kieselsäure behandelt man nach O. Bielmann (Magdeburg) Flüssigkeiten behufs Reinigung. Man reinigt die zu verwendende kolloidale Kieselsäure zuvor vorteilhaft mit kohlensäurehaltigem Wasser (D.R.P. 320846 vom 22. November 1916).

Kolloidale Kieselsäure ist nach E. Ebler und M. Fellner[2]) befähigt, radioaktive Stoffe aus ihren verdünnten Lösungen zu absorbieren. Auch Jod wird aus seinen violetten Lösungen mit brauner Farbe adsorbiert. Dieses Verhalten des Gels gegenüber dem Halogen ermöglicht den Nachweis von Kieselsäure in Pflanzenteilen (Küster).

Auf porösen Materialien niedergeschlagene kolloidale Kieselsäure empfiehlt die Permutit Aktiengesellschaft (Berlin) als basenaustauschendes Wasserreinigungsmittel zu verwenden. Man erhält ein solches z. B. dadurch, daß man poröse Stoffe organischer oder anorganischer Art mit Alkalisilicat tränkt und dann mit Salzsäure behandelt. Eventuell kann man nach dem Auswaschen noch Alkalien auf

---

[1]) Comptes Rendus. **146**, S. 125—127. — Bull. Soc. Chim. de France. (4) **3**, S. 197—202.   [2]) Chem. Zg. **35**, S. 634, 1911.

Die Verwendung des Kieselsäuregels. 109

diese Stoffe zur Einwirkung kommen lassen. Solche poröse, hier verwendbare Stoffe sind: Bimsstein, Lavakrotzen, Porzellanscherben, Klinker, Koks, Holzkohle, Sägespäne, Korkstücke und -mehl usw. Man kann auch vulkanische Gesteine mit Salzsäure behandeln, auswaschen und evtl. Alkalien darauf einwirken lassen (D.R.P. 318145 vom 4. Juli 1913).

Die Adsorption organischer Flüssigkeiten aus Gemischen mittels Kieselsäuregel (Silicagel) haben W. A. Patrick und D. C. Jones[1]) an folgenden Systemen studiert:

Ameisensäure aus Nitrobenzol bzw. Toluol;
Essigsäure aus Schwefelkohlenstoff Tetrachlorkohlenstoff, Toluol, Nitrobenzol, Petroleum;
n-Buttersäure aus Petroläther, Petroleum, Toluol;
Benzol aus Petroleum;
Nitrobenzol aus Petroleum;
Benzoësäure aus Benzol, Chloroform, Tetrachlorkohlenstoff, Petroleum;
Jod aus Tetrachlorkohlenstoff bzw. Petroleum.

Ferner haben Patrick und J. S. Long[2]) die Adsorption von Butan durch Kieselsäuregele verschiedenen Wassergehaltes untersucht.

Die reduzierende Wirkung von an Kieselsäuregel adsorbiertem Wasserstoff bildete den Gegenstand der Untersuchungen von M. Latshaw und L. H. Reyerson[3]).

Ferner ist das Verfahren, flüssige Stoffe an Kieselsäure zu binden, anzuführen R. Marcus (Frankfurt a. M.), durch Patent (D.R.P. 263 388 vom 13. Juni 1926) geschützt worden.

Es besteht darin, daß man diese Stoffe mit rein löslicher oder gelöster Kieselsäure zusammenbringt und sie je nach Menge der angewendeten Kieselsäure in Lösung läßt oder ausfällt, in welch letzterem Falle man sie durch Filtrieren von der zurückbleibenden Flüssigkeit trennt.

So kann man mit Methylenblau gefärbtes Wasser mit einer 2%igen Kieselsäurelösung entfärben.

Auch Tuberkulin kann durch 2%ige Lösung von Kieselsäure gefällt werden.

Stickoxyd oder andere Gase werden durch überschüssigen Sauerstoff in Gegenwart von Kieselsäurehydratgel oxydiert (R. H. McKee, New York, Amer. P. 1 391 332).

Ferner stellen die Farbenfabriken vorm. Friedr. Bayer & Co. (Leverkusen b. Köln a. Rh.) Salpetersäure in der Weise her, daß sie

---

[1]) Journ. Physical. Chem. **29**, S. 1—10.
[2]) Journ. Physical. Chem. **29**, S. 336—343.
[3]) J. Am. Chem. Soc. **47**, S. 610—612.

auf nitrose Gase in Gegenwart von Kieselsäuregel Sauerstoff und Wasser einwirken lassen (Schweiz. P. 107850). Es hat sich nämlich ergeben, daß man auf diese Weise zu hochkonzentrierter Salpetersäure gelangt. Diese wird aus dem Gel durch Hitze ausgetrieben.

Neuerdings hat das Kieselsäuregel zum Regenerieren der bei der elektrolytischen Herstellung von Perborat verwendeten Elektrolytlösungen Vrewendung gefunden (D.R.P. 431075 vom 6. September 1925) Henkel & Cie., Düsseldorf (Erfinder: Max Jacobi, Beurath a. M.). Man kocht die genannten Lösungen mit einem Zusatz des Gels auf und trennt alsdann die Lösung vom Kieselsäuregel.

Adsorptionsverbindungen der Schwermetalle mit den Hydrogelen, die man durch Hindurchfiltrieren einer alkalischen Lösung des betreffenden Schwermetalls (Zr, Th) durch Kieselsäuregel erhält, verwenden Hans Goldschmidt und von Vietinghoff Chemische G. m. b. H. (Berlin) zur Erzeugung von Harnstoff aus Cyanamid als Katalysatoren. Man bringt z. B. eine 25%ige Cyanamidlösung mit Kupferkieselsäure zur Mischung und läßt diese unter häufigem Umrühren stehen. Nach 3 Stunden sind 39%, nach 24 Stunden 54% und nach 72 Stunden 70% des Cyanamids in Harnstoff übergegangen (D.R.P. 426671 vom 9. März 1920).

Häute und Felle werden nach dem Vorschlage der Société Genty, Hough & Cie. (Paris) zwecks Gerbung mit einer Silicatlösung getränkt, dann mit einem Fällmittel (Essigsäure) behandelt und hierauf gegebenenfalls mit einer Nahrung von Seife, Öl und Eigelb imprägniert oder mit Salzwasser gewaschen und getrocknet (D.R.P. 322166 vom 17. August 1918).

Dichtungsplatten gewinnt man nach der Erfindung der C. F. Weber Akt.-Ges. (Leipzig-Plagwitz) dadurch, daß man einen Grundstoff aus Gewebe und Fällmitteln, der mit einer löslichen Kieselsäureverbindung und Destillaten des Asphalts, Teers oder Erdöls imprägniert ist, zu Platten preßt und dann der Einwirkung von gasförmiger Kohlensäure bei erhöhtem Druck und erhöhter Temperatur aussetzt. Die sich dadurch ausscheidende kolloidale Kieselsäure breitet sich auf der ganzen Platte aus und macht sie gegen Gase, Dämpfe, Wasser, Chemikalien usw. widerstandsfähig (D.R.P. 318489 vom 5. Juni 1918). Plastische Massen werden aus feinen Pulvern und Kieselsäuresol und einem Fällmittel (Gerbsäure, Gelatine) oder einem entgegengesetzt geladenen Kolloid in gleichmäßiger Verteilung hergestellt (E. Podszus, Neukölln, D.R.P. 325367 vom 4. Februar 1924).

Kieselsäuregel, das mit Alkali oder Erdalkali oder Metalloxyden behandelt worden ist, dient nach dem Vorschlage von T. P. Hilditch und Crosfield & Sons, Ltd. (London) zum Füllen von Sammlerbatterien (Engl. P. 206269).

Als Katalysator verwendeten B. Moore und T. A. Webster[1]) kolloide Kieselsäure bei der Wirkung von Lichtstrahlen auf organische Verbindungen und der Photosynthese organischer aus anorganischen Verbindungen (Formaldehyd).

Ferner eignet sich kolloidale Kieselsäure zur Herstellung haltbarer diastatischer Trockenpräparate durch Aufsaugenlassen hoch diastatischer Malzauszüge durch diese Kieselsäure (Diamalt Akt.-Ges., München, D.R.P. 354944 vom 8. Juli 1916).

Nach W. Kette[2]) soll Kieselsäurekolloid zum Gewinnen der Eiweißstoffe des Kartoffelsaftes, mit denen es ausfällt, benutzt werden.

Zur Aufklärung des Ursprunges der grünen Nuancen der natürlichen Wasser dienen die Untersuchungen von W. Spring[3]), gemäß denen eine mit aus Salzsäure versetzter Natriumsilicatlösung durch 2 Monate dauerndes Dialysieren erhaltene reine kolloidale Kieselsäure (0,72 g pro Liter) im 6-mm-Rohr eine dunkelbraune, ein wenig rötliche Farbe und das Spektrum vollständige Absorption der kurzen Wellen, mit optisch reinem Wasser jedoch verdünnt gelbliche, gelbgrüne, grüne, bläulichgrüne und endlich blaue Färbungen erkennen ließ. Das Spektrum der verdünnten Lösung dehnte sich gegen die Region der kurzen Wellen aus.

Eine Vereinfachung der Bestimmung des Eisengehaltes in Eisenerzen mittels Permanganat wird nach den Versuchen von R. Schwarz und B. Rolfes[4]) dadurch herbeigeführt, daß man den zu titrierenden Säuren Wasserglas zusetzt. Die sich bildende kolloidale Kieselsäure verhindert die Oxydation der Salzsäure bei gleichzeitiger Anwesenheit von Manganosalz.

Dies wurde von E. Dittler[5]) bestätigt, der hierbei mit dem Kieselsäuregel Osmosil der Elektro-Osmose A.-G. (Frankfurt a. M.) arbeitete.

Bei einer Nachprüfung der Behauptung von Schwarz von der Wirksamkeit des Kieselsäurehydrosols bei dieser Eisenbestimmung durch L. Brandt[6]) stellte es sich heraus, daß die käufliche Wasserglaslösung oxydierbare Substanzen enthielt, die sie für diese Untersuchungen wie für eine praktische Verwendung bei der Eisenbestimmung unbrauchbar machen. Aus reinen Ausgangsstoffen hergestelltes Wasserglas ergab gleichfalls keine den Mehrverbrauch herabsetzende Wirkung derselben. Jodometrische Untersuchungen zeigten jedoch, daß noch keine voll-

---

[1]) Proc. of the Royal soc. of London, Serie B. **90**, S. 168—186, 1918.
[2]) Zentralbl. f. Agrikulturchemie. **9**, S. 79, 1880.
[3]) Arch. Sc. phys. et nat. Genève. (4) **25**, S. 217—227.
[4]) Chem.-Zg. **43**, S. 51, 1919 u. **44**, S. 310—311.
[5]) Chem.-Zg. **43**, S. 262, 1919.
[6]) Chem.-Zg. **44**, S. 682, 1920. — Zeitschr. f. anal. Chemie. **62**, S. 417 bis 450, 1923.

112 Das Kieselsäuregel.

ständige Reinheit erzielt worden war. Auch ein mit aller Sorgfalt hergestelltes Produkt schien aus der Luft des Laboratoriums schädliche Bestandteile aufgenommen zu haben.

Ein nur sehr schwierig herzustellendes Präparat dürfte für die praktische Verwendung kaum in Betracht kommen.

Die mit verschiedenen Mengen angestellten Versuche ergaben nur eine sehr geringe Wahrscheinlichkeit für das Vorhandensein der angeblichen Wirkung des Kieselsäuresols.

Die zur Aufklärung der Unregelmäßigkeiten, die bei der Bestimmung der entwickelten Chlormengen auch bei Abwesenheit von Wasserglas auftraten, unternommenen Versuche zeigten, daß bei der Überführung kleiner Chlormengen durch einen Kohlensäurestrom oder durch Destillation stets ein gewisser Verlust (etwa 1 cm³ $n/100$) auftritt, der von Brandt auf Hydrolyse zurückgeführt wurde. Die bei der Eisentitration beobachteten Unregelmäßigkeiten treten hier nicht auf.

Mit aus gereinigtem $SiCl_4$ hergestellte salzsäurehaltige Kieselsäurehydrosollösung, die nur minimale und genau feststellbare Verunreinigungen aufwies, wurden ebenfalls Versuche durchgeführt, aber die von Schwarz behauptete Wirkung des Kieselsäuresols nicht beobachtet.

Versuche von W. Suida[1]) ergaben, daß die natürlich vorkommenden Kieselsäuren bzw. sauren Silicate in dem Maße ihres Gehaltes an Hydroxylgruppen basische Farbstoffe zu binden vermochten.

Diese Behauptung wurde von Pelet und L. Grand[2]) angegriffen, soweit es sich um die sauren Farbstoffe handelte.

Suida[3]) stellte nun Kieselsäurehydrat (H_2SiO_3) aus Wasserglaslösungen her, trocknete das Produkt bei 100° C, worauf es eine Stunde lang geglüht und im Exsiccator aufbewahrt wurde. Ferner stellte er Kieselsäure durch Hydrolyse von Silicumfluorid und Wasser und Cialysn des erhaltenen Produkts her, das in analoger Weise getrocknet und geglüht wurde.

Beide Produkte wurden im zerriebenen Zustande kalt mit Methylenblau bzw. mit Lösungen anderer gereinigter basischer Farbstoffe sowie mit Lösungen von Krystallponceau (Natriumsalz) oder Krystallponceausäure behandelt. Nach viertelstündigem Digerieren wurden die Produkte mit destilliertem Wasser dekantiert, bis kein Farbstoff mehr in Lösung ging. Es zeigte sich, daß alle Produkte intensiv gefärbt waren, insofern basische Farbstoffe verwendet worden waren. Krystallponceau hatte weder als Salz noch als Säure die Kieselsäuren angefärbt.

Die Ansicht von Pelet und L. Grand, daß die Hydroxylgruppen keinen Einfluß auf die Adsorptionsfähigkeit der Kieselsäure gegen Farb-

---
[1]) Monatshefte f. Chemie. 25, S. 1107 ff., 1904.
[2]) Chem.-Zg. 31, S. 803, 1907.
[3]) Z. Farben-Industrie. 6, S. 365—367, 1907.

Die Verwendung des Kieselsäuregels. 113

stoffe habe, erschien Suida unzutreffend, da auch die geglühte Kieselsäure sich an der Luft leicht hydratisiert, mithin auch geglühte Kieselsäure wieder Hydroxylgruppen aufnimmt.

Im Anschluß an diese Auseinandersetzung gab Suida noch folgende Beobachtungen bekannt.

Er brachte aus Wasserglaslösung mit Salzsäure, Ammoniumchlorid oder Salpetersäure bei gewöhnlicher Temperatur gefällte und völlig chlor- und salpetersäurefrei gewaschene Kieselsäuregallerte, die bei 100° im Wasserbade oder im Exsiccator über Schwefelsäure im Vakuum getrocknet worden war, mit Wasser oder Lösungen basischer Farbstoffe in Berührung. Dabei gab die Gallerte an das Wasser anscheinend nicht, an die Farbstofflösung aber erhebliche Mengen ab. Dampfte er die filtrierten gefärbten Lösungen im Wasserbade ein, so trat bei bestimmter Konzentration plötzlich eine Koagulation der gelösten Kieselsäure unter Farbstoffänderung ein. Das Filtrat von diesem Produkt enthielt keine Kieselsäure.

Dies wurde damit teilweise erklärt, daß die kieselsauren Salze der Farbbasen zum Teil in Wasser löslich sind.

Eine mit Fuchsin versetzte verdünnte Wasserglaslösung gab einen tiefdunkelroten Niederschlag. Dieser Niederschlag ging beim Waschen auf dem Filter mit zunehmender Reinheit des Waschwassers immer mehr in Lösung. Letztere koagulierte ebenfalls beim Eindampfen.

Auch die Umsetzungsprodukte von Wasserglaslösungen mit Calciumchlorid oder Aluminiumsulfat färbten sich mit basischen Farbstoffen sehr schön an.

Zwei verschiedene Proben von kieselsaurem Rosanilin wurden nach gründlichem Waschen mit Wasser bei 100° C getrocknet, auf Kohlenstoff analysiert, und die Siliciumdioxydmenge wurde durch Glühen festgestellt.

Es ergab sich:

	I	II
Farbbase ($C_{20}H_{19}N_3$) . . .	65,5 %	66,6 %
SiO_2	29,8 %	28,4 %
Wasser (Differenz)	4,7 %	5,0 %

H. W. Baron de Stücklé (Dieuze, Lothr.) reinigte Lösungen, die als Verunreinigung kolloidale Kieselsäure enthielten (Mineralaufschlüsse, die durch Säuren erhalten wurden, Grubenwasser in Kupferkiesbergwerken), indem er diese mit Kieselfluorwasserstoffsäure oder einem ihrer Salze oder Flußsäure oder einem Fluorid und freier Mineralsäure versetzte, wodurch die Kieselsäure gefällt wurde (D.R.P. 286302 vom 8. Dezember 1912).

Zur Entfernung gelatinöser Kieselsäure aus den Sulfatlaugen aus gerösteten Zinkerzen werden diese (nach dem Vorschlage von F. Laist) mit Kalkstein und Zinkstaub versetzt, eingedampft, geklärt und filtriert (Amer. P. 1281031 und 1281032).

Zu erwähnen ist noch, daß man das Kieselsäuregel im Kriege mit Erfolg als Füllmaterial in Gasmasken verwendet hat. Das gleiche gilt für die Verwendung des Gels zum Abfangen der Bleikammergase.

g) Anlagen der Silica Gel Corporation, Baltimore, V. St. A.
(Bericht der Firma A. Borsig G. m. b. H., Berlin.)

Die technischen Apparaturen für die Verwendung von Silicagel zeichnen sich dadurch aus, daß sie dank des praktisch chemisch neutralen Verhaltens des Stoffes mit normalen Baustoffen ausgeführt werden können, was gegenüber den sonst üblichen Adsorptionsmitteln eine erhebliche Verbilligung der Anlagekosten bedeutet. Da außerdem die Adsorptionsfähigkeit von Silicagel bei einigermaßen günstigen Temperaturbedingungen eine außerordentlich hohe ist, tritt als zweiter Vorteil eine Beschränkung der Apparatur auf verhältnismäßig kleine Gefäße in Erscheinung.

Den unbestrittenen Hauptanteil an der Entwicklung von technischen Großapparaturen für Silicagel auf Grund von Laboratoriumsversuchen hat die Silica Gel Corporation, Baltimore, die neben eingehenden Vorstudien im Laboratorium systematisch in Versuchsanlagen eine Anzahl von Apparatetypen entwickelt hat, deren Durchbildung heute als abgeschlossen betrachtet werden kann. Das günstige und einwandfreie Arbeiten verschiedener Großanlagen in den Vereinigten Staaten beweist dieses.

Für Deutschland und die meisten europäischen Staaten hat die Firma A. Borsig G. m. b. H. (Berlin-Tegel) von der Silica Gel Corporation (Baltimore) das alleinige Ausführungsrecht für derartige Anlagen erworben; zur Zeit der Drucklegung stehen mehrere unmittelbar vor der Inbetriebsetzung und werden im folgenden näher beschrieben werden.

Ganz allgemein kommt in Großanlagen Silicagel entweder in körniger oder pulverisierter Form zur Verwendung. Körniges Gel läßt sich überall da verwenden, wo die nach Abschluß der Adsorptionsperiode erforderliche Aktivation im Adsorber ohne Schwierigkeiten selbst erfolgen kann, wo es sich lediglich um das Austreiben der aufgenommenen Dämpfe handelt und wo eine besondere Nachbehandlung des Silicagels nicht erforderlich ist. Führt jedoch das zu behandelnde Gas hochsiedende Bestandteile, Teerdämpfe oder sonstige Verunreinigungen, so ist außer der normalen Aktivation noch ein Ausbrennen des Gels bei höherer Temperatur und Luftzutritt erforderlich, was sich in den Adsorbern selbst nur unter großen Schwierigkeiten durchführen ließe. Für diesen

Die Verwendung des Kieselsäuregels. 115

Fall hat daher die Silica Gel Corporation (Baltimore) die Verwendung von staubförmigem Silicagel vorgesehen, das in der Apparatur umläuft und in einem gesondert geheizten Aktivator von den aufgenommenen Stoffen befreit wird.

Voraussetzung für den einwandfreien Betrieb sowohl mit körnigem als auch staubförmigem Gel ist eine genügende Härte des Materials: die Gelkörner dürfen auch bei wiederholter Adsorption und nachfolgender Aktivation nicht springen oder sich sonst irgendwie verändern. Das staubförmige Gel darf ebenfalls eine gewisse Mindestkorngröße nicht überschreiten, da andernfalls erhebliche Gelverluste die Rentabilität der ganzen Anlage in Frage stellen würden. Unter Berücksichtigung dieses für den Großbetrieb überaus wichtigen Gesichtspunktes hat die Silica Gel Corporation nach vielen Versuchen ihre Herstellungsmethode für Silicagel derartig eingerichtet, daß das Produkt etwa die Härte 5 besitzt und dabei mit dieser mechanischen Widerstandsfähigkeit hohe Adsorptionskraft verbindet. Die nach anderen Verfahren hergestellten Kieselsäuregels zeigen durchweg eine bedeutend geringere Härte und sind schon allein aus diesem Grunde, abgesehen von der meist auch geringen Adsorptionsfähigkeit, für den technischen Großbetrieb wohl kaum brauchbar.

Angesichts der überaus großen Zahl der Anwendungsmöglichkeiten für Silicagel muß naturgemäß die immerhin zeitraubende und kostspielige Ausbildung technischer Großapparaturen zunächst auf einige aussichtsreiche Sondergebiete beschränkt bleiben. Als solche sind neben der Raffination und der Kälteerzeugung in erster Linie die Trocknung von Gasen, die Gewinnung von Kohlenwasserstoffen aus Gasen und als Sonderfall davon die Rückgewinnung von Lösemitteln aus Luftgemischen zu nennen. Es sei daher die letzte Ausführungsform derartiger Anlagen im folgenden kurz beschrieben.

Bezüglich der Überlegenheit der Trocknung mit Silicagel gegenüber den bisher üblichen Verfahren durch Absorption oder Kompression bzw. Kühlung sei auf eine Veröffentlichung von Dipl.-Ing. Krull[1]: „Das Trocknen des Gebläsewindes durch Silicagel" hingewiesen. Wofern es sich lediglich um die Entfernung von Wasserdampf handelt, kommt Silicagel in körniger Form zur Verwendung; in vielen Fällen, wo das zu trocknende Gas höhere Temperatur hat, empfiehlt sich ein Vorkühler vor der Adsorptionsapparatur, in dem nicht nur unter geringen Kosten für Kühlwasser ein erheblicher Teil des Feuchtigkeitsgehaltes ausgeschieden werden kann, sondern auch die für die Adsorption günstige Temperaturbedingung geschaffen wird. Bei normaler Temperatur von etwa 20° C kann so mit Silicagel eine Trocknung bis auf Tau-

---

[1] Siehe Z. d. V. d. I., Bd. 70, Nr. 27, S. 907, 1956.

Das Kieselsäuregel.

punkte von etwa —40° und noch darunter ohne Schwierigkeiten erzielt werden.

Abb. 10 zeigt den schematischen Aufbau einer Trocknungsanlage für Wasserstoff, die im Prinzip auch ganz allgemein für die Trocknung

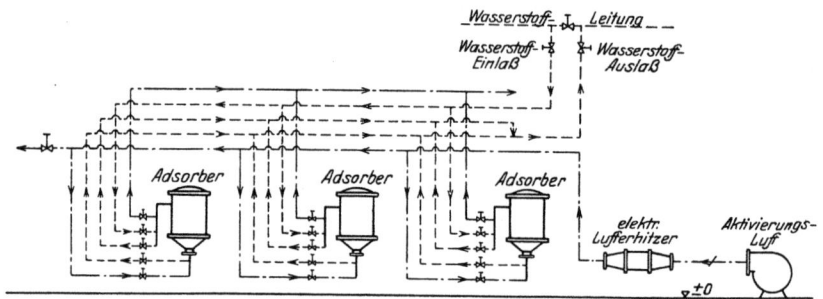

Abb. 10. Anlage zum Trocknen von Wasserstoffgas (Silica Gel Corporation).

von Luft und anderen Gasen gilt. Die Zahl der Adsorptionsgefäße richtet sich von Fall zu Fall nach der vorliegenden Arbeitszeit in der Weise, daß während der Betriebszeit eines Adsorbers der oder die anderen aktiviert und wieder auf die normale Arbeitstemperatur abgekühlt werden. Der Arbeitsvorgang ist aus dem Schema ohne weiteres ersichtlich: das zu trocknende Gas durchströmt den Adsorber und gibt seine Feuchtigkeit an die Gelfüllung ab. Während derselben Zeit wird ein anderer Adsorber, der vorher in Betrieb war, durch Erhitzen der Gelfüllung aktiviert. Die Kühlung des heißen Gels auf die normale Arbeitstemperatur geschieht durch das vom im Betrieb befindlichen Adsorber getrocknete Gas.

Abb. 11 zeigt eine Photographie der Anlage; der zu trocknende Wasserstoff steht unter einem Druck von 6 Atm. und wird im Dauerbetrieb bis auf einen Taupunkt von unter —40° C ohne jegliche Schwierigkeit getrocknet.

Für die Aktivation des mit Wasserdampf gesättigten Silicagels kommt in erster Linie Heißluft in Betracht, die je nach Lage der Verhältnisse in einem gas- oder brennölgefeuerten Erhitzer oder auch durch elektrische Heizkörper erzeugt werden kann. Die elektrische Lufterhitzung besitzt bedeutende betriebstechnische Vorteile, ist jedoch nur da am Platze, wo der Strom mit verhältnismäßig billigem Preis zur Verfügung steht. Es wird in jedem einzelnen Fall an Hand einer Betriebskostenberechnung leicht festzustellen sein, welche Art der Heißlufterzeugung unter Berücksichtigung der jeweils in Betracht kommenden Wärmepreise und erzielbaren Wirkungsgrade das wirtschaftliche Optimum darstellt.

Beim Adsorptionsvorgang, der eine Kondensation des Dampfes in den Gelkörnern darstellt, wird die Adsorptionswärme frei und führt

Die Verwendung des Kieselsäuregels. 117

Abb. 11. Wasserstofftrocknungsanlage der Silica Gel Corporation.

daher zu einer Erhöhung der Arbeitstemperatur gegenüber der Einlaßtemperatur der Gase. Um daher die Bedingungen für den Adsorptionsprozeß günstig zu gestalten, wird in manchen Fällen die Gelmasse während der Adsorption gekühlt, besonders dann, wenn es sich um eine sehr weitgehende Trocknung handelt. In den meisten Fällen jedoch und hauptsächlich dann, wenn es sich um einen Trocknungsvorgang unter Druck handelt, kann auf Kühlung verzichtet werden.

Abb. 12 stellt eine kleinere Lufttrocknungsanlage für ein Berliner Kabelwerk dar, die insofern bemerkenswert ist, als

Abb. 12. Lufttrocknungsanlage der Silica Gel Corporation.

118   Das Kieselsäuregel.

hier die Trocknung bis auf 0,2 g/cm³ erfolgt; gegenüber dem eingangs dargestellten Schema ist die Anlage durch die Verwendung von Hähnen mit Winkelküken im Aufbau wesentlich vereinfacht.

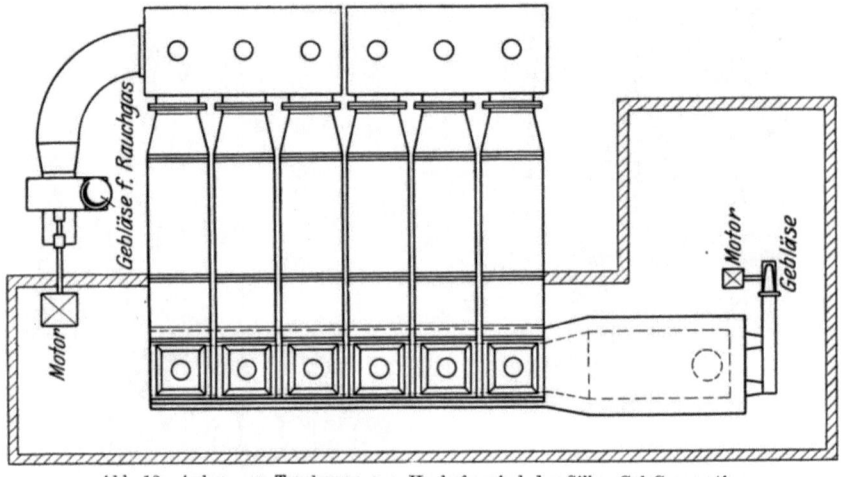

Abb. 13. Anlage zur Trocknung von Hochofenwind der Silica Gel Corporation.

Das Anwendungsgebiet für Silicagel-Lufttrocknungsanlagen ist außerordentlich groß, es umfaßt nicht nur alle Fälle, wo es sich um eine sehr weitgehende Trocknung handelt, sondern auch die Gebiete, für

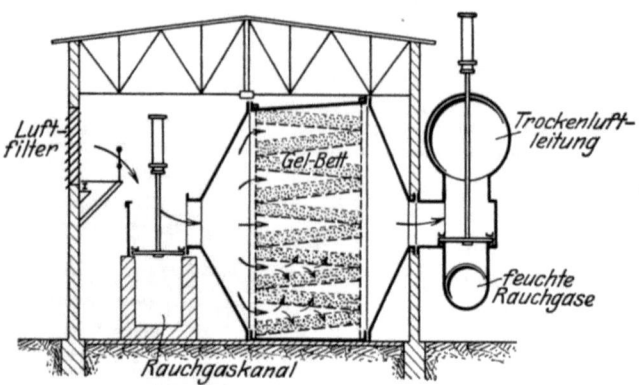

Abb. 14. Adsorptionskammer für eine Hochofenwindtrocknungsanlage der Silica Gel Corporation.

die die Einhaltung einer bestimmten Luftfeuchtigkeit in Frage kommt, da durch entsprechende Bemessung der Gelmenge und Kontrolle der Adsorptionstemperatur der Trocknungswirkungsgrad des Silicagels genau kontrolliert werden kann. Für den Entzug der groben Feuchtigkeit wird man jedoch zweckmäßig immer einen Vorkühler vorsehen.

Die Verwendung des Kieselsäuregels. 119

Ein Sonderanwendungsgebiet von Silicagel für die Trocknung von Luft ist die Behandlung des Hochofenwindes. Das Volumen der Luft, die in den Hochofen eingeführt wird, ist außerordentlich groß und beeinflußt mit dem wechselnden Feuchtigkeitsgehalt der Atmosphäre in praktisch unkontrollierbarer Weise den Schmelzprozeß durch die Herabsetzung der Temperatur in der Schmelzzone, so daß besonders in Amerika es nicht an Versuchen gefehlt hat, durch eine Trocknung des Windes kontrollierbare Verhältnisse zu schaffen. Die bisherigen Mittel, Absorption durch Chemikalien, Ausfrieren oder Kompression, haben

Abb. 15. Adsorptionskammer für eine Hochofenwindtrocknungsanlage der Silica Gel Corporation.

sich jedoch durchweg als unwirtschaftlich erwiesen, so daß erst durch die Anwendung von Silicagel dieses Problem gelöst erscheint.

Abb. 13 zeigt die Anordnung einer Anlage, die für ein englisches Hochofenwerk erstellt wurde, infolge des englischen Bergarbeiterstreikes jedoch erst in der nächsten Zeit in Betrieb kommen kann. Die Anlage besteht aus sechs Adsorptionskammern, wie deren eine in den Abb. 14 u. 15 dargestellt ist, und in denen das Gel zwecks Erzielung eines geringen Widerstandes in mehreren Schichten gelagert ist. Die Frischluft wird durch ein Luftfilter angesaugt, geht durch fünf der Adsorber zur Windmaschine, einer der Adsorber wird jeweils durch gereinigte Rauchgase aktiviert; eine besondere Kühlung ist nicht erforderlich.

Die Apparatur hat mit Ausnahme zweier Gebläse keinerlei bewegte Teile, die Steuerorgane sind denkbar einfach, so daß irgendwelche Betriebsschwierigkeiten nicht auftreten können.

Das Kieselsäuregel.

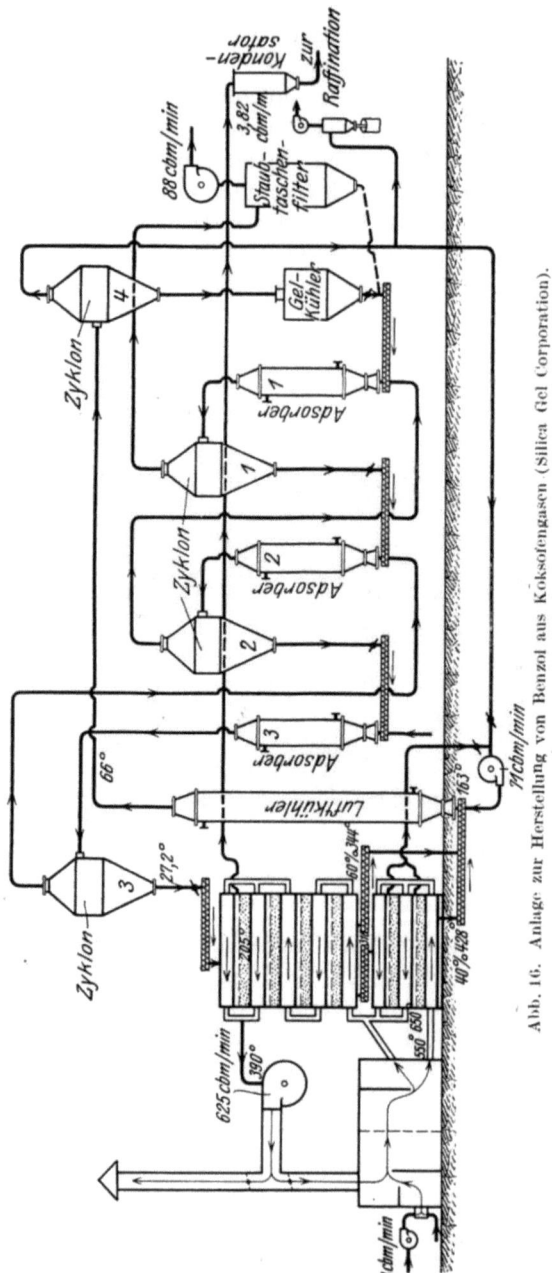

Abb. 16. Anlage zur Herstellung von Benzol aus Koksofengasen (Silica Gel Corporation).

Über die wirtschaftlichen Vorteile einer derartigen Anlage gibt die eingangs erwähnte Veröffentlichung über die Trocknung von Gebläsewind näheren Aufschluß. Für die Adsorption von Kohlenwasserstoffen, wie Benzin, Benzol, Äther, Alkohol und Aceton, gelten im allgemeinen die gleichen Gesichtspunkte wie für Lufttrocknung, weshalb auch die Apparaturen hierfür, soweit es sich um die Verwendung körnigen Silicagel handelt. ganz ähnlich sind.

Da die zu behandelnden Stoffe meist in stark verdünntem Gasgemisch auftreten, läßt sich die Notwendigkeit einer Kühlung während der Adsorption zwecks Erhöhung der Aufnahmefähigkeit des Gels kaum umgehen.

Kennzeichnend für die Anlagen dieser Art ist weiterhin der Umstand, daß die Aktivation durch Dampf in der Weise geschieht, daß durch indirekte Heizung die Gelfüllung auf die erforderliche Ak-

Die Verwendung des Kieselsäuregels. 121

tivationstemperatur erhitzt wird, und daß die auf diese Weise frei gemachten Dämpfe durch Wasserdampf aus dem Gel verdrängt werden, um in einem Kondensator niedergeschlagen zu werden.

Abgesehen von ganz kleinen Anlagen, kommt jedoch in erster Linie auch bei reinen Kohlenwasserstoffgemischen die Verwendung von staubförmigem Gel in Frage, da die Anlagekosten wesentlich geringer sind und auch die Aktivation sich in einfacherer Weise durchführen läßt.

Abb. 17. Anlage zur Gewinnung von Benzol aus Koksofengasen der Silica Gel Corporation.

Abb. 16 stellt im Schema eine derartige Anlage für die Gewinnung von Benzol aus Koksofengasen dar, die nach Abb. 17 ausgeführt in einer Kokerei in Oberschlesien, zur Aufstellung gelangte und in Kürze in Betrieb gehen wird.

Abb. 17 zeigt eine Anlage gleicher Art, die in den Vereinigten Staaten zur Aufstellung gelangte, zur Gewinnung von Gasolin aus Naturgas dient und äußerst günstige Resultate ergab.

Die Abb. 18—22 zeigen den Aufbau dieser Anlage.

Zu dem Schema Abb. 16 ist folgendes zu bemerken: Die Apparatur gliedert sich in drei Adsorber mit drei Zyklonen, einen Aktivierungsofen mit Beheizungssystem und eine pneumatische Gelförder-

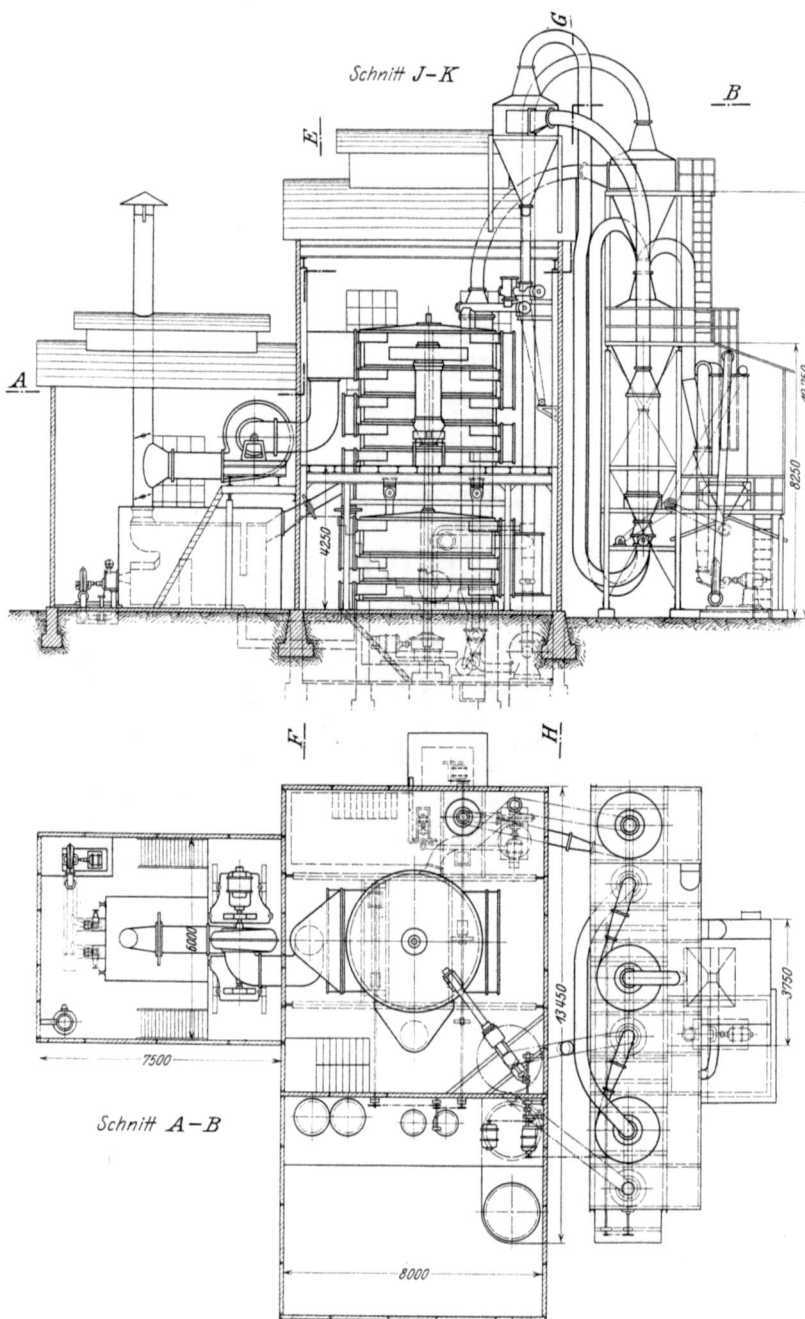

Abb. 18 u. 19. Anlage zur Gewinnung von Gasolin aus Naturgas (Silica Gel Corporation).

Die Verwendung des Kieselsäuregels.

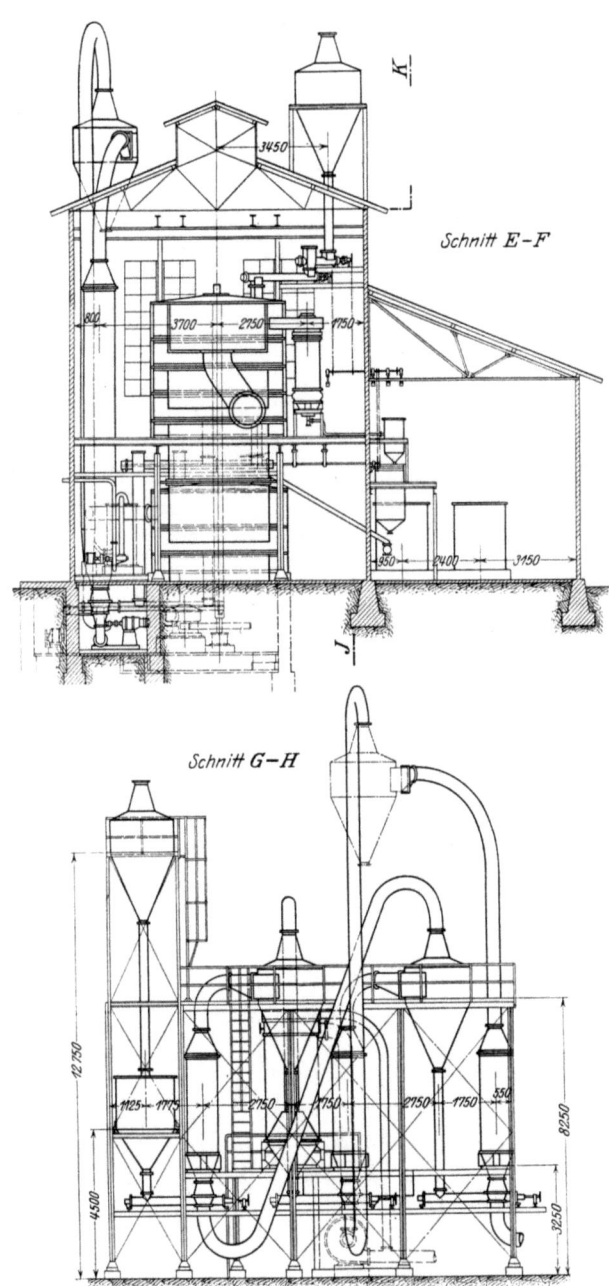

Abb. 20 u. 21. Anlage zur Gewinnung von Gasolin aus Naturgas (Silica Gel Corporation).

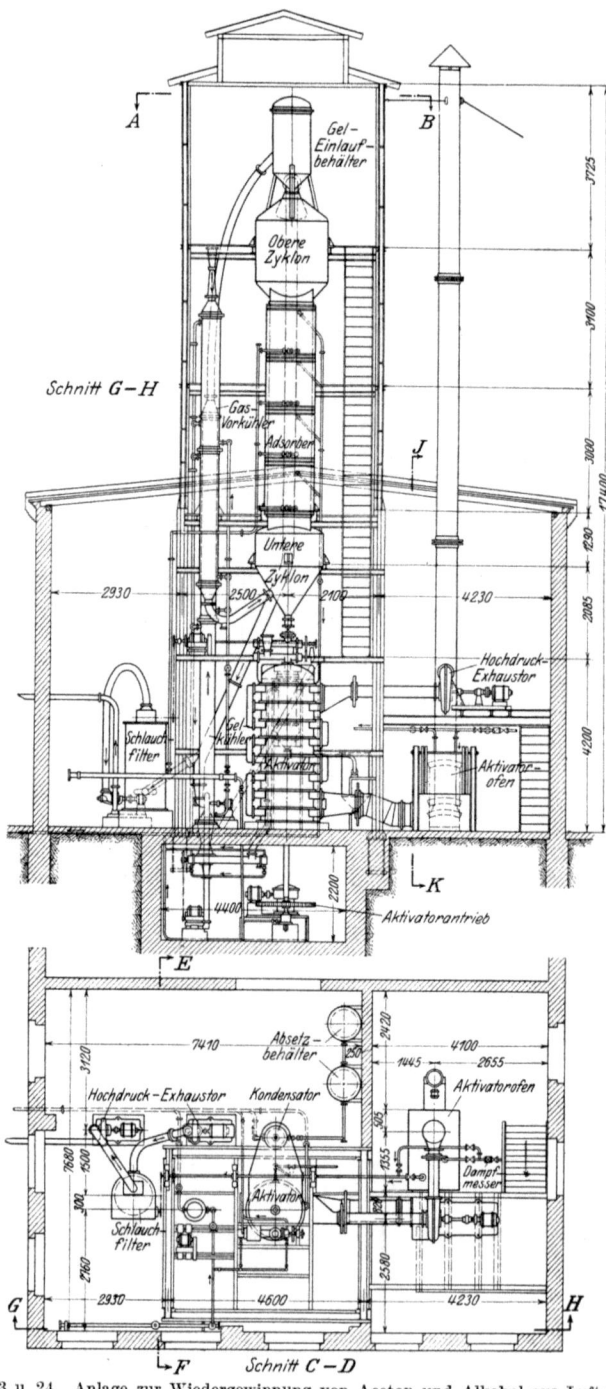

Abb. 23 u. 24. Anlage zur Wiedergewinnung von Aceton und Alkohol aus Luft u. dgl. (Silica Gel Corporation.)

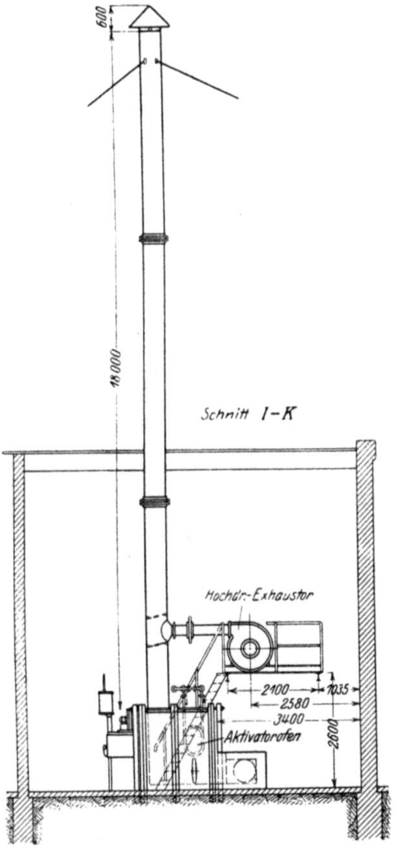

Die Verwendung des Kieselsäuregels.

Abb. 22. Anlage zur Gewinnung von Gasolin aus Naturgas (Silica Gel Corporation).

anlage. Das zu behandelnde Gas tritt in den 3. Absorber ein, geht über den Zyklon in den 2. Adsorber und Zyklon, sodann in den 1. Adsorber und Zyklon, um die Apparatur durch ein Staubtaschenfilter zu verlassen. Das pulverförmige Gel kommt aus einem gekühlten Vorratsbehälter den entgegengesetzten Weg über Adsorber und Zyklon 1, 2 u. 3 zum Aktivator und von hier aus durch einen Luftkühler pneumatisch in den Zyklon vor dem 1. Absorber.

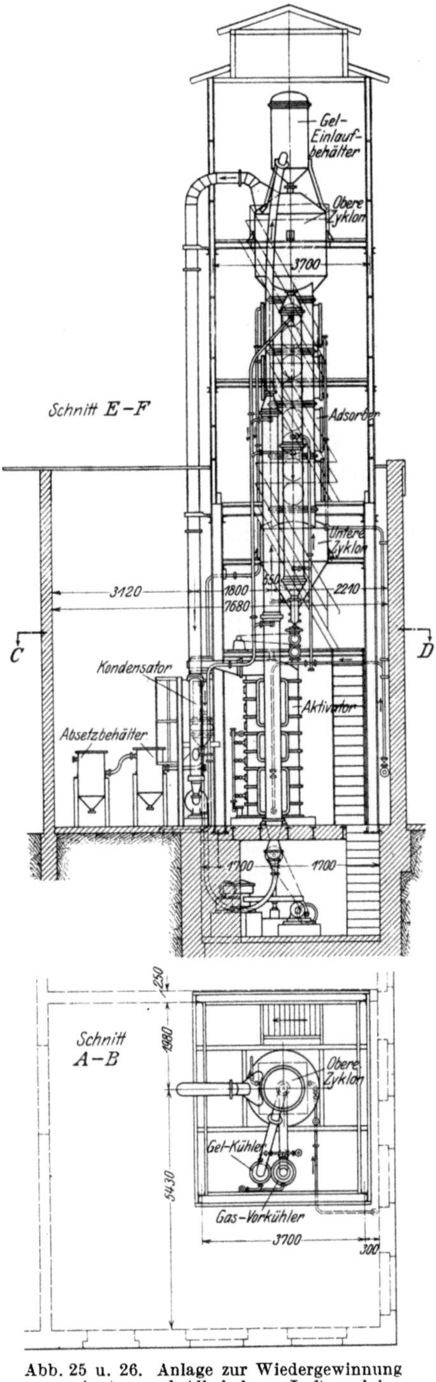

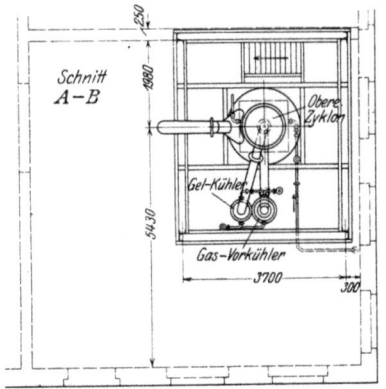

Abb. 25 u. 26. Anlage zur Wiedergewinnung von Aceton und Alkohol aus Luft u. dgl. (Silica Gel Corporation.)

Der jeweilige Adsorptionsvorgang findet so statt, daß das staubförmige Gel von dem Gasstrom durch den Adsorber mitgerissen wird, um dann in dem folgenden Zyklon wieder getrennt und dem nächsten Adsorber zugeführt zu werden. Der Adsorber arbeitet also ohne irgendwelche Füllung und besteht im wesentlichen aus einem Rohrsystem, das die erforderliche Kühlung während der Adsorption gewährleistet.

Der Aktivationsherd ist nach dem Prinzip eines Erzröstofens gebaut: mehrere übereinanderliegende kreisförmige Herde werden indirekt durch heiße Rauchgase beheizt; ein zentrales Rührwerk fördert den Gelstaub über die verschiedenen Herde bis in den unteren Auslauf in die Abzugsschnecke. Die auf diese Weise frei gewordenen Benzoldämpfe werden zum Kondensator geleitet. Die zur Beheizung erforderlichen Rauchgase kommen von einem besonderen Ofen, der mit irgendeinem Brennstoff gefeuert werden kann.

Eine Anlage ähnlicher Art für die Wiedergewinnung von Alkohol und Aceton zeigen die Ausführungszeichnungen: Abb. 23—26. Auch hier kommt staubförmiges Gel zur Verwendung, jedoch ist die Adsorptionsapparatur selbst etwas anders durchgebildet. Für die Aktivation ist ebenfalls ein besonderer Aktivationsherd vorgesehen, bei dem besonders auf eine langsame abgestufte Erwärmung des Silicagels Rücksicht genommen wurde. Die fragliche Anlage wird in Kürze in Berlin in Betrieb gehen.

Der Hauptvorteil des Silicagelverfahrens bei der Adsorption von Kohlenwasserstoffen liegt in der selektiven Wirkung des Mittels, seiner hohen Widerstandsfähigkeit gegen chemische und mechanische Beanspruchungen und vor allem in dem Wegfall jeglicher Feuersgefahr begründet. Der Ofen für die Beheizung des Aktivators wird von der Adsorptionsanlage selbst getrennt aufgestellt. Derselbe kann nötigenfalls auch bei den Motoren aufgestellt werden.

Das Mittel selbst zeigt sowohl während der Adsorption als auch bei der Aktivation keinerlei gefahrbringende Momente. Die Ausbeute ist überraschend hoch. Gelingt es weiterhin, das Trägergas nach der Reinigung mit Silicagel in einem Kreisprozeß der Verwendungsstelle wieder zuzuführen, so treten irgendwelche Verluste praktisch überhaupt nicht in Erscheinung.

Die Silicagelanlagen, die von der Firma A. Borsig G. m. b. H. (Berlin-Tegel) in Zusammenarbeit mit der Silica Gel Corporation (Baltimore) erstellt werden, unterliegen einer Benutzungsgebühr, die gleichzeitig allen Gelersatz, der in normalem Betrieb erforderlich sein sollte, einschließt.

Für die Einhaltung der zugesagten Ausbeuten bzw. Wirkungsgrade können weitestgehende Garantien geboten werden.

Es sei noch erwähnt, daß Silicagel weiterhin ein hervorragendes Mittel zur Raffination von Ölen aller Art darstellt, und daß es besonders durch die schonende Behandlung der wertvollen ungesättigten Kohlenwasserstoffe eine praktisch der schärfsten Schwefelsäurewaschung gleichwertige Raffinationswirkung ergibt.

Die letzten Arbeiten der Silica Gel Corporation auf diesem Gebiet haben zu umwälzenden Neuerungen geführt, die sich bereits in nächster Zukunft auswirken werden.

Im Anschluß an vorstehenden Bericht sei noch folgendes angeführt.

Der Präsident der Davison Chemical Company, der Muttergesellschaft der Silica Gel Corporation (Baltimore), hat 1923 einen Bericht über die Verwendung des Kieselsäuregels (Silicagel) gegeben[1]), dem folgendes entnommen sei:

1. Endgültig ist die Feststellung, daß das Kieselsäuregel als selektives Adsorptionsmittel in vielen Fällen wirkt.

2. F. G. Cottrell, der Direktor des Fixed Nitrogen Research-Laboratory des amerikanischen Kriegsministeriums, ist auf Grund der Versuche über die Bindung des Stickstoffes durch das Kieselsäuregel zu der Überzeugung gekommen, daß das letztere auch auf diesem Gebiete von umwälzender Bedeutung sein wird.

3. W. D. Bancroft (Cornell-Universität) hat wiederholt ausgeführt, daß das Kieselsäuregel dazu berufen ist, als Katalysator bei der Herstellung organischer Verbindungen zu dienen.

4. F. G. Donnan, der Nachfolger von Sir Wm. Ramsay, hat die Erzeugung des Kieselsäuregels und seine Verwendung durch die Silica Gel Corporation als eine wichtigsten Taten der chemischen Industrie der letzten 30 Jahre erklärt.

5. In Boston ist von der Silica Gel Corporation eine Versuchsöl-Raffinerie errichtet worden, die heute als völlig durchgebildet für diesen Zweck anzusehen ist.

6. Die Nachfrage nach dem mit Silicagel erhaltenen bzw. gereinigten Silicagelbenzin, -schmieröl und -leuchtöl ist bereits erheblich und die amerikanische Regierung ist der größte Konsument dieses Produkts für die Verwendung in Marineflugzeugen.

7. Die Royal Dutch Shell-Gruppe hat mit der Silica Gel Corporation einen Lizenzvertrag für die ganze Erde abgeschlossen und den Bau einer Anlage in New Orleans beschlossen.

---

[1]) Meyer, F.: Z. angew. Chem. **37**, S. 209—210, 1924.

Die Vacuum Oil Company hat den Bau einer Anlage für 5000 Faß täglich in dem Paulsboro-Werk beschlossen und ebenfalls einen Lizenzvertrag mit der Silica Gel Corporation für ihre gesamten anderen Betriebe getätigt.

Die British Benzol Association hat das Verfahren zur Gewinnung von Benzol aus ihren Koksöfen und Gasanstalten erworben.

Ölraffinerien wurden von der Silica Gel Corporation für die Medway Oil Storage & Refining Company und in Indien für die Britisch Burma Petroleum Company errichtet.

Die National Zinc-Separation Company hat ihre Kontaktmasse für die Schwefelsäureanhydridanlage von der Silica Gel Corporation bezogen und damit gute Erfolge erreicht.

Aufgestellt wurde eine Liste folgender Anwendungsmöglichkeiten von Silicagel:

1. Verwendung des Gels für die Gewinnung und Reinigung von Gasen.

Danach kann man Benzin, Benzol usw. in der Gummifabrikation, Alkohol bei der Herstellung von künstlichem Leder, Benzin in den Reinigungsanstalten, Lösungsmittel bei der Herstellung künstlicher Seide und von Filmen, Terpentin und andere Lösungsmittel bei der Farb- und Lackfabrikation, Benzin bei der Öldestillation und aus Naturgas, sowie von Ölbrunnen und Öllagerbehältern, Benzol und Toluol usw. von Koksöfen mit Gewinnung der Nebenprodukte, Alkohol aus Gärungsabgasen, Benzin aus Abgasen der Ölschieferretorten, schwefelige Säure aus Schacht- und Röstgasen, nitrose Gase mittels des Gels gewinnen.

Ferner läßt sich damit Gebläsewind trocknen, der Feuchtigkeitsgehalt der Luft kontrollieren, die Luft in öffentlichen Gebäuden und industriellen Anlagen und Kohlensäuregas reinigen, wasserfreie, flüssige schwefelige Säure und endlich auch Eis und Kälte erzeugen.

2. Verwendung des Gels zum Raffinieren von Flüssigkeiten, wie Benzin-, Leuchtpetroleum, Transformatorenöl und das Paraffin aus Benzol und Toluol aus Mineralölen, Benzin, Leuchtöl, Schmieröle und Paraffin aus Ölschiefer, pflanzlichen Ölen (Baumwoll-, Erdnußöl, Terpentin, Sojabohnen, Maisöl und Fischölen (Lebertran).

3. Verwendung des Gels zu katalytischen Zwecken, inbesondere als Kontaktsubstanzträger bei der Herstellung von Schwefelsäure, beim Hydrieren vegetabilischer Öle, bei der Gewinnung von Äthylen und der Oxydation von Ammoniak.

4. Verwendung des Gels in Gefrieranlagen.

5. Verwendung des Gels für Toilettepuder u. dgl. Diese Verwendung ist der Silica Gel Products Corporation zur Ausnutzung übertragen worden.

Die Tone. 129

6. Verwendung des Gels für pharmazeutische Zwecke.
Erwähnt sei noch die Raffinierung des Öles aus Ölschiefern mit Hilfe des Gels, ein Verfahren, das bereits bei amerikanischen und französischen Schieferölen mit Erfolg durchgeführt worden ist (Var Chemical Company).

III. Die Bleicherden.

1. Die Tone.

Die Bleicherden gehören der Gruppe der Tone an und finden sich in der Natur an zahlreichen Stellen unserer Erde.

Die Tone sind meist erdige, weiche, krystallinische und amorphe Minerale, die aus Gemengen von Kieselsäure, Tonerde und Wasser bestehen und Beimengungen anderer Verbindungen aufweisen.

Unter diesen Tonen, die zumeist Veränderungsprodukte von Feldspaten sind, die unter der Einwirkung von Säuren (Kohlensäure, Humussäure) und Wasser entstehen, sind die für Zwecke der Adsorption geeigneten diejenigen, die Gelcharakter aufweisen nach der allgemeinen Formel:

$$Al(OH)_3 \cdot n \cdot H_2O \cdot m\, SiO_2.$$

Zu diesen chemisch mit Aluminiumhydrosilicate bezeichneten Produkten gehören die Walkererden (Fullererden) und der Kaolin, die sich vor anderen Tonen durch erhöhte Adsorptionsfähigkeit auszeichnen.

Die meisten Tone an sich sind nur geringwertige Adsorptionsmittel, lassen sich aber durch Einwirkung von Säuren — die eine Bildung von Kieselsäuregel zur Folge hat — in ihrer Adsorptionswirkung wesentlich erhöhen. Die Produkte dieser Behandlung werden mit künstliche oder hochaktive Bleicherden bezeichnet.

Die Krystalloide haben oft Geldoppelgänger, wie z. B. der krystalloide Kaolinit seinen Gelvertreter in dem isotropen Kaolinton (z. B. Carnat und Myelin von Rochlitz), unter denen es Varietäten gibt, die genau der Formel

$$H_2Al_2Si_2O_9$$

entsprechen. Sie sind Produkte der Einwirkung von Atmosphärilien und der durch Humussäure bedingten Verwitterung von Feldspäten (F. Cornu)[1].

Außer den Aluminiumhydrosilicaten haben sich auch, wie weiter unten gezeigt wird, analog zusammengesetzte Magnesiumverbindungen als gute Adsorptionsmittel erwiesen.

---

[1]) Z. prakt. Geol. **17**, S. 82, 1909.

Aus den im folgenden berichteten Arbeiten sind die besonderen Eigenschaften und Analysen der Bleicherden u. dgl. zu ersehen.

Bei Untersuchung der Entfärbungskraft von Tonen gegenüber Ozokerit fand R. Zaloziecki[1]) folgendes.

Es wurden Tone, Kaolin und Ziegelmehl auf eine Gattung Ozokerit zur Einwirkung gebracht, und es ergab sich, daß die erreichte Wirkung mit Ausnahme einiger Tonsorten, insbesondere Kaolin, eine geringe war. Das Entfärbungsvermögen des Kaolins erwies sich als größer wie das der Knochenkohle und betrug 50 % von dem des Entfärbungspulvers (Blutlaugenrückstände). So führten drei Portionen Kaolin, je 100 % der zu entfärbenden Masse, rohes Erdwachs in ein völlig gebleichtes Produkt über. Weiterhin stellte der genannte Forscher fest, daß Ton nur in trockenem Zustande entfärbend wirkt.

Angeregt durch diese Untersuchungen, hat Vehrigs[2]) die Wirkung der Tone auf Paraffin studiert. Pulverisiertes Schamottemehl hat nur ein ganz geringes Entfärbungsvermögen, was wohl auf das Brennen der Schamottesteine zurückzuführen ist.

Wirksamer zeigte sich der gewöhnliche Ziegellehm, und zwar wirkten 9 Gewichtsteile dieses Tones ebenso wie 2 Gewichtsteile Entfärbungspulver (s. o.). Fetter weißer oder bläulichweißer Ton verhält sich in seiner Entfärbungswirkung zu der des Entfärbungspulvers wie 8 : 2.

Die entfärbende Wirkung von Ton wird größer mit zunehmender Feinheit, so daß sogar die Wirkung des Entfärbungspulvers mehrere Male übertroffen wird.

Dabei ist die Wiedergewinnung des Paraffins aus dem Tone leicht, die Haltbarkeit der Färbung des Paraffins günstiger.

Der weiße Ton konnte in den achtziger Jahren des verflossenen Jahrhunderts von der Fabrik Aue aus den Granaer Tongruben zum Preise von 6 M. für 60—75 Ztr. bezogen werden.

Man trocknete das Rohmaterial auf Dampfleitungen usw. gut und zerstampfte es in einem Stampfwerke, das man bis dahin als Schamottestampfwerk benutzt hatte und dessen Zerkleinerungsgefäß durch Vermauern des Rostes in einen geschlossenen Mörser verwandelt worden war, möglichst fein. Hierauf wurde es durch einen Elevator in einen Zylinder gefördert, der ein mit Messinggaze Nr. 70 überzogenes Sieb aufwies. Das gesiebte Tonmehl hatte im Durchschnitt ein Volumengewicht von 1,598—1,6000 und infolgedessen eine höhere Wirkung als das Entfärbungspulver.

Nach dem damaligen Betriebe in Aue betrugen die Kosten für 100 kg etwa 2,70 M. gegen 12—14 M. des geringer wirkenden Entfärbungspulvers.

---

[1]) Dingler. **265,** S. 20, 72 u. 171, 1887.
[2]) Dinglers Polytechn. Journ. **270,** S. 82, 1888. Chem. Ind. 1889, S. 35.

Die Tone. 131

Vor dem Gebrauch wurde das Tonmehl etwa eine halbe Stunde in einem gußeisernen emaillierten Gefäß bis zur Annahme einer Temperatur von 400° C erhitzt. Während des Erhitzens wurde das leicht flüssig gewordene Mehl umgerührt; entwich schließlich kein Wasserdampf mehr, dann wurde es mit der Mindesttemperatur von 300° C mit dem Paraffin gemischt.

Daß die Tone kolloidale Kieselsäure enthalten, ist von P. Rohland[1]) erkannt und bekanntgegeben worden. Dieses Kolloid sowie das gleichfalls darin enthaltene kolloidale Aluminiumhydroxyd verleihen den Tonen ihre charakteristischen Eigenschaften, insbesondere ihre Plastizität.

Dieser Gehalt an kolloidaler Kieselsäure ist entstanden durch Einwirkung von Wasser auf granitische Gesteine, besonders Feldspäte.

Ein Beweis dafür, daß die Tone kolloide Stoffe enthalten, ist die Tatsache, daß sich Tonsuspensionen schlecht filtrieren lassen (durch das Filter gehen).

Die stark plastischen Tone absorbieren nach Untersuchungen des genannten Forschers alle kolloiden gallertartigen Stoffe, alle komplizierter zusammengesetzten Farbstoffe, alle CO_3-Ionen aus Carbonaten, alle HCO_3-Ionen aus Bicarbonaten, alle B_4O_7-Ionen aus Boraten und zum Teil PO_4-Ionen aus phosphorsauren Salzen, und starke Gerüche, auch übelriechende.

Die von Rohland untersuchten Tone (Fullererde vom Tonwerk Fraustadt, Posen) und Ton aus den Edeltongruben in Weigersdorf (Sachsen) zeigten folgende Zusammensetzung:

	1. Ton aus Fraustadt		2. Ton aus Weigersdorf
	a) grünlich %	b) bunt %	%
Wasser	2,92	2,77	24,00
Organische Stoffe	5,34	5,88	—
Kieselsäure	61,30	57,45	38,57
Titanoxyd	1,01	1,05	—
Schwefelsäure (SO_3)	1,79	1,53	—
Kohlensäure	0,74	0,44	—
Phosphorsäure (P_2O_5)	0,06	—	—
Aluminiumoxyd	17,03	18,41	23,55
Eisenoxyd	4,99	8,21	0,85
Manganoxyd	0,14	0,08	—
Calciumoxyd	1,22	1,46	0,31
Magnesiumoxyd	1,53	1,52	0,22
Kaliumoxyd	1,15	0,74	0,70
Natriumoxyd	0,71	0,40	0,70
Glühverlust	—	—	11,80

---

[1]) Sprechsaal. **42**, S. 655—657, 1909. — Z. Elektrochem. **15**, S. 540—542, 1909. — Rohland, P.: Die Thone. 1909. — Vgl. hierzu auch van Bemmelen: Die verschiedenen Arten der Verwitterung der Silikatgesteine in der Erdrinde. Z. anorg. Chem. **66**, S. 322ff., 1910.

Die Adsorptionsfähigkeit des Siliciumhydroxyds bildete den Gegenstand weiterer Untersuchungen P. Rohlands[1]). Die kolloide zellige Natur des Hydroxyds befähigt es, komplizierte zusammengesetzte Farbstoffe, wie Berlinerblau, Teer- und tierische Farbstoffe, zu adsorbieren, einfache Farbstoffe, wie Kupfersulfat, Kaliumbichromat, Eisenchlorid, entzieht es dagegen ihren Lösungen nicht, läßt sie vielmehr durch.

Ferner adsorbiert das Siliciumhydroxyd in Lösung befindliche Kolloidstoffe, ferner Eisenhydroxyde, Stärke, Fette, Eiweiß der verschiedensten Art, Dextrin, Isomaltose, Gummi.

Sodann fand Rohland, daß auch Elektrolyte oder deren Bestandteile, zum mindesten eine Ionenart, von dem Hydroxyd aufgenommen werden.

Versuche mit Lösungen kohlensaurer Salze mit lufttrocknen, feingerührten Tonen der unten angegebenen Art ergaben nach Trennung der festen Bestandteile einen Gehalt an Kohlensäureionen nicht mehr.

Zusammensetzung der verwendeten Tone.

A. Ton aus Striegau			B. Ton aus Weigersdorf			C. Ton aus Colditz	
	ungeglüht %	geglüht %		ungeglüht %	geglüht %		%
SiO_2 . . .	52,53	60,65	SiO_2 . . .	38,57	60,07	Tonsubstanz	96,08
Al_2O_3 . .	29,01	33,49	Al_2O_3 . . .	23,55	23,55	Quarz . . .	1,93
Fe_2O_3 . .	3,43	3,96	Fe_2O_3 . . .	0,85	1,33	Feldspat .	1,99
CaO . . .	1,00	1,15	CaO . . .	0,31	0,49	SiO_2 . . .	46,61
MgO . .	0,02	0,02	MgO . . .	0,22	0,35	Al_2O_3 . . .	36,47
Alkalien .	1,01	1,16	K_2O . . .	0,70	1,10	Fe_2O_3 . .	2,81
			H_2O . . .	24,00	—	CaO . . .	0,14
			Glühverlust	11,80	—	K_2O	1,44
						Glühverlust	12,80

Mit Wasser gaben diese Tone kolloide $Si(OH)_4$.

Das PO_4-Ion wird nur zum Teil festgehalten. Die anderen Ionen: Cl, Br, J, NO_3, SO_4 und C_2O_7, soweit sie von krystalloiden Stoffen stammen, erleiden keine Adsorption.

David Wesson[2]) machte in Amerika auf die beregte Verwendbarkeit der Tone aufmerksam, und die Fairbanks & Co. (Chicago) untersuchte die Tone auf ihr Verhalten gegen Öle. Von allen diesen Stoffen erwies sich die englische Fullererde als die wirksamste.

---

[1]) Z. anorg. Chem. **56**, S. 46—48, 1907, **60**, S. 366—368, 1908.
[2]) Mining and Engineering World. **37**, S. 667, 1912.

Die Fullererden. 133

In Californien wird Ton mit Schwefelsäure für Entfärbungszwecke vorbehandelt und der gebrauchte Ton (in Form der Filterkuchen) unter den Dampfkesseln und Destillierblasen verbrannt (J. v. Bibra)[1].

Wie Truesdell[2]) berichtet, soll Ton von Atopulgas, in Drehtrommeln regeneriert, 4—5mal zu Entfärbungen Verwendung finden.

Ferner hat Bauxit bei der Raffination von Petroleum Verwendung gefunden. Die Burma Oil Company zerkleinert ihn für diesen Zweck auf 10—90 Maschenfeinheit, wobei es 20—25 % Verlust gibt. Hierauf wird er unter Luftabschluß bei 400—600° C in Drehtrommeln geglüht. Die Regenerierung wird mittels überhitztem Dampf bei 350° C und Trocknen in erhitzter Luft bewirkt (O. Brien)[3]).

Ferner verwendet die Anglo Persian Oil Company[4]) Bauxit, zum Raffinieren Öl, und zwar bei 200° C. Dabei wirkt der Bauxit zunächst entfärbend und dann entschwefelnd. Die Regenerierung des Bauxits wird durch Dampf- oder heißes Wasser bewirkt.

Geprüft wird das Entfärbungsmittel in dem sog. Ergometer (Messung der Wärmeentwicklung beim Schütteln von 50 g Bauxit mit 20 cm³ Kerosin). Gute Produkte geben dabei bis zu 16° C Steigerung der Temperatur.

2. Die Fullererden.

Von erheblicher Bedeutung für die Entfärbungstechnik wurden die Tonarten, die unter der Bezeichnung Fullererden allgemein bekanntgeworden sind[5]).

Die Fullererde, die nach ihrer ursprünglichen Verwendung zum Entfetten von Stoffen (Walken) ihren Namen (fuller = Walker) erhalten hat, wurde zuerst in England, und zwar hauptsächlich in der Grafschaft Surrey (Reigate), in Kent (Madstone) und Bedfordshire (Woburn) gefunden und zunächst nur zu obigem Verfahren benutzt.

Diese Art der Entfettung der Wolle, die auf der Absorptionsfähigkeit der Fullererde für Fett beruhte, ist inzwischen durch die Behandlung dieser Fasern durch Seife ersetzt worden.

---

[1]) Refin. **3,** S. 15 u. 24, 1924.
[2]) Nat. Petr. News vom 11. Februar 1925.
[3]) Journ. Soc. Chem. Ind. **43,** S. 188—189 T., 1924.
[4]) Chem. Zg. **49,** S. 583, 1925.
[5]) Die meisten der Daten und Angaben sind dem Buche von Charles L. Parsons, Fuller's Earth Washington 1913. Bulletin 71. Mineral Technology 3. Department of the Interior Bureau of Mines, entnommen. — Vgl. ferner: J. Am. Chem. Soc. **29,** S. 558—605.

Die Bleicherden.

Die Entdeckung, daß diese Erden sich zum Bleichen von Ölen, Fetten usw. eignen, hat den Wert dieser Stoffe für die Industrie in neuerer Zeit wieder erhöht.

Die Fullererden ersetzten dann bald in den Raffinerien von Ölen, Fetten und Wachsen in Europa und Amerika die bis dahin zum Klären und Bleichen der genannten Stoffe verwendeten Rückstände der Blutlaugensalzschmelzen und die Tierkohle.

Die letztgenannten Stoffe zeigten die unangenehme Eigenschaft, daß sie in den Filterkuchen 100—250% ihres Gewichts an Öl zurückhielten. Auch waren sie verhältnismäßig teuer.

1880 bereits hatte sich die englische Fullererde auf den Märkten Europas und Amerikas eingebürgert.

Erwähnt wurde Fullererde schon in den amerikanischen Importtabellen von 1867 (D. F. Day)[1].

Bereits 1878 bzw. 1880 dürfte Fullererde zum Raffinieren von Speiseölen in den Vereinigten Staaten von Nordamerika Verwendung gefunden haben.

1891 erkannte John Olson, daß in Arkansas gewonnene Erden die Zusammensetzung der Fullererden und ihre Eigenschaften besitzen. Durch Bleicherdenlager, die 1893 in Florida (Quincy) entdeckt wurden, kam Amerika in die Lage, seinen großen Bedarf an diesen Stoffen in den Petroleumraffinerien im Lande selbst zu decken. Für die Raffination der Speiseöle wurde dagegen weiterhin englische Fullererde eingeführt.

Die Lagerstrecken der Fullererde erstrecken sich in Florida auf mehr als 57 km². Die Bleicherdeschicht beträgt dort 0,5—4 m an Dicke, über der sich eine Schicht von Humus und Ton von etwa 2 m befindet[2]. Auch im südwestlichen Georgien wurden Fullererden für die Mineralölraffination gewonnen. Die Floridaerden eignen sich besonders zum Bleichen von Fetten und Speiseölen, die Erden aus Arkansas werden lediglich für die Behandlung von Speiseölen verwendet.

Später wurden auch in anderen Staaten der nordamerikanischen Union Bleicherden gefunden.

Fundorte für Fullererde in den Vereinigten Staaten finden sich in Georgien, Florida, Süd-Carolina, Alabama, Arkansas, Californien und Texas; auch Colorado, Süd-Dakota, New York und Massachusetts weisen Lager von Fullererde auf.

Mit Ausnahme der in Arkansas gefundenen Erden sind alle bekannten amerikanischen Lager von Fullererde sedimentären Ursprungs. In

---

[1] The occurrence of fuller's earth in the United States. J. Frankl. Inst. **150**, S. 219, 1900.

[2] Seifensieder-Zg. **47**, S. 648, 1923.

Die Fullererden. 135

Massachusetts finden sich die Bleicherden in glazialen Ablagerungen. Nur in Arkansas findet sich Fullererde in Adern und stammt diese aus basaltischen Massen (Miser[1])).

Abgesehen von dem Vorkommen in Arkansas kommt die Fullererde wie Ton und unter diesem in Form einiger Zoll starken Lagen vor. Die Geologie der Fullererden haben T. W. Vaughan[2]) und andere Forscher behandelt.

In Florida finden sich Fullererden hauptsächlich in Gadsen County bei Quincy, ferner in Ellenton, Manatee County, an der Westküste von Florida.

Die Lager im zentralen Georgia zeigen eine geologische Formation, die von der in Florida verschieden ist.

Manche dieser Vorkommen zeigen nur die Dicke von wenigen Zoll, andere eine solche bis zu 25 Fuß.

Alle Lager sind durch Sand oder Ton bedeckt, deren Lagerstärke verschieden ist.

In Georgia finden sich große Lager von Fullererde in Twiggs und Wilkinson Counties (Pikes Peak) und an anderen Stellen.

Die Gewinnung von Fullererde bei Olmstead ist von C. W. Parmetee[3]) beschrieben worden.

Einen Überblick über die Aufbereitung und Verwertung von Fullererde in den Vereinigten Staaten geben T. P. Maynard und L. E. Mallory[4]).

Fabriken zur Aufbereitung von Fullererde sind u. a. General Reduction Co. (Atlanta), Atlantic Refining Co. (Philadelphia), Lester Clay Co. (Jacksonville), Florida Fuller's Earth Co. (Ellenton), Fuller's Earth Co. (Midway) usw.

Fullererden sind nicht plastisch und daher nicht eine dieser Erden für keramische Zwecke brauchbar, andererseits werden einige Sorten

---

[1]) Miser, H. D.: Developed deposits of fuller's earth in Arkansas. U. S. Geol. Survey Bull. **350**, S. 207, 1911.

[2]) Vaughan, T. W.: Fuller's earth deposits of Florida and Georgia. U. S. Geol. Survey Bull. **213**, S. 392—396, 1903. — Sellards, E. H., und Günter, Herman: The fuller's earth deposits of Gadsen County. 2d Ann. Rept. Florida Geol. Survey 1908—1909, S. 255—290. — Miser, H. D.: Develoved deposits of fuller's earth in Arkansas. U. S. Geol. Survey Bull. **350**, S. 207, 1911. — Sloan, Earle: Fuller's earth, South Carolina Geol. Survey, Series 4, Bull. **2**, 1918. — Veatch, Otto: Second Report on the clay deposits of Georgia. Georgia Geol. Survey Bull. **18**, S. 207, 309, 317, 371, 1909. — Duessen, Alex: Notes on some clays from Texas. U. S. Geol. Survey Bull. **470**, 2, S. 337—351, 1910. — Alden, W. C.: Fuller's earth and brick clays near Clinton, Mass. U. S. Geol. Survey Bull. **430**, S. 402—404, 1910.

[3]) Chem. Metallurg. Engg. **26**, S. 177.

[4]) Chem. Metallurg. Engg. **26**, S. 1074—1076.

beim Verarbeiten mit großen Mengen Wasser plastisch. Wenige dieser Erden zerfallen in Wasser, Fullererde aus Lancasta, Massachusetts, zerfällt sogar in trockenem Zustande zu Pulver. Bestimmte Sorten sind wie Schiefer so hart und werden von Wasser wenig angegriffen.

Die Färbungen der Fullererde sind ebenso vielfältig wie diejenigen anderer Tone. Alle Fullererden, die einen guten Bleichwert haben, zeigen sog. saure Reaktionen.

Nach einer Tabelle der United States Geological Survey wurden 1912 in den Vereinigten Staaten eingeführt: 1,970 t ungemahlener Fullererde im Werte von 11 619 Dollar und 17,139 t gemahlener Fullererde im Werte von 133 710 Dollar. Der amerikanische Raffineur zahlte 14,50—16 Dollar pro Tonne.

In den Vereinigten Staaten wurden im genannten Jahre 32,715 t im Werte von 305 522 Dollar (9,34 Dollar pro Tonne) erzeugt.

Mehrere tausend Tonnen der amerikanischen Fullererde wurden nach Deutschland zum Bleichen von Speiseölen exportiert.

Die Definition Parsons für Fullererde ist folgende:

„Fullererde ist eine Tonabart, die eine große Fähigkeit zum Absorbieren basischer Farbstoffe aufweist und diese Farbstoffe aus ihren Lösungen in tierischen und pflanzlichen Ölen oder Mineralölen oder Wasser zu entfernen vermag."

Die chemische Zusammensetzung der Fullererde ist ähnlich der aller anderen Tone, d. h. die Fullererde besteht aus einem wasserhaltigen Aluminiumsilicat, das geringe Mengen anderer Stoffe enthält. Die meisten Fullererden enthalten einen höheren Prozentsatz an gebundenem Wasser als die meisten Tone, aber dieses Wasser spielt keine wesentliche Rolle betreffs ihrer Bleichwirkung. Einige dieser Erden bleichen ebenso auch nach Austreibung des Wassers wie vor der Entfernung des Wassers, andere verlieren an Bleichkraft durch Entfernung dieses Wassers.

Die chemische Zusammensetzung von Fullererden verschiedener Herkunft ist aus der folgenden Tabelle zu ersehen, die dem eingehenden Berichte von J. T. Porter[1]) über Untersuchungen von Bleicherden und Versuche mit diesen Stoffen, im Laboratorium des Bergamtes in Washington entstammt.

---

[1]) Contribution to Economic Geologie, Teil I, S. 268—290, 1906, Bull. Nr. 315. U. S. Geol. Survey, Washington D. C., Seifenfabrikant **28**, S. 918ff., 1913.

Die Fullererden.

Herkunftsort bzw. -gegend der Fullererde	SiO₂	Al₂O₃	H₂O	Fe₂O₃	CaO	MgO	Alkalien	Andere Elemente	Summe
1. Arkansas[1]	64,38	17,29	6,95	8,27	1,91	1,91	1,83	nicht bestimmt	100,63
2. Arkansas[1]	63,19	18,76	7,57	7,05	2,46	2,46	1,71	do.	100,74
3. Ocala, Florida[2]	39,66	30,00	13,11	3,46	0,87	0,70	0,45	P₂O₅ 6,00; TiO₂ 1,37; organ. 3,90	99,52
4. Gladsden, Florida[2]	67,31	11,07	8,25	2,61	2,60	3,32	1,01	nicht bestimmt	96,17
5. Mount Plassant, Florida	62,27	11,76	10,00	7,43	1,89	3,59	nicht bestimmt	do.	—
6. Norway, Florida	59,02	11,88	11,13	7,14	6,48	3,24	do.	—	—
7. River Junction, Florida	55,05	22,88	10,42	7,47	4,77	0,43	do.	—	—
8. Decatur, Georgia	72,00	10,76	6,00	2,65	3,34	4,36	do.	—	—
9. Enid, Oklahama[4] (Glazialit)	50,36	33,38	12,00	3,31	—	—	0,88	TiO₂ Spur; organ. Spur	99,93
10. Custer, South Dakota[5]	57,00	17,37	9,50	2,36	3,00	3,03	nicht bestimmt	flüchtig 5,85	98,11
11. Custer, South Dakota[4]	63,50	14,97	10,70	4,48	2,40	2,88	8,32	flüchtig 5,85	107,25
12. Custer, South Dakota[4]	71,28	14,33	4,30	2,48	0,33	1,20	nicht bestimmt	nicht bestimmt	93,93
13. Custer, South Dakota[5]	55,45	18,58	8,80	3,82	3,40	3,50	do.	flüchtig 5,35	98,90
14. Fairburn, South Dakota[5]	68,23	14,93	6,20	2,15	2,93	0,87	do.	nicht bestimmt	96,31
15. Fairburn, South Dakota[4]	60,16	10,38	7,20	14,87	4,96	1,71	do.	do.	99,28
16. Fairburn, South Dakota[5]	67,00	5,00	15,00	12,00	nicht bestimmt	nicht bestimmt	do.	do.	99,00
17. Fairburn, South Dakota[5]	56,18	23,23	11,45	1,26	5,88	3,29	do.	do.	101,29
18. Fairburn, South Dakota[3]	60,10	17,30	8,29	4,10	4,16	2,61	2,16	do.	98,72
19. Hermoza, South Dakota[4]	55,40	27,70	13,00	1,80	2,30	0,70	1,08	do.	101,29
20. England[3]	44,00	23,06	24,95	2,00	4,08	2,00	nicht bestimmt	do.	100,09
21. England[3]	44,00	11,00	nicht bestimmt	10,00	5,00	2,00	5,00	do.	77,00
22. Hutfield, England[4] (blaue Erde)	52,81	6,92	14,27	3,78	7,40	2,27	1,74	P₂O₅ 0,27; SO₃ 0,05; NaCl 0,05	88,56
23. Hutfield, England[4] (gelbe Erde)	59,37	11,82	13,19	6,27	6,17	2,09	1,84	P₂O₅ 0,14; SO₃ 0,07; NaCl 0,14	100,10
24. Reigate, England[3]	53,00	10,00	24,00	9,75	0,50	1,25	nicht bestimmt	—	98,50
25. Woburn Sande, England[3] (gelbe Erde)	55,48	19,16	6,75	11,78	3,10	3,71	do.	—	98,98
26. Woburn Sande, England[3] (blaue Erde)	60,90	18,34	4,89	10,22	2,36	1,52	1,72	—	99,95

[1]) B r a u n e r, J. C.: Cement materials of southwest Arkansas. Trans. Am. Inst. Min. Eng. **27**, S. 42—63, 1898.
[2]) 19. Ann. Report U. S. Geol. Survey, Teil 6, S. 655—656, 1898. [3]) 17. Ann. Report U. S. Geol. Survey, Teil 3, S. 786—880, 1896. [4]) 18. Ann. Report U. S. Geol. Survey, Teil 5, S. 1351—1359, 1897. [5]) Ries, H.: Fuller's earth of South Dacota. Trans. Am. Inst. Min. Eng. **27**, S. 333—335, 1898.

Die für die Versuche verwendeten Fullererden und Tone hatten folgende Zusammensetzung: (auf Trockensubstanz berechnet) auf 100% berechnet:

	SiO$_2$	Al$_2$O$_3$	Fe$_2$O$_3$	CaO	MgO	CO$_2$	H$_2$O	P$_2$O$_5$	Summe
Owl Fullererde (Owl Cigar Co., Quincy, Florida):									
Ursprüngliche Erde	48,20	17,80	2,09	10,84	3,33	7,93	8,91	1,20	100,00
Unlöslich in verdünnter HCl	74,20	12,90	1,94	0,05	nicht bestimmt	—	9,28	nicht bestimmt	90,37
" " HCl und NaOH	70,70	15,80	1,70	0,08	do.	—	9,36	do.	97,64
" " HCl und löslich in NaOH	79,72	10,52	Spur	—	do.	—	9,58	do.	99,82
" " konz. HCl	90,88	3,40	—	0,05	do.	—	5,14	do.	99,47
" " H$_2$SO$_4$ und NaOH	91,10	4,35	1,09	3,46	—	—	—	do.	100,00
" " H$_2$SO$_4$ und löslich in NaOH	83,17	2,81	—	14,02	—	—	—	do.	100,00
Löslich in NaOH allein	82,4	17,60	—	—	—	—	nicht bestimmt	—	100,00
Fairbank Fullererde (N.K.Fairbank,Chicago Illinois):									
Ursprüngliche Erde	59,41	19,90	7,14	3,29	2,90	0,04	0,75	0,06	99,29
Unlöslich in verdünnter HCl	66,60	19,20	5,54	0,48	1,67	—	7,11	nicht bestimmt	100,00
" " HCl und löslich in NaOH	18,80	nicht bestimmt	nicht bestimmt	nicht bestimmt	nicht bestimmt	nicht bestimmt	nicht bestimmt	do.	nicht bestimmt
" " konz. HCl	86,80	5,95	0,90	0,27	0,27	do.	4,55	do.	98,74
" " H$_2$SO$_4$	92,95	3,66	1,83	nicht bestimmt	nicht bestimmt	—	nicht bestimmt	do.	98,44
" " H$_2$SO$_4$ und NaOH	75,75	13,79	1,67	0,86	do.	—	do.	do.	92,01
Löslich in NaOH allein	11,89	nicht bestimmt	nicht bestimmt	nicht bestimmt	do.	—	do.	do.	nicht bestimmt
Eimer & Amend Fullererde (Eimer & Amend, New York):									
Ursprüngliche Erde	60,20	21,00	7,80	2,80	2,60	nicht bestimmt	7,50	do.	99,10
Unlöslich in konz. HCl	75,30	17,20	5,04	Spur	2,46	—	nicht bestimmt	do.	100,00
" " H$_2$SO$_4$	91,95	3,67	Spur	0,61	0,76	—	3,67	do.	100,60
" " H$_2$SO$_4$ und NaOH	73,06	12,00	—	5,44	nicht bestimmt	—	nicht bestimmt	do.	90,50
Ton (trickständiger Kalksteinton, Staunton, Virginia):									
Geliefert	61,62	22,82	4,00	0,52	do.	nicht bestimmt	12,82	do.	99,92
Unlöslich	92,48	3,53	—	0,14	do.	—	nicht bestimmt	do.	100,00
Röhrenton (Eimer & Amend, New York):									
Geliefert	46,10	41,00	—	—	—	nicht bestimmt	12,82	do.	99,92
Unlöslich in H$_2$SO$_4$	97,06	2,94	—	—	—	do.	nicht bestimmt	do.	100,00

Die Fullererden.

In Prozenten der ursprünglichen Erde:

	SiO$_2$	Al$_2$O$_3$	Fe$_2$O$_3$	CaO	MgO	CO$_2$	H$_2$O	P$_2$O$_5$	Summe
Owl Fullererde:									
Ursprüngliche Erde	48,20	17,80	10,84	3,33	7,93	8,91	1,20	2,09	100,30
Unlöslich in verdünnter HCl	48,45	8,43	0,08	1,41	—	6,06	nicht bestimmt	1,27	65,33
,, ,, HCl und NaOH	25,24	5,64	0,03	nicht bestimmt	—	3,34	do.	0,69	35,67
,, ,, HCl und löslich in NaOH	22,72	2,80	—	do.	—	2,72	do.	Spur	28,24
,, ,, konz. HCl	48,20	1,85	0,02	do.	—	2,78	do.	—	52,85
,, ,, HCl und NaOH	9,16	nicht bestimmt	nicht bestimmt	do.	—	nicht bestimmt	do.	nicht bestimmt	9,22
,, ,, HCl und löslich in NaOH	39,04	do.	do.	do.	—	do.	do.	do.	nicht bestimmt
,, ,, H$_2$SO$_4$ und NaOH	9,22	0,44	0,35	—	—	—	do.	0,12	10,12
,, ,, H$_2$SO$_4$ und löslich in NaOH	39,09	1,32	6,59	nicht bestimmt	—	nicht bestimmt	do.	—	47,00
Löslich in NaOH	8,57	1,83	—	do.	—	do.	do.	—	10,4
Fairbank Fullererde:									
Ursprüngliche Erde	59,41	19,9	3,29	2,90	0,04	6,75	0,06	7,14	99,29
Unlöslich in verdünnter HCl	59,41	17,36	0,43	1,51	—	6,40	nicht bestimmt	5,02	90,13
,, ,, HCl und löslich in NaOH	16,92	nicht bestimmt	nicht bestimmt	nicht bestimmt	—	nicht bestimmt	do.	nicht bestimmt	nicht bestimmt
,, ,, konz. HCl	59,41	4,10	0,19	0,19	—	3,07	do.	0,62	68,9
,, ,, HCl und löslich in NaOH	53,21	nicht bestimmt	nicht bestimmt	nicht bestimmt	—	nicht bestimmt	do.	nicht bestimmt	nicht bestimmt
,, ,, H$_2$SO$_4$	53,21	2,33	do.	do.	—	—	do.	1,17	63,68
,, ,, H$_2$SO$_4$ und NaOH	5,00	0,91	do.	do.	—	—	do.	0,11	6,58
Löslich in NaOH	11,89	nicht bestimmt	do.	nicht bestimmt	—	—	do.	nicht bestimmt	nicht bestimmt
Eimer & Amend Fullererde:									
Ursprüngliche Erde	60,20	21,00	2,80	2,60	nicht bestimmt	7,50	do.	7,80	99,1
Unlöslich in konz. HCl	60,40	13,56	Spur	1,97	—	nicht bestimmt	do.	4,03	79,96
,, ,, H$_2$SO$_4$	60,23	2,40	0,40	0,50	—	2,40	do.	Spur	65,55
,, ,, H$_2$SO$_4$ und NaOH	5,37	0,98	0,40	nicht bestimmt	—	nicht bestimmt	do.	—	7,35
Löslich in NaOH	10,38	nicht bestimmt	nicht bestimmt	do.	—	do.	do.	nicht bestimmt	nicht bestimmt
,, ,, Na$_2$CO$_3$	2,60	do.	do.	do.	—	do.	do.	do.	do.

140　Die Bleicherden.

(Fortsetzung der Tabelle von S. 139.)

Ton:	SiO_2	Al_2O_3	Fe_2O_3	CaO	MgO	CO_2	H_2O	P_2O_5	Summe
Geliefert	61,62	22,82	+	0,52	nicht bestimmt	do.	8,06 (?)	do.	97,02
Unlöslich in H_2SO_4	61,50	2,35	—	0,1	do.	do.	nicht bestimmt	do.	66,5
Löslich in Na_2CO_3	0,25(?)	nicht bestimmt	nicht bestimmt	nicht bestimmt		do.	do.	do.	nicht bestimmt
Röhrenton:									
Geliefert	46,10	41,00	—	—	—	do.	12,82	do.	99,92
Unlöslich in H_2SO_4	46,2	1,4	—	—	—	do.	nicht bestimmt	do.	47,6

Porter hat folgende Zusammensetzungen von Fullererden aufgestellt:

	SiO_2	Al_2O_3	Fe_2O_3	CaO	MgO	CO_2	H_2O	P_2O_5	Summe
Für die									
1. Owl Fullererde:									
Apatit	—	—	—	1,42	—	—	—	1,20	2,62
Calcit	—	—	—	9,42	—	7,40	—	—	16,82
Magnesit	—	—	—	—	0,48	0,53	—	—	1,01
Montmorillonit	17,21	9,70	—	—	—	—	5,13	—	32,04
Freie wässerige Kieselsäure	5,00	—	—	—	—	—	0,46	—	5,46
Eisenoxyde	—	—	0,82	—	—	—	—	—	0,82
Magnesia (?)	—	—	—	—	1,24	—	—	—	1,24
Anauxit	14,84	6,25	1,15	—	1,41	—	3,32	—	24,41
Augit usw.	1,93	1,41	0,12	—	—	—	—	—	5,90
Feldspat und Quarz	9,22	0,44	—	—	—	—	—	—	9,73
2. Fairbank Fullererde:									
Apatit	—	—	—	0,08	—	—	—	0,06	0,14
Freie wässerige Kieselsäure	11,90	—	—	—	—	—	0,07	—	11,97
Prehnit (?)	4,43	2,54	—	2,75	—	—	0,44	—	10,16
Andere Zeolithe	0,57	—	—	0,11	1,39	—	—	—	2,07
Eisenoxyde	—	—	2,12	—	—	—	—	—	2,12
Anauxit	27,90	11,74	4,91	—	—	—	6,24	—	45,88
Augit usw.	9,61	3,30	0,11	0,43	1,51	—	—	—	19,76
Quarz und Feldspat	5,00	2,32	—	—	—	—	—	—	7,43
3. Eimer & Amend Fullererde:									
Freie wässerige Kieselsäure	10,38	—	—	—	—	—	0,50	—	—
Eisenoxyde	—	—	3,80	—	—	—	—	—	—
Zeolithe usw.	2,00	1,44	—	2,80	0,67	—	0,31	—	—
Anauxit	20,25	6,00	—	—	—	—	3,19	—	—
Augit usw.	4,56	4,52	4,00	—	1,47	—	—	—	—
Zimolit	17,64	6,64	—	—	—	—	3,50	—	—
Quarz und Feldspat	5,37	2,40	—	—	—	—	—	—	—

Die Fullererden. 141

Kleine Mengen von Erde wurden an der Luft getrocknet und auf Rotglut erhitzt. Die folgende Tabelle gibt die dabei erhaltenen Resultate:

Erde	Verhältnismäßige zur Erzeugung von Plastizität erforderliche Menge Wassers	Plastizität	Kohäsion in trockenem Zustande	Stärke in gebranntem Zustande
Owl-Fullererde . . .	am meisten	sehr groß	sehr stark	sehr stark u. hart
Fairbank-Fullererde .	am meisten	sehr groß	sehr stark	sehr stark u. hart
Eimer & Amend-Fullererde	am meisten	sehr groß	sehr stark	sehr stark u. hart
Queen-Fullererde (Queen & Co., Philadelphia)	viel	sehr groß	sehr stark	sehr stark u. hart
Kaolin (aus dem Augusta County, Virginia)	viel	sehr groß	sehr stark	sehr stark u. hart
Eisenerz	am wenigsten	am geringsten	erheblich geringer	—
Fairbank-Fullererde in H_2SO_4 unlöslich .	am wenigsten	am geringsten	sehr weich	zerbröckelt nicht, aber sehr weich

Berührt man eine Probe dieser Erden mit neutralem Lackmuspapier, dann wird dieses rot; in Wasser suspendiert und mit Phenolphthalein versetzt, kann eine nach den verschiedenen Sorten verschiedene Menge Alkali hinzugefügt werden, ehe die rohe Färbung erscheint.

Dies ist kein Beweis für wahren Säuregehalt, denn die Erden enthalten keine Säuren.

Dieselbe Kraft, die diese Erden befähigt, basische Farbstoffe zu adsorbieren, befähigt sie auch, wahre Basen zu adsorbieren, und verhindert, daß ihre Reaktion zu erkennen ist, bevor der Adsorptionskraft der Erde Genüge geschehen ist.

Keineswegs ist der Grad ihres Säuregehaltes oder ihrer Adsorptionskraft für Basen, die in Wasser gelöst sind, ein bestimmtes Kriterium für die Adsorptionsfähigkeit der Erden für Farbstoffe oder Basen, die in Öl gelöst sind.

Die Bleichkraft der Fullererden für Öle ist nicht proportional der Fähigkeit der Erden, Basen aus ihren wässerigen Lösungen zu entfernen.

Der Grad des Säuregehaltes ist dagegen direkt proportional der Adsorptionsfähigkeit der meisten Fullererden für basische Farbstoffe aus wässerigen Lösungen.

Alle Fullererden adsorbieren basische Farbstoffe, die in Öl oder Wasser gelöst sind.

Ihr Handelswert hängt von der Kraft der Erden zur Entfernung dieser Farbstoffe aus Ölen ab.

Die Entfernung von basischen Farbstoffen aus Wasser findet nur in der Wollindustrie Verwendung, ebenso bei der Erzeugung billiger Papierfarbstoffe.

Das spezifische Gewicht der Fullererde ist das gleiche wie das anderer Tone, das scheinbare spezifische Gewicht schwankt innerhalb weiter Grenzen, entsprechend der Verschiedenheit der Porosität der Erden. Die Fullererden sind leichter und poröser als andere Tone.

Dennoch stellen die englische und die Fullererde aus Arkansas in trockenem Zustande Produkte dar, die dichtem Ton gleichen.

Das Volumen eines gegebenen Gewichts Fullererde schwankt in weiten Grenzen, und ein Kubikfuß trockener, gemahlener Fullererde aus Georgia oder Florida wiegt nur wenig mehr als die Hälfte eines ähnlichen Volumens der Fullererde aus England oder Arkansas.

Die meisten der Fullererden verleihen den Speiseölen, mehr oder weniger Geschmack und Geruch aber innerhalb weiter Grenzen.

Einige Zeit bevorzugte man aus diesem Grunde die englische Fullererde, dann aber lernte man in den Ölraffinerien den Geschmack und Geruch zu beseitigen.

Behandelt man Fullererde mit Kalkwasser, um ihr den sauren Charakter, der eine oxydierende Wirkung auf die Öle auszuüben scheint, zu nehmen, dann wird auch ihre Bleichkraft zerstört.

Einige Fullererden wirken so oxydierend auf Öle, daß die letzteren beim Hindurchblasen von Luft durch die Filterpressen zwecks Entfernung des anhängenden Öles sofort zum Brennen kommt.

Glücklicherweise zeigen diese fatale Eigenschaft nur Erden von einer oder zwei Lagerstätten.

Mit Ausnahme der Lager von Fullererden in Arkansas werden die Fullererden ähnlich dem Ziegelton gewonnen.

Die amerikanischen Fullererden sind so rein, daß eine besondere Scheidung von Fremdstoffen nicht nötig ist. In trockenem Zustande können diese Erden ohne weiteres gemahlen werden.

Der Abbau der Bleicherden in Amerika erfolgt mit Hacke und Schaufel, nachdem die darüberliegende Schotterdecke durch Bagger entfernt worden ist.

Infolge des blattartigen Charakters neigt das Material dazu, in blockähnliche Stücke zu zerfallen, was das Graben erleichtert.

Grundwasser zwingt in einigen Anlagen zu einer Vortrocknung der Erden.

In Arkansas wird die Erde untertags abgebaut. Zu diesem Zwecke werden Vertikalschächte mit Querschächten nach den Adern hin in die Tiefe getrieben.

Die in großen Trögen an die Oberfläche gebrachte Erde wird zunächst in einer — zwei Reihen von Walzen (eine geriefte und eine gezahnte

Die Fullererden. 143

übereinanderliegend) aufweisenden Walzenmühle aus dem klumpenförmigen Zustand in Stücke von Ofenkohlengröße übergeführt, dann mechanisch zu eine Überhitzung der Erde ausschließenden Röhrentrocknern oder Trockentrommeln geleitet, darin getrocknet und dann gemahlen, was in allen möglichen Mühlen durchgeführt wird.

Für die Mineralölreinigung wird grobkörniges Material erforderlich, das bei der Herstellung des Korns entstehende Grus beträgt etwa 15% der Erde und ist unverwendbar.

Die Sichtung der gemahlenen Erde erfolgt mittels seidener Beutel. Auch ungesichtetes Material kommt auf den Markt.

Folgende Tabelle zeigt die Mengen der verschiedenen, durch Mahlen und Abschieben erhaltenen Körnungen, die aus 26 270 796 Pfund Fullererde für die Petroleumraffinierung in einem Werke erzeugt wurden.

Siebmaschenzahl	Ausbeute	
	Pfund	%
15—30	3 601 260	13,7
30—60	10 607 760	40,4
60—80	1 576 260	6,0
60 aufwärts	3 129 906	11,9
100 aufwärts	1 106 622	4,2
170 aufwärts	1 380 078	5,25
60—110	24 624	0,09
Feiner Abfall	10 044	0,04
	4 834 242	18,40
Gesamtmenge	26 270 796	—
Körnermenge	21 436 554	81,6

Laboratoriumsmethoden zur Bestimmung der Filtereigenschaften der Fullererden.

Einige Proben von Fullererdklumpen verschiedener Lager wurden getrocknet, und zwar ward ein Teil in einer Kaffeemühle gemahlen, so daß etwa die Hälfte durch ein 100-Maschensieb hindurchging. Der Rückstand wurde nochmals in der Kaffeemühle gemahlen usw., bis alles auf die gleiche Feinheit gebracht war.

Bei Prüfung des so erhaltenen Produktes mit Sieben stellte sich heraus, daß ein beträchtlicher Teil der Masse durch ein 200-Maschensieb hindurchging.

Ein anderer Teil der Erde wurde in einem Achatmörser zerrieben, bis das Ganze durch ein 100-Maschensieb hindurchging, worauf festgestellt wurde, daß ein größerer Teil als bei der wie oben behandelten Erde durch ein 200-Maschensieb hindurchging.

Beide Teile wurden Filtrierproben ausgesetzt, und es ergab sich, daß zwischen beiden ein großer Unterschied vorhanden war.

Mit dem in der Kaffeemühle gemahlenen Produkt erhielt man in einem Buchner-Trichter folgendes Resultat.

Die Bleicherden.

Das zurückbleibende Öl konnte durch Absaugen leicht aus den Poren der Erde herausgezogen und schließlich durch einen Wasserdampfstrom, der durch den Trichter geblasen wurde, entfernt werden, wie dies auch bei Filterpressen der Fall ist.

Die Filterdauer war bei dem im Mörser gestoßenen Produkt lang und das anhängende Öl konnte nicht vollkommen aus dem dicken, öligen Schlamm entfernt werden.

Unter dem Mikroskop ließ sich feststellen, daß die auf letztgenannte Weise zermahlene Bleicherde einen großen Anteil an sehr feinem Material aufwies.

Die folgende Tabelle gibt die Resultate von Fitrationen der beschriebenen Art wieder.

Nr. der Probe	Art der Gewinnung	Mahlverfahren	Filtrationszeit Minuten	Zustand des Rückstands
1	Summerville, Texas	Kaffeemühle	5,5	mehlig
		Achatmörser	10,5	leicht ölig
7	Englische Erde	Kaffeemühle	5,0	ganz trocken
		Achatmörser	10,0	fast trocken
10	Pikes Peak	Kaffeemühle	4,0	ganz trocken
		Achatmörser	45,0	sehr ölig
17	Midway, Florida	Kaffeemühle	5,0	ganz trocken
		Achatmörser	36,0	sehr ölig
20	Klondike, Arkansas	Kaffeemühle	12,0	fast trocken
		Achatmörser	29,0	sehr ölig

Ursprünglich wurde, wie oben bereits angegeben, die Fullererde zum Walken von Geweben verwendet zwecks Entfettung der letzteren. Hierzu wurde die Erde in Wasser suspendiert in das Gewebe (Tuch) hineingerieben, dann herausgewaschen und getrocknet.

Ferner wurde Fullererde als Kautschukfüllmittel benutzt.

Im Laboratorium diente sie zur Feststellung bestimmter Farbstoffe in der Butter, dem Whisky und künstlichem Weinessig. Weiterhin stellte sie in der Pharmazie einen Ersatzstoff für Talkumpulver als Absorptionsmittel dar usw.

Sodann dienten Fullererden als Träger basischer Farbstoffe für den Tapetendruck.

Eine große Verwendung finden die Fullererden zum Bleichen von Speiseölen. Dieses Verfahren kann auch bei anderen Ölen benutzt werden, zeigt allerdings dann einige Verschiedenheiten.

Es sei in seiner Anwendung zum Bleichen von Baumwollsamenöl erläutert.

Das rohe Baumwollsamenöl muß zunächst in üblicher Weise mit Alkali behandelt werden zwecks Entfernung der Fettsäuren und Überführung der darin enthaltenen Farbstoffe in basische Formen. Rohes Baumwollsamenöl wird durch Fullererde nicht angegriffen.

Die Fullererden. 145

Die im einzelnen Falle anzuwendenden Bleicherdemengen müssen auf Grund von Laboratoriumsversuchen ermittelt werden.

Die Mengen schwanken zwischen $1^1/_2$ und $10\,^0/_0$. Zur Zeit sind $3\,^0/_0$ ein guter Satz zum Bleichen des Baumwollsamenöls. Die Menge der anzuwendenden Fullererde hängt auch von der Temperatur ab, auf die das Öl vorher erhitzt wurde. Ein zu hohes Erhitzen wirkt zerstörend auf das Öl.

Die abgemessene Menge des getrockneten Baumwollsamenöls wird in einem großen Faß mit Dampfrohren auf nahe den Siedepunkt des Wassers (100^0 C) erhitzt. Dann wird das Öl stark gerührt und die abgemessene, notwendige Menge der Bleicherde zugesetzt.

Innerhalb 1 oder 2 Minuten findet eine gute Durchmischung durch das starke Rühren mittels Rührwerk statt.

Dann läßt man die Mischung unmittelbar in eine Filterpresse fließen, wo die Fullererde abfiltriert wird. Die Menge des Öles der einzelnen Operation wird so bemessen, daß die Filterpresse, sobald das ganze Öl hindurchgelaufen ist, voll von der Erde und zum Öffnen fertig ist.

Vor dem Öffnen wird das an der Erde hängende Öl soviel als möglich durch Wasserdampf und sodann durch hindurchgeblasene Luft aus der Filterpresse entfernt.

Die Filtriergeschwindigkeit hängt von der Körnung der Fullererde ab.

Diese Zerkleinerung der Bleicherde darf bei Speiseölen so weit gehen, daß sie in den Filterpressen noch gut wirkt, aber nicht zu weit geführt werden.

Nach der beschriebenen Behandlung des Öles mit der Fullererde ist es stark entfärbt und wird sein Standard unmittelbar mit Hilfe gefärbter Gläser der Lovibond-Skala bestimmt.

Durch die Einwirkung der Fullererde hat aber das Öl einen mehr oder weniger unangenehmen Geschmack und Geruch angenommen, der entfernt werden muß, bevor das Öl in den Handel kommen kann. Und zwar verleihen die Fullererden verschiedener Herkunft verschiedenen Geschmack und Geruch.

Lange Zeit bevorzugte man beim Raffinieren von Speiseölen englische Erden, da diese den Ölen einen verhältnismäßig geringen Geschmack und Geruch verleihen.

Jetzt bläst man durch das in dem sog. Desodorizer auf über 100^0 C erhitzte Öl trockenen Dampf, am besten unter geringerem als Atmosphärendruck.

Dieser Desodorizer besteht aus einem großen Behälter, der Rohre enthält, durch die Hochdruckdampf zur Erhitzung des Öls hindurchgeschickt wird. Ferner ist am Boden des Behälters ein durchbrochenes Rohr angeordnet, durch das überhitzter Wasserdampf eingeblasen werden kann.

146   Die Bleicherden.

Häufig ist der Desodorizer mit einem gebogenen Rohrauslaß versehen, der als eine Art Verschluß wirkt.

Der Dampf reißt die Stoffe, die dem raffinierten Öl den Geschmack und Geruch verleihen, mit sich fort.

Je nach dem Grade des Geschmacks und Geruchs des Öles muß die Zeitdauer des Dampfdurchblasens bemessen werden.

Schweinefett und dessen Öl bedarf selten mehr als 1% Fullererde zu seiner Reinigung und braucht auch nicht desodorisiert zu werden.

Die Fullererde, die aus der Filterpresse kommt, enthält noch 10—20% ihres Gewichts an Öl und kann das 1920 in den Fullererden nach dem Entfärben verbliebene Öl auf 2500—5000 t geschätzt werden. Man regeneriert daher diese Massen, indem man sie mit Naphtha, Benzol, Tetrachlorkohlenstoff oder anderen Öl lösenden Flüssigkeiten und sodann mit Alkohol behandelt.

Durch den Alkohol werden die Farbstoffe aus den Erden entfernt, aber die letzteren verlieren dadurch an Bleichkraft.

Verwendet man aber Alkohol im Gemisch mit Benzol unter Zusatz einer geringen Menge Säure, so werden die basischen Farbstoffe in Salze umgewandelt und dann leicht aus der Erde entfernt durch ein Lösungsmittel.

Zwecks Bestimmung der Bleichkraft für Speiseöle wird im Laboratorium in folgender Weise vorgegangen.

Eine abgewogene oder abgemessene Menge des Öles wird in einem Becherglas auf 100° C erhitzt. Dann wird die Fullererde in einer Kaffeemühle so weit pulverisiert, daß sie durch ein 100-Maschensieb hindurchgeht. Von der gemahlenen Erde werden 5% des abgewogenen Öles in letzteres eingerührt und 3 Minuten wird das Rühren fortgesetzt.

Dann wird das Gemisch unmittelbar in eine Probeflasche (für die Ölfärbungsbestimmung) filtriert. Will man gleichzeitig die Güte der Erde bei Verwendung von Filterpressen bestimmen, so läßt man die Filtration in einem Buchner-Trichter unter Absaugen vor sich gehen.

Ist die Bestimmung der Filtrationsart nicht wichtig, dann gibt man das Gemisch auf einen dampfbeheizten Trichter, der mit Filterpapier beschickt ist.

Dann wird eine gleiche Menge Öl mit einer Probe einer Standard-Fullererde (englischer Fullererde) behandelt und die Färbungen beider Ölproben in einem Kolorimeter mit Hilfe von Lovibond-Farbgläsern (rote und gelbe Reihe) verglichen.

Die folgende Tabelle Parsons gibt Aufschluß über die Resultate von Bestimmungen der Bleichkraft von Fullererden bei Anwendung von 5 Gewichtsprozent.

Die Fullererden. 147

Nr. der Probe	Herkunftsort oder -land der Erde	Farbablesungen der Lovibond-Skala		
		gelb	rot	
1	Summerville, Texas .	16	1,6	In der Mühle gemahlen.
2	Vacaville, Cal.	34	3,4	In der Kaffeemühle (100-Maschensieb) gemahlen.
3	Unbekannt, Cal. . . .	35	5,0	do.
4	Unbekannt, Cal. . . .	35	4,8	do.
5	Unbekannt, Cal. . . .	22	2,2	do.
6	Unbekannt, Cal. . . .	35	4,2	do.
7	England	20	2,0	do.
8	Sumter, S. C.	16	1,6	do.
9	Moultrie, Ga.	14	1,4	do.
10	Pikes Peak, Ga. . . .	14	1,4	do.
11	Pikes Peak, Ga. . . .	12	1,2	In der Mühle gemahlen.
12	Fitzpatrick, Ga. . . .	14	1,4	In der Kaffeemühle gemahlen.
13	Unbekannt, Ga. . . .	14	1,4	do.
14	Ellenton, Fla.	22	2,2	do.
15	Ellenton, Fla.	20	2,0	do.
16	Attapulgus, Ga. . . .	14	1,4	do.
17	Midway, Fla.	16	1,6	In der Mühle gemahlen.
18	England (I. X. L. brand)	20	2,0	So importiert.
19	Fairplay, Ark.	16	1,6	In der Mühle gemahlen.
20	Klondike, Ark. . . .	20	2,0	In der Kaffeemühle gemahlen.
21	Lancaster, Mass. . . .	35	4,0	Durch ein 100-Maschensieb gesiebt.
22	Fort Payne, Ala. . .	18	1,8	In der Kaffeemühle gemahlen.
23	Andalusia, Ala. . . .	28	2,0	do.
x	Gebrauchtes Öl . . .	35	6,2	—

Setzt man die so behandelten Öle 4 Wochen dem diffusen Sonnenlicht in einem gut belichteten Raum aus und liest wieder an der Lovibond-Skala ab, so erhält man die folgenden Resultate, die angeben, daß bei bestimmten Ölen die nachträgliche Bleichung durch Licht beschleunigt wird.

Der Filtriergrad wird mit Hilfe des Buchner-Trichters bestimmt.

Der Praktiker muß dann noch eine Bestimmung des Mahlgrades machen.

Gute Resultate gibt ein Produkt von wenigstens 100-Maschenfeinheit, was aber nicht zuviel außerordentlich feine Bestandteile enthält, die sonst das Filter verstopfen oder zuviel Öl absorbieren.

Nr. der Probe	Färbungsablesungen der Loviband-Skala		Nr. der Probe	Färbungsablesungen der Loviband-Skala	
	gelb	rot		gelb	rot
xa	35	5,2	11	10	1,0
1	11	1,1	12	13	1,3
2	30	3,0	13	10	1,0
3	35	4,6	14	12	1,2
4	35	4,3	15	20	2,0
5	20	2,0	16	11	1,1
6	35	4,0	17	11	1,1
7	15	1,5	18	16	1,6
8	11	1,1	19	13	1,3
9	15	1,5	20	12	1,2
10	9	0,9			

148   Die Bleicherden.

Hier sei ferner der Prüfungsmethoden Porters[1]) gedacht und deren Resultate wiedergegeben.

Er brachte 50 cm³ Baumwollsamenöl in eine starke Röhre von etwa 120 cm³ Fassungsvermögen ein und erwärmte es in einem Ölbade auf 104,5⁰ C; dann gab er 2,5 g der zu untersuchenden Fullererde hinzu. Nach alsbaldigem Entfernen der Röhre aus dem Ölbade wurde sie mit einem Gummistopfen verschlossen und 5 Minuten geschüttelt. Dann wurde der Röhreninhalt in ein in einem Heißwasserfilter befindliches Faltenfilter gegossen. Das ablaufende Öl wurde in einer gegen das Licht durch Pappe geschützten Röhre aufgefangen.

Es wurden 21 lange genug dem Licht ausgesetzte Proben von Öl ausgewählt und in gleichförmige Glasfläschchen eingegossen. Nr. 1 dieser Fläschchen enthielt Fairbanks Standard white Oil (mehrere Jahre dem Licht ausgesetzt gewesen) und Nr. 21 Fairbanks crude yellow Oil (im Dunkeln aufbewahrt gewesen).

Nun brachte er die behandelten Fullererdeproben usw. in gleiche Glasfläschchen und verglich sie mit den Standards gegen ein Blatt weißes Papier.

Diejenige Nummer, deren Färbung mit der Probe am besten übereinstimmte, wurde als ihr Farbwert angenommen.

Das erste Vergleichen wurde unmittelbar nach dem Filtrieren vorgenommen, ehe das Öl dem Licht ausgesetzt war.

Nach Stehenlassen über Nacht im Dunkeln wiederholte er die Vergleichung; die dritte Vergleichung fand statt nach zweiwöchentlichem Stehenlassen im Licht.

Die erhaltenen Resultate waren:

	Sofort nach dem Filtrieren	Nach 12 stdg. Stehen im Dunkeln	Nach 2 wöchtl. Stehen im Licht
bei unbehandelter Fullererde:			
1. Owl	12	12	2
2. Fairbank	12	12	3
3. Eimer & Amend	13	12	2
4. Erde aus Quincy, Florida	13	13	3
bei getrockneter Fullererde:			
5. Eimer & Amend (bei 140⁰ C getrocknet)	12	12	2
6. Fairbank (1½ Stunden auf Rotglut erhitzt)	19	19	18½
bei mit heißer verdünnter HCl (1 — 2) extrahierter Fullererde:			
7. Owl	13	12	2
8. Fairbank	11	11	1½

---

[1]) Contribution to Economic Geologie. Teil I, S. 268—290, 1906; Bull. Nr. 315 U. Geol. Survey Washington, D. C.; Seifenfabrikant. 28, S. 918ff., 1908.

Die Fullererden.

(Fortsetzung der Tabelle von S. 148.)

	Sofort nach dem Filtrieren	Nach 12 stdg. Stehen im Dunkeln	Nach 2 wöchtl. Stehen im Licht
bei mit konzentrierter HCl extrahierter Fullererde:			
9. Owl	16	—	14
10. Fairbank	12	—	3
11. Eimer & Amend	5	5	weniger als 1
bei mit konzentrierter H_2SO_4 extrahierter Fullererde:			
12. Owl (6 Tage lang erwärmt)	16	—	—
13. Fairbank (6 Tage lang erwärmt)	14	14	7
14. Eimer & Amend (erwärmt)	15	15	13
15. Eimer & Amend (erwärmt)	16	—	12
16. Eimer & Amend (erwärmt)	13	—	3
bei mit Alkalien extrahierter Fullererde:			
17. Fairbank, extrahiert mit 5% NaOH	19	—	$18^1/_3$
18. Fairbank, noch einmal gewaschen	18	—	17
19. Fairbank, extrahiert mit 5% NaOH, feine Teile	18	—	16
20. Fairbank, extrahiert mit Na_2CO_3, halbgesättigt	15	—	12
21. Eimer & Amend, extrahiert mit 5% NaOH	15	16	14
22. Eimer & Amend, extrahiert mit konz. Na_2CO_3	10	10	2
bei mit Säuren und Alkalien extrahierter Fullererde:			
23. Owl, extrahiert mit verdünnter HCl und NaOH	19	—	$18^1/_2$
24. Fairbank, extrahiert mit verdünnter HCl und NaOH	$16^1/_2$	—	15
25. Eimer & Amend, extrahiert mit H_2SO_4 und Na_2CO_3	17	—	15
bei mit verschiedentlich behandelter Fullererde:			
26. Fairbank, extrahiert mit NH_4OH und bei 130^0 getrocknet	17	26	15
27. Fairbank, 24 Stunden lang mit NH_3-Gas behandelt	18	—	17
28. Fairbank, mit Alaunlösung gesättigt und getrocknet	15	—	8
bei Röhrenton:			
29. Unbehandelt	14	—	—
30. Getrocknet	19	—	16
31. Mit H_2SO_4 zersetzt	17	16	14
32. Vermahlen	16	—	16
bei Tonen:	18		
33. Absetzungen oder sandige Teile		15	11
34. Feine Teile	15	14	3
35. Mit H_2SO_4 zersetzt	14	—	15
36. Mit Na_2CO_3 extrahiert	17	—	3
37. Mit 1% HCl und gerade genug NH_4OH zum Neutralisieren behandelt	14	14	6
38. Mit NH_3 behandelt	14	$18^1/_2$	18
39. Mit 4% getrockneter Stärke behandelt	$18^1/_2$	14	3

Die Bleicherden.

(Fortsetzung der Tabelle von S. 149.)

	Sofort nach dem Filtrieren	Nach 12 stdg. Stehen im Dunkeln	Nach 2 wöchtl. Stehen im Licht
bei künstlichen Aluminiumoxyden:			
40. Gefällt mit NH_4OH und bei 150° C getrocknet	18	18	16
41. Gefällt mit NH_4OH und mit Alkohol und Äther gewaschen	18	18	16
42. Nr. 40 nochmals gekocht und bei 120° C getrocknet	16	16	15
43. 30 Stunden gekocht und bei 135° C getrocknet	18	—	17
44. Nr. 42 nur zum Teil getrocknet	21	—	20
45. Geglüht	19	18	17
46. Gefällt mit 75% gepulvertem Glas	18	—	17
47. Gefällt aus KOH-Lösung mit CO_2	$18^1/_2$	—	18
bei künstlichen Erden:			
48. Gefällt aus Na_2SiO_3, mit Alkohol und Äther gewaschen und an der Luft getrocknet	18	—	16
49. Gefällt und geglüht	20	—	18
50. Durch Zersetzen von Na_2SiO_3 mit H_2SO_4	21	—	—
bei anderen Stoffen:			
51. Kalkstein, von 100 Maschen Korngröße	19	—	14
52. Kieseliges Eisenerz	18	—	16
53. Schmirgelmehl	21	21	20
54. Gepulvertes Glas	21	21	20
55. Knochenasche	21	21	20
56. Mit 1% HCl gelaugte Kohle	15	—	10
57. Gefälltes Calciumphosphat	20	20	19
58. Gefälltes Aluminiumphosphat	19	19	18
59. Gefälltes Eisenhydrat	20	20	17

Zur Ermittlung des Saugvermögens von Bleicherden gegenüber fetten Ölen empfiehlt H. Heller[1]) folgende Methode:

10 g der zu untersuchenden Erde werden in einem Extraktionskolben tropfenweise mit einem klaren, schlammfreien Öl so lange getränkt, bis die zusammenbackende Masse an den Wandungen schmiert, also Öl abgibt.

Die Anzahl der verbrauchten Kubikzentimeter Öl mit 10 und dem spezifischen Gewicht des Öles multipliziert, ergibt die prozentuale maximale Saugfähigkeit der Erde.

H. Bailey und J. H. Allen[2]) benutzten die Öladsorptionsprobe von Gardner und Coleman[3]) zum schnellen Vergleichen der Ölsättigungswerte von Bleicherden und Kohlen.

---

[1]) Allg. Öl- u. Fett-Zg. **21**, S. 471—472.
[2]) Cotton Oil Press. **7**, Nr. 8, 1923, J. of the Soc. of Chemical-Industry. **43**, S. 139, 1924.
[3]) Seifensieder-Zg. **51**, S. 573, 1924.

Die Fullererden. 151

Das Gewicht des von 100 g Bleicherde unter bestimmten Bedingungen adsorbierten Öles ist prozentual der Menge Öl, die bei dem gewöhnlichen Verfahren zum Bleichen zurückgehalten wird, und wird als Ölsättigungszahl der fraglichen Erde oder Kohle verwendet. Während diese Werte je nach dem verwendeten Öl etwas schwanken, ist die Schwankung im Vergleich zu den Werten für die verschiedenen Erden gering.

Gutes, raffiniertes Baumwollsamenöl nimmt man als Standardöl für die Vergleichungen verschiedener Erdemuster.

Nicht immer zutreffend ist, daß Fullererde mit der größten Bleichwirkung das meiste Öl absorbiert.

Die Fullererden, die Speiseöle gut zu bleichen vermögen, haben gegenüber Mineralölen selten eine solche Wirkung, anderenfalls werden die bei der Petroleumbleiche verwendeten Floridaerden nur selten zum Bleichen von Speiseölen verwendet.

Die feiner gemahlenen Sorten finden nur für besondere Zwecke, wie zur Vaselinentfärbung, Verwendung. Sehr wenige Fullererden benutzt man zur Kerosinentfärbung, dagegen dienen geringe Mengen dieser Erden zur Beseitigung der diese Öle beim Abkühlen trübenden Flocken. Die Menge der hierzu verwendeten Erden ist indessen gering und wird nur zur Behandlung von Ölen von sehr geringer Viscosität benutzt. Dabei werden sehr fein gemahlene Erden und Filterpressen angewendet. Das durch Fullererden zu filtrierende Öl kann gegebenenfalls vor dem Filtrieren erhitzt werden.

Paraffin und Petrolatum werden zwecks Verminderung ihrer Viscosität erhitzt und dann durch verhältnismäßig feinpulverige Bleicherden filtriert. Schmieröle werden kalt durch gröbere Erden filtriert.

Zwecks Behandlung mit Fullererden wird das Öl durch schmale, zylindrische, etwa 15 Fuß hohe Kolonnen, die mit der Erde von dem erforderlichen Feinheitsgrade beschickt sind, unter Druck hindurchgeschickt und fließt vom Boden dieser Kolonnen in verschiedene Sammelbehälter ab, wenn es den gewünschten Farbton hat. Diese Filter besitzen Chargen von 18—25 t.

Die Menge des durch eine Charge von Fullererde entfärbten Öles schwankt sehr, und zwar je nach dem zu behandelnden Öl und dem gewünschten Entfärbungsgrade.

Nach Beendigung der Arbeit der Filter und Erschöpfung der letzteren werden sie mit Luft ausgeblasen, um das den Erden anhängende Öl möglichst zu entfernen; dann wird der Rückstand mit Naphtha ausgewaschen und mit Dampf das restliche Naphtha ausgetrieben.

Die noch heißen Erden werden in Drehöfen, die schmäler als die in der Portlandindustrie verwendeten sind, bei schwacher Rotglut regeneriert. In dieser Weise werden die frischen Erden auch vom freien und gebundenen Wasser (etwa 15%) vor der ersten Verwendung als Filtermaterial befreit.

Gewöhnliche Fullererden können 10—16 mal verwendet werden, verlieren aber nach und nach ihre Entfärbungskraft.

Bei der Regenerierung im Drehrohrofen schleifen sich die Teilchen mehr oder weniger ab und gelangt daher Staub in den Schornstein oder die Staubkammern. Die dadurch entstehenden Verluste betragen bei jeder Operation etwa 3% des behandelten Materials.

Schmelzen dürfen die Bleicherden bei der Regenerierung nicht; dieses Schmelzen wird durch nicht veröffentlichte Maßnahmen neuerdings möglichst verhindert.

Durch die Filtration wurden nicht nur nacheinander verschieden gefärbte, sondern auch verschieden viscose Fraktionen erzeugt[1]).

Zwecks Feststellung der Bleichkraft von Fullererden gegenüber Petroleum geht man folgendermaßen vor.

Die auf den zu untersuchenden Feinheitsgrad zerkleinerte (gesiebte) Erde wird in einen Filterbehälter bis zu einem bestimmten Volumen untergebracht, oder es wird eine bestimmte Gewichtsmenge an Erde eingeschüttet.

Dann wird ein geeignetes Öl in bestimmter Menge durch dieses Filter hindurchlaufen gelassen.

Von Zeit zu Zeit nimmt man Proben, die man mit den Lovibond-Farbgläsern vergleicht.

Hierauf wird eine gleiche Menge desselben Öles durch das gleiche Volumen einer Standard-Fullererde filtriert und die Menge des gebleichten Öles mit dem der ersten Probe verglichen.

Auf diese Weise wurden noch öfter die wirkungsvollen Bedingungen des Mahlens zwecks Bestimmung der Qualität der Fullererden bestimmt.

Nach A. P. Putland[2]) erfährt die Bleichwirkung der Fullererde durch Vermehrung ihrer effektiven Oberfläche infolge Anwendung von 150—200-Maschinensieben eine erhebliche Erhöhung, und zwar ist sie dem spezifischen Gewicht umgekehrt proportional und nimmt mit steigender Feuchtigkeit schnell ab. Die Trocknung darf nicht bei hoher Temperatur vorgenommen werden, da sonst die Bildung von Kieselsäureanhydrid eintritt, wodurch die physikalische Struktur der Fullererde völlig geändert wird. Die Ölabsorptionskraft dieser Fullererde

---

[1]) Day, T. A.: A suggestion as to origin of Pennsylvania petroleum. Proceed. Am. Phil. Soc. **36**, S. 112—115, 1897. — Gilpin, J. E., und Cram, M. P.: The fractionation of crude petroleum by capillary diffusion. Am. Chem. Journ. **40**, S. 495, 1908. — Ders., und Bransky, O. E.: The diffusion of crude petroleum through fuller's earth. Am. Chem. Journ. **44**, S. 251, 1910. —
', V. F.: Filtration of Baku petroleum through fuller's earth. Petro- **4**, S. 1284, 1909.
Cotton Oil Press. **6**, S. 34—35, 1922.

Die Fullererden. 153

wächst mit der Abnahme ihres spezifischen Gewichts. In der genannten Arbeit findet sich eine graphische Darstellung des Einflusses der Teilchengröße, des spezifischen Gewichts und der Feuchtigkeit auf die Bleichwirkung der Fullererde.

Die umstrittene Frage[1]), ob durch Rösten bei 300—400° C die Bleicherden ihre höchste Bleichwirkung erhalten, ist neuerdings von J. Davidsohn[2]) experimentell geprüft worden.

Letzterer ging so vor, daß er einzelne Proben amerikanischer Bleicherden je eine Stunde bei 130° C und bei 180—190° C und 30 Minuten bei 310° C erhitzte.

Der Gewichtsverlust betrug beim Erhitzen:

bei 130° C . . . 10,2% (berechnet auf die ursprüngliche Substanz)
,, 180—190° C . 11,3%
,, 310° C . . . 12,0%.

Hierauf ließ er die so behandelten Bleicherdenpulver auf rohes Leinöl, rohes Sojaöl und russisches Maschinenöl einwirken und verglich die dabei erhaltenen Bleicheffekte mit denen, die durch Behandlung dieser Öle mit den nicht erhitzten Bleicherden erreicht wurden.

In Übereinstimmung mit der Ansicht von Scholz[1]) ergab dieser Vergleich, daß vorheriges Rösten der Erden eine Minderung ihrer Bleichkraft herbeiführt.

Das dunkle Sojaöl wird von amerikanischen Bleicherden sehr gut entfärbt; waren die letzteren zuvor auf 130° C erhitzt worden, so war ihre Bleichwirkung wesentlich geringer. Noch ungünstiger waren die Resultate bei Verwendung von auf 180—190° C und 300° C erhitzten Erden.

Dies trat auch beim Leinöl, wenn auch nicht so stark, in die Erscheinung.

Sodann ergaben Versuche Davidsohns beim Behandeln von Öl oder Fett bei 70—100° C mit Bleicherde, daß letztere auf den Gehalt dieser Stoffe an freier Fettsäure ohne Einfluß ist. Eine merkbare Oxydation des Öles trat dann ein, wenn statt des mechanischen Rührwerkes ein Luftgebläse Verwendung fand.

Weiterhin prüfte Davidsohn das Verhalten der Bleicherden gegenüber Mineralsäuren. Es wurde zu diesem Zweck ein wenig Schwefelsäure von der Raffination her enthaltendes Mineralöl mit 5% Bleicherde bei etwa 100° C behandelt und filtriert. Die qualitative Prüfung des so behandelten Öles ergab, daß letzteres schwefelsäurefrei war.

Dieser und andere Versuche ergaben, daß die Bleicherde schwach alkalisch ist und eine Bindung des Alkalis durch in damit behandeltem Mineralöl befindlicher Säure stattfindet.

---

[1]) Gräfe: Petroleum. III, Nr. 6. — Scholz: Petroleum. III, Nr. 9.
[2]) Seifensieder-Zg. **47,** S. 665, 1923.

Man braucht also nicht zu befürchten, daß durch Bleicherden der Gehalt von Speiseölen an freier Fettsäure erhöht wird.

Alsdann wurde von Davidsohn in drei Fällen die Untersuchung angestellt, wieviel an Fett oder Öl nach dem Filtrieren des Gemisches von Fett- bzw. Ölbleicherdegemischen von der Erde zurückgehalten wird.

Zu diesem Zwecke wurde auf 90—92° C erwärmtes Öl mit 10% (auf das Öl berechnet) Bleicherde 30 Minuten lang verrührt. Nach Absetzen der Erde filtrierte er durch ein gewöhnliches Papierfilter, und zwar so lange, bis auch nach längerem Stehen keine Öltropfen mehr abfielen. Dann wurde die zurückgebliebene ölhaltige Erde mit Sand verrieben und im Soxhlet-Apparat bis zu völliger Erschöpfung mit Petroläther extrahiert, hierauf letzterer abdestilliert und das zurückgebliebene Öl gewogen.

Es wurden erhalten:

Ölsorte	Zurückgebliebenes Öl in		
	Bleicherde A %	Bleicherde B %	Bleicherde C %
Leinöl	50,3	51,2	53,0
Rüböl	51,4	51,8	54,2
Baumwollsamenöl	55,8	55,7	57,8
Mineralöl	45,6	45,0	47,3
Bei Ausführung der Filtration bei 100° C:			
Leinöl	45,3	45,0	47,1
Rüböl	47,4	47,8	49,3
Baumwollsamenöl	45,1	45,6	47,1
Mineralöl	43,3	42,8	44,4
Bei Ausführung der Filtration im Vakuum von 70 mm Druck:			
Leinöl	25,6	24,8	27,6
Rüböl	30,4	31,8	32,7
Baumwollsamenöl	32,8	32,4	34,4
Mineralöl	20,8	19,7	22.6

Durch Erhitzen der Fullererden, das beim Bleichen von Mineralölen zwecks Entfernung des Wassers allgemein erfolgt, wird, sofern hierbei die Temperatur über 100° C gesteigert wird, eine Minderung der Bleichkraft für Speiseöle erreicht.

Die Bestimmung des spezifischen Volumens der Fullererden wird in der Weise durchgeführt, daß eine gewogene kleine Glasflasche mit der zu untersuchenden, fein gemahlenen Erde unter gleichzeitigem Aufstoßen auf dem Tisch gefüllt und dann das Gewicht des Flascheninhaltes ermittelt wird.

Die Fullererden.

Die folgende Tabelle gibt Aufschluß über die Resultate dieser Bestimmungsmethode bei verschiedenen Fullererden.

Nr. der Probe	Herkunftsort bzw. -land der Erde	Gewicht pro Kubikfuß Pfund	Nr. der Probe	Herkunftsort bzw. -land der Erde	Gewicht pro Kubikfuß Pfund
1	Summerville, Texas	61	11	Pikes Peak, Ga.	40
2	Vacaville, Cal.	51	12	Filzpatrick, Ga.	42
3	Californien (Ort unbekannt)	68	13	Georgia (Ort unbek.)	64
4	Californien (Ort unbek.)	58	14	Ellenton, Fla.	36
5	Californien (Ort unbek.)	—	15	Ellenton, Fla.	34
6	Californien (Ort unbek.)	75	16	Attapulgus, Ga.	35
7	England	68	17	Midway, Fla.	30
8	Sumter, S. C.	36	18	England (I. X. L. brand)	75
9	Moultrie, Ga.	33	19	Fairplay, Ark.	79
10	Pikes Peak, Ga.	35	20	Klondike, Ark.	75
			21	Lancaster, Mass	78

Man hat verschiedentlich die Bleichkraft der Fullererden auf chemischem Wege zu steigern versucht[1]). Die Entfernung des Calciumcarbonats aus der Erde hat nur eine geringe günstige Wirkung, daher wird dies in der Praxis nicht ausgeführt.

Alkalien wirken schädigend bzw. zerstörend auf die Bleichkraft der Fullererden.

Ein Werk behandelt die Erden elektrisch, Näheres ist aber nicht bekanntgeworden.

Parson unterwarf zwei von dem Bureau of Mines stammende Fullererdproben der Einwirkung von durch starke elektrische Entladungen behandelter oder ionisierter Luft und erhielt dadurch eine schwache Steigerung ihrer Bleichkraft.

Fullererden, die saure Reaktion zeigen, adsorbieren basische Farbstoffe (Malachitgrün, Methylenblau, Fuchsin) aus deren Lösungen in Wasser oder Öl, saure Farbstoffe (Magenta, Eosin) nicht.

Nach Ansicht von Parson[2]) beruht die Adsorption von Farbstoffen durch Fullererden auf physikalischen Vorgängen (Phänomen der Adsorption), und zwar sind es die in großer Menge in den Erden enthaltenen Kolloide hoher Adsorptionskraft. Diese Theorie wurde auch von Porter[3]) unabhängig von Parson aufgestellt.

---

[1]) Porter, J. T.: Properties and tests of fuller's earth. U. S. Geol. Survey Bull. **315**, S. 272, 1906.

[2]) Parson, C. L.: Fuller's earth and its application to the Bleaching of oils. J. Am. Chem. Soc. **29**, S. 598, 1907.

[3]) Porter, J. T.: Property and tests of fuller's earth. U. S. Geol. Survey Bull. **315**, S. 276—289, 1906.

Bie Bleicherden.

Daß dies Bleichen mit Fullererde ein physikalischer Vorgang ist, wird auch durch die Arbeiten F. K. Camerons[1]) und H. E. Ashleys[2]) begründet.

Am Ende seiner Ausführungen zieht Parson die folgenden Schlußfolgerungen betreffs Behandlung der Fullererden, die zum Bleichen von Speiseölen Verwendung finden sollen.

1. Die Fullererden sollen bessere Bleichwirkung als die englische Standarderde aufweisen oder zum mindesten in gleich guter Weise wie diese englische Erde wirken. Diese Wirkung ist von dem einzelnen Lager abhängig und kann durch Alkali zerstört werden. Noch ist kein Verfahren gefunden, die Wirkung der Fullererden für Bleichzwecke wesentlich zu erhöhen. Die Bleichkraft der Fullererden kann im Laboratorium durch Vergleich an demselben Öle mit einer bzw. ihrer Qualität bekannten Bleicherde leicht und genau bestimmt werden. Der Grad ihrer Bleichkraft ist das Wichtigste. Eine schlechtere als die englische Standarderde kommt für die Speiseölindustrie nicht in Betracht.

2. Die Erde soll in der Filterpresse gut wirksam sein, was von ihrem Feinheitsgrade abhängt.

Sie soll so fein als möglich sein, aber das Filter nicht verstopfen.

3. Die Erden dürfen nicht zuviel Öl adsorbieren bzw. zurückhalten. Je feiner die Erden gemahlen sind, um so mehr Öl halten sie in der Filterpresse zurück.

4. Die Erden dürfen nicht die Möglichkeit bieten, daß das Öl sich so rasch oxydiert, daß letzteres sich, wenn Luft hindurchgeblasen wird, entzündet.

5. Die Erden dürfen dem Öl keinen permanenten Geruch oder Geschmack verleihen.

Porter kommt zu folgenden Schlußfolgerungen:

1. Die Basis der Fullererden sind wasserhaltige Aluminiumsilicate.

2. Diese Silicate zeigen verschiedene chemische Zusammensetzung.

3. Sie ähneln einander insofern, als sie alle amorphe kolloidale Struktur aufweisen.

4. Die kolloidale Struktur ist verhältnismäßig beständig und wird durch Trocknen bei 130° C oder vielleicht noch bei höherer Temperatur nicht verloren.

5. Diese kolloidalen Silicate vermögen organische Farbstoffe zu absorbieren, eignen sich mithin zum Bleichen von Ölen und Fetten.

---

[1]) Cameron, F. K., und Bell, J. M.: Mineral constituents of the soil solution. Bureau of Soils. Bull. **30,** S. 42, 1905.

[2]) Ashley, H. E.: The colloid matter of clay and its measurement. U. S. Geol. Survey Bull. **388,** S. 31—51, 1909.

Die Fullererden. 157

Dieser Kolloidaltheorie stimmt J. Davidsohn[1]) nur bedingt bei, hält aber als wichtig für die Bleichwirkung noch die große Oberfläche des Bleicherdepulvers im Vergleich zu seinem Gewicht, ferner die Hygroskopizität der Fullererde, da letztere nur dann wirkungsvoll Öl entfärbt, wenn beide (Öl und Erde) wasserfrei sind.

Letzterem steht der Vorschlag von B. Lach[2]) gegenüber zwecks Spaltung Mais-, Baumwollsamen- und Leinöl im Autoklaven mit 1 % Bleicherde, die mit Wasser vermischt ist, zu behandeln, wobei eine bedeutende Erhöhung des Spaltungsgrades und eine sehr gute Bleichung der Fettsäuren erreicht werden soll.

Wessons Theorie, daß die Aktivität der Bleicherden auf Oxydationserscheinungen beruht, ist von C. W. Benedict[3]) untersucht worden.

Zu diesem Zwecke wog er 5 g einer Bleicherde ab, bedeckte diese in einem 250 cm³-Kolben mit kohlensäurehaltigem Wasser und setzte dann 25 cm³ einer Lösung von Mohrschem Salz zu. Nach Auffüllen des Kolbens mit destilliertem Wasser bis zur Marke schüttelte er den Inhalt 5 Minuten lang durch und ließ alsdann absitzen.

Von den klaren, über der Erde stehenden Flüssigkeiten titrierte er 50 cm³ mit Kaliumpermanganat. Durch einen blinden Versuch wurde festgestellt, wieviel Mohrsches Salz durch die Luft oxydiert wird. Die Differenz zwischen beiden Versuchen ergab die durch die Bleicherde oxydierte Menge des Mohrschen Salzes.

Die Versuche ergaben, daß alle Bleicherden Mohrsches Salz oxydieren.

Bei der Temperatur des siedenden Wassers durchgeführte Parallelversuche ergaben eine erhebliche Steigerung der Oxydationswirkung, und zwar findet dieses Steigen im gleichen Verhältnis bei den verschiedenen Erden statt.

Der Nachweis, ob eine Oxydations- oder Adsorptionswirkung vorliegt, wurde mit Hilfe einer Adsorptionsisotherme geführt.

Eine reine Adsorption müßte eine Gerade ergeben, eine Reihe von Versuchen ergab jedoch, daß die Linie nicht streng gerade verläuft, sondern bloß den allgemeinen Charakter der Adsorptionsisotherme aufweist.

Die Reduktion wurde in einem Alundum-Schiffchen in einem auf einem Gasofen angeordneten Quarzbehälter durchgeführt, das Durchleiten von Wasserstoff dauerte 2 Stunden.

50 g Cottonöl wurden mit 2,5 g Bleicherde unter 3 Minuten andauerndem Rühren im kochenden Wasserbade behandelt und sodann durch einen Heißwassertrichter filtriert.

---

[1]) Seifensieder-Zg. 1923, S. 648.   [2]) Seifensieder-Zg. 1907, S. 582.
[3]) Seifensieder-Zg. **53**, S. 243—244, 1926 (Journ. of Oil and Fat-Industry. 1925, S. 62).

Die Bleicherden.

Tabelle, betreffend die Oxydierungsvermögen verschiedener Erden. Es wurden durch je 5 g Bleicherde an g $FeSO_4$ verbraucht:

Bleicherde	in der	
	Kälte	Wärme
XXF	0,0405	0,0542
975	0,0085	0,0416
Pikes Peak	0,0199	0,0445
Filtrol	0,0434	0,0750
Kieselsäure, gewaschen	0,0072	0,0100
K 897	0,0546	0,0722
K 898	0,0884	0,1250
Fullererde (Georgia)	0,0107	0,0552
Filtrierton	0,0294	0,0567
Tonsil	0,0352	0,0612
Unbekanntes Produkt	0,0436	0,0655

Benedict kommt zu den folgenden Schlüssen:

Fuller- und andere Bleicherden haben, und zwar verschiedene, Oxydationswirkungen aufzuweisen. Ihr Oxydationsvermögen ist ein Maßstab für ihre Entfärbungskraft.

Die Entfärbung von Ölen durch die Bleicherden beruht nicht allein auf einem Oxydationsvorgang.

Wahrscheinlich beruht die Bleichwirkung auf einer Oxydation der Farbstoffe mit nachfolgender Adsorption.

Die Bleichkraft der Fullererde läßt sich durch Behandeln mit verdünnten Säuren od. dgl. steigern.

Ferner ist Porter der Ansicht, daß sich die Möglichkeit bietet, einen künstlichen Bleichstoff zu erzeugen, der der Fullererde an Wirkung gleichkommt. Viele gewöhnliche Tone dürften sich finden lassen, die an sich eine gewisse Bleichkraft besitzen, die durch geeignete Behandlung auf die der Fullererde gebracht werden kann.

Fullererde, Silicate und kieselerdehaltige Stoffe werden nach dem Vorschlage von Ch. A. Mac Kerrow[1] zwecks Veredelung für ihre Verwendung zur Entfärbung von Ölen, Fetten und Schmieren in folgender Weise behandelt.

Die Stoffe werden in einem eingeschlossenen, von außen erhitzten Gefäß der Einwirkung eines Dampfstromes so lange ausgesetzt, bis die für die angegebene Verwendung schädlich wirkenden organischen Bestandteile und Schwefelverbindungen zersetzt sind. Dann unterbricht man die Außenheizung und setzt die Dampfbehandlung fort, bis das Silicat eine Temperatur von etwa 100° C aufweist.

So behandelte Erden sind unter den Bezeichnungen: Somerset-blue, Surrey-blue, Surrey-yellow, Ohio-south, Dakota, Okala, Custa, Glacialite im Handel.

---

[1] Chem.-Zg. 1902, S. 930.

Die Fullererden.

Die Fullererde (Floridin) absorbiert bei Zimmertemperatur über 6% Naphthensäuren und hält diese so fest zurück, daß selbst wiederholte Extraktion mit Benzin nur unbedeutende Spuren dieser Säuren zurückzugewinnen gestattet. Es liegt eine chemische Bindung nicht vor, da Äther die Gesamtmenge der adsorbierten Säuren aus der Erde extrahiert (L. Gurwitsch)[1]). Der genannte Forscher stellte auf Grund von Adsorptionsversuchen fest, daß alle gefundenen Werte für die Adsorption (bei Naphthensäuren) größer ausfallen, als nach der einfachen Exponentialformel $y = ax^n$ berechnet wurden. Mit der Verdünnung stiegen diese Abweichungen stark an.

Befriedigende Werte ergaben sich aber, wenn die Konstanten nach der Exponentialformel berechnet wurden, der noch eine gewisse Konstante zuaddiert worden war: $y = A + K^n$.

Ferner hat P. Rohland[2]) festgestellt, daß auch manche krystalloide Farbstoffe (von komplizierter Zusammensetzung) von Tonen absorbiert werden; diese Farbstoffe sind aber in konzentrierten Lösungen kolloid. Diese Eigenschaft zeigt sich bei manchen Farbstoffen auch bei niederer Konzentration der Lösungen. Danach werden nur kolloide Stoffe von den Tonen absorbiert.

Bei Versuchen, die E. K. Rideal und W. Thomas[3]) ausgeführt haben, zeigte sich, daß die verschiedenen Bleicherden bei Speiseölen nicht gleichartig entfärbend wirken.

Die spezifischen Gewichte der verwendeten Fullererden waren:

    Erde aus Surrey 2,35
    ,, ,, Somerset 2,13
    ,, ,, Florida 1

Exakt war die bei ihnen verwendete Untersuchung der Adsorption mittels Methylenblaulösung und Gelbfilter.

Nach Ansicht der Genannten hängen die katalytischen Aktivitäten von besonderen Oxydationskatalysatoren ab, und es zeigte sich, daß der Eisengehalt der Aktivität proportional ist.

Die anomalen Effekte beim Bleichen von Ölen dürften teils auf Adsorption teils auf katalytische Oxydation durch die Fullererde zurückzuführen sein.

Nach A. Rauch und G. E. Pain[4]) sind bei Verwendung von Fullererde zu Entfärbungen von Ölen folgende Tatsachen zu beachten:

a) Je länger die Säule ist, um so heller ist die Farbe des Öles und um so besser geht die Belebung vonstatten.

---

[1]) Zeitschr. f. physikal. Chem. **87**, S. 323—332.
[2]) Zeitschr. f. anorgan. Chem. **67**, S. 110, **77**, S. 116—118; van Remmelen-Festschrift. S. 26.
[3]) J. Chem. Soc. London. **121**, S. 2119—2123, 1922.
[4]) J. Inst. Petr. Techn. **10**, S. 687—694, 1924.

160   Die Bleicherden.

b) Je grobkörniger die Erde ist, um so rascher läuft das Öl hindurch und um so geringer ist die Wirkung.

c) Je höher die Temperatur, um so rascher findet der Durchfluß des Öls statt und um so geringer ist die Wirkung.

Die Filtration muß also bei der niedrigsten Temperatur, bei der noch mit gutem Erfolge gearbeitet werden kann, vorgenommen werden. Ferner muß das Öl flüssig genug sein, damit die Poren ihre Wirkung auszuüben vermögen, denn das Zurückhalten der färbenden Stoffe findet nur in den Poren statt.

Ferner behandeln Gray und Mandelbaum[1]) die Raffination von Druckdestillationsprodukten in der Dampfphase mittels Georgia-Fullererde, die durch Erhitzen auf entsprechend hohe Temperatur wieder regeneriert werden kann.

Durch Laboratoriumsversuche wurde festgestellt, daß Fullererde, die mit gekracktem Gasolin in der Dampfphase behandelt worden war, nach dem fünften Wiederglühen, zum Teil (allerdings wenig) zerstört wurde (M. R. Mandelbaum und P. S. Nisson)[2]).

Die adsorptive Entsäuerung von Pflanzenölen ist von H. Bechhold, L. Gutlohn und H. Karplus[3]) zum Gegenstande von Versuchen gemacht worden. Dabei ergab sich, daß man die nach teilweiser Neutralisation des Öles und Abfiltrieren der entstandenen Seife noch im Öl enthaltenen geringen Mengen freier Fettsäuren durch Adsorption zu entfernen vermag.

Die Adsorption ist durch Holzkohle < Fullererde < Hautpulver < Calciumoxyd < Magnesiumcarbonat < Calciumhydroxyd < Magnesiumhydroxyd. Die beiden letztgenannten Adsorptionsmittel vermochten Öle mit mehr als 1 % freier Fettsäure praktisch vollständig zu entsäuern.

Im Bulletin Imperial Inst. London 22, (1924), S. 460—471 findet sich eine Zusammenstellung der im Imperial Institute zeitweilig eingegangenen Berichte über Fullererde, ihre Zusammensetzung, Ersatzmittel, Erzeugung, Verwendung und Lagerstätten in England, seinen Dominions und anderen Ländern.

In gleicher Weise berichtet A. B. Parsons[4]).

---

[1]) Petr. Times vom 25. April 1925.
[2]) Industrial and Engineering Chemistry 18, S. 564—566, 1926.
[3]) Z. angew. Chem. 37, S. 70—71.
[4]) J. Ind. Engg. Chem. (7), S. 596—600, 1915; Seifensieder-Ztg. 37, S. 783—785, 802—804, 826—827, 1915.

3. Die Kambaraerde.

Auch in Japan ist nach einem Bericht von Seiichi Uenno[1]) eine saure Erde oder ein saurer Ton gefunden worden, der als Bleich- und Raffiniermittel für fette Öle und Mineralöle Verwendung gefunden hat; die japanische Bezeichnung für diese Erde ist Kambaraerde. Sie ist von K. Kobayashi[2]) näher studiert worden.

Die wirksamste der in Japan in verschiedenen Gegenden vorkommenden Erden findet sich bei Kawahigashi (Distrikt Kitakambara, Prov. Echigo), 7 Meilen südöstlich von Shibata.

Die bergmännische Gewinnung der bräunlichorangenen, hellgelben und bläulichgrünen Erdschichten erfolgt mit Hacke und Schaufel und werden die nach Entfernung der 2—3 Fuß tiefen Oberschicht erhaltenen Erden in einer kleinen Fabrik zu faustgroßen Stücken zerkleinert, in flachen, eisernen, mit direktem Feuer beheizten Pfannen getrocknet und sodann zu Bohnengröße gemahlen. Die um etwa 40 % an Gewicht durch das Trocknen erleichterte Erde wird in einer Wassermühle zu feinem Pulver zermahlen, dieses durch ein Seidensieb getrieben und in Papiersäcke gefüllt, die mit Strohgeflecht umhüllt werden. Das Gewicht eines solchen Sackes beträgt 20 Kwan (165,6 engl. Pfund) und kostet etwa $^1/_2$ Dollar netto. Die Bleicherdefabrik vermag täglich 130 solcher Säcke zu produzieren.

Aus den obengenannten, verschieden gefärbten drei Sorten wird ein Gemisch erhalten.

Die in der Provinz Iga gefundene Bleicherde steht der Kambaraerde an Wirksamkeit nach.

Analysenresultate der drei Kambaraerdsorten und der Igaerde.

	Bläulichgrüne Kambaraerde %	Bräunlich-orangene Kambaraerde %	Hellgelbe Kambaraerde %	Igaerde %
SiO_2	70,99	68,42	63,76	49,90
Fe_2O_3	2,86	4,48	2,27	4,89
Al_2O_3	15,76	15,36	14,33	19,83
MnO	—	1,07	—	—
CaO	1,82	2,27	1,54	0,84
MgO	2,38	2,38	2,28	3,08
Na_2O	0,43	0,38	0,29	0,40
K_2O	0,12	0,10	0,14	0,27
Glühverlust	5,75	6,57	15,55	20,97

Die Kambaraerde ist amorph, schwach plastisch und zeigt gegen Lackmuspapier saure Reaktion.

[1]) J. Ind. Engg. Chem. [7], S. 596—600, 1915; Seifensieder-Zg. 37, S. 783—785, 802—804 und 826—827, 1915.
[2]) J. Ind. Engg. Chem. [4], S. 891, 1912; Seifensieder-Zg. 19, S. 511, 1913.

162   Die Bleicherden.

Sie kann auch an Stelle von Kieselgur als Träger für den Nickelkatalysator bei der Ölhärtung Verwendung finden.

Um die bleichende Wirkung von Kambaraerden auf fette Öle zu ermitteln, wurden Proben von 1, 2,5 und 5 g jeder getrockneten Erde mit 100 g rohem Rüböl gemischt und auf dem Sandbad unter Umrühren während mehrerer Minuten erhitzt.

Konnte die Entfärbung des Öles als vollendet angesehen werden, wurde der Inhalt der Porzellanschalen abgekühlt und dann durch Papier filtriert.

Die gebleichten Ölproben wurden sodann mittels des Tintometers von Lovibond in 5 mm dicker Schicht verglichen.

Folgende Tabelle zeigt auf diese Weise erhaltene Resultate:

Angewandte Mengen der Erde	1 g		2,25 g		5 g	
	rot	gelb	rot	gelb	rot	gelb
Hellgelbe Erde	1,05	26,20	0,60	5,20	0,07	1,40
Bräunlichorangene Erde . . .	1,00	12,05	0,70	5,20	0,34	2,50
Hellbräunlichgrüne Erde . .	1,65	26,00	0,70	5,50	0,04	1,40
Handelsübliche Erde	0,52	4,70	0,40	2,30	0,04	1,65

Dabei ist zu berücksichtigen, daß die Färbung des ursprünglichen Rüböls rot 2,00, gelb 65,10 war.

Danach sind die drei Farbvarietäten der Erde durch ihre Bleichwirkung nicht zu unterscheiden. Gepulvert und getrocknet sind sie auch sehr ähnlich im Aussehen und Färbung.

Beim Mischen mit Öl geht die Färbung in bräunlich- bis tiefschwarz über.

Die Rückstände von den Versuchen wurden auf einem Filter 3 mal mit Äther gewaschen und getrocknet und ergeben alle braune Färbungen.

Diese letzteren Färbungen stehen in Beziehung zu dem Grade der Ölbleichordnung der verwendeten Erden; die mit tieferen Färbungen sind wirksamer als die heller gefärbten.

Ferner wurden Versuche über das Verhältnis zwischen Dauer und Temperatur beim Bleichen der fetten Öle mit Kambaraerde durchgeführt.

Es ergab sich folgendes:

	rot	gelb
Ursprüngliches Rüböl	2,00	65,10
,, ,, auf 160° C erhitzt . . .	0,04	1,40
Nach 5 Minuten Stehen	0,17	1,90
,, 10 ,, ,, ...	0,24	2,20
,, 30 ,, ,, ...	0,40	3,40
,, 60 ,, ,, ...	0,58	4,80

Die Kambaraerde.

Mit Erde behandeltes Sojabohnenöl ergab:

Temperatur °C	Zeit (Min.)	Gebleichtes Öl		Sorte der gebrauchten Bleicherde (trockener Rückstand)
		rot	gelb	
22	30	1,35	39,66	hellbläulichgelb
60	1	1,65	48,20	braun
85—90	1	0,76	31,50	hellbräunlichgelb
92	1	1,65	29,00	dunkelbräunlichbraun
92—94	60	0,58	6,00	hellbräunlichgelb
92—94	150	0,52	3,90	,,
110	14	0,84	20,00	,,
110	30	0,70	9,60	bräunlichgelb
110	60	0,50	7,00	braun
130	1	0,52	5,00	,,
130	60	0,38	3,60	,,
140	1	0,09	1,65	,,
150—160	10	0,18	1,95	,,
150—160	30	0,38	2,60	,,
170—180	10	0,38	2,45	dunkelbraun
190—200	10	0,40	3,05	,,
200—210	10	0,70	4,70	,,

Um den Einfluß atmosphärischer Gase beim Bleichen zu ermitteln, wurden 100 g des Öles mit 5% Erde heftig durchgerührt und Luft durchgeleitet.

Es ergab sich, daß Luft und noch mehr Sauerstoff die Färbung des Öles beeinträchtigt, Kohlensäure nur wenig schädigend wirkt, dagegen Wasserstoff die Bleichwirkung der Erde zu fördern scheint. Die Temperatur und Zeit spielen hierbei keine große Rolle.

Die folgende Tabelle zeigt die Wirkung der Kambaraerden auf verschiedene Öle.

Öl	Farbe des unbehandelten Öles		Farbe des mit der Erde gebleichten Öles		Verhältnis der unbehandelten zur gebleichten Färbung		Färbung des gebrauchten Bleicherdenrückstandes (feucht)
	rot	gelb	rot	gelb	rot	gelb	
Perilla	1,3	16,2	1,05	5,67	1,24	2,86	schwarzbraun
Lein	1,0	6,00	0,12	2,50	8,28	2,40	bräunlichschwarz
Sojabohnenöl .	3,20	48,5	0,51	3,00	6,28	16,17	schwarzbraun
Rüböl	2,00	65,10	0,04	1,40	50,0	46,6	,,
Rüböl	2,60	68,5	0,08	1,50	32,6	45,7	,,
Rüböl (bei 140° Cels. beh.) . .	2,60	68,5	0,04	1,30	65,2	52,6	,,
Aprikosenkernöl	0,38	1,68	0,10	0,07	2,38	24,0	dunkelbraun
Tsubaki . . .	0,00	0,40	0,00	0,08	—	5,0	braun
Tsubaki (Handelsware . .	0,10	2,80	0,00	0,20	—	14,0	,,
Sardinenöl . .	8,2	39,5	4,7	37,0	1,74	1,65	schwarzbraun
Maschinenöl (Mineralöl) . .	29,0	12,0	19,0	30,8	1,52	stärker gefärbt	bräunlichschwarz
Maschinenöl (2 Proben) . .	dunkelbraun		fast ungebleicht		—	—	tiefschwarz
Rohglycerin . .	schwarz		,,	,,	—	—	bräunlichschwarz
Olein	dunkelbraun		,,	,,	—	—	,,

164 Die Bleicherden.

Es wurden bei den Versuchen, die zu vorstehenden Resultaten führten, 5% Kambaraerde bei 150° C verwendet.

Das gut gebleichte Öl war nahezu farblos, seine chemischen Kennzeichen von denen unbehandelten Öles nicht sehr abweichend.

Wasser beeinträchtigt die Bleichwirkung der Kambaraerden.

Starke anorganische Säuren setzen die Bleichkraft der Erde stark herab, schwache Säuren, wie Phosphorsäure, ebenso organische Säuren (sogar 50%) nicht.

Alkalien beeinträchtigen nach Versuchen des Autors die Bleichkraft der Kambaraerde erheblich.

Auf hohe Temperatur (300—600° C) erhitzte Kambaraerde reagiert noch immer sauer auf Lackmuspapier, hat aber eine Schwächung ihrer Bleichkraft verloren.

Wiederholte Behandlungen haben im Verhältnis zu der angewendeten Arbeit keine Steigerung der Wirkung der Bleicherde zur Folge.

Die gebrauchte Erde reagiert sauer gegen Lackmuspapier, stellt vom Öl noch benetzt ein bräunlichschwarzes bis schwarzes Produkt dar, das kaum noch bleichend auf Öle einwirkt.

Ob Öle und Fettsäuren fraktioniert bei Behandlung mit der Kambaraerde diffundieren, ist noch nicht ganz einwandfrei festgestellt.

Wie Genitsu Kita und Kakuo Suzuki[1]) festgestellt haben, verhält sich die Kambaraerde wie eine Säure gegen Enzyme. Diese Erde kann daher bei der technischen Verzuckerung zur Aktivierung des Enzyms Verwendung finden.

4. Das Filtrol.

Das Filtrol, eine gereinigte, 7% Aluminiumsilicat enthaltende Kieselerde, deren Rohstoff fälschlich als Death Valley Clay bezeichnet worden ist und geringe Mengen Aluminium- und Magnesiumoxyd sowie Spuren von Eisen enthält, weist nach W. Kelley[2]) gegenüber der Fullererde folgende Vorzüge auf:

1. besitzt das Filtrol eine 3mal so große Entfärbungskraft,
2. besitzt es die Fähigkeit, Feuchtigkeit zu absorbieren,
3. besitzt es die Fähigkeit, freie Schwefelsäure zu absorbieren,
4. besitzt es die Fähigkeit, freie Schwefelverbindungen zu absorbieren,
5. besitzt es die Fähigkeit, kolloidale Teilchen zu absorbieren,
6. besitzt es eine niedrigere Wirkungstemperatur (bei Cottonöl 71° C),
7. hat es einen geringeren Raffinationsverlust,
8. ist eine gründliche Wiedergewinnung des adsorbierten Öles möglich,

---

[1]) Wochenschr. f. Brauerei. **40,** S. 79—80, 1923.
[2]) Cotton Oil Press. **7,** S. 38—39, 1923.

9. läßt es sich mit 90%iger Wirksamkeit regenerieren,
10. ist es auch zu verwenden bei Ölen und Fetten mit hohem Gehalt an freien Fettsäuren, bei denen Fullererde versagt (rohe Fischöle, Harzöle, Schmieröle, Glycerin usw.).

5. Magnesiumhydrosilicate.

Neuerdings (Amer. P. 1598254, 1598255 und 1598256) fanden P. W. Prutzman und A. D. Bennison (General Petroleum Corporation, Los Angeles, Californien), daß auch natürlich vorkommendes Magnesiumsilicat der Zusammensetzung

$$\begin{array}{ll} \text{Kieselsäure} & 60\% \\ \text{Magnesia} & 27-32\% \\ \text{Wasser} & 4-12\%, \end{array}$$

das in die Gruppe der Serpentine und Talke gehören dürfte, ein gutes Reinigungsmittel für Petroleum, Gasolin, Kerosin, Schmieröle, fette Öle, feste Fette, Fettsäuren (Baumwollsamenöl, Talg und Stearinsäure), Wachse (Bienenwachs), Harze (Kolophonium, Kopal, Kauri), Lösungen organischer Säuren, Salze, feste Kohlenteerzwischenprodukte in Wasser, Alkohol usw., Benzol usw. darstellt, wenn man es einer der weiter unten angegebenen Behandlungen unterwirft.

Seine Färbung schwankt zwischen schneeweiß, grau bis schokoladenbraun, die Färbungen haben aber keinen Einfluß auf seine Adsorptionswirkung.

Das weiße Silicat zeigt obige Zusammensetzung und diese entspricht der Formel:

$$2\,\text{MgO} \cdot 3\,\text{SiO}_2 \cdot 2\,\text{H}_2\text{O} = \text{H}_4\text{Mg}_2\text{Si}_3\text{O}_{12}.$$

Diese Formel entspricht der des Sepiolits oder Meerschaums, der in seinen physikalischen Eigenschaften mit diesem Magnesiumsilicat übereinstimmt. Die weiße Modifikation ist weich und kalkig, außerordentlich offen, leicht und porös, so daß sie auf Wasser schwimmt, wenn sie trocken ist.

Das Silicat kann leicht gepulvert werden, schon beim Reiben zwischen den Fingern. Es schrumpft beim Trocknen zusammen und zerfällt in kleine Stücke. Mit Wasser angerührt, gibt es keinen Schlamm. Eine feuchte Probe bleibt beim Untertauchen in Wasser unverändert. Getrocknet zerfällt das Silicat beim Eintauchen in Wasser in Flocken oder Stücke, etwa von der Größe groben Sandes. Diese Stücke erweisen sich beim Reiben zwischen den Fingern fest und kantig; auch schwellen oder gelatinieren sie nicht beim Stehenlassen unter Wasser.

Diese Beständigkeit des Silicats gegen Wasser ist für seine Verwendung förderlich.

Die gefärbten Magnesiumsilicate sind mehr oder weniger durch sehr feinen Ton verunreinigt, schwerer als die weiße Modifikation und daher beträchtlich härter im trockenen Zustande. Man kann sie zwischen den Fingern nicht zerbröckeln, und ihre Oberfläche läßt sich auf Wachsglanz polieren.

Ihre Analysenresultate ähneln denen des Saponits. Ferner ist ein Magnesiumsilicat gefunden worden, das Ton nicht enthält, aber die verhältnismäßig dichte Struktur und den wachsigen Glanz der wertvollen Meerschaumsorten aufweist. Seine Analysenresultate entsprechen denen der massiven Modifikation des Talks, des Steatits. Es konnte aber eine Steatitsorte nicht festgestellt werden, die die für den beregten Zweck erforderliche Adsorptionswirkung zeigt.

Der Unterschied des Magnesiumsilicats gegenüber den für Entfärbungs- bzw. Reinigungszwecke verwendeten Tonen liegt zum Teil in der chemischen Zusammensetzung und in der Tatsache begründet, daß das erstere mit Wasser keinen Schlamm gibt, sondern nur durch energisches Vormahlen der angefeuchteten Stücke in ein feines, in Wasser suspendiertes Pulver übergeführt werden kann. Diese körnige Beschaffenheit des Magnesiumsilicats bewirkt, daß es von dem Wasser, in dem es suspendiert ist, leicht abfiltriert werden kann.

Neben der Verunreinigung mit Ton enthalten die natürlichen Magnesiumsilicate öfters Carbonate und Oxyde des Magnesiums und Calciums, manchmal ein Calciumsilicat, und ferner unlösliche Salze, hauptsächlich Sulfate und Chloride. Einige der Verunreinigungen lassen sich leicht daraus entfernen, andere, wie die Erdalkalioxyde, sind zuweilen von günstiger Wirkung für bestimmte Zwecke. Der Ton stellt nur ein inertes Verdünnungsmittel des aktiven Magnesiumsilicats dar und ist nicht von Wichtigkeit, wenn er nicht in zu großer Menge vorhanden ist.

Das reine Mineral ist wahrscheinlich Sepiolit, jedoch kann es auch eine Form des Talks oder Steatits sein. Das unreine Mineral stellt wohl Saponit dar oder ein Gemisch von unbekannten Mineralien.

Erfinder brauchen ein nicht besonders reines Material, behandeln es aber in folgender Weise. Für die Perkolationsmethode wird es getrocknet, aber nicht zu hoch erhitzt, da es sonst an Adsorptionskraft verliert. Zweckmäßig trocknet man es an der Sonne oder in Heißlufttrockenapparaten oder Drehstromtrockenapparaten mit indirekter Beheizung.

Zu vermeiden ist die Berührung des Minerals mit den Verbrennungsgasen oder hocherhitzten Platten.

Das getrocknete Produkt soll gewöhnlich nur noch 5% Wasser enthalten, kann aber in einigen Fällen auch noch mit 15% Wasser Verwendung finden.

Hierauf wird das Material zerrieben oder gemahlen bis zu der Feinheit, daß es durch ein $^1/_8$-Zoll-Sieb hindurchgeht. Es wird dann durch Siebe, deren Maschenzahl 16—30, 30—60 und 60—90 beträgt, getrieben. Zweckmäßig wählt man zum Vermahlen die härteren Anteile. Die durch ein Sieb von 16 Maschen nicht hindurchgehenden Teile werden nochmals gemahlen, während die durch das 90-Maschen-Sieb hindurchgehenden Teile zu feinem, für die Kontaktmethode erwünschtem Pulver zerkleinert werden.

Wenn Nachfrage für grobe und feine Teile in den geeigneten Verhältnissen vorhanden ist, zerkleinert man das Ausgangsmaterial in einem Zentrifugaldesintegrator, verwendet dabei einen solchen Luftzug, daß ein sehr grobes Produkt entsteht, siebt dessen verschiedene Sorten und die feinen Anteile ab und zerkleinert nur die durch zwischen 90 und 200 Maschen hindurchgehenden Anteile.

Soll das Produkt zur Kontaktmethode verwendet werden, so muß es nach sorgfältiger Trocknung sehr fein gemahlen werden. Der Grad dieser Feinheit hängt von der Natur der zu reinigenden Flüssigkeit ab. Allgemein läßt sich sagen, daß es ein wenig gröber sein soll als im Falle der Anwendung von Ton, und zwar mit Rücksicht auf seine offene und poröse Struktur.

Das gänzlich durch ein 150-Maschen-Sieb hindurchgehende Material ist die obere Grenze für die Grobheit des Silicats. Für einige Zwecke ist es wünschenswert, daß 95% durch ein 200-Maschen-Sieb hindurchgehen, während zu gleicher Zeit die Erzeugung einer großen Menge unfühlbaren Pulvers, das feiner als das durch das 300-Maschen-Sieb hindurchgehende, so viel als möglich vermieden werden soll.

Wenn das Produkt in dem ,,Tonschlammverfahren" Verwendung finden soll, so muß es mit überschüssiger Säure zwecks gänzlicher Neutralisation seiner Alkalität behandelt werden.

Da die Alkalität verschiedener Proben verschieden ist, so kann die anzuwendende Säuremenge nicht festgelegt werden, aber sie muß wenigstens etwas über dem Titrierresultat gehalten werden. Eine noch größere Säuremenge (10—15% des Gewichts) ist als vorteilhaft befunden worden.

Das Rohprodukt wird ohne Trocknung in grobes Pulver übergeführt und mit der Säure, die 5—10%ig sein muß, wenn man das in dem Rohmaterial befindliche Wasser mitrechnet, gemischt.

Das Gemisch läßt man sodann stehen, und zwar, wenn die Zeit keine Rolle spielt, bei gewöhnlicher Temperatur, oder bei 150—220° F., wenn die Reaktion rasch durchgeführt werden soll, bis die Säure (Schwefelsäure) eine Verbindung eingegangen ist. Alsdann wird die Mischung mit Wasser verdünnt und wiederholt mit Wasser gewaschen, bis das Waschwasser mit Chlorbarium keine Reaktion mehr gibt. Dann läßt man es ablaufen und mahlt das Produkt in einer Kollermühle od. dgl. zu feinem Pulver.

Zuweilen stellt man einen Brei her, der gemahlen die Konsistenz eines dickeren Cremes annimmt, in welcher Form es zu heißem Öl hinzugesetzt werden kann.

Wenn nötig, kann das Material getrocknet werden, um zu feinem Pulver vermahlen zu werden, das dann mit der Säure gemischt wird.

Wenn man eine Probe dieses Cremes trocknet, indem man sie mit Öl mischt und erhitzt, bis das Wasser ausgetrieben ist, und das Schäumen aufgehört hat, und man findet, daß das Mineral sich nicht in dem Öl in Form feiner schwarzer Flocken verteilt, vielmehr in Form harter Körner oder Klumpen abgeschieden hat, so ist dies ein Zeichen dafür, daß man zu wenig Säure darauf hat einwirken lassen.

An Stelle der Schwefelsäure kann man auch Salzsäure verwenden.

Zum Reinigen des Gasolins, Kerosins und ähnlicher flüchtiger Destillationsprodukte, und zwar sowohl der rohen als auch der mit wenig Säure behandelten Flüssigkeiten ist eine besondere Auswahl von gänzlich alkalifreiem Material nicht nötig, da man es naß zu einem Brei mahlen und mit gernügender Menge verdünnter Schwefelsäure vermischen kann. Man kann auch das gepulverte Material mit Säure besprengen, dann wieder trocknen und mahlen.

Zwecks Reinigung von kalten Petroleumdestillaten mischt man das rohe oder neutralisierte und gemahlene (95% durch ein 200-Maschensieb) Material mit den Flüssigkeiten, rührt gut um und läßt absitzen oder filtriert. Zur Reinigung von Gasolin ist gewöhnlich $1/40$ bis $1/2$ Pfund Silicat auf die Gallone der Flüssigkeit erforderlich. Die Rührdauer ist 15—30 Minuten. Zur Reinigung von Kerosin und anderen leichten Destillaten ist eine größere, durch eine Probe zu bestimmende Dauer erforderlich. Ebenso sind bei anderen zu reinigenden Ölen und Fetten usw. die Bedingungen verschiedene und durch Versuche zu ermitteln.

6. Die deutschen Bleicherden.

Bis zum Kriegsausbruch 1914 wurden nach Deutschland jährlich einige tausend Tonnen englischer und amerikanischer Bleicherden eingeführt. Diese Einfuhr übertraf die bereits seit 1906 in Deutschland gewonnenen Mengen an Bleicherde. Bereits zu jener Zeit wurde bei Moosburg in Bayern ein Ton gefunden, der sich für keramische Zwecke nicht eignete, aber von Wirzmüller und Theobald auf eine Bleicherde (Tonsil) verarbeitet wurde.

Annähernd gleichzeitig wurden bei Landau und Simbach bei Landau Tone gefunden, die von den Pfirschinger Mineralwerken ebenfalls in Bleicherde (Frankonit) umgewandelt wurden.

Während des Weltkrieges war Deutschland auf seine eigene Bleicherdeindustrie angewiesen. Den genannten Bleicherden folgten die Marken Silhydrol, Silica, Alsil, Isarit, Leukosit, Albanit, Terrana und Lunit.

Die deutsche Bleicherde hat sich bereits ein solches Ansehen erworben, daß Deutschland bei einer schätzungsweisen Jahreserzeugung von 48000 t (1924) Bleicherden von hochwertiger Wirkung zur Zeit schon exportiert[1]).

Nach O. M. Reis[2]) bildet das Liegende der Malgersdorfer Weißerde i. e. S. und einer ihr eng übergängig angeschlossenen zweiten Mineralsubstanz

1. ein grüngrauer Ton mit weißlichen Quarzgeröllschmelzen führenden Sandeinschaltungen. Dieser Ton hat das Aussehen des obermiozänen Tones und geht nach oben;

2. in ein noch ähnlich graues, aber heller, seltener weißlich gefärbtes tonartiges Gebilde über, das ständig auffallend feucht ist, stark Wasser ansaugt und beim Austrocknen eigenartig bröcklig berstend zerfällt;

3. das eigentliche Weiß in ziemlich wechselnder Mächtigkeit (von höchstens 80 cm), das aber an einer Stelle über 20 cm hinaus sich auch in schmale Linsenschmitzen von 10 m auflöst und verschwindet. Das Weiß ist gegen das Hängende etwas schärfer getrennt als gegen das Liegende.

4. Das erstere ist gebildet von einer 40 cm starken, seltener in hellere Farbtöne übergehenden, grüngräulichen bis grüngelblichen Masse, die wie die unter 2. erwähnte Substanz beschaffen ist, also ein höchst gleichmäßig dichtes, tonartiges, doch sich von Ton deutlich unterscheidendes Gestein seifig sich anfühlende Beschaffenheit darstellt, das Wasser lebhaft anzieht und rasch zu völligem Brei zerfällt.

Ferner führt Reis an, daß das Tonsil jahrelang zwischen Landshut und Kronwinkel abgebaut und bei Gelegenheit eines Villenbaus aufgeschlossen wurde. Das Hauptgestein hat geringe Härte, erscheint aber schwerer und dichter als das Malgersdorfer Weiß. Seine Farbe ist grauer, der erdige Bruch etwas rauher, und es ist völlig kalkfrei.

Nach Untersuchungen des genannten Forschers besteht das stark wasseransaugende Gestein (der Weißerde) aus sehr feinen, mehr faserigen als blätterigen oder körnigen doppelbrechenden Teilchen, die optisch aktiv sind. Die Teilchen sind ineinander verfilzt, ihre Gestalt ist nicht

---
[1]) Die vorstehenden Ausführungen stammen aus dem Buche: Die Bleicherde von Dr. Otto Eckart und Dr. Anton Wirzmüller. 1925.
[2]) Geognostische Jahresh. XXXI/XXXII. Jahrg., S. 93—118. 1918/1919.

scharf begrenzt und verteilt sich nach den Rändern und Spitzen verdünnend bzw. zerteilend. Trotzdem geben sie ein fast lebhaftes Faserbild. Quarz war nur in einigen Schliffen in Gestalt kleiner, heller, homogener Körnchen vorhanden. Die Masse erscheint sonst ziemlich homogen und kann als wasserhaltiges Aluminiumsilicat angesprochen werden. In dem sehr leichten, fein porösen Gestein wurden oft zahlreiche Bläschen festgestellt. Die Räume waren mit der Lupe festzustellen. Zuweilen waren die Züge unregelmäßig, bruchspaltenartig verteilt, mit Eisenoxyd angerichtet. Daneben fand Reis in einem Präparat eine Anzahl winziger Bruchstücke scharfbegrenzter, glasheller Nädelchen mit Achsenkanal und einmal mit scharfer Zuspitzung. Diese Nädelchen rühren augenscheinlich von Süßwasserschwämmchen, die aus amorpher Kieselsäure bestehen, her.

Die an vereinzelten Stellen in der Ablagerung vorkommenden Opaleinschlüsse (kleine, flache, bis zu 1,5 cm große Knöllchen) sind nach Reis ein Beweis des Vorhandenseins gelöster Kieselsäure zur Zeit der diagenetischen Erhärtung des Gesteins.

In der Malgersdorfer Ablagerung vorgefundene, fossile Pflanzeneinschlüsse (grobe, wurzelartige Teile und feinste Zerfallteile pflanzlicher Gewebe in verkieseltem Zustande) deuten auf eine sehr feine Zermahlung und eine innere Auflösung hin.

Nach den Resultaten von Analysen handelt es sich bei der Malgersdorfer Weißerde um ein chemisch dem Eisensteinmark (Teratolith) nahestehendes, mit den physikalischen Eigenschaften des Hygrophylits (Kalitonerdesilicat) behaftetes Eisen-, Kalk-, Magnesia-, Aluminiumsilicat, dessen feinfaserige Ausfällung aus einem Kolloidgemenge herrühren dürfte, wobei überschüssige kolloide Kieselsäure von den Pflanzenresten angesaugt wurde, die in sich in dem Quarz und Glimmer enthaltenden, eisenarmen festeren Weiß vorhanden und dort verteilt verkieselten. Selten im Überschuß vorhanden, zog sich die Kieselsäure dann zu Opal (Knöllchen) zusammen.

Weiterhin ist hier der Arbeit von L. von Ammon[1]) zu gedenken, die die Malgersdorfer Weißerde behandelt.

Diese wird in der Einöde Pfirsching bei Malgerdorf im Kibachtale (Niederbayern) gefunden, ist von kaolinartiger Ähnlichkeit, ist aber keine eigentliche Porzellanerde. Sie ist daher, wie in der Porzellanmanufaktur Nymphenburg und in der chemischen Abteilung des Bayerischen Gewerbemuseums durch Versuche festgestellt wurde, zur Fabrikation feuerfester Tonwaren nicht geeignet.

Die Resultate der chemischen Untersuchung dieser Erde sind folgende:

---

[1]) Geognostische Jahreshefte 13, 1900, S. 195—208.

Bestandteile	Bauschanalyse			In Schwefelsäure löslicher Teil von 1. 2. 3			Rückstand bei der Schwefelsäurebehandlung von 1. 2. 3		
	1. %	2. %	3. %	%	%	%	%	%	%
				23,93	79,11	83,08	76,07	20,89	16,92
Kieselsäure (SiO_2)	70,32	55,29	53,96	58,50	49,68	48,06	74,07	76,98	83,53
Titansäure (TiO_2)	0,44	0,31	0,44	0,33	0,35	0,15	0,53	0,15	1,91
Tonerde (Al_2O_3)	13,30	25,18	30,35	11,85	28,27	34,69	13,96	15,90	8,55
Eisenoxyd (Fe_2O_3)	2,24	3,88	2,44	2,99	4,14	2,81	2,01	2,76	0,88
Manganoxydal (MnO)	0,18	0,09	0,11	—	—	—	—	—	—
Kalk (CaO)	0,88	0,52	0,28	2,67	0,53	0,19	0,31	0,18	0,71
Magnesia (MgO)	0,44	0,72	0,29	0,78	0,70	0,25	0,34	0,73	0,51
Kaliumoxyd (K_2O)	4,11	0,86	1,81	3,12	0,53	1,54	4,42	2,92	3,11
Natriumoxyd (Na_2O)	1,57	1,33	0,46	3,09	1,70	0,46	1,10	0,36	0,70
Verlust an Wasser (H_2O) u. organischen Bestandteilen	6,52	12,19	9,88	16,71	14,32	12,00	3,30	—	—
Sa.	100,00	100,37	100,02	100,04	100,22	100,15	100,04	99,98	99,82

Die Probe 1 war Weißerde von Pfirsching. Die Probe 2 war Weißerde von Pfirsching feinerdigster Abart. Die Probe 3 war feuerfester Ton von Großmuß bei Kelheim.

Das Material wurde seit langer Zeit als technisch gut verwertbar geschätzt und war als feuerfest erprobt. Es ist daher als Vergleichsstoff der Weißerde gegenübergestellt.

Dieser Ton hat mehr Tonsubstanz als die Weißerde 1 und 2; in der verbreitetsten Ausbildung der Weißerde sind nur 24 % dieser Substanz vorhanden. Auch ist der Al_2O_3-Gehalt im Schwefelsäureauszug bei dem Ton gegenüber dem der Weißerde erheblich höher.

Weiter ist der Gehalt an alkalischen Erden, Eisen und besonders an Alkalien in der Weißerde erheblich höher als im Ton.

Der Gehalt an 58,50 % Kieselsäure erhöht die Schmelzbarkeit der Weißerde und verringert damit ihre Verwendbarkeit für feuerfeste Waren.

Hauptsächlich ist es der Wechsel der Zusammensetzung der Weißerde von Malgersdorf, die sie für die Verwendung zu keramischen Zwecken nicht angezeigt erscheinen läßt.

Das Muttergestein der Pfirschinger Erde dürfte ein quarzreiches Feldspatgestein mit spärlichen Nebenbestandteilen gewesen sein. Die ursprünglich reichliche Vertretung von Oligoklas neben Orthoklas läßt sich an Hand der Analysen aus dem geringen Kalk- und steigenden Natrongehalt der Auszüge unschwer folgern.

Danach liegt in der in Frage stehenden Weißerde ein umgelagertes Urgestein vor, das im Hinblick auf die verhältnismäßige Feinheit und Gleichheit des Kornes, hauptsächlich des Quarzes, vor allem auf ursprünglichen Gneis schließen läßt.

v. Ammon kommt zu folgenden Schlüssen:

1. Die Malgersdorfer Erde gehört dem geschlossenen Schichtenverbande des Tertiärs an und ist in den jüngeren Miocänbildungen dieser Formation eingebettet.

2. Sie ist ein Gemenge von Mineralstoffen, vor allem von Kieselerde (dem Quarz aber nicht vergleichbare Modifikation), wasserhaltigem Tonerdesilicat und von Glimmerblättchen. Ihre Zusammensetzung ist nicht gleichmäßig — einmal tonerde-, das andere Mal kieselsäurereicher. Im Vergleich zu Porzellanton ist sie tonerdearm.

3. Sie schließt Versteinerungen winziger Organismen ein. Es wird am Schluß der Betrachtungen darauf hingewiesen, daß die Malgersdorfer Weißerde infolge ihrer Aufsaugefähigkeit für flüssige Stoffe gegebenenfalls eine Verwendung finden könne, ferner mit Rücksicht auf ihren Kaligehalt zur Bodenverbesserung und als Zusatz zu anderen Massen in der Keramik.

Einer Arbeit, betreffend: Morphologie und randliche Bedeckung des Bayerischen Waldes in ihren Beziehungen zum Vorland von H. Schulz[1]), entnehmen wir folgendes:

Die im Obermiozän Niederbayerns bei Malgersdorf-Simbach-Obermünchsdorf (südlich von Landshut a. I.) sowie in der Umgebung von Landshut a. I. vorkommenden Weißerdelager führen Umlagerungsprodukte der Kaolinisierung (und Vertalkung?) auf jener alten Landoberfläche. Die Weißerde stellt sich hauptsächlich als ein Kieselsäuregel mit Tonerdegehalt dar. Als Ursprung für diese Umlagerungen dürften die damaligen Verwitterungsformen auf dem im Osten gelegenen Urgebirge in Frage kommen.

In, soviel bisher bekannt, zwei Gebieten: bei Simbach bei L., Malgersdorf sowie deren weiterer Umgebung und in der Umgebung von Landshut a. I. treten diese Bildungen auf. Der Zusammenhang der beiden Ablagerungsgebiete muß zwar vermutet werden, ist aber bisher noch nicht gefunden.

Durchweg enthält die Weißerde des Malgersdorf— Simbacher Gebietes eine reineres Material als die Umgebung von Landshut, insofern merkliche Zwischenlagen von Ton und Mergel oder tonige und mergelige Verunreinigung der Weißerde von solcher Stärke, daß diese schon makroskopisch feststellbar ist und den Charakter eines Vorkommens fast zu einem Ton oder Mergel degradiert, nicht in dem Maße auftreten als dort. Der Landshuter Bezirk ist dadurch ausgezeichnet, daß die Weißerde nach W zu ausklingt und von einer Ton und Mergel heranbringenden Sedimentation durchsetzt und überwältigt wird. Hier

---

[1]) Neues Jahrb. f. Mineralogie usw. Beilageband LIV, Abt. B, S. 289 bis 349, 1926.

treten sowohl im Liegenden der Weißerde als Decke des Hauptkieslagers Mergel auf; in der Umgebung von Kronwinkel sind Mergel den Weißerdelagern eingeschaltet und folgen stellenweise auch noch über der Weißerdebildung unter der hängenden Quarzschotterdecke. Die Verschwächung der liegenden Satzschicht von Malgersdorf bis Landshut deutet ebenfalls das Ausklingen der Weißerdebildung und ihre Herkunft von O her an.

Die Gesamtmächtigkeit der weißerdeführenden Schichtenfolge ist zwar sehr stark, es ist aber die Erde sowohl selber hier an ihren westlichen Ausläufern am meisten von allen Vorkommen verunreinigt (wie auch am Rande der Verbreitung bei Eierkam und Preißenberg in den Aufschlüssen zu beobachten ist), als auch treten die starken Mergelzwischenlager auf, welche den Einfluß einer kalkbringenden Sedimentation, die sich zwischen die Weißerdebildung einschiebt, anzeigen. Westlich von Kronwinkel in Richtung Erding sind sämtliche, und zwar sehr zahlreiche Bohrungen auf Weißerde — soweit ich[1]) in Erfahrung bringen konnte — nicht mehr fündig geworden.

Eine Beobachtung aus dem technischen Aufbereitungsprozeß unserer Weißerde gibt zu denken: Die rohe Weißerde wird zur Erhöhung ihrer Bleich- (Adsorptions-) Kraft mit verdünnter Salzsäure gekocht. Scheinbar erhöht sich dadurch ihre für das Adsorptionsvermögen wichtige kavernöse Struktur. Mit der Ablauge des Kochprozesses werden in der Hauptsache Aluminium- und Eisenchloride der Weißerde entzogen, das ,,aufgeschlossene" Produkt ist von der Roherde durch eine weitere Verschiebung des Kieselsäuretonerdeverhältnisses zugunsten der Kieselsäure ausgezeichnet. Durch Kochen mit verdünnter Salzsäure kann aber einem eigentlichen Tone nicht Aluminium entzogen werden. Will man also nicht rein hypothetisch annehmen, daß bei der Vereinigung zweier Kolloide, nämlich SiO_2-Sol und toniger Trübe, durch die gegenseitige Adsorption der Charakter der letzteren sich vollständig verändert hat, so bleibt nur die Erklärung, daß der Tonerdegehalt und die beobachtbare tonige Trübe unserer Weißerde von einem anderen Tonerdelieferanten stammt, und neben Kaolinisierung käme dann nur Beauxitisierung in Frage.

Die Weißerden Niederbayerns bildeten bis vor kurzem ein für Europa einzigartiges Vorkommen von solcher Ausdehnung, Reinheit des Materials und vorzüglicher technischer Brauchbarkeit. In den letzten beiden Jahren ist — angeregt durch die steigende Verwendung dieses Bleichmittels bei der Raffination der Öle — überall nach entsprechenden Ablagerungen gesucht und auch Funde aus dem Rhonegebiet, Toskana und Rumänien (Transylvanien) gemeldet worden, die,

---

[1]) Schulz.

nach den Proben zu urteilen, auch Weißerden im Sinne der Malgersdorfer Weißerde und nicht bloß Tone mit hohem Bleichvermögen sein dürften. Leider stehen mir von diesen Vorkommen bis jetzt weder chemische Analysen noch Beobachtungen über ihre Lagerung und stratigraphische Stellung zur Verfügung, so daß die interessante Frage, ob die Weißerdebildung an diesen Stellen an ähnliche Bedingungen wie bei uns geknüpft sein könnte, vorläufig noch nicht zu beantworten ist.

Analysenmaterial von amerikanischen Fullererden steht mir aus der Literatur zur Verfügung. In den Staaten Florida und Georgia besteht seit längerer Zeit der Abbau dieser Erde zur Verwendung bei der Ölraffinerie. Die angeführten Analysen zeigen, daß, nach dem Chemismus zu urteilen, dort auch Weißerden ähnlich den unsrigen vorkommen.

Zu den vier im Laboratorium Passau angefertigten Analysen (vgl. folgende Tabelle) ist zu bemerken: Analyse Nr. 1 entstammt dem ,,Satz" des Weißerdelagers Obermünchsdorf und stellt das reinste, mir bekannte Material vor. Nr. 2 entstammt den Schichten über dem Satz und unter der Grubenfrische in Achdorf. Obwohl diese Erde bereits zahlreiche Quarzstaubbeimengung zeigt, bleibt der SiO_2-Gehalt gegenüber Obermünchsdorf zurück, der Tonerdegehalt ist gestiegen. Das Sinken des Gehaltes an reiner kolloidaler Kieselsäure und Zunahme der Tonerde zeichnet alle Ablagerungen der Umgebung von Landshut gegenüber denen von Malgersdorf—Simbach b. L. aus und drückt zugleich die technische Güte, die Bleichkraft dieses Materials entsprechend herunter.

Nr. 3 ist eine Probe aus sehr verunreinigtem tonigen Material der oberen Schichten des Landshuter Profiles, und zwar an der südlichen Grenze des dortigen Verbreitungsgebietes. U. d. M. zeigen die Fraktionen der Kopecky-Schlämmung (Nr. 6 d. Tabelle d. mechanischen Analysen nach Kopecky) aber bis in Rubrik c ein Überwiegen der feinsten Quarzbruchstücke, die SiO_2 dieser Quarze täuscht da durch den verhältnismäßig hohen Kieselsäuregehalt gegenüber scheinbar niedrigem Tonerdegehalt vor. Dieses Ergebnis zeigt am besten, wie wenig unter Umständen die Bausch-Analyse allein für den Charakter dieser kolloiden Stoffe, deren Eigenschaften hauptsächlich physikalisch-chemische sind, aussagen kann.

Nr. 4 ist eine zum Vergleich angefertigte Analyse eines Kaolintones aus der Umgebung von Ruberting bei Eging, der sich durch ein auffallendes Bleichvermögen vor anderen Tonen auszeichnete.

Die deutschen Bleicherden.

Analysen von Weißerden und Tonen.

Probe-Nr.	SiO_2	Al_2O_3	Fe_2O_3	CaO	MgO	H_2O	Glühverlust	Na_2O	K_2O
1. Obermünchsdorf: Weißerdegrube der Siriuswerke, Deggendorf, Probe aus dem „Satz"	62,66	20,10	6,00	2,01	2,02	0,22	7,00	—	—
2. Achdorf b. Landshut: Weißerdegrube der Siriuswerke, Probe a. der Weißerde zwischen Satz u. Grubenfrische	57,33	23,33	5,35	1,89	2,70	0,40	9,00	—	—
3. Weißerdegrube Eierkam b. Preisenberg: Probe einer starktonig verunreinigten u. von feinstem Quarzsand durchsetzten Weißerde von d. südwestlichen Grenze d. Weißerdeverbreitung b. Landshut (vgl. folgende Tabelle, Nr. 6)	59,84	16,40	5,90	1,66	2,89	2,00	11,38	—	—
4. Weißgrauer Kaolinton von Ruberting b. Eging	48,70	32,89	5,80	0,50	2,20	0,52	9,50	—	—
Analysenangaben von T. W. Vaughan Fuller's Earth of Florida and Georgia U. S. Geol. Survey Bull. 213, S. 392 bis 399, 1902.									
5. Gadson County, Fla.	62,83	10,35	2,45	2,43	3,12	7,72	6,41	0,20	0,74
6. Decatur County, Ga.	67,46	10,08	2,49	3,14	4,09	5,61	6,41	2,11	2,11
7. South East of River Junction, Fla.	50,70	21,07	6,88	4,40	0,30	9,60	7,90	—	—

Die Ursachen der Bleicherdebildung in Braunkohlenflötzen ist nach R. Lang[1]) in dem verschiedenen Verhalten des Humus begründet.

Die Aufarbeitung der deutschen Roherden besteht darin, auf chemischem Wege die Bleichwirkung der Erden zu steigern.

Zahlreiche dahinzielende Versuche haben dahin geführt, diese Ziele mit Hilfe von Säuren zu erreichen. Ursprünglich verwendete man hierzu die Salzsäure, während man, wie aus der im folgenden zusammengestellten Patentliteratur ersichtlich ist, auch andere anorganische und sogar organische Säuren (Schwefelsäure, schweflige Säure, Salpetersäure, Essigsäure) hierzu heranzog.

---

[1]) Braunkohle. **20,** S. 753—759.

Die Bleicherden.

Resultate der mechanischen Analyse nach Kopecky.

Nr.	Art der Probe, Ort des Vorkommens	Prozentgehalt der Bestandteile nach Korngrößen				Bemerkungen
		0,1 bis 2 mm	0,05 bis 0,1 mm	0,01 bis 0,05 mm	<0,01	
		a	b	c	d	
1	Satz, Obermünchsdorf	0,14	1,5	25,9	72,46	Reinster einheitlicher Typ der Weißerde, Hygrophilitoidsubstanz nach Reis.
2	W. E. Oberste Schichten daselbst	5	13,4	38,96	42,46	Geringe klastische, organogene und Verwitterungsverunreinigung.
3	Grubenfrische daselbst	6,54	13,16	43,9	36,4	Organogene u. klastische Beimengung. Akzessorische Mineralien dabei.
4	W. E. Achdorf zwischen Satz u. Grubenfrische	4,9	20,66	46,2	28,24	
5	Grubenfrische Achdorf	12,74	22,08	30,2	34,98	Sehr sandiges, hartes Material, Mitte der Schichtenfolge. Akzessorische Mineralien.
6	W. E. Eierkam	4,94	9	29,54	57,52	Sehr stark tonig verunreinigt, von der südwestlichen Grenze der W.-E.-Verbreitung b. Landshut.
7	Preißenberg b. Eierkam	5,9	14,94	41,3	37,86	Desgleichen akzessorische Mineralien. Häufig.

Im Handel befindliche deutsche Bleicherden sind die folgenden Marken:

Tonsil (Tonwerke Moosburg, Oberbayern).
Terrana (Siriuswerke A.-G., Deggendorf a. d. D., Niederbayern).
Clarit (Bayrische A.-G. für chemische und landwirtschaftliche chemische Fabrikate, Heufeld, Oberbayern).
Alsil (Bergbaugesellschaft Ravensberg, Baierbrunn im Isartal).
Silhydrol (Erdwerke München, Otto Lietzenmeyer).
Isarit (Dr. Ivo Deiglmeyer, München).
Frankonit (Pfirschinger Mineralwerke, Kitzingen).
Silica R[1]) (Bayer. Silicatwerke A.-G., Landau a. d. Isar) ist eine Bleicherde von hohem Abstumpfungsvermögen.
Ferner sind zu nennen Leukosit, Albanit, Lunit, usw.

Wenngleich man aus den Resultaten einer Elementaranalyse nicht auf die Bleichkraft einer Bleicherde schließen kann, so sind nach J. Florian einige analytische Daten außer der in erster Linie den Ausschlag gebenden Probebleichung bei der Beurteilung der Bleicherden wichtig.

1. Ist der Säuregehalt der Erde zu beachten, wie ein solcher naturgemäß nur bei den künstlich hergestellten Erden in Frage kommen kann.

---
[1]) Seifensieder-Zg. **51**, S. 811, 1924.

Die deutschen Bleicherden. 177

2. Dürfte das spezifische Gewicht in dieser Hinsicht einen Fingerzeig geben. Es hat sich ergeben, daß, je geringer dieses ist (bei gleich hohem Wassergehalt), die Güte der Bleicherde sich erhöht. Der Raum, den eine gewisse Menge Bleicherde einnimmt, ist auf Grund des spezifischen Gewichtes zu bestimmen und danach wieder die Anzahl der in die Filterpresse zur Erzielung trockener und fester Filterkuchen einzusetzender Kammern.

Für die Verwendung der Bleicherden kommen zwei Mahlungen: grobe und feine in Betracht.

Die groben Körner sollen durch ein Sieb von 20—30 Maschen pro Quadratzentimeter restlos hindurchgehen, die feinen Körner durch ein solches von 1000 Maschen pro Quadratzentimeter. Der Ölsättigungswert (Aufsättigungswert) ist gleichfalls wichtig und muß sehr klein sein, wenn die Bleicherde nicht soviel Dampf zur Extraktion brauchen soll.

Die folgende Tabelle gibt Aufschluß über diese Verhältnisse bei einer ganzen Anzahl von im Handel befindlichen Bleicherden:

Marke	Gehalt an Säure	Annäherndes spez. Gewicht	% Mahlung Rückstand im 1000 Maschensieb	Ölsättigungswert
Alsil B	neutral	2,18	65,0	55,00
Clarit hoch	,,	2,08	30,0	66,15
Frankonit S	,,	2,16	25,0	25,60
Frankonit F	schwach sauer	2,03	15,0	43,40
Frankonit Cl	neutral	2,08	—	32,30
Frankonit FC	,,	2,00	—	50,00
Floridin XXF	,,	2,00	—	63,00
Dresden XI	,,	2,36	60,0	58,00
Germania L	,,	2,16	—	27,00
Isarit Grünsgl. extra	,,	2,10	1,5	70,00
Isarit Grünsgl. extra	,,	2,28	1,0	62,40
Isarit Rotsgl.	,,	2,18	—	53,50
Isarit Gelbsgl.	,,	2,24	—	32,00
Isarit Blausgl.	,,	2,30	—	30,00
Isarit Schwarzsgl.	,,	2,20	—	44,20
Primisil IA	,,	2,17	—	52,37
Saxonit N	,,	2,09	—	60,60
Saxonit A	,,	2,40	—	55,00
Saxonit extra	,,	2,06	—	—
Marsil M	,,	2,32	46,0	76,50
Sirius A—B	,,	2,10	—	—
Sirius C—D	,,	2,26	—	—
Terrana	,,	2,18	5,0	—
Silica Standard	,,	2,21	1,0	57,00
Tonsil A—C	,,	2,08	45,0	60,00
Tonsil X—15	,,	2,18	—	—
Florpol	,,	2,04	20,0	30,50

Sodann gibt Florian zur Bestimmung des Wertes der Bleicherden und Errechnung der Entfärbungskosten die folgenden erforderlichen Mengen im Großbetrieb der einzelnen Bleicherden an:

178 Die Bleicherden.

Marke	Preis %/kg in $	Paraffin 50/52 Bleicherde %	Betrag	Verlust nach der Filtration %	Betrag	Schmieröle Bleicherde %	Betrag	Verlust nach der Filtration %	Betrag	Bemerkung
Alsil B	6,66	4,5	0,2997	2,47	0,3459	4,5	0,2297	2,47	0,1433	
Clarit hoch	5,95	4,0	0,2380	2,65	0,3604	4,5	0,2678	2,98	0,1728	
Floridin SG	5,45	4,5	0,2453	1,03	0,1401	4,5	0,2453	1,03	0,0597	
Frankonit S	3,62	5,5	0,1991	1,41	0,1918	6,0	0,2172	1,54	0,0893	
Frankonit F	5,50	4,5	0,2200	1,74	0,2366	4,5	0,2475	1,95	0,1131	
Frankonit Cl.	5,98	5,0	0,2990	1,61	0,2190	5,0	0,2990	1,61	0,0934	
Frankonit FC	7,43	3,0	0,2229	1,50	0,2040	4,0	0,2972	2,0	0,1160	
Floridin XXF	3,90	5,50	0,2145	3,46	0,4706	4,5	0,1755	2,83	0,1579	
Floridin 50/60	6,50	7,0	0,4550	0,70	0,0952	7,0	0,4550	0,7	0,0416	Zu grobkörnig, für Paraffin ungeeignet
Dresden XI	2,32	7,0	0,1624	4,06	0,5522	7,0	0,1624	4,06	0,2275	
Germania	3,86	5,0	0,1930	1,35	0,1836	5,5	0,2123	1,49	0,0864	
Isarit Grünsgl. extra	5,50	4,0	0,2200	2,80	0,3808	4,5	0,2475	3,15	0,1827	
Isarit Grünsgl. extra	4,80	4,5	0,2160	2,81	0,3822	5,0	0,2400	3,12	0,1810	
Isarit Rotsgl.	4,30	5,0	0,2150	2,67	0,3631	5,5	0,2365	2,94	0,1705	
Isarit Gelbsgl.	4,05	6,0	0,2430	1,92	0,2611	6,0	0,2430	1,92	0,1613	
Isarit Blausgl.	3,35	7,0	0,2345	2,10	0,2856	6,5	0,2175	1,95	0,1131	Die Farbe von Paraffin dunkelt nach.
Isarit Schwarzsgl.	5,25	7,0	0,3675	3,09	0,4202	6,5	0,3413	2,87	0,1664	
Prinsil IA	7,24	4,0	0,2896	2,09	0,2842	5,0	0,3620	2,62	0,1520	
Saxonit N	7,14	3,5	0,2499	2,12	0,2883	4,0	0,2856	2,42	0,1404	Die Farbe von Paraffin dunkelt nach. Die Farbe v. Schmieröl dunkelt nach.
Saxonit A	6,59	4,5	0,2965	2,47	0,3359	5,0	0,3295	2,75	0,2420	
Saxonit extra	7,18	3,5	0,2499	1,93	0,2625	5,0	0,3570	2,75	0,2420	
Marsil M	5,66	5,5	0,3113	4,21	0,5726	6,0	0,3396	4,59	0,2662	
Sirius A — B	6,15	4,5	0,2460	2,00	0,2720	5,0	0,3075	2,5	0,1450	
Sirius C — D	3,43	5,0	0,715	3,00	0,4080	5,5	0,1887	3,3	0,1914	
Terrana	2,81	4,5	0,1124	2,47	0,3359	4,0	0,1124	2,47	0,1404	
Silica Standard	5,95	4,0	0,2380	2,28	0,3101	4,5	0,2678	2,57	0,1491	
Tonsil A — C	6,02	4,0	0,2408	2,40	0,3264	4,5	0,2709	2,7	0,1566	
Tonsil X — 15	3,50	8,0	0,2800	5,60	0,7616	8,0	0,2800	5,6	0,3248	
Florpol	2,20	6,0	0,1320	1,83	0,2488	6,0	0,1320	1,83	0,1061	

Die deutschen Bleicherden. 179

Die Resultate einer Prüfung der von der Firma Ivo Deiglmayr (München) gelieferten Bleicherden Isarit haben W. Normann und Fr. Piepenbrock[1]) veröffentlicht.

Danach wurden je 100 g Öl mit der Bleicherde in den aus den unten angegebenen Tabellen ersichtlichen Mengen versetzt und 20—40 Minuten lang bei 90 bzw. 135° C in einem mit Rührwerk ausgestatteten Becherglas kräftig gemischt, worauf das Ganze auf der Nutsche abfiltriert wurde.

1. Rüböl: Säurezahl 8,3; 8,5. Dieses Öl englischer Herkunft ist für Rüböl schon an und für sich sehr hell. Bleichdauer 40 Minuten. Temp. 40°/₀ C.

Erde	2%	4%	6%
Isarit	40	30	20
Tonsil AC	—	40—50	—
Frankonit FC	—	50	—
Altsil	60	—	—
Floridaerde	70	50	50
Fullererde	75	60	60
Silicia	75	65	70
Kohle (Bayer)	—	85	—

2. Sardinentran: Säurezahl 10,1; 10,2. 4 % Erde. Bleichdauer 20 Minuten.

Erde	Temp. 90° C	Temp. 135°C
Floridaerde	50	55
Isarit	60	55—60
Norit (Kohle)	65	70
Tonsil AC	70	75
Frankonit FC	85	90
Leukosit	85	90
Silicia	85	90
Alsil	95	95
Fullererde	95	?
Kohle (Bayer)	100	100

3. Mineralöldestillat (Texas). Spezifisches Gewicht 0,905 bei 18°. Bleichdauer 20 Minuten. Erde 4%.

Die Farbenvergleichung fand nach Proskauer statt.

Hierbei wurden 10 zylindrische Gläschen von 3 cm Durchmesser und 15 cm Höhe je 10, 20, 30 bis 100 mm hoch mit dem ursprünglichen Öl beschickt und das jeweils an 100 mm Fehlende mit farblosem Schwerbenzin aufgefüllt, unter Durchmischung des Ganzen.

	Temp. 135°C
Isarit S	30
Alsil	30
Frankonit FC	35
Floridaerde	40
Isarit AC	45
Kohle (Bayer)	50
Norit XXX	55

Die Gläser wurden auf einer über einer weißen Unterlage schwebenden Glasplatte aufgestellt, so daß sich die Färbungen sowohl in Durchsicht

[1]) Seifensieder-Zg. 52, S. 127—128, 1925.

180   Die Bleicherden.

von oben nach unten sowie quer durch das Glas vergleichen ließen. Ein gleiches Glas wurde jedesmal mit 100 mm des zu prüfenden Öles beschickt.

Die in den Tabellen rechts stehenden Zahlen bedeuten die Höhe der gleichfarbigen Schicht des Ausgangsöles (festgestellt durch Vergleichung des gebleichten Öles mit den 10 Gläschen); sie geben den Prozentsatz des nach der Behandlung mit der Bleicherde noch vom Öl zurückgehaltenen Farbstoffes an.

Die mit Isarit bezeichnete Erde gehört den Resultaten zufolge zu den besten im Handel befindlichen Marken.

Diese Versuche wurden von den Pfirschinger Mineralwerken Gebr. Wildhagen & Falk[1]) (Kitzingen a. M.) insofern angefochten, als die einzelnen zum Vergleich mit dem Isarit herangezogenen Bleicherden nicht von deren Fabrikanten, sondern von dem Fabrikanten des Isarits geliefert wurden. Für Rüböl sei als Entfärbungsmittel nicht Frankonit FC, sondern Frankonit F von der genannten Firma empfohlen worden.

Demgegenüber führen W. Normann und Fr. Piepenbrock[2]) aus, daß es sich bei den Untersuchungen nicht um einen Gerichtsfall gehandelt habe, es sei lediglich festzustellen gewesen, ob Isarit unter die ersten Bleicherdemarken zu zählen sei oder nicht.

Auch die Erzeugerin des Alsils, die Bergbaugesellschaft Ravensberg[3]) (Baierbrunn) bemerkt, daß bei den Versuchen von Normann und Piepenbrock keine Spitzenqualität des Alsils Verwendung gefunden habe.

Die Bewertung von Bleicherden behandelt eine Arbeit von E. Böhm[4]). Er weist darauf hin, daß gegenüber der Verwendung der amerikanischen natürlichen Erden (Fullererden) heute in Deutschland die Verwendung der einheimischen Erden, die nach dem Mahlen einer chemischen Behandlung unterworfen werden, einen großen Vorsprung erzielt hat.

Selbstverständlich ist unter den Herstellern der deutschen Bleicherden ein sehr starker Wettbewerb und infolge der verschiedenen physikalischen und chemischen Behandlung das Resultat bei der Bleichung von Ölen mit den verschiedenen Produkten auch ein ziemlich verschiedenes.

Jede Bleichmittelfabrik erzeugt mehrere Qualitäten, die im Preis verschieden sind und verschiedene Wirkung bei verschiedenen Ölen zeigen.

Die billigsten Erden sind naturgemäß nicht die besten.

---

[1]) Seifensieder-Zg. **52,** S. 200, 1925.
[2]) Seifensieder-Zg. **52,** S. 220, 1925.
[3]) Seifensieder-Zg. **52,** S. 243, 264, 1925.
[4]) Seifensieder-Zg. **52,** S. 303—304, 1925.

Die deutschen Bleicherden. 181

Einwandfreie Veröffentlichungen über Vergleichsversuche, betreffend die Bleichwirkungen von Erden, sind vorläufig noch nicht möglich. Eine Gewähr für gleiches Alter der Vergleichsproben — das Alter hat bekanntlich auf die Wirksamkeit der Bleicherden einen Einfluß —, für gleiche Bedingungen bei der Lagerung u. a. m. gibt es niemals. Auch ist es bisher noch nicht gelungen, eine Einheitsmethode für die Bewertung der Bleicherden aufzustellen.

Böhm empfiehlt die folgende Methode zur Bestimmung der absoluten, in Prozenten ausgedrückten Entfärbungskraft einer Bleicherde.

Man löst das zu bleichende Öl oder Fett in einem schwer flüchtigen, farblosen Lösungsmittel in einem solchen Verhältnis, daß die Lösung in 10 mm dicker Schicht im Colorimeter noch deutlich gefärbt erscheint. Das entfärbte Öl wird im selben Verhältnis mit dem Lösungsmittel versetzt und im Colorimeter auf den gleichen Farbton eingestellt, wie ihn die 10 mm dicke Schicht der Lösung des Ausgangsmaterials aufweist. An sich helle Öle können oft des Mischens mit Lösungsmitteln entbehren. Bei Fetten muß immer eine Lösung vorgenommen werden, da sie sonst im Colorimeter fest werden. Die Farben sind dann natürlich viel zarter, aber stets noch erkennbar.

Aus der Schichthöhe beider Zylinder läßt sich rechnerisch die entfärbende Wirkung angeben.

Verhalten sich die beiden Schichthöhen wie 1:2, so beträgt die Aufhellung 50 % usw.

Hierbei sind Ungenauigkeiten von einigen Prozenten möglich, hauptsächlich verursacht durch Beobachtungsfehler beim Einstellen der Farbenbilder. Zwecks Erzielung genauer Vergleichsbilder photographiert man das Colorimeterbild, das dann keine starken Farbtöne haben darf. — Die Öllösungen müssen entsprechend verdünnt sein. Es kommen hierbei die geringsten Helligkeitsunterschiede zum Vorschein. Die Photographie des Colorimeterbildes, die naturgemäß nur unter besonderen Bedingungen auf die Platte gebracht werden kann, gibt auch ein augenscheinliches Bild und einen bleibenden Beleg über die durch die Bleicherde herbeigeführte Entfärbung bei Einstellung der Flüssigkeitssäulen auf gleiche Höhe.

Es genügt also zur Charakterisierung einer Bleicherde, wenn gesagt wird, daß sie bei bestimmter Temperatur in bestimmter Menge und bestimmter Zeitdauer ein analytisch gekennzeichnetes Öl um X % entfärbt habe, wobei zum augenscheinlichen Beleg des Farbtönungsunterschiedes die Photographie des Colorimeterbildes beigefügt werden kann. Eine einwandfreie Kennzeichnung der Farbe des Ausgangsöles ist leider nicht möglich.

Wichtig für die Bewertung einer Bleicherde ist ferner ihre Aufsaugungsfähigkeit für Öle. Eine absolute Bestimmung ist hier nur im Großbetriebe möglich, da die Verhältnisse des Laboratoriums denen der Praxis auch nicht annähernd gleich gestaltet werden können.

Beim Bleichen mit Bleicherden dürfte nach Eckart ein chemischer Vorgang nicht anzunehmen sein; die färbenden Bestandteile bilden auf der Oberfläche der Bleicherde einen dichten Niederschlag. Die Teilchengröße wird verändert, und damit geht die Lösung der Farbstoffe, Kolloide oder Semikolloide im Öl verloren. Wäre eine Verhinderung der innigen Berührung der einzelnen Teilchen miteinander möglich, so wurden mit dem extrahierten Öl auch wieder der Farbstoff oder die färbenden Bestandteile bei der Äther- oder Benzinextraktion in Lösung gehen.

Mit Alkohol lassen sich die färbenden Bestandteile aus Rohöl nicht durch Lösung entfernen, da hier nur absoluter Alkohol Verwendung finden könnte, in dem auch das Öl beträchtlich löslich ist.

Die aktivierten Erden haben, sofern sie hochaktiv sind, bei gesäuerten Mineralölen eine sehr gute entsäuernde Wirkung, nicht nötig ist es, derartige Mineralöle und Brennöle mit absolut neutralen Roherden (mit geringem Gehalt an leicht zersetzlichen Silicaten, was übrigens nicht zutrifft) zu behandeln. Erstklassige hochaktive Bleicherden sind entschieden vorzuziehen.

Die Behauptung Twisselmanns[1]), daß die Ursache der Bleichwirkung elektrische Ladung der Massenteilchen der Erde sei, die die Farb- und Schleimstoffe der Öle ausfällt, widerlegt Eckart durch die Beobachtung, daß die durch hydrolytische Spaltung der Eisen- und Aluminiumsalze in der nicht sorgfältig ausgewaschenen Bleicherde entstandenen unlöslichen basischen Salze oder Hydroxyde die Oberfläche der Bleicherde ganz oder teilweise bedecken und dadurch die Wirksamkeit der Bleicherde beeinträchtigen.

Wird von den mehr oder minder brauchbaren Verfahren zur Verarbeitung ölhaltiger Bleicherde durch Verseifen der ölreichen, der Filterpresse ohne weitere Nachbehandlung entnommenen Kuchen abgesehen, so handelt es sich darum, den Ölgehalt der gebrauchten Bleicherde durch Ausdämpfen der Filterpressen oder durch hydraulisches Pressen der Erdkuchen nach Möglichkeit herabzusetzen.

Bei der Minderwertigkeit des aus der Bleicherde extrahierten Öles gegenüber dem ursprünglichen ist es das Hauptstreben, die abfallende Erde so ölarm als möglich zu erhalten.

In dieser Hinsicht muß ein Vergleich der verschiedenen Handelsprodukte von großem Interesse sein.

Böhm bestimmt die Aufsaugefähigkeit von Bleicherden für Öle vergleichsweise folgendermaßen:

---

[1]) Seifensieder-Zg. **51**, S. 353, 1924.

Die deutschen Bleicherden. 183

Man verrührt 400 g Öl mit 40 g Bleicherde 10 Minuten lang mittels eines mechanischen Rührers im Becherglase und bringt die Masse alsdann auf einmal auf eine 100-mm-Nutsche, die auf einen Saugkolben aufgesetzt ist. Hierauf wird die Wasserstrahl- oder eine andere Vakuumpumpe angestellt und, nachdem das Öl abgeflossen ist, noch weitere 10 Minuten gesaugt, um zurückgehaltenes Öl, das jedoch von der Erde nicht aufgenommen ist, zu entfernen.

Das Vakuum ist unbedingt zu messen und bei allen Vergleichsversuchen gleich hoch zu halten.

Nach dem Absaugen wird der Kuchen im Soxhletapparat extrahiert und der Ölgehalt bestimmt. Die so erhaltenen Ergebnisse stehen aber mit denen des Betriebes in keinem Zusammenhang, sie lassen aber ein Vergleichen des Verhaltens verschiedener Bleicherden bezüglich ihrer Ölaufnahme zu. Eine Erde, die bei diesem Verfahren mehr Öl aufgesaugt hat als eine andere, wird sich im Großbetrieb entsprechend verhalten.

Zum Schluß kommt Böhm darauf zu sprechen, daß, da die Bleichfähigkeit der Erden eine Oberflächenwirkung ist, die Oberfläche von der Korngröße abhängig ist. Letztere kann im mikrophotographischen Bilde festgelegt und sichtbar gemacht werden.

Auch damit ist ein Wertmesser für die Beurteilung von Bleicherde und für Vergleiche gegeben.

Deckert[1]) stimmt den Ausführungen Böhms bei und ergänzt diese in folgender Weise:

Wesentliche Unterschiede der Bleicherden sind auf die verschiedene Beschaffenheit der bei der Herstellung der künstlichen Bleicherden zur Verwendung gelangenden Roherden zurückzuführen. In ein und derselben Roherdegrube finden sich oft Erden recht verschiedener Qualität.

Die Prüfung einer Bleicherde hat zu berücksichtigen die Beschaffenheit der Erde und des Öles und die Untersuchungsmethode.

Eine möglichst einfache, zweckmäßige und zuverlässige Prüfungsmethode müßte bei den Bleicherdefabriken sowie den Ölraffinerien als Wertmesser angenommen werden.

Steht eine solche fest, so ist das der Untersuchung dienende Öl bezüglich seines Wassergehaltes, seiner Säure-, Verseifungs- und Jodzahl, seines Schmutzgehaltes und seiner Herstellungsart (Art der Pressung, ob erste, zweite usw., ob warm oder kalt gepreßt usw.). Alle diese Daten sind für den Vergleich von Untersuchungsergebnissen sehr wichtig.

Endlich wäre auch die zu prüfende Bleicherde genau bezüglich des Fabrikates, der Marke, des Säure- und Wassergehaltes, des spezifischen Gewichtes, der Korngröße oder Oberfläche, des ungefähren Herstellungs-

---

[1]) Seifensieder-Zg. 52, S. 388—389, 1925.

alters, des Preises und evtl. durch chemische Analysenresultate zu charakterisieren. Die chemische Analyse hätte sich auf den Gehalt der Erde an Kieselsäure, Aluminium-, Eisen-, Calcium- und Magnesiumoxyd zu erstrecken.

Von großer Bedeutung ist der Säuregehalt der Bleicherde, da hiervon unmittelbar die Wirksamkeit der Erde auf bestimmte, sehr säureempfindliche, vegetabilische Öle abhängt.

Deckert empfiehlt hierfür die folgende Bestimmung:

Man kocht 5 g der Bleicherde in einem 100 cm³-Kölbchen mit 75 cm³ Wasser 5 Minuten lang, füllt nach dem Erkalten bis zur Marke auf, filtriert durch ein trockenes Faltenfilter und titriert 10 cm³ des Filtrats mit $^n/_{10}$ Natronlauge und Phenolphthalein.

Multipliziert man die erhaltenen Kubikzentimeter Natronlauge mit 0,73, so erhält man die Prozente Salzsäure.

Der Wassergehalt wird durch Trocknen von 10 g der Erde auf einem Uhrglas bei 105° im Trockenschrank bis zur Gewichtskonstanz bestimmt.

Zu beachten hierbei ist, daß die so erhaltene wasserfreie Bleicherde begierig Wasser anzieht.

Das spezifische Gewicht wird nach der Verdrängungsmethode im Pyknometerkölbchen bestimmt.

Die Güte einer Bleicherde ist nach der Erfahrung Deckerts umgekehrt proportional ihrem spezifischen Gewicht, d. h. je geringer das spezifische Gewicht einer Erde ist, um so besser ist diese.

Die Korngröße, auf die die Amerikaner besonders Wert legen[1]), wird am besten durch eine Prüfung mittels eines Normalsiebsatzes bestimmt.

Nach H. Mielck[2]) (Berlin) ist es behufs Bewertung von Bleicherden erforderlich, die verschiedenen Bleicherdenmarken ganz systematisch durchzuanalysieren. Der Analyse müßte eine scharfe Einreihung der Erden in besondere Klassen folgen. Besonders wäre Bedacht zu nehmen auf die Feststellung des Verhältnisses der in den Erden enthaltenen basischen Oxyde zu der Hydrat- bzw. aufgeschlossenen Kieselsäure, und festzustellen, ob die Erden etwa sauren, basischen oder amphoteren Charakters sind. Auch wäre der Bitumengehalt, selbst wenn er noch so klein ist, zu berücksichtigen.

Auf die rein chemische Untersuchung hätte eine capillarchemische zu folgen.

Nach Ansicht Mielcks handelt es sich bei der Adsorptionsbleiche der Öle nicht um eine reine Adsorption, es treten auch hier Umtauschreaktionen auf. Z. B. gehen bei der Behandlung vieler Öle mit Erden nicht unbeträchtliche Mengen an Basen (MgO) in Lösung, die bekannt-

---

[1]) Deckert, Ölmarkt. Nr. 57, 1925.
[2]) Seifensieder-Zg. **52**, S. 495—496, 1925.

Die deutschen Bleicherden. 185

lich oft zu unliebsamen Nachflockungen Anlaß geben und das raffinierte Öl durch Katalyse viel luftempfindlicher, als das Rohöl es ist, machen.

Man kann diese Metallverbindungen, wahrscheinlich ihrer komplexen Bindung wegen, mit geeigneten Adsorptionsmitteln, wie Kieselsäurehydrat, viel leichter zerstören bzw. entfernen als mit Säuren. Diese Metallverbindungen wirken bei der Fetthärtung mit Nickelkatalysatoren, der meist eine Reinigung der zu verarbeitenden Rohöle mittels Bleicherden voranzugehen pflegt, stark katalysatorschonend.

Nach dem Verfahren der Gebr. Schubert (D.R.P. 351566 vom 4. 1. 1919) werden daher den Ölen Kieselsäure oder Kieselsäuresalze zwecks Unschädlichmachung der komplex gelösten Basen zugesetzt.

Die Überlegenheit eines amphoter reagierenden Bleichmittels findet zweifellos bereits durch das vielfach mit Vorteil übliche Mischen verschieden gearteter Bleicherden beim Veredeln von Ölen praktische Verwendung.

Die Vielgestaltigkeit der Bleicherden ist schon in den Rohprodukten gegeben, die je nach ihrer Herkunft bei fluviatiler Ablagerung ausgesprochene Schichtung, bei Entstehung durch Verwitterung vulkanischer Gesteine auf primärer Lagerstätte wohl charakterisierte Stufung gegen die Vegetationsdecke hin aufweisen.

Am Fuße des Fuji-Yamas auf der Lagerstätte der bekannten japanischen Kambaraerde kann man drei solcher Stufungen ganz besonderer Art feststellen.

Die graublaue, ganz kompakte Stufe liefert die beste Bleicherde.

O. Eckart[1]) (München) nimmt zu den Ausführungen Mielcks Stellung, und zwar bezüglich der folgenden Punkte.

Die chemisch aktivierten Erden sind analytisch bereits erfaßt. Es ergab sich bei den diesbezüglichen Arbeiten, daß die auf gravimetrischem Wege erhaltenen Werte keine Rückschlüsse auf die Güte der Bleicherden gestatten.

Die starken Schwankungen der Zusammensetzung der Bleicherden sind in erster Linie hieran schuld. Die Behandlung von Erden von den Gruben um Achdorf-Landshut und um Landau ergaben, daß diese Erden sich praktisch vollkommen gleich aktivieren ließen, wenn jede Erde ihrer Eigenart entsprechend behandelt wurde. Alle Erden zeigten sich in der Wirkung gleich.

Die Farbenunterschiede der Erden sind ganz ohne Bedeutung.

Für die Bewertung der chemisch aufgearbeiteten Erden ist ihr Säuregehalt sehr wichtig. Ob es gelingen wird, Bleicherden im Großbetriebe vollkommen säurefrei herzustellen, ist sehr zweifelhaft.

Viel gewonnen ist schon, wenn es gelingt, Bleicherde mit höchstens 0,03 % HCl in den Handel zu bringen.

---
[1]) Seifensieder-Zg. **52**, S. 753—754, 1925.

Von ganz untergeordneter Bedeutung ist der Bitumengehalt der Erden.

Die analytische Erfassung der Roherden (Fullererde und Floridin) ist ebenso aussichtslos wie die der aktivierten Erden, da die Zusammensetzung dieser Erden noch mehr schwankt als die der chemisch behandelten Erden.

Hauptsächlich ist die Bestimmung der Bleichwirkung bei der Bewertung der Bleicherden von Bedeutung.

Wie A. Löb[1]) (Kitzingen a. M.) in einem Artikel über Bleicherde, deren Geschichte, Eigenschaften, Gewinnung, Verwendung und Prüfung ausführt, ist der Anfang der bayerischen Bleicherde-Industrie in der Gründung der Pfirschinger Mineralwerke (Kitzingen a. M.) im Jahre 1904 zu sehen. Gelegentlich eines Erdaushubes ist einer der Gründer der Firma auf die Bleicherde gestoßen, deren hellere Erde als Farbstoff Verwendung fand.

1906 kam eine andere Erdsorte als Bleicherde S in den Handel.

1907 wurde von genannter Firma die Behandlung der Bleicherde mit Säure zwecks Erhöhung ihrer Entfärbungskraft gefunden.

1908 wurde der Betrieb der Fabrik in Kitzingen eröffnet.

1909 bereits etwa 1000 t aktivierter Bleicherde (Frankonit) und 1914 3000 t davon abgesetzt.

1906 erfolgte die Gründung der Firma Erdwerke Kronwinkel, die dann als Tonwerk Moosburg 1911 das Tonsil in den Handel brachte.

Auch das letztgenannte Werk hatte bis zu Beginn des Krieges bereits große Mengen aktiver Bleicherde im In- und Ausland vertrieben.

Die beiden genannten Firmen versorgten in der Kriegs- und Nachkriegszeit Deutschland und das neutrale Ausland mit den notwendigen Bleicherden.

1919 wurde das Verfahren der Säurebehandlung zum Patent angemeldet, patentiert, aber später im Verfolg der Klage zweier bayerischer Firmen für nichtig erklärt.

Bezüglich der Entstehung der Bleicherde in der Natur besteht die Anschauung, daß es sich hierbei um die Verwitterung von Feldspäten handelt.

Die Bleicherden enthalten sämtlich Aluminiumsilicat in der Hauptsache und als Nebenbestandteile Eisenoxyd, Kalk, Magnesia und Alkalien. Neben dem Feuchtigkeitswasser weisen sie chemisch gebundenes (Hydrat-) Wasser auf, so daß die Annahme berechtigt ist, daß ein Teil der Bleicherde als Hydrosilicat vorhanden ist; dieses letztere bedingt die Bleichwirkung der Erde. Diese Hydratisierung dürfte im Lauf der Jahrtausende durch Einwirkung kohlensäurehaltigen Wassers ein-

---

[1]) Seifensieder-Zg. **52**, S. 1006—1008, 1024—1026, 1925

geleitet sein. Eine starke Säure muß also folgerichtig diese begonnene Hydratisierung bei höherer Temperatur fortsetzen.

Die Behauptung, daß die hochaktiven bayerischen Bleicherden sich zum Entsäuern pflanzlicher und tierischer Öle nicht eignen, aber mit Schwefelsäure vorraffinierte Mineralöle zu neutralisieren vermögen, stehen im direkten Gegensatz zu den Erfahrungen von A. Löb. O. Eckart[1]) gibt dafür die Erklärung, daß die Bleicherde die vom (Mineral-) Öl bei der Behandlung mit Schwefelsäure zurückgehaltene schweflige Säure entfernt, was auf die adsorptive Wirkung der Bleicherde aber auf keine chemische Reaktion zurückzuführen ist.

Dagegen werden organische Säuren (Petrolsäuren, Naphthensäuren) durch Adsorption aus den Mineralölen nicht entfernt.

Das Altern der aktivierten Bleicherden ist eine allgemeine bekannte Erscheinung.

Floridin kommt in ebenso feiner Körnerung wie die aktivierten bayerischen Bleicherden in den Handel.

B. Hassel[2]) bespricht die Extraktion von Bleicherden mittels Trichloräthylen und weist[3]) auf die bessere bleichende Wirkung der deutschen gegenüber ausländischen Bleicherden hin.

Er führt des weiteren aus, daß das in den Bleicherden aufgespeicherte Öl sich zwar restlos gewinnen läßt, aber minderwertig und infolge der Kosten der Extraktion teuer ist. Billige Erden werden in relativ großer Menge verbraucht. Ihre Wiederbelebung macht zu große Kosten, da sie nur 40—60·% ihrer ursprünglichen Bleichkraft wieder erlangen. Der Erfolg der Streckung hochaktiver durch regenerierte Bleicherde ist zweifelhaft, da dadurch die Bleichwirkung des hochaktiven Produktes herabgesetzt wird und die Ölverluste entsprechend der Streckung sich erhöhen. Die Verwendung von Luftgebläsen ist wegen der Oxydationswirkung der Luft nicht am Platze.

Die aus gebrauchten Bleicherden u. dgl. extrahierten Fette und Öle lassen sich durch Bleicherden kaum oder gar nicht entfärben.

Auf Grund von Versuchen kommt E. Belani[4]) (Wien) zu der Anschauung, daß es zur Zeit Bayern ist, in dem sich eine Bleicherde hervorragendster Güte und Bleichkraft findet, die alle anderen Produkte übertrifft.

Er hat das Moosburger Pulver, dessen beste Marke das von dem Moosburger Tonwerk A. & M. Ostenrieder hergestellte Tonsil ist, verwendet, das durch Behandeln der an den Uferbrücken der Isar

---

[1]) Erdöl und Teer, 1925, Nr. 36, Zeitschr. f. angew. Chem. **38**, S. 885. 1925. Seifensieder-Zg. **52**, S. 1007, 1925.
[2]) Chem.-Zg. **49**, S. 293—295, 1925.
[3]) Chem.-Zg. **49**, S. 546, 1925.
[4]) Petroleum. **21**, S. 1832—1834, 1925.

von Moosburg bis Landau sich findenden Roherden mit Salzsäure entsteht.

Ohne nennenswerten Erfolg hat man andere Erden, z. B. Fullererde, chemisch behandelt.

So röstete man den Bauxit bei 400° C, erhöhte dadurch dessen Bleichkraft, kam aber damit den Moosburger Bleicherden in der Wirkung nicht gleich (vgl. die Arbeiten Guiselius, Freundlich, Thole und Remfrys).

In Californien behandelte man Bauxit außerdem noch mit Ammoniumphosphat und Ätznatron, wodurch aber eine besondere Wirkung nicht erreicht wurde.

Nach vergleichenden Versuchen Belanis ergab sich, daß die Bleichkraft des Tonsils für Paraffin und Ceresin die amerikanischen Fullererden um fast 50 % übertraf. Diese Wirkung war im Vergleich noch höher bei Behandlung des Olivenöles mit diesem einheimischen Produkt, geringer dagegen bei Einwirkung auf Mineralöle.

Diese Überlegenheit des Tonsils gegenüber anderen Bleicherden hatte auch bereits J. Bohle[1]) festgestellt.

Versuche in großen californischen Raffinerien haben zweifelsfrei die 4—5fache Überlegenheit der bayerischen Erden über die amerikanischen Erden von der atlantischen Küste bewiesen.

Die Anwendungsweise des Tonsils schildert Belani in folgender Weise.

Vollkommen vorraffinierte, neutralisierte und einer Heißwasserwäsche zuvor ausgesetzte Schmieröle werden in Agitatoren eingebracht und auf 200° F erwärmt. Dann wird durch eine kleine Eintragvorrichtung (Transportschnecke mit Uhrwerk) Tonsil gleichmäßig in dünnem Strahle eingeführt und mittels Preßluft gleichzeitig langsam und vorsichtig die Mischung durchgeführt. Dabei tritt eine sehr starke Entfärbung des Bleichgutes ein.

Hierauf preßt man auf Filterpressen oder Zellenfiltersaugtrocknern ab.

Man hat auch das Öl in kaltem Zustande mit dem Tonsil gemischt und die Mischung durch einen Temperaturaustauscher geschickt, wie dies ähnlich bei den Abdamos-Kälteerzeugern geschieht.

Dann arbeitete man bei Luftabschluß im Agitator und bei 500° F, damit man nicht zu nahe an die Kracktemperatur des Öles herankam.

Auf diese Weise erhält man meist Öle, die einen unangenehmen Geruch aufweisen.

Dieser Geruch wird durch Dampfbehandlung beseitigt.

Ferner wird auch mit Tonsil in Schlammform gearbeitet. Dabei wird das saure Öl mit dem Tonsilschlamm durch einen Erfurtschen

---

[1]) Chem.-Zg. S. 745, 1924.

Die deutschen Bleicherden. 189

Emulgator mittels Preßluft gemischt und die Emulsion in einem Vertikalröhrenofen durch Erhitzen vom Wasser (unterhalb der Kracktemperatur!) und hierauf das Gemisch in einem Verdampfungsapparat vom Wasserdampf befreit. Die leichten Destillate werden in einem Kühler kondensiert und aufgefangen.

Das zu Boden gefallene Gemisch von trockenem Tonsil und Schmieröl wird unter Vermittlung einer Dampfschlange mit Dampf gemischt. Hierauf gelangt das Tonsilölgemisch in einem Röhrenkühler und auf den Zellenfiltersaugtrockner. Das letzteren verlassende Öl ist von guter Färbung, trocken und angenehm riechend.

Dieses Verfahren soll auch in Frankreich Eingang gefunden haben (von Bibra).

Die estländischen Raffineure arbeiten bei der Raffination der dort erzeugten Schieferöle mit bayerischer Bleicherde wie in den Tiroler Ölwerken zur Gewinnung der Thioseptöle[1]).

Die bayerische Bleicherde stellt ebenso wie die englisch-amerikanische (Fullererde) ein Aluminiumhydrosilicat dar, das durch geringe Mengen Eisenoxyd, Calciumoxyd, Magnesiumoxyd und gegebenenfalls auch durch Spuren Alkali verunreinigt ist (Deckert)[2]).

Wie die Ähnlichkeit in dieser Beziehung statthat, ergaben die folgenden Zahlen:

Verschieden dagegen ist das Verhalten der beiden Erden gegenüber Salzsäure. Die englisch-amerikanische Erde erfährt durch die Salzsäure keine

	Deutsche Erde von Landau	Floridaerde
	%	%
SiO_2	59,00	56,55
Al_2O_3	22,90	11,57
Fe_2O_3	3,40	3,32
CaO	0,90	3,06
MgO	1,20	5,29
K_2O und Na_2O . . .	—	1,28
Wasser	12,60	17,95

Veränderung ihrer Bleichkraft, die bayerische dagegen eine außerordentliche physikalische Veränderung bei nur unwesentlicher Veränderung ihrer chemischen Konstitution.

Hierauf beruht der Gang der Fabrikation der deutschen, sog. hochaktiven Bleicherde. Bisher ist es den Fabrikanten der bayerischen hochaktiven Bleicherde nicht gelungen, die letzten Säurereste, die die damit behandelten Öle sauer machen, was bei den für die Herstellung von Speisefetten bestimmten Ölen sehr unerwünscht ist, aus der Bleicherde zu entfernen, da die Bleicherde auch Salzsäure adsorbiert. Daher nehmen viele Raffinerien zur Bleichung feiner Öle weiterhin englisch-amerikanische Fullererde.

---

[1]) Belani, Petroleum. **21**, S. 1439—1440, 1925.
[2]) Seifensieder-Zg. **52**, S. 754—755, 1925.

Die Bleicherden.

Augenscheinlich sind die Verunreinigungen in den aktivierten Erden schuld an dem Rückgang der Bleichkraft beim Trocknen der Bleicherden.

Eckart stellte sodann durch Versuche mit einer reinen, durch Aufschließen selbst hergestellten Erde fest, daß diese in ihrer Bleichwirkung die Handelsmarken um 20 % übertraf.

Bei Versuchen mit (5%) dieser auf höhere Hitzegrade gebrachten Bleicherde Sojaöl bei einer Mischdauer von 10 Minuten zu bleichen, erhielt er folgende Resultate, wobei die Bleichkraft der lufttrockenen Erde auf 100 % angenommen und die Bleichkraft bei den anderen Versuchen kolorimetrisch bestimmt wurde.

Probe Nr.	Temperatur, auf die die Bleicherde erhitzt wurde	Bleichtemperatur	Bleichwirkung
1	lufttrocken (662 % Wassergehalt)	95° C	100 %
2	105° C	95° C	100 %
3	250—270° C	95° C	100 %
4	400—450° C	95° C	100 %
5	500° C	95° C	90 %

Diese Erde verliert also erst ihre Bleichkraft bei Temperaturen, bei denen der Ton sich zersetzt, die Versuche bestätigen die oben aufgestellte Behauptung. Bei Mineralölen machte Eckart bei den aktivierten Erden die gleiche Wahrnehmung wie bei den Roherden.

Hochaktive Bleicherden sind gegen höhere Temperaturen mithin nicht so empfindlich, als man bisher annahm.

Die Erden, die durch Schwefelsäure aktiviert worden waren, gingen bei der Trocknung und Erhitzung weniger zurück als diejenigen, bei denen der Aufschluß mit Salzsäure vorgenommen worden war.

Bei Bewertung der Entfärbungskraft ist eine Einheit in Form einer Einheitsmarke erforderlich, oder man kann die zu bewertende Erde nur mit einer bekannten vergleichen.

Das Aufsaugevermögen der Erde für Öl ist sehr wichtig, denn werden die Filtrationsrückstände nicht extrahiert, so ist das ganze in der Erde enthaltene Öl als Verlust zu buchen.

Ferner spielen die Durchlässigkeit und Filtrierfähigkeit der Erden bei ihrer Verwendung eine nicht unwesentliche Rolle, da sie die Klarheit des raffinierten Öles, die Filtrationsdauer und den Ölgehalt der Rückstände beeinflussen. Bleicherde von hohem Volumengewicht kann mehr Öl als voluminösere zurückhalten, wenn sie nicht durchlässig genug ist. Sie bildet dann eine undurchlässige Schicht, die Filtration muß frühzeitig unterbrochen werden, und man erhält nach Öffnen der Presse statt eines festen, ölarmen Kuchens einen weichen, ölreichen Schlamm.

Die Durchlässigkeit einer Bleicherde ist zumeist eine Eigenschaft der Roherde und läßt sich nur teilweise beeinflussen.

Die chemische Behandlung steigert die Durchlässigkeit, ebenso wirkt eine geeignete Körnung. Filtrationsversuche im Laboratorium geben ein beiläufiges Bild von der Durchlässigkeit einer Erde.

Die chemisch behandelten Erden erhalten stets einen geringen Säuregehalt, der aber 0,05% nicht übersteigen wird. Dieser läßt sich nicht neutralisieren, da dadurch die Bleichkraft der Erde leiden würde. Praktisch spielt der geringe Säuregehalt keine Rolle.

Ein noch von der Vorraffination Säure enthaltendes Öl soll mit einer noch basischen, neutrales Öl aber mit einer chemisch aktivierten Bleicherde gebleicht werden.

Die mit Säure vorbehandelte Bleicherde wirkt stärker und erheblich schneller beim Bleichen gegenüber nicht chemisch aktivierter Erde.

Sodann berichtet Eckart[1]) über seine Resultate bei der Untersuchung der Einwirkung der chemisch aktivierten Entfärbungserden auf die pflanzlichen und tierischen Öle.

Die Versuche ergeben eine geringe Erhöhung der Säurezahl bei den fetten Ölen. Berechnet man die Einwirkungsdauer der aktivierten Bleicherden mit einer Säureabgabe von über 0,036% Säure auf HCl länger als 15 Minuten ausgedehnt, so steigt die Säurezahl im Öl ganz beträchtlich an. Sind zudem im Öl oder in der aufgeschlossenen Entfärbungserde noch geringe Mengen Wasser vorhanden, so macht sich die Einwirkungsdauer der geringen Menge Säure und der sauren Salze in den Bleicherden ganz besonders stark geltend durch Vermehrung der freien Fettsäuren in den Glyceriden. Dies dürfte darin seinen Grund haben, daß die vom Aufschluß noch vorhandenen sauren Reaktionsprodukte und die Mineralsäure verseifend auf die Glyceride einwirken, und zwar besonders dann, wenn die Materialien feucht zur Einwirkung gelangen.

Wurde eine aktivierte Bleicherde so lange mit Wasser ausgewaschen, daß sie weder an das Waschwasser noch an die 10fache Menge kochenden Wassers Säure abgab, so zeigte sich immerhin noch eine geringe Erhöhung der freien Fettsäuren in den Fetten während des Entfärbungsvorganges. Die aktivierten Erden halten geradeso wie die aktiven Kohlen, die mit Säure behandelt werden, hartnäckig geringe Mengen Säure zurück und reagieren aufgeschlämmt noch deutlich sauer, auch wenn sie keine Säure mehr abgeben.

Neutralisiert man die geringe Menge Säure, so wird die Bleicherde wohl neutral, hat aber dann den größten Teil ihrer Bleichkraft verloren.

Es beruht dies augenscheinlich darauf, daß durch die Neutralisierung mit den schwachen Alkalilösungen Eisen- und Aluminiumoxyd auf den

---

[1]) Z. angew. Chem. **39**, S. 332—334, 1926.

Bleicherden niedergeschlagen werden und dadurch die wirksamen Oberflächen der Erden durch Überdeckung vermindern.

Diese Ansicht wird dadurch gestützt, daß sich derartige Bleicherden durch Behandeln mit verdünnter Salzsäure vollkommen bezüglich ihrer ursprünglichen Bleichkraft regenerieren lassen.

Eckart stellte fest, daß durch Zugabe von Mineralsäure die Entfärbungskraft (allerdings um höchstens 10 % erhöht) wird. Diese Erhöhung bleibt aber wesentlich hinter der Verbesserung der Entfärbungswirkung der Erden durch Salz- oder Schwefelsäureaufschluß der Roherden zurück. Mithin kann der spurenweise Gehalt an Mineralsäure in den aktiven Bleicherden keineswegs allein für die Erhöhung der Bleichkraft verantwortlich gemacht werden. Auch ergab sich, daß die allein durch Säurezusatz verbesserten Roherden zum Entfärben von tierischen und pflanzlichen Fetten unbrauchbar sind. Sie erhöhen nämlich den Gehalt dieser Öle an freien Fettsäuren ganz wesentlich und machen die Fette teilweise sogar für Genußzwecke unbrauchbar.

Auch die im Handel erhältlichen Neutralerden erhöhen die Säurezahl im Öl. Das infolge der Neutralisation der Bleicherden mit Calciumcarbonat zur Wirkung kommende CaO vermindert nur wenig die Pflanzensäuren im Öl.

In Gegenwart von Wasser wird der Gehalt an freien Säuren mehr erhöht als bei Abwesenheit von Wasser.

Die Bleichkraft der Erden erreicht nach 10—30 Minuten ihrer Einwirkung auf Fette das Maximum und geht bei längerer Einwirkungsdauer zurück. Die aktivierten Bleicherden lassen sich, ohne an ihrer Bleichkraft einzubüßen, bis auf 450° C erhitzen.

Erden, die vom Aufschluß her noch geringe Mengen Reaktionsprodukte enthalten, zeigen eine um etwa 10 % schlechtere Bleichkraft, die aber nach Aufnahme von Wasser durch die erhitzten Erden wieder steigt. Erhitzen über 450° C zerstört die Bleichkraft der aktivierten Erden.

Die Säure zersetzt dabei das Silicat nicht, wandelt nur die anhydrische Struktur in die Hydratstruktur um.

Aus $\mathrm{Si}{>}\mathrm{O}\atop\mathrm{Si}{>}$ muß daher durch Einwirkung von Säure und Wasser
$\mathrm{Si}{<}\mathrm{OH}\atop\mathrm{Si}{<}\mathrm{OH}$ entstehen.

Nach der Säurebehandlung ergibt die Analyse das Verschwinden bzw. Verringern des Gehaltes an Nebenbestandteilen (CaO, MgO, Alkalien), auch hat der Al_2O_3-Gehalt eine Verminderung erfahren, dagegen ist der Gehalt an SiO_2 um 2—3 % erhöht worden. Die Lösung des Al_2O_3 hat SiO_2 in Freiheit gesetzt, die sich nunmehr als Vollhydrat in der

Die deutschen Bleicherden. 193

Erde befindet. Es scheint sich bei der Säurebehandlung um die Erhöhung der Bleichkraft durch Anreicherung der Erde an Hydrosilicaten zu handeln.

Man unterscheidet chemisch aufbereitete, d. s. durch Säure aktivierte Bleicherden und Roherden oder nur mit Wasser geschlämmte Erden.

Das Anschlämmen bewirkt naturgemäß nur eine Entfernung nichtbleichender Bestandteile, hebt aber dadurch die Bleichkraft relativ und macht sie für einige Zwecke bereits verwendbar.

Soll ein Neutralisieren von Mineralsäureresten erfolgen, wie dies besonders in der Mineral- und Brennölindustrie von Bedeutung ist, darf man nur unaufbereitete Erden verwenden. Diese können und sollen neutral sein und geringe Mengen zersetzliche Silicate enthalten (Frankonit S).

Ihre Wirkung auf säurehaltige Öle, das sind solche, die mit Schwefelsäure vorraffiniert worden sind, besteht darin, daß sich freie gelatinöse Kieselsäure bildet, die noch etwaige Schwefelsäurereste umhüllt und für die nun folgende Bleichung durch die Erde unschädlich macht.

Auch für Kokosölbleichen kommen in erster Linie die gereinigten Roherden (Frankonit Cl) in Betracht.

Für viele andere Zwecke sind die chemisch aktivierten Bleicherden zu empfehlen.

Für die Bewertung der Bleicherden kommen in Betracht ihre Entfärbungskraft, ihr Aufsaugevermögen, ihre Durchlässigkeit und ihr Filtriervermögen sowie ihre Reaktion.

Weiterhin führt Eckart[1]) aus, daß die Bleichwirkung chemisch aufbereiteter Erden ebenfalls adsorptiver Natur ist, abgesehen von kleinen Nebenreaktionen, die durch die geringen Verunreinigungen vom Aufschließungsverfahren her eintreten. Der Farbstoff, der von der Erde aufgenommen wurde, läßt sich von der Erde wieder abziehen, wodurch die Erde befähigt wird, von neuem Farbstoff aufzunehmen.

Versuche haben ergeben, daß die in der Erde enthaltenen Chloride des Eisens und Aluminiums bei der Entfärbung nicht mit wirksam sind. Die Ansicht von H. Pomeranz[2]), daß der Bleichprozeß bei Verwendung der Bleicherden ein (kolloid-)chemischer Vorgang sei, ist nicht erwiesen.

Die durch die Fullererde und Floridin hervorgerufene Neutralisation hat mit dem Bleichvorgang nichts zu tun, beruht lediglich auf dem Gehalt dieser Bleicherden an Erdalkalicarbonat.

Auch das Verfahren von Mielck (D.R.P. 351566) vermag einen Anhalt für die chemische Natur des Entfärbungsvorganges nicht zu geben.

---

[1]) Seifensieder-Zg. **53,** S. 726—728, 1926.
[2]) Seifensieder-Zg. **52,** S. 134, 543, 1925.

Sodann ist Eckart zu der Ansicht gekommen, daß das Mischen verschieden aufgearbeiteter Erden völlig zwecklos ist, es sei denn, die Mahlfeinheit der verschiedenen zu mischenden Marken ist verschieden. Das ist auch von dem Zumischen aktiver Kohle anzunehmen. Zweckmäßiger dürfte es sein, erst mit Bleicherde, dann mit aktiver Kohle die zu behandelnden Stoffe zu bearbeiten, wenn auch in einem Arbeitsgange.

Sehr wesentlich ist für die Bewertung der Bleicherden ihre Mahlfeinheit. Durch die Feinheit der Körnung läßt sich die Entfärbungswirkung erheblich steigern, eine zu feine Mahlung verschlechtert das Filtrieren. Zu fein gepulverte Erde würde viel Öl aufsaugen und kein klares Filtrat geben.

Wichtig für die Prüfung der Erden ist die Bestimmung der Tonsubstanz, des Sandes und sonstiger Fremdstoffe sowie bei den Roherden die Bestimmung des Gehaltes an Carbonaten und Alkalien.

Durch Ermittlung dieser Zahlen ist es auch einigermaßen möglich, das Verhalten der Erde bei dem Bleichvorgang vorherzusagen. Auch kann es von Nutzen sein, die Reaktion der Erden festzustellen. Auch der Ölsättigungswert der Erden ist noch von einiger Bedeutung.

Die von Böhm[1]) gefundene Alterung mancher Bleicherden kann Eckart bestätigen.

Nach seinen Versuchen zeigten 18 Monate trocken gelagerte Erden noch nicht die geringste Alterungserscheinung. Feucht gewordene Erden bilden Klumpen, die sich beim Bleichen am Boden abscheiden und unwirksam bleiben, außerdem zeigt feuchte Bleicherde eine geringere Bleichwirkung als trockene.

Nach O. Eckart[2]) liegt der Hauptunterschied der einzelnen Marken in den aus bayerischen Erden gewonnenen Bleichmitteln. Sehr wesentlich ist der Säuregehalt für die Bleichkraft der aktivierten Erden.

Versuche haben ergeben, daß ein Zusatz geringer Mengen Säure die Bleichkraft um etwa 10% steigert, wenn die Bleicherde lufttrocken zur Verwendung kam. Kam trockene Bleicherde auf getrocknetes Öl zur Einwirkung, so war eine Verbesserung der Entfärbungskraft gegenüber reiner Roherde kaum zu beobachten.

Die günstige Wirkung des Säuregehaltes scheint nur dann einzutreten, wenn der letztere eine gewisse Grenze nicht überschreitet; Spuren von Feuchtigkeit steigern diese Wirkung.

Diese Wirkung ist aber nicht derartig hoch, daß sich damit ein Säuregehalt in den Bleicherden rechtfertigen läßt, da ja auch die Säurezahl der pflanzlichen und tierischen Öle dadurch erhöht wird, was bei Speisefetten nicht erwünscht ist.

---

[1]) Seifensieder-Zg. **52,** S. 363, 1925.
[2]) Seifensieder-Zg. **53,** S. 154—155, 169—170 und 187—188, 1926.

Manche Fullererden zeigen in aufgeschlämmtem Zustande Lackmus gegenüber saure Reaktion (Parson). Auch ergab sich, daß alkalischreagierende Fullererden schlechte Bleichkraft besitzen. Dies sucht Parson[1]) dadurch zu erklären, daß die pflanzlichen Farbstoffe basische Natur aufweisen und von einem sauren Medium besser adsorbiert werden als von einem alkalisch reagierenden.

Deutsche Erden, die keine Spur von Mineralsäure aufweisen, aber deutlich sauer reagierten, bleichten fette Öle hervorragend, Mineralöle dagegen nicht besser als andere Fullererden. Diese Erden enthielten viel organische Substanz und kamen mit Braunkohle zusammen vor. Anhaltendes Glühen zerstörte die organische Substanz, und die Erde ging von Rötlichgrau in Gelblichweiß über.

Die saure Eigenschaft beruht daher auf der Gegenwart von Humussäure.

Tone mit hohem Gehalt an organischen Stoffen sind, wie Versuche ergeben haben, für die chemische Aufbereitung gänzlich ungeeignet, ihre Bleichkraft wird durch Behandeln in der jetzt üblichen Weise sogar geringer.

Die Anwesenheit von Bitumen ist daher augenscheinlich für die Aktivierung von Bleicherden nicht vorteilhaft.

Bei der Entfärbung von gesäuerten Mineralölen und überhaupt von Erdölprodukten tritt der Säuregehalt der Bleicherden als so günstig wie bei Glyceriden nicht in die Erscheinung.

Bei stark sauren Bleicherden leidet die entsäuernde Wirkung auf saure Maschinenöle.

Der Säuregehalt der aktivierten Bleicherden beruht auf der Gegenwart von Mineralsäure und sauren Eisen- und Aluminiumsalzen. Diese Erden werden während ihrer Einwirkung auf pflanzliche und tierische Fette schwarz, und dies um so rascher, je mehr Säure sie enthalten.

Dieser Umschlag wurde von Eckart und Wirzmüller auf Eisen und Aluminiumlackbildung zurückgeführt.

Dies scheint aber nach der derzeitigen Ansicht Eckarts doch nicht der Fall zu sein. Vielmehr dürfte der Farbumschlag dadurch zustande kommen, daß der auf der Bleicherde niedergeschlagene Farbstoff und das adsorbierte Öl durch die Säure eine Zerstörung erleiden, wobei das Chlorid bzw. das Sulfat des Eisens — je nach der verwendeten Säure — eine beschleunigende Einwirkung zustande bringt.

Eisen- und Aluminiumsalze sind gute Sauerstoffüberträger und wirken daher bei manchen Reaktionen als Katalysatoren. Viel näher liegend ist es daher, die Schwarzfärbung der aktivierten Erden als chemische Ein-

---

[1]) Parson, Fuller's Earth.

wirkung der noch vom Aufschließungsprozeß her vorhandenen Reaktionsprodukte anzusehen.

Die Einwirkungsdauer, die notwendig ist, um die beste Entfärbung zu erzielen, wird nach Eckart immer bei Roherden und aktivierten Erden als viel zu lange angegeben. Nach Löb[1]) soll diese Einwirkungsdauer der Roherden 1—2 Stunden sein.

Für ein Produkt der Floridin Company (Warren, Unit. St.), das eine der besten Roherden für die Mineralölbleiche ist und ungefähr die Körnung der deutschen Roherden aufweist, gibt genannte Firma eine Mischdauer von 20—30 Minuten bei Mineralölen, 10—30 Minuten bei vegetabilischen Ölen als für die höchste Entfärbungswirkung ausreichend an. Nur für Cottonöl ist diese Dauer 45 Minuten als längste. Für animalische Öle und Fette sollen 15—30 Minuten genügen.

Versuche Eckarts ergaben, daß mit Fullererde und deutschen Roherden nach 30 Minuten eine Steigerung der Wirkung nicht mehr zu erreichen war. Zu lange Mischdauer setzt das Bleichergebnis herab.

Bei den pflanzlichen und tierischen Fetten hat Eckart beobachtet, daß die Bleichwirkung bis zu einem bestimmten Zeitpunkt ansteigt, dann etwas zurückgeht.

Folgende Tabelle zeigt die Resultate von Entfärbungsversuchen mit Sojabohnenöl, die bei 90° C durchgeführt wurden, bei 5% (vom angewandten Ölgewicht) Bleicherde und unter der Annahme, daß die Wirkung bei einer Mischdauer von 15 Minuten 100% beträgt.

Durch Aufschlämmen der Erde in der 10fachen Menge kochenden Wassers und Titration der abgegebenen Säure wurde die Säureabgabe bestimmt. Die Säure wurde auf HCl berechnet und in Prozenten ausgedrückt.

Probe Nr.	Säureabgabe der aktivierten Bleicherde % HCl	Mischdauer Minuten	Bleichwirkung %	Säurezahl des Öls vor der Einwirkung	nach der Einwirkung
1	0,011	5	80	0,18	0,28
2	0,011	7	98	0,18	0,30
3	0,011	10	100	0,18	0,33
4	0,011	15	100	0,18	0,36
5	0,011	30	95	0,18	0,42
6	0,011	60	88	0,18	0,46
7	0,011	90	84	0,18	0,50

Danach erreichen die Bleicherden nach 10 Minuten bei pflanzlichen Ölen die beste Bleichwirkung.

Bei längerer Einwirkungsdauer verschiebt sich das Gleichgewicht zuungunsten der Bleichwirkung. In der Praxis ist es bekannt, daß Öle, die lange Zeit mit der Bleicherde in Berührung sind, wieder Farbstoff

---

[1]) Seifensieder-Zg. 52, S. 1025, 1925.

aus der Erde aufnehmen. Die lange Mischdauer hat außerdem noch den Nachteil im Gefolge, daß sich die Säurezahl im Öl ganz erheblich erhöht, besonders dann, wenn die aufgeschlossene Erde einen hohen Wassergehalt zeigt.

Wenn es sich nicht um saure Öle handelt, sind die Verhältnisse bei der Mineralölentfärbung ähnlich. Bei neutralen Ölen ist die beste Bleichwirkung in kurzer Zeit erreicht, gesäuerte Schmieröle und Erdölprodukte erfordern dagegen 30 Minuten, und bei 45 Minuten sind die Erfolge am besten[1]).

Bei der Entfärbung fetter Öle mittels aktivierter Bleicherden stellte Eckart fest, daß letztere die gelben Farbstoffe beseitigten, die roten Farbstoffe meist nur schwierig damit zu entfernen waren.

Dies ist besonders bei Palmkern-, Kokos- und Sulfuröl festzustellen und macht sich besonders bei der colorimetrischen Prüfung der gebleichten Öle bemerkbar.

Eckart empfiehlt zwecks Feststellung der Aktivität einer Bleicherdenmarke folgendes Verfahren.

Man löst in Weißöl eine bestimmte Menge eines fettlöslichen Anilinfarbstoffes (echtgelb), entfärbt das Öl mit Bleicherde und stellt colorimetrisch fest, wieviel Farbstoff 1 g Bleicherde aufgenommen hat. Diese Menge (mg) drückt alsdann die Entfärbungskraft der betreffenden Bleicherde aus.

Wurde zu den Versuchen 1 % Erde (1 g auf 100 g gefärbtes Weißöl) genommen, und wählt man die Farbstoffkonzentrationen im Weißöl derart, daß auf 100 g Weißöl 0,05 g Farbstoff kommen, dann erzielte man sehr schöne Farbunterschiede, die der Bleichkraft der einzelnen Marken vollkommen entsprachen.

Dadurch läßt sich die Aktivität einer Bleicherde überall eindeutig festlegen. Über Mischdauer und Entfärbungstemperatur mußte man sich noch einigen.

Praktisch kann man wohl durch Ausschütteln mit einer anderen nicht mischbaren Flüssigkeit einem Lösungsmittel die gesamte Substanz entziehen, theoretisch und streng wissenschaftlich ist dies aber nicht möglich.

Ähnlich ist es bei der Entfärbung einer gefärbten Flüssigkeit.

Den Bleicherden wurden früher und auch noch heute Calciumcarbonat im trockenen Zustande zugesetzt und bildet dies beim Schlämmen der Erde in Wasser in wässeriger Lösung hydrolytisch spaltbare Eisen- und Aluminiumsalze.

Twisselmann hat bei seinen Versuchen eine geeignete Erde verwendet, die die geschilderten Vorgänge bedingte.

---

[1]) Z. angew. Chem. **38**, S. 886.

Obige Tatsachen sind auch die Ursachen der Alterung, da in den $CaCO_3$ enthaltenden Erden bei nicht vollkommen trockener Lagerung obige Reaktionen sich abspielen.

Zwecks Bleichung des Sojaöles wird dieses in entsäuertem Zustande in dem Bleichapparat zunächst (meist unter Vakuum) getrocknet und dann mit Erden, wie Tonsil AC, Frankonit F oder FC, Alsil, Clariterde od. dgl., in einer 5% (auf gesäuertes Öl) nicht übersteigenden Menge behandelt. Entsäuerte Öle aus guten Rohölen, ferner mit starker Lauge vorbehandelte Öle brauchen nur 1—3% Bleicherde. Die Temperatur ist 90—105° C, und die Einwirkungsdauer 20 Minuten bis zur Filtration in Filterpressen mit großer Filterfläche oder zwei derartigen Filtriervorrichtungen.

Die Erde darf nicht zu lange im Öl verbleiben, da sie sonst wieder Farbstoffe an das Öl abgibt. Bei einstündiger Wirkung von 5% Isarit-Rotsiegel erhielt Dieterle[1]) eine Braunrotfärbung des Öles, bei kurzer Behandlung erzielte er ein dem mit Tonsil AC erzielten ebenbürtiges Resultat.

H. Mielck[2]) (Berlin) schlägt vor, die Bleicherden im allgemeinen in Fullererden (natürlich) und Silicaerden (künstlich) einzuteilen.

Silicaerde lehnt sich an das in seiner Wirkungsweise und wahrscheinlich auch in der Konstitution seines wirksamsten Teiles den künstlichen aufgeschlossenen Bleicherden so ähnliche Silicagel (Kieselsäuregel) an.

Auch führt bereits eine Anzahl der Handelswaren einen ähnlichen Namen wie Tonsil, Alsil und Silica.

Mielck ist sich mit Eckart einig, wenn dieser meint, daß man zwischen Bleichwirkung und Klärwirkung der Erden streng unterscheiden soll, wenn auch beide Wirkungen vielfach miteinander verknüpft sind.

Dem Fetthärtungschemiker, der einer der Hauptabnehmer der bayerischen Bleicherden ist, kommt es gar darauf an, die zu härtenden Öle zu bleichen. Dies geschieht beim Hydrieren selbst in vollkommenerem Maße. Das Öl soll vor allem von jenen Kolloidstoffen gereinigt werden, die während der Hydrierung auf den Katalysator gelangen und diesen an seiner Wirkung sehr oder gänzlich behindern (vergiften).

Den eigentlichen Bleichprozeß, die Entfernung von Farbstoffen aus den Ölen und Fetten, bezeichnet Mielck als chemisch oder wenigstens kombiniert.

Eckart[3]) begrüßt den Vorschlag Mielcks für die Bezeichnung der natürlichen und aufbereiteten Erden eindeutige Begriffe zu wählen.

---

[1]) Seifensieder-Zg. **53,** S. 327—328, 1926. Dieterle: Die Raffination des Sojaöles.

[2]) Seifensieder-Zg. **53,** S. 134—135, 1926.

[3]) Seifensieder-Zg. **53,** S. 726—728, 1926.

Er empfiehlt hierfür Roherden und chemisch aktivierte Erden, Bezeichnungen, die jeden Zweifel ausschließen.

Auf Grund seiner Versuche und Erfahrungen neigt Eckart zu der Ansicht, daß der Bleichprozeß mit Bleicherden lediglich auf physikalischer Grundlage beruhe. Er wird ferner in dieser Ansicht durch die Resultate von Versuchen gestützt, die F. Weldes[1]) durch Entfernung von Krystallviolett aus einer Lösung durch Bleicherde durchgeführt hat und die ergaben, daß die Aufnahme von Farbstoffen dem Freundlichschen Adsorptionsgesetz folgte.

Auch die Versuche O. Ruffs[2]) über die Wirkungen der aktiven Kohle werden als beweiskräftig für diese Theorie herangezogen.

Mielck[3]) äußert sich zu den Ausführungen Eckarts, indem er feststellt, daß er den Begriff der chemischen Umsetzung im denkbar umfassendsten Sinne unter Einrechnung aller oberflächenkatalytischen Vorgänge auffaßt. Es handelt sich hierbei nicht um stöchiometrisch definierte Vorgänge. Wenigstens ist ein Teil der in den Rohölen vorkommenden Schwermetalle (Eisen, Kupfer) an die Farbstoffe selbst gebunden, das Schwermetall wird teilweise oder quantitativ durch das Magnesium der Bleicherde substituiert. Zweifellos handelt es sich mehr um Umsetzungen, als Folgen oberflächenkatalytischer Einwirkungen. Diese erzeugen den sog. „Bleicherdegeruch" gebleichter Öle.

Benedict[4]) hat die oxydierende Wirkung bei Bleicherden experimentell nachgewiesen und kam zu dem Schluß, daß die Bleichwirkung in einer Oxydation der Farbstoffe mit darauffolgender Adsorption besteht. Diese Oxydationswirkung hat er den Ferrosalzlösungen nachgewiesen und das Oxydationsvermögen durch die von 1 g + Bleicherde verbrauchte Menge Ferosulfat ausgedrückt.

Diese Anschauung hat Mielck bestätigt gefunden.

Die Ausführungen Mielcks über die chemische Wirkung der Bleicherden ergänzt O. Eckart[5]) durch folgendes.

Die chemisch aktivierten Bleicherden enthalten nur Aluminium, Eisen, Kieselsäure und Wasser. Alkalien und Erdalkalien werden durch die Säurebehandlung der Bleicherden entfernt, etwaige Spuren werden durch etwa 15%ige wässerige Salzsäure nicht mehr entfernt. Schwermetall kann daher aus den aktivierten Bleicherden durch Magnesium nicht substituiert werden.

Jahrelange Beobachtungen Eckarts ergaben, daß eine mit Kalk versetzte, aktivierte Bleicherde eine bessere Entfärbungskraft bei

---

[1]) Doctor-Ing.-Diss. München, 1923.
[2]) Zeitschr. f. angew. Chem. **38**, S. 1164.
[3]) Seifensieder-Zg., **53**, S. 832, 1926.
[4]) Seifensieder-Zg., **53**, S. 243, 1926.
[5]) Seifensieder-Zg., **54**, S. 82—83, 1927.

vegetabilischen Ölen nicht zeigt. Der Bleicherdehersteller hat mit dem Zusatz von Erdalkalien zu Bleicherde aufgehört. Nur noch gut ausgewaschene Produkte, die Alkali- und Erdalkalien nicht enthalten, sind heutzutage auf dem Markt.

Eisen und Schwermetalle sind aus vegetabilischen Ölen mit Bleicherde nicht zu entfernen. Die aktivierten Bleicherden geben beim Entfärben von Ölen nur geringe chemische Reaktionen. Es handelt sich bei Wirkung der Blecherden in erster Linie um einen Adsorptionsvorgang.

Eckart[1]) hat die Versuche Benedicts, die seine Behauptung stützen, nachgeprüft.

Das zu den Versuchen dienende Wasser wurde von gelöstem Sauerstoff befreit, das Arbeiten fand stets unter Kohlensäureatmosphäre statt. 25 cm³ $^1/_{10}$ N. Molasche Salzlösung wurden in etwa 100 cm³ mit 1 g einer aktivierten Bleicherde versetzt. Das Gemenge beider wurde nach dem Kochen während 15 Minuten dann mit verdünnter Schwefelsäure angesäuert und das Eisen mit $^1/_{10}$ N-Kaliumpermanganatlösung zurücktitriert.

Der Mehr- oder Minderverbrauch an $KMnO_4$-Lösung ergibt dann das Reduktions- und Oxydationsvermögen der aktivierten Bleicherden.

Die heute auf dem Markt befindlichen Bleicherden (Spitzenmarken) zeigen folgendes:

Bleicherde	Vorgelegt $^1/_{10}$ N. Mohrsche Salzlösung	Verbrauchte cm³ N-K-M O_4-Lösung	Oxydationsvermögen
Clarit Standard	25 cm³	25	0
Frankonit KL	25 ,,	25	0
Terrana A	25 ,,	25	0
Tonsil AC	25 ,,	25	0

Dies ergibt, daß eine Oxydationswirkung aktivierter Bleicherden nicht zustande kommt.

R. A. Wischin[2]) (München) ist der Ansicht, daß das sog. Aktivieren der deutschen Roherden, die an sich in ihrer Bleichkraft nicht an diejenige der amerikanischen, im besten Fall an diejenige der englischen Fullererden heranreichen, mit Säure insofern die Erden in unerwünschter Weise verändert, als sie darin gebildetes Chlorcalcium und einen Teil der Salzsäure nicht mehr vollkommen durch das Waschen verlieren, also sauer werden.

Für viele empfindliche Öle ist aber eine Bleicherde sauren Charakters nicht zur Entfärbung zu gebrauchen, da die behandelten Öle alsdann noch nachraffiniert werden müssen.

Auch leiden die Apparaturen und Filtertücher durch die Säure usw.

---

[1]) Seifensieder-Zg., S. 82—83, 1927.
[2]) Petroleum. 21, 2, S. 2055—2057, 1925.

Erhitzt man diese Bleicherden, dann wird ihre Bleichkraft zerstört, also ist eine Regeneration nicht möglich.

Am unangenehmsten ist es jedoch, daß die aktivierten Bleicherden beim Lagern sich oft recht erheblich verändern und ihre Bleichkraft allmählich verlieren (altern).

Eine Entsäuerung saurer Öle ist nicht möglich, bei Verwendung von Floridin ohne weiteres durchzuführen.

Zum Filtrieren sind die aktivierten Erden nicht zu empfehlen, da ihr Korn viel zu mürbe ist und zu leicht zerfällt.

Die Erfahrungen Wischins vergleicht R. Deckert[1]) mit den Ergebnissen seiner Forschungen auf dem Gebiete der Bleicherden und führt folgendes an.

Sämtliche bayerischen Bleicherden entstammen einem genetisch zusammenhängenden Vorkommen von örtlich ziemlich beschränktem Umfang (von Moosburg über Landshut bis Landau a. d. Isar) und werden sämtlich durch Salzsäure aufgeschlossen (aktiviert). Die auf diese Weise behandelte Bleicherde bildet die qualitativ höchststehende Spitzenmarke einer jeden Bleicherdefabrik. Diese Fabriken bringen nun auch noch andere Marken, die durch Mischen der Raffinade mit getrockneter und gemahlener Roherde in verschiedenem Verhältnis hergestellt werden, auf den Markt. Die letzte dieser Marken pflegt meist Roherde zu sein, der vereinzelt geringe Mengen hochaktiver Kohle zugesetzt wird, um ihre Bleichkraft zu erhöhen. Diesen Zusatz kann man schon an der dunkleren Färbung der Erde erkennen, und er ist durch Aufschlämmen der Erde festzustellen.

Es ist also ziemlich belanglos, welche Marke der bayerischen Bleicherden gewählt wird.

Die Nachteile, die Wischin zur Ablehnung der hochaktiven bayerischen Bleicherde bestimmen, sind nach seiner Erfahrung ihr saurer Charakter, ihre mangelnde Regenerierbarkeit, ihre Unfähigkeit zur Entsäuerung saurer Öle, wie Floridin es tut, das Auftreten von Alterserscheinungen und ihre zu feine Körnung.

Dazu ist zu sagen, daß die wirklich guten, sorgfältig aufgearbeiteten, bayerischen Bleicherden nur mehr 0,02—0,04 % Salzsäure (als HCl berechnet) enthalten. Diese geringe Menge vermag eine Schädigung der Apparaturen und der Filtertücher nicht hervorzurufen. Durch sorgfältiges Extrahieren kann man die Bleichkraft der bayerischen Bleicherden teilweise regenerieren; dies ist übrigens auch bei der englisch-amerikanischen Fullererde der Fall.

Auch vermag die bayerische Bleicherde Mineralöle zu entsäuern (Eckart)[2]).

---

[1]) Petroleum. 22, S. 16—18, 1926.   [2]) Z. angew. Chem. 1925, Nr. 39.

Selbst nach mehrjähriger Verwendung haben bayerische Bleicherden noch die gleiche Bleichwirkung. Lediglich unsachgemäßes Lagern — und zwar an feuchten Orten — bedingt eine Abnahme der Wirkung, die aber durch einmaliges Trocknen bei 100—110° C restlos behoben werden kann.

Die Kornfeinheit der bayerischen Bleicherden ist vorteilhaft für ihre Verwendung zur Raffination von Speiseöl.

Ferner weisen die bayerischen, hochaktiven oder präparierten Bleicherden die Vorteile einer vielfach besseren Bleichkraft auf und bedingen einen geringeren Ölverlust bei der Ölbleiche.

Deckert kommt zu der Überzeugung, daß zur Raffination von Speisefetten und Ölen natürliche Bleicherde vorzuziehen ist, während bei allen anderen Ölen und Fetten (insbesondere den Erdölderivaten sowie den Ölen und Fetten pflanzlicher und tierischer Herkunft), die für technische Verwendung in Frage kommen, hochaktive, präparierte bayerische Bleicherde als Bleichmittel vorzuziehen ist.

Hierauf erwiderte Wischin[1]), daß die amerikanischen von englischen Bleicherden sehr weit entfernt und durch den Ozean getrennt sind, die drei Arten Bleicherden (bayerische, amerikanische und englische) untereinander chemisch, physikalisch und teils auch genetisch völlig verschieden sind.

Die bayerischen Bleicherden erreichen im natürlichen unaktivierten Zustande nicht einmal die englische Fullererde, weshalb sie aktiviert werden.

Dagegen besitzt das Floridin die für eine gute Bleicherde erforderlichen Eigenschaften.

Die aktivierten Erden verlieren durch Erhitzen auf höhere Temperatur an Bleichkraft.

Floridin läßt sich mit bestem Erfolg regenerieren.

Neuerdings hat Eckart[2]) seine Erfahrungen über die Einwirkung höherer Temperaturen auf die Bleicherden bekanntgegeben.

Seine Versuche hatten den Zweck, festzustellen, inwieweit die Bleichkraft der Erden durch Erhitzen bei pflanzlichen und Mineralölen gesteigert wird.

Er ließ Floridin, das an der Luft getrocknet und dann gemahlen 11 % Wasser enthielt, in einer Menge von 2 % des angewendeten Ölgewichtes bei 80° 15 Minuten lang auf Sesamöl einwirken. Die Erde war so fein gemahlen, daß sie auf einem Maschinensieb von 1000 Maschen pro Quadratzentimeter keinen Rückstand hinterließ.

Die Bleichwirkung der lufttrockenen Erde wurde mit 100% angenommen und bei den anderen Versuchen colorimetrisch festgelegt

---

[1]) Petroleum. 22, S. 261—263, 1926.
[2]) Seifensieder-Zg. 53, S. 362—363, 1926.

und in Prozenten ausgedrückt. Sofort nach dem Erhitzen wurden die Erden zum Entfärben benutzt.

Es ergaben:

Erde	Bleichkraft
Floridin, lufttrocken (11% Wasser) .	100 %
Floridin, auf 260—270° C erhitzt . .	110 ,,
Floridin, auf 500° C erhitzt	105 ,,

Beim Liegenbleiben an der Luft geht die Bleichkraft der Erde nach längerer Zeit wieder zurück und ist dann kaum stärker in der Bleichwirkung als die der (nicht erhitzten) lufttrockenen.

Ferner unterwarf er ein saures Maschinenöl 30 Minuten lang bei 95—120° C der Einwirkung von 3% Floridin.

Es ergaben:

Erde	Bleichtemperatur	Bleichkraft
Floridin, lufttrocken (11% Wasser)	120° C	100 %
Floridin, lufttrocken (11% Wasser)	95° ,,	107 ,,
Floridin, auf 250—260° C erhitzt	120° ,,	100 ,,
Floridin, auf 500° C erhitzt	120° ,,	92 ,,

Bei Verwendung einer deutschen Roherde, die verschiedenen Hitzegraden ausgesetzt worden war, erhielt er bei der Behandlung von Baumwollsamenöl bei 90° C und 2% Erde und einer Mischdauer von 15 Minuten folgende Resultate:

Erde	Bleichkraft
Erde, lufttrocken (12,55% Wasser) . .	100 %
Erde, auf 250—260° C erhitzt	135 ,,
Erde, auf 450° C erhitzt	100 ,,
Erde, auf 500° C erhitzt	88 ,,

Diese Erde ergab bei Mineralölen die gleichen Resultate wie Floridin. Bei 95° C war die Entfärbung stärker als bei 120° C. Die Bleichkraft blieb bis zu 450° konstant und nahm bei Temperaturen über 450° stark ab. Die entsäuernde Wirkung war bei dem schwach geglühten Pulver besser, was wohl auf das durch das Glühen aus dem vorhandenen $CaCO_3$ gebildete CaO zurückzuführen ist.

Weiter wies eine deutsche Roherde mit 6,11% in lufttrockenem Zustande gegenüber Sojabohnenöl 100% Bleichkraft auf, die beim Erhitzen der Erde auf 250° C gleichblieb. Nach dem Erreichen der Glühtemperatur von 450% C stieg die Bleichkraft auf 125%. Bei über 500° C trat ein Nachlassen der Bleichkraft ein.

Die etwas bessere Wirkung der schwachgeglühten Erde verschwand wieder bei längerer Lagerung.

Man kann demgemäß durch schwaches Glühen die Bleichkraft von Roherden gegenüber pflanzlichen und tierischen Fetten erhöhen, muß aber die erhitzten Roherden gleich verwenden. Bei Mineralölen bewirkt das Glühen der Roherden keine Erhöhung der Bleichkraft, aber eine Steigerung der entsäuernden Wirkung.

Ferner stellte Eckart durch Versuche fest, welche Temperaturen die aktivierten Bleicherden vertragen, ohne eine Einbuße in ihrer sonstigen guten Wirkung zu erleiden.

Ozokerit wird bei der Bleiche mit hochaktiven Entfärbungserden beim Erhitzen des Gemisches auf 180—200° C besser gebleicht als bei Temperaturen um 120° C.

Ferner wurden Versuche mit einer hochaktiven Handelsmarke, die 0,045% Säure (berechnet auf HCl) an die 10fache Menge kochenden Wassers abgab, angestellt, indem diese Erde auf verschiedene Temperaturen erhitzt und dann damit Sojabohnenöl behandelt wurde.

Er verwendete 5% der Erde (auf das angewendete Ölgewicht) bei einer Mischdauer von 100 Minuten. Die Bleichkraft wurde colorimetrisch festgestellt, wobei die Bleichkraft der lufttrockenen Erde zu 100% angenommen wurde.

Die Säurezahl wurde vor und nach dem Bleichen bestimmt.

Die Versuchsergebnisse waren folgende:

Probe Nr.	Temperatur, auf die die Erde erhitzt wurde ° C	Bleichtemperatur ° C	Bleichwirkung %	Säurezahl vor dem Bleichen	nach dem Bleichen
1	lufttrocken (9,2% Wasser)	95	100	0,2	0,39
2	105	95	90	0,2	0,35
3	150	95	88	0,2	0,35
4	200	95	88	0,2	0,30
5	250	95	90	0,2	0,30
6	300	95	90	0,2	0,30
7	450	95	90	0,2	0,29
8	500	95	72	0,2	0,29

Mit der Trocknung nahm also die Bleichkraft um 10% ab, stärker erst bei über 450° C.

Bei dieser hohen Temperatur findet eine Zersetzung des Tones, der ein Hydrosilicat ist, statt.

Durch den folgenden Versuch wurde die Behauptung, daß durch Zugabe von geringen Mengen Wasser die Bleichkraft der getrockneten Erden wieder ansteigen muß, bestätigt.

Scharf getrocknete hochaktive Erden wurden in dünner Schicht mehrere Stunden der Luft ausgesetzt, wobei sie, wie bekannt, begierig Wasser aufnahmen. Die Bleichkraft war dann wieder die gleiche wie die der lufttrockenen Erde.

Auch in Schlesien (bei Fraustadt) ist ein für die Entfärbungstechnik brauchbares Aluminium-Magnesiumsilicat gefunden worden, dessen

Die deutschen Bleicherden.

Lagerstätte eine Größe von etwa 100 preußischer Morgen aufweist und von erheblicher Mächtigkeit ist (E. Graefe)[1]. Das dort gewonnene Material wird grob zerkleinert und dann gemahlen. Die gangbaren Sorten sind Körner von etwa Grieß-Hirsekorngröße und Pulver verschiedener Feinheit.

Die Pulver, die dichter lagern, werden für die Entfärbung durch Filtration verwendet. Letztere wird durch Vakuum gefördert. Viscosere Flüssigkeiten erfordern besser größere Körnungen.

Das Produkt der Deutschen Fullererdwerke (Hamburg) ist hellgrau, wird vor dem Versand getrocknet und kommt mit 3—5% hygroskopischem Wasser in den Handel.

Es zeigt schon im gewöhnlichen, mehr noch im getrockneten Zustand eine beträchtliche Entfärbungskraft, die sich durch Erhitzen des Produkts (Pulver oder Körner) noch erheblich steigern läßt. Die Erhitzung muß bis zu gelbbräunlicher Färbung des Entfärbungsmittels fortgesetzt werden (300—400° C).

Beim Filtrierverfahren wird die Flüssigkeit durch eine Schicht aus dieser Erde geleitet, beim Mischverfahren mit der nötigen Pulvermenge verrührt. Bei Anwendung ganz feiner Pulver kann an Stelle des mechanischen Rührens Lufträhren Anwendung finden.

Aus dem gebrauchten Entfärber gewinnt man das behandelte und zurückgehaltene Material in der üblichen Weise (durch hydraulisches Pressen, Extrahieren, Zentrifugieren, Auskochen oder Rösten) zurück.

Das Produkt läßt sich zum Entfärben von Leuchtölen, Paraffin, Ceresin (Erdwachs), rohen Erdwachsen usw. verwenden.

Um den Wert dieser Bleicherde gegenüber den amerikanischen bewährten Fullererden zu ermitteln, wurden Vergleichsversuche angestellt, und diese ergeben beim deutschen Produkt Werte von 135—188, beim amerikanischen von 114—172. Beim anderen Öl war der Wert der amerikanischen Erde 165—167.

A. Löb[2]) ist auf Grund von Versuchen zu der Überzeugung gekommen, daß die schlesische Erde beim Entfärben von Schuppenparaffin und Ceresin gegenüber bayerischer Bleicherde und amerikanischer Fullererde geringere Resultate liefert.

Dagegen halten nach seiner Erfahrung sowohl die schlesische als auch bayerische Bleicherde erheblich geringere Mengen von zu entfärbendem Öl (Mineralöl) zurück.

Nach dem Schlämmen durch das 5000-Maschensieb ergab der Fraustadter Ton folgende Zahlen:

---

[1] Chem. Revue über die Fett- und Harzindustrie. XI, Nr. 6 u. 7 und XV, Nr. 1 u. 2.
[2] Chem. Revue über die Fett- und Harzind. XV, Nr. 4, 1908.

	a) %	b) %		a) %	b) %
Wasser	2,51	2,16	Aluminiumoxyd	17,18	18,47
Organische Stoffe	6,19	6,36	Eisenoxyd	4,98	8,14
Kieselsäure	60,06	57,36	Manganoxyd	0,17	0,09
Titanoxyd	1,08	1,06	Calciumoxyd	1,58	1,47
Schwefelsäure (SO_3)	2,05	1,92	Magnesiumoxyd	1,70	1,75
Kohlensäure	0,82	0,23	Kaliumoxyd	0,95	0,60
Phosphorsäure	0,05	—	Natriumoxyd	0,62	0,35

Der Ton aus Weigersdorf enthält im geglühten Zustande:

	%		%
Wasser	—	Calciumoxyd	0,49
Kieselsäure	60,07	Magnesiumoxyd	0,35
Aluminiumoxyd	36,66	Kaliumoxyd	1,10
Eisenoxyd	1,33	Glühverlust	—

Wurden diese Tone mit Mischungen von Wasser und ungesättigten Kohlenwasserstoffen der aromatischen Reihe behandelt, so wurde von den Tonen zunächst so viel Wasser aufgenommen, bis das Quellungsmaximum erreicht war. Das überschüssige Wasser diffundierte. Die so behandelten Tone waren für gesättigte aromatische Kohlenwasserstoffe undurchlässig. Das gleiche galt vom Petroleum, dessen Geruch aber auf das überschüssige Wasser überging.

Die Fullererde vermochte ungesättigte Kohlenwasserstoffe der Formel C_nH_{2n-2} (Amylen), polymerisierte ungesättigte Kohlenwasserstoffe (Olefine) zu adsorbieren. Gesättigte Kohlenwasserstoffe (Benzol usw.) ließ sie nicht diffundieren. Daher kann Fullererde zur Trennung der im Petroleum enthaltenen Kohlenwasserstoffe Verwendung finden.

Im Rheinlande hat man eine Bleicherde gefunden, die als eine der besten Fullererden anzusprechen ist. Von der bayerischen Bleicherde unterscheidet sie sich ebenso wie die englisch-amerikanische Fullererde. Sie erfährt durch Behandlung mit Säure keine Steigerung ihrer Entfärbungswirkung, dagegen durch Glühen eine erhebliche Erhöhung der Bleichwirkung.

Die folgenden Zahlen lassen erkennen, daß die rheinische die gleiche Zusammensetzung wie die englische und amerikanische aufweist.

	Fullererde aus Surrey (Engl.) %	Fullererde aus Florida %	Rheinische Fullererden (Marke Lunit S der Andernacher Nahrungsmittelfabrik) %	%
SiO_2	54,00	54,60	56,30	50,60
Al_2O_3	18,60	10,99	24,60	35,80
Fe_2O_3	4,70	6,61	5,10	1,70
CaO	7,00	6,00	3,80	2,00
MgO	2,30	3,00	Spuren	Spuren
K_2O und Na_2O	1,80	—	1,80	—
Wasser	10,60	17,75	8,20	9,80

Sehr deutlich wird die Verwandtschaft zwischen der rheinischen und der englisch-amerikanischen Fullererde, wenn man die Wirkungsweise der verschiedenen Fullererden näher betrachtet.

Bleichversuche mit
1. englischer Fullererde, beste Marke,
2. amerikanischer Fullererde, Marke Floridin XXF, beste Marke,
3. deutscher Fullererde Lunit S (Andernach).

Behandelt mit diesen Bleicherden wurden:
Rüböl, Olivenöl, Erdnußöl und Sesamöl.

1. Rüböl, bei 90° C mit 1% Erde gebleicht:

	Bleichkraft
Lunit S	100%
Floridin XXF	102%
Fullererde, engl.	93%

2. Olivenöl, bei 60° C mit 4% Erde gebleicht:

	Bleichkraft
Lunit S	100%
Floridin XXF	106%
Fullererde, engl.	97%

3. Erdnußöl, bei 85° C mit 1% Erde gebleicht:

	Bleichkraft
Lunit S	100%
Floridin XXF	95%
Fullererde, engl.	96%.

4. Sesamöl, bei 80° C mit 1% Erde gebleicht:

	Bleichkraft
Lunit S	100%
Floridin XXF	100,5%
Fullererde, engl.	96,5%.

Die rheinische Erde erfährt durch Glühen auf 300—500° C eine starke Steigerung ihrer Bleichkraft, die bayerische Bleicherde verschlechtert sich dadurch in ihrer Bleichwirkung.

Ferner ist die rheinische gleich der englisch-amerikanischen Fullererde regenerierbar und erhält durch Behandeln mit Naphtha und Glühen ihre Bleichkraft wieder. Dies ist bei den bayerischen Erden nicht der Fall.

Man verwendet die rheinische Fullererde ebenso wie die englischamerikanische am liebsten in grobkörnigem Zustande unter Benutzung von Perkolatoren in der Mineralölindustrie, in fein gemahlenem Zustand in den Speisefettraffinerien unter Benutzung von Filterpressen.

Mithin vermag die rheinische, ebenso wie die englisch-amerikanische Fullererde die bayerische Bleicherde mit ihrer außerordentlich hohen Bleichkraft zu ersetzen.

Wo es auf absolute Säurefreiheit nicht ankommt (Leinölbleiche), ist die bayerische Bleicherde am besten am Platze.

Bei der Aufhellung dunkler Speiseöle ist die Fullererde anzuwenden. Die rheinische Fullererde ist ganz besonders nach den Erfahrungen großer Raffinerien für die Zwecke der Ölhärtung geeignet.

A. Scholz[1]) hat durch Versuche festgestellt, daß sowohl die amerikanischen, englischen, deutschen und galizischen Bleicherden bei fortschreitender Röstung einen erheblichen Rückgang ihrer Entfärbungskraft erleiden.

Ferner sollen die ostdeutschen Bleicherden den bayerischen (unterfränkischen) Bleicherden unterlegen sein an Entfärbungskraft.

Neuerdings hat F. Weldes[2]) mit O. Eckart die Einwirkung von Säuren und Alkalien auf Bleicherden untersucht.

Die Analysen der mit Wein- und Mineralsäure (Salzsäure) behandelten und bei 130° C getrockneten Tone ergaben folgende Zahlen:

	Roherde %	Zur höchsten Aktivität gebracht mit:	
		Mineralsäure %	Weinsäure %
SiO_2	59,98	73,64	66,31
Al_2O_3	19,84	13,46	17,85
Fe_2O_3	7,82	6,35	6,37
CaO	2,05	—	0,56
CO_2	1,61	—	—
Alkali	0,78	—	—
Glühverlust	7,92	6,63	8,41

Bei der Mineralsäurebehandlung ist der Glühverlust geringer als bei der Roherde und dem mit Weinsäure behandelten Produkt. Erhöhung der Kieselsäurehydratbildung mußte zu einer Erhöhung des Glühverlustes führen, da nach Treadwell[3]) bei 100° C getrocknete Kieselsäure 13,6 % H_2O, bei 200 Grad getrocknete Kieselsäure immer noch 5,66 % H_2O enthält. Tonerde wurde in erheblichem Maße stärker gelöst als Eisenoxyd. Es scheint, daß in erster Linie eine gewisse Menge Tonerde entfernt werden muß, um die Wirksamkeit des Tones aufs höchste zu steigen. Das gesamte Eisenoxyd braucht nicht herausgelöst zu werden.

Nach Ansicht Weldes wird durch die Behandlung von Mineralsäure nach Lösung von Tonerde und Eisenoxyd ein Produkt von sehr großer Oberfläche erhalten. Wahrscheinlich werden sehr kleine Hohlräume gebildet, die zum Teil durch Poren in Verbindung stehen. Man kann daher von einer (mikroskopisch nicht mehr erkennbaren) schwammartigen Ausbildung der Oberfläche sprechen.

---

[1]) Petroleum. **3**, Nr. 9.
[2]) Zeitschr. f. angew. Chem., **40**, S. 79—82, 1927.
[3]) Treadwell, Lehrbuch d. analyt. Chemie.

Die deutschen Bleicherden. 209

Wird die Tonerde in der Roherde durch Mineralsäure völlig zerstört, dann ist auch die Entfärbungswirkung gänzlich verlorengegangen.

Organische Säuren vermögen Tone wegen ihrer geringen Wasserstoff-Ionenkonzentration, die nicht hinreicht, genügend an Aluminium- und Eisenoxyden zu lösen, nicht in wirksame Bleicherde überzuführen.

Alkalien und alkalisch wirkende Salze vermögen die Bleichkraft der Bleicherden um so mehr herabzusetzen, je mehr Hydroxyl-Ionen sie in der Lösung aufweisen.

Aus den Adsorptionsisothermen ergab sich, daß neben der Adsorption der Hydroxyl-Ionen sich auch chemische Einwirkungen geltend machen.

Geringe Mengen Kieselsäure werden stets besonders durch Sodalösung und Natronlauge aus der Bleicherde herausgelöst. Digerieren mit verdünnten Säuren führt die alte Wirksamkeit der Bleicherden wieder herbei.

Lange dauernde Behandlung der Erden mit starkem Alkali zerstört die hochporöse Masse und damit ihre Entfärbungswirkung. Neben einer Neutralisierung seiner Produkte erfolgt bei Behandlung der Bleicherden mit Alkalien Silicatbildung und dadurch werden die im Produkt vorhandenen Hohlräume zugedeckt.

Die Einwirkung des Erhitzens auf Bleicherden, und zwar vor ihrer erstmaligen Verwendung haben B. Neumann und S. Kober[1]) experimentell untersucht.

Über die Wirkung des Erhitzens sind bisher die verschiedensten Urteile gefällt worden [Graefe-Schulz[2]), Parson[3]), Davidsohn[4]) und Kißling[5]) und Deckert[6])].

Neumann und Kober arbeiteten zunächst eine Methode aus, die eine quantitative Bestimmung der Aktivität der Bleicherden gestattet.

Der Wert einer Bleicherde wird durch den Grad ihrer Aktivität, d. h. durch den Grad der Aufhellung, den sie einem Öle erteilt, bestimmt. Demgegenüber treten das Ölaufsaugevermögen, die Neutralität, die Filtrierfähigkeit usw. zurück, da der Verlust an Öl das Hauptpassivum des Bleichverfahrens ist, der wieder von der Menge der verwendeten Bleicherde abhängt.

Zwecks Bleichung wurde eine abgemessene Menge Öl (30—50 cm^3) mit der gewünschten Menge an Bleicherde (Prozente der Ölmenge) bei bestimmter Temperatur (Wasserbad) eine bestimmte Zeit ($^1/_2$ Stunde) verrührt und sodann das Öl von der mit dem Adsorptiv beladenen Bleicherde abfiltriert. Vier Glasflügelverrührer, die mit 600 Touren Geschwindigkeit umliefen und die vier in einem langen Wasserbade erwärmten Gemische in

---
[1]) Zeitschr. f. angew. Chem., **40**, S. 337—349, 1927.
[2]) Petroleum III., S. 9, 1906. [3]) Parson, Fuller's Earth, 1913.
[4]) Seifensieder-Zg., **50**, S. 665, 1923.
[5]) Kißling, Chem. Technologie des Erdöls, S. 390, 1924.
[6]) Seifensieder-Zg., **52**, S. 754, 1925.

200 cm³-Glasbechern verrührten wurden angewendet und von einem kleinen Elektromotor ausgetrieben. Die Bleicherde wurde vor ihrem Zusatz zu dem Öl bei 110° C getrocknet. Die Filtration erfolgte durch Filtrierpapier. Das Filtrat wurde zur Messung der Aufhellung herangezogen. Als Vergleichslösungen wurden verwendet:

p-Amidoazobenzol in Paraffin gelöst,
Kristallviolett in Tetralin gelöst,
Auramin O in Äthylalkohol gelöst,
p-Amidoazobenzol in Benzol gelöst,
Fettgelb AT in Benzin gelöst,
Indanthrengelb R in Xylol gelöst;

als Farbstofflösungen wurden

Sojaöl,
Sesamöl,
Erdnußöl,
Sonnenblumenöl,
Schmieröl,
Braunkohlenteeröl

als Naturöle verwendet.

Es ergab sich auf Grund von Versuchen der oben geschilderten Art, daß nur bei vegetabilischen Ölen die auf 600° erhitzte Erde besser bleicht als ihr Ausgangsprodukt. Bei mineralischen Ölen und Farbstofflösungen erwies sich die Roherde im allgemeinen als aktiver.

Zwecks Erlangung einer Meßmethode wurden einige Bleichreihen ausgeführt, die die Adsorption in Abhängigkeit von der angewendeten Menge an Bleicherde zeigen sollten.

Die Bestimmung der Aufhellung erfolgte hierbei in einem einfachen Röhrenkolorimeter.

Die Versuche ergaben, daß die Bleichung ein Prozeß ist, der sich den bekannten Adsorptionserscheinungen anschließt.

Zwecks Feststellung der Helligkeitsunterschiede in den einzelnen Farbbereichen wurde der Helligkeitsunterschied in Grau mit Hilfe der Photographie benutzt.

Folgende Tabelle zeigt die bei solchen Messungen erhaltenen Resultate:

Ton	Zustand	Erdansatz %	Skalenwert	Äquival. % Floridin	Aktivität bezogen auf Floridin %	Aktivierung durch Erhitzen aufs
Zeitlitzer . . .	roh	4	22	0,375	9,4	
Kaolin	erhitzt	4	59	1,43	31,3	3,38fache
Westerwälder .	roh	4	42	0,90	22,5	
Ton	erhitzt	4	81	3,12	78,0	3,47 ,,
Fullererde . . .	roh	2	28	0,525	26,2	
Merk	erhitzt	2	47	1,05	52,5	2,00 ,,
Bleichton . . .	roh	2	61	1,52	76	
Hülsen	erhitzt	2	78,2	2,56	128	1,70 ,,

Die Änderungen der Bleichwirkung der Erden beim Erhitzen gehen mit irgendeiner chemischen Veränderung des Moleküls parallel.

Die deutschen Bleicherden zeigten ein dem Kaolin ähnliches Verhalten, während dieselben Erscheinungen bei den Fullererden nicht auftraten. Die Feststellung der Bleichwirkung der erhitzten Bleicherden ergab folgendes:

Die Tone erfahren bis 400° C einen kleinen Anstieg ihrer Aktivität gegen Farbstofflösungen, die Fullererde dagegen wird durch Erhitzen über 200° C, ebenso die bayerische Edelerde Terrana in ihrer Adsorptionsfähigkeit beträchtlich geschädigt.

Bei 800° C werden Fullererden inaktiv, Tone erst bei über 900° C.

Die theoretischen Vorstellungen über die Bleichwirkungen der Erden sind von den beiden Forschern in folgender Weise dargetan worden:

Allgemein fest dürfte stehen, daß die Bleichwirkung der Erden rein physikalischer Natur ist. Der Bleichprozeß fügt sich in den Rahmen der bekannten Adsorptionserscheinungen ein.

Bezüglich des Adsorptivs ist anzunehmen, daß sich die färbenden Bestandteile in einem rohen Pflanzenöle in einem anderen Lösungszustande befinden als in einem Paraffinöl. Letzteres enthält den Farbstoff in krystalloider (kleinmolekularer in physikalischem Sinne) Aufteilung, während ein Pflanzenöl reich an kolloiden Schleim- und Eiweißstoffen (rohes Sojaöl enthält bis 1,2 % Eiweiß) ist, die beim Bleichen mit ausgeflockt werden. Diese Schleimstoffe sind vielleicht selbst Träger der Farbe oder dienen den Farbstoffen als Schutzkolloide. Das Adsorptiv des Pflanzenöls ist daher als großmolekulares Gebilde anzusehen.

Rohton, Fullererde und Edelerde verdanken zweifellos ihre Wirksamkeit der besonderen Struktur ihrer Oberfläche. Die einzelnen Partikelchen muß man sich als (wasserarme) Gele von verschiedener Größe vorstellen. Je aktiver eine Bleicherde ist, um so größer ist der Dispersitätsgrad der Partikelchen und um so größer ihre Oberfläche.

Anscheinend treten bei den Adsorptionen in Pflanzenölen und Farbstofflösungen die gleichen Erscheinungen auf, die Zsigmondy[1]) beim Verhalten getrockneten Kieselsäuregels gegen krystalloid gelöste Farbstoffe und Sole verschiedener Kolloide beobachtet hat. Es färbte sich das Kieselsäuregel mit diffundierenden Farbstoffen an, dagegen war Kolloidteilchen der Eintritt in das Gelgerüst verwehrt. Die Oberfläche bedeckte sich mit einer halbfesten Kolloidschicht.

Es ist also anzunehmen, daß bei den Farbstoffen außer einer Hüllenadsorption noch eine Kapillaradsorption stattfindet, so daß die Farbstoffe also eine viel größere, wirksamere Oberfläche vorfinden als das Adsorptiv des Pflanzenöls.

---

[1]) Zsigmondy, Kolloidchemie, S. 236, 1918.

Bezüglich der Adsorbenden nehmen die Forscher an, daß die aufbereiteten Erden größtenteils aus solchen Gelen der geschilderten Eigenschaft bestehen, die Tone hingegen neben diesen Gelen noch viel unwirksame Bestandteile enthalten. Roh zeigen die Bleicherden eine zusammenhängende Oberfläche, die wirksam für Farbstoff und Pflanzenkolloid ist. Das von feinen Kapillaren durchsetzte Innere ist allein wirksam für Farbstoffe, daher für deren Adsorption bedeutsam.

Die Steigerung der Aktivität von Tonen beruht offenbar darauf, daß die Partikelchen von adsorbiertem Wasser befreit werden, wodurch ihre Oberfläche befähigt wird, andere Adsorptive aufzunehmen. Bei Tonen steigert sich diese Wirkung sowohl bei Farbstofflösungen, als auch bei Pflanzenöl; Fullererden und Edelerden zeigen eine solche Steigerung nur bei Pflanzenölen.

Anzunehmen ist, daß zwischen 400—500°C vor dem Zerfall des Moleküls die ursprüngliche Feinstruktur des Partikelchen unter Erweiterung der Kapillaren zerstört wird. Diese Verkleinerung der Oberfläche bedingt bei den Farbstofflösungen den steilen Abfall der Adsorptionskurve. Bei Pflanzenölen tritt ein kleiner Anstieg ein.

Bei 600°C findet der Zerfall des Tonmoleküls statt und die Hauptmenge des Wassers ist ausgetrieben. Dann ist von dem ursprünglichen Gerüst nur noch ein Hohlraumsystem vorhanden, dessen Oberfläche durch Erweiterung der Kapillaren günstiger für die Adsorption des Pflanzenöls geworden ist.

a) Sirius-Werke A.-G. in Deggendorf a. d. Donau.

Die heute etwa ein Drittel der gesamten deutschen Produktion an Bleicherden (etwa 35 000 t) liefernden Sirius-Werke[1]) haben in

Abb. 27. Sirius-Werke A.-G. in Deggendorf a. d. Donau.

---

[1]) Vgl. Koetschau, R., Über neuere Fortschritte der Adsorptionstechnik. Z. angew. Chem. **39**, S. 210ff., 1926.

Die deutschen Bleicherden.

Deggendorf unmittelbar an der Donau eine Fabrik (vgl. Abb. 27) errichtet, die täglich etwa 30 t Bleicherden herzustellen imstande ist.

Sobald ein größerer in- und ausländischer Bedarf eintritt, kann der Betrieb dieser Anlage ohne weiteres auf die doppelte Produktion umgestellt werden.

Die Fabrik erzeugt hochaktive Bleicherden aus Weißerde und bringt sie unter der Bezeichnung Terrana auf den Markt, und zwar in etwa sieben Sorten, deren wirksamste und daher am wirtschaftlichsten anzuwendende die Marke A ist. Außer schwachsauren werden auch völlig neutrale Produkte geliefert. Der Vorteil der Verwendung der neutralen Produkte liegt in einer Schonung der mit diesen Erden in Berührung kommenden Filtertücher und Apparate. Dabei werden die damit gebleichten Öle nicht ungünstig beeinflußt, was eine Verwendung dieser besonderen Bleicherden zum Entfärben von empfindlicheren Speiseölen, medizinischen Weißölen, Turbinen- und Transformatorenölen gestattet.

Die chemische Behandlung der Erden erfolgt mit Mineralsäure, wie Salzsäure, und zwar wird das Gemisch von Erdeschlamm und Säure mit Dampf unter ständigen Umrühren mehrere Stunden im geeigneten Behälter gekocht (vgl. Abb. 28).

Nach hinreichendem Aufschluß wird das Reaktionsgut absitzen gelassen, in Filterpressen (vgl. Abb. 29) abfiltriert und sodann gründlich mit Wasser gewaschen.

Die den Filterpressen entfließende saure Ablauge, die Salze des Aluminiums, Eisens und Calciums enthält, wird neutralisiert und dann in Klärbecken geleitet.

Abb. 28. Bleicherde-Säure-Kocher der Sirius-Werke A.-G.

Der (Filter-) Kuchen wird in Trockentrommeln oder Kanaltrocknern von seinem Wassergehalt (60%) befreit und dann zu einem Pulver von etwa 5000 Maschen pro Quadratzentimeter gemahlen.

Abb. 30 zeigt eine Silo- und Trockenanlage.

Die Bleicherden.

Abb. 29. Filterpressen der Sirius-Werke A.-G.

Abb. 30. Silo- und Trockenanlage der Sirius-Werke A.-G.

Die folgenden Ausführungen der Sirius-Werke geben Einblick in die Praxis der Verwendung der Tarranaprodukte und die Wirtschaftlichkeit ihrer Verwendung.

Die Bleichkraft der hochaktiven Bleicherden beträgt bei den besten Marken das 2—3fache der englischen und amerikanischen Rohbleicherden, d. h. unter Verwendung von hochaktiver Bleicherde wird die gleiche Menge Verunreinigung entfernt wie mit der 2- bis 3 fachen Menge Rohbleicherde. Hierbei ist zu beachten, daß die Bleichkraft nicht proportional der verwendeten Menge der Bleicherde ist, sondern daß von einer gewissen Menge an, die je nach der verwendeten Bleicherde und nach dem zu bleichenden Stoff verschieden begrenzt ist, die Bleichwir-

Die deutschen Bleicherden. 215

kung kaum mehr zunimmt, um schließlich ganz aufzuhören (Schwellenwert).

Daraus geht hervor, daß größtmögliche Bleichwirkung nur unter Verwendung von Bleicherden mit stärkster Bleichkraft zu erreichen ist, nicht aber durch Verwendung großer Mengen Bleicherden mit geringer Bleichkraft.

Die Verwendung von hochaktiven Bleicherden ist auch deshalb vorzuziehen, weil alle Bleicherden neben den Verunreinigungen gewisse Mengen des Öls selbst adsorbieren, die nur zu einem Teil durch Pressung wiedergewonnen werden können. Da nach den Erfahrungen des Großbetriebes die Adsorption von reinem Öl bei amerikanischen und englischen Rohbleicherden größer ist wie bei hochaktiven Bleicherden, so erhellt ganz von selbst, welcher Nachteil durch Verwendung von Rohbleicherden entsteht, die zur Erzielung der gleichen Bleichwirkung die 2—3 fache Menge erforderlich machen. (Versuche mit einfachem Abtropfen der Bleicherde geben ein falsches Bild. Ausschlaggebend ist vielmehr, wie weit das Öl im Betrieb aus dem Preßkuchen bei üblichem Druck ausgepreßt werden kann.)

Daher:

Je größer die Bleichkraft einer verwendeten Bleicherde, um so wirtschaftlicher ist das Bleichungsverfahren.

Der Unterschied in der Bleichkraft ist auch zwischen den verschiedenen hochaktiven Bleicherden sehr groß. Einerseits zwischen den verschiedenen Marken einer und derselben Gesellschaft, wobei die Verbraucher davon ausgehen, daß für bestimmte Zwecke weniger stark wirkende Bleicherden wirtschaftlicher sind als stärkere, aber teurere, andererseits zwischen den im Preise gleichen Erzeugnissen der verschiedenen Fabriken. Eine Rolle beim Verbraucher spielt in manchen Fällen der Säuregehalt einer Bleicherde, die vom chemischen Aufbereitungsprozeß herstammt. Die Behebung dieser in vielen Fällen störenden Eigenschaft der hochaktiven Erden ist den Sirius-Werken mit der Herstellung einer vollkommen neutralen Spezialmarke gelungen. Vergleichsversuche, die jeder Verbraucher ausführen kann, und für deren Erfolg natürlich vorausgesetzt werden muß, daß in jedem Fall genau die gleichen Versuchsbedingungen eingehalten werden, werden ihn von der besonderen Güte und Eignung bestimmter Marken überzeugen.

Die Untersuchung von Bleicherden erstreckt sich vor allem auf die Bleichkraft. Zu diesem Zweck bleicht man ein bestimmtes Öl mit einer gewissen Menge einer schon bekannten Bleicherde, bleibt aber unter dem Schwellenwert der betreffenden Erde, d. h. wenn man sonst z. B. mit 6% dieser Erde die beste Bleichung erzielt, nimmt man für diesen Versuch nur 4%, weil sich so ein viel genaueres Ergebnis erzielen läßt. Darauf bleicht man das gleiche Öl unter gleichen Versuchsbedingungen mit einer größeren oder kleineren Menge der zu vergleichenden zweiten Erde und wiederholt die Versuche, bis man die gleiche Farbe des Öles erzielt wie beim ersten Versuch. Das Verhältnis der angewandten Mengen gibt umgekehrt das Verhältnis der Bleichkraft der beiden Bleicherden an. Z. B. wurde ein schweres Maschinenöl mit 6 % Terrana A gleich hell gebleicht wie mit 9 % einer anderen bekannten und im Preis gleichen Bleicherde. Das Verhältnis der Bleichkraft von Terrana A zu der der anderen Erde war also 9:6, oder Terrana A war in der Bleichkraft der anderen Erde um 33 % überlegen. Für die vergleichende Prüfung von Bleicherden werden vielfach auch Colorimeter benutzt. Die Bleichkraft verschiedener Erden wird dabei durch Messung der Schichthöhe zweier Öle, die auf den gleichen Farbton eingestellt sind, festgestellt.

Untersuchung der Bleicherde II (RM. 19.— pro 100 kg); die Bleicherde I kostet RM. 17.— pro 100 kg.

Zum Versuch verwendet wird ein Sojaöl, das mit 4 % der Bleicherde I die gewünschte Farbe bekommt. Mit Bleicherde II braucht man für die gleiche Farbe nur 3 %. Die Verluste an Öl im Preßrückstand sind bei beiden Bleicherden 50 % der angewandten Menge Bleicherde, die nach der Extraktion ein Öl, welches nur technischen Zwecken dient und daher von halbem Wert ist, ergeben.

Die Kosten bei Anwendung der Bleicherde I sind also bei 100 kg Öl im Wert von RM. 1.— pro Kilogramm:

4 kg Bleicherde . . . . zu 0,17 RM. = 0,68 RM.
Wertverlust im Öl 2 kg Öl . . . . . . zu 0,50 RM. = 1,— RM.
Zusammen: 1,68 RM.

für Bleicherde II:

3 kg Bleicherde . . . . zu 0,19 RM. = 0,57 RM.
Wertverlust im Öl 1,5 kg Öl . . . . . . zu 0,50 RM. = 0,75 RM.
Zusammen: 1,32 RM.

Aus diesem Beispiel ist ersichtlich, daß die Bleicherde II, obgleich ihre Bleichkraft nur 13 % höher war als die der Bleicherde I, RM. 30.— pro 100 kg hätte kosten dürfen, um noch wirtschaftlicher zu sein als Bleicherde I, die nur RM. 17.— pro 100 kg kostet. Noch größer wird der Unterschied, wenn eine Bleicherde mit 20 und 30 % höherer Bleichkraft verwendet wird.

Die Marken der Sirius-Werke sind:

Terrana A. Dieses Produkt ist besonders geeignet für Mineralöle, kann aber auch für die meisten pflanzlichen und tierischen Fette Verwendung finden. Diese Marke enthält eine geringe Menge Säure.

Terrana A neutral reagiert völlig neutral.

Die deutschen Bleicherden.

Die Marke hat gegen säurehaltige Bleicherde den Vorteil, daß die Filtertücher geschont werden und die Fettsäurezahl der Öle nicht erhöht wird. Terrana A neutral wird für die Bleichung empfindlicher Speiseöle und Fette, ferner für Weiß- und Medizinalöle, deren Geruch und Geschmack sie in keiner Weise beeinträchtigt, und für Transformatoren- und Turbinenöle verwendet. Bei dieser Marke ist es wichtig, daß der Verbraucher auf vollkommen trockene Lagerung achtet, da sonst die Bleichkraft leiden kann.

Terrana D ist eine säurefreie Roherde. Die Marke ist ein vollwertiger Ersatz für amerikanische und englische Fullererde und ist für alle leicht bleichbaren Öle und für solche, die mit aufgeschlossener Erde leicht Veränderungen erleiden, wie z. B. Sesam- und Erdnußöl, hervorragend brauchbar.

Terrana B und C sind Produkte, welche nach besonderen Wünschen hergestellt werden und bezüglich ihrer Bleichkraft zwischen Terrana A und D liegen.

Außerdem werden für spezielle Zwecke und nach besonderen Angaben einzelner Firmen Sondermarken hergestellt, die bei höchster Aktivität im Säuregehalt zwischen Terrana A und Terrana A neutral liegen.

Alle diese Bleicherden werden mit größter Sorgfalt aus einem Rohmaterial, das aus geologisch besonders ausgesuchten Gruben gewonnen wird, hergestellt. Die Mahlung erfolgt auf 5000 Maschen pro Quadratzentimeter Feinheit.

Verwendung finden die Produkte

I. Zum Entfärben von Mineralölen und verwandten Produkten. Benzin, Petroleum und Gasöl, die leichtesten Anteile des Erdöls, brauchen im allgemeinen nicht gebleicht zu werden. In besonderen Fällen, z. B. bei Krackbenzinen und Gasölen für Absorptionszwecke (Waschöle), kann Bleicherde mit Vorteil verwendet werden, um stark riechende und ungesättigte Verbindungen zu entfernen. Man bleicht in der Kälte mit etwa 2% Terrana A.

Leichte und schwere Maschinenöldestillate lassen sich nach der Raffination mit konzentrierter Schwefelsäure und Lauge beträchtlich aufhellen, wenn man sie unter intensivem Rühren mit 3—6% Terrana A neutral behandelt. Die Behandlung erfolgt zweckmäßig stufenweise bei 70—80°.

Auch Maschinenöle des Handels können zwecks Verbesserung der Konstanten derselben Bleichmethode unterzogen werden.

Neuerdings ist es ferner gelungen, selbst hochviscose Destillate ohne die verlustreiche Säurebehandlung lediglich auf dem Adsorptionswege zu reinigen. Mit Hilfe von Terrana A, wovon je nach dem Charakter der Öle 3—10% benötigt werden, erhält man durchsichtige und mildriechende Raffinate. Namentlich Turbinenöle, welche bekanntlich mit Wasser nicht emulgieren dürfen, können auf diese Weise aus Destillaten verschiedener Provenienz in vorzüglicher Qualität gewonnen werden. Transformatoren- und Schalteröle, die den Anforderungen der Elektrizitätswerke genügen sollen, müssen äußerst sorgfältig und nicht zu scharf mit Schwefelsäure raffiniert werden. Je nach der Art der Öle und den vorgeschriebenen Verteerungszahlen bleicht man die Raffinate der als Ausgangsmaterial dienenden Spindelöldestillate mit durchschnittlich 3% Terrana A neutral oder der am mildesten wirkenden Erde Terrana D.

Weißöle und medizinische Vaselinöle (Paraffinum liquidum DAB V) müssen scharf raffiniert werden; man verwendet hierfür rauchende Schwefelsäure und alkoholische Lauge. Nach der Raffination ist eine adsorptive Bleichung unerläßlich. 1—5% Terrana A neutral nimmt die letzten Verunreinigungen, kolloide Farbkörper und besonders Geruch- und Geschmackstoffe heraus.

Paraffin, Montanwachs und Ozokerit (Ceresin) lassen sich mit 2—10% Terrana A sehr gut bleichen. Bei Braunkohlenparaffin kann mit 0,1—0,5% Entfärbungskohle nachgebleicht werden, um Nachdunkeln zu vermeiden.

Teeröle, Urteerprodukte sowie Schieferöle sind mit 5—12% Terrana A raffinierbar.

Ein wichtiges Anwendungsgebiet ist ferner die Reinigung von gebrauchten Maschinen-, Turbinen- und Transformatorenölen, wobei sich Terrana A zum Teil in Verbindung mit chemischen Raffinationsmitteln gut bewährt hat.

II. Zum Entfärben von pflanzlichen Ölen und Fetten. Vorraffination. Um die Bleichfähigkeit der Öle und Fette zu verbessern und die Bleicherde wirtschaftlich auszunutzen, ist es notwendig, die Öle und Fette von vorhandenen freien Fettsäuren in bekannter Weise durch Behandlung mit Lauge oder Soda zu befreien. Die entsäuerten und gewaschenen Produkte kommen dann zur Bleichung. Allgemein kann gesagt werden: je weniger freie Fettsäure ein Öl oder Fett enthält, desto besser ist die Bleichwirkung von Terrana.

Bleichdauer. Die hochaktiven Sorten Terrana A und Terrana A neutral wirken sehr rasch, so daß der ganze Bleichvorgang in 15—30 Minuten vollendet ist. Terrana D muß, da es langsamer wirkt, 1 bis $1^1/_2$ Stunden mit dem Öl verrührt werden.

Prozentsatz Bleicherde. Über den anzuwendenden Prozentsatz Bleicherde können allgemeingültige Sätze nicht aufgestellt werden, da dieser mit der Beschaffenheit des Öles und dem gewünschten Grad der Entfärbung stark wechselt. Hierfür werden stets Laboratoriumsversuche oder Betriebserfahrungen notwendig sein.

Die deutschen Bleicherden. 219

In folgendem geben wir einige allgemeine Anhaltspunkte für die Bleichung:

Leinöl: Bleichtemperatur 80—110°. Verwendet wird je nach der gewünschten Entfärbung 3—8 % Terrana A. Durch die Behandlung mit Terrana A kann ein tadelloses, neutrales Lackleinöl gewonnen werden. Eine einfache Entschleimung ist mit Terrana D zu erzielen.

Sojaöl: Das entsäuerte Öl wird bei etwa 90° mit 2—6 % Terrana A neutral gebleicht. Für bloße Entschleimung genügt die Anwendung von Terrana D.

Cottonöl: Das vorraffinierte hellgelbe Öl wird mit 3—5 % Terrana D oder mit 2—3 % Terrana A neutral gebleicht.

Rüböl: Das entsäuerte Öl wird bei 80—90° mit 2—5 % Terrana A oder Terrana A neutral zur Bleichung gebracht. Öle zweiter und dritter Pressung werden mit Terrana A raffiniert, unangenehme Geschmackstoffe werden hierbei entfernt.

Olivenöl: Das hellgrüne Öl erster Pressung läßt sich mit 1—2 % Terrana A neutral gut entfärben. Die Bleichtemperatur soll nur 40 bis 50° betragen.

Sulfur- oder Orujoöl (durch Extraktion aus den Rückständen der Olivenpressung gewonnen).

Sulfuröl mit nicht mehr als 20 % freier Fettsäure wird mit Lauge entsäuert und kommt als neutrales Öl mit 3—10 % Terrana A neutral zur Bleichung. Sulfuröl mit mehr als 20 % freier Fettsäure läßt sich direkt schwer entfärben und wird vorteilhaft mit 1—2 % konzentrierter Schwefelsäure vorbehandelt. Das von den sich bildenden schwarzen Flocken abgezogene und gewaschene Öl wird bei 80—90° mit 5—10 % Terrana A gebleicht.

Rizinusöl: Das Öl wird auf 70—80° erwärmt und mit 2—4 % Terrana A neutral gebleicht.

Erdnußöl: Das Öl wird bei 50—70° mit 1—3 % Terrana A neutral gebleicht. Sollte das Öl mit dieser Erde Veränderungen in der Farbe erleiden, so wird Terrana D angewendet.

Sesamöl: Falls kein rötlicher Stich auftritt, kann bei 40—60° mit 1—3 % Terrana A neutral gebleicht werden. Der rötliche Stich kann durch geeignete Behandlung mit Schwefelsäure entfernt werden. Sein Auftreten wird aber auch vermieden durch Anwendung von 3—5 % Terrana D.

Palmöl: Die Palmöle mit ihrem zum Teil hohen Fettsäuregehalt verhalten sich sehr verschieden beim Bleichen. Je nach der Rohölsorte wird bei einer Temperatur bis zu 140° 4—12 % Terrana A zur Bleichung verwendet.

Palmkernöl: Das entsäuerte Öl wird bei 80—90° am besten mit 2—4 % Terrana D gebleicht.

Kokosöl: Das neutrale Öl wird auf 60—80⁰ erwärmt und mit 0,5 bis 3 % Terrana A neutral zur Bleichung gebracht.

III. Zum Entfärben von tierischen Ölen und Fetten. Talg: Wenn es sich nicht um ganz frischen Talg handelt, ist eine Entfernung der freien Fettsäuren notwendig. Der Talg wird auf 90⁰ erwärmt und mit 3—8 % Terrana A gebleicht.

Trane: Die Trane verhalten sich sehr verschieden. Helle bis mittlere Sorten lassen sich bei 80—90⁰ mit 3—8 % Terrana A bleichen. Dunklere Sorten sind schwer zu bleichen. Eine Vorbehandlung mit konzentrierter Schwefelsäure kann bei letzteren von Vorteil sein.

Schweinefett: Erfordert ebenfalls eine Vorraffination, wenn es nicht ganz frisch vorliegt. Das Fett wird bei 80⁰ mit 2—5 % Terrana A neutral gebleicht.

Knochenfett: Hier ist es notwendig, vor der Verarbeitung die Kalkseife durch Kochen des Fetts mit verdünnter Schwefelsäure zu vernichten. Der Kalk scheidet sich hierbei als Gips aus. Das Fett wird sodann auf 80—90⁰ erwärmt und mit 3—10 % Terrana A gebleicht.

Abdeckereifett: Läßt sich nach Vorbehandlung mit Lauge bei 70 bis 80⁰ mit 5—10 % Terrana A gut bleichen.

Bienenwachs: Wird bei 85⁰ mit 5—10 % Terrana A am besten in einem zweimaligen Bleichgang gebleicht. Eine Nachbleiche am Sonnenlicht ist oft zweckmäßig, um ein reines Weiß zu erzielen.

IV. Zum Entfärben von Fettsäuren. Helle Fettsäuren können ohne Vorbehandlung mit 5—8 % Terrana A gebleicht werden. Bei dunkleren Sorten ist eine Vorraffination mit konzentrierter Schwefelsäure notwendig.

Die Sirius-Werke besitzen eine Reihe von Patenten und Sonderverfahren, die die Herstellung gekörnter und regenerierbarer Produkte betreffen.

1. D.R.P. 394500 vom 2. Mai 1913 Th. Blakkolb (Feuerbach) und E. Maag (Murrhardt, Württbg.). Aufschlußverfahren für kieselsäurehaltige Erden, insbesondere für Bleicherde, dadurch gekennzeichnet, daß der natürlichen Erde solche Stoffe beigemengt werden, aus welchen bei nachfolgender Hydrolyse, Elektrolyse oder chemischer Behandlung Säuren frei werden, welche in statu nascendi die Erde besonders günstig beeinflussen.

2. D.R.P. 400425 vom 2. Mai 1923 Th. Blakkolb (Feuerbach) und E. Maag (Murrhardt, Württbg.). Aufschlußverfahren für kieselsäurehaltige Erden durch gasförmige Säuren, dadurch gekennzeichnet, daß die Säuren in heißem, gasförmigem Zustande unmittelbar nach ihrer Erzeugung in die Aufschwemmung der Erden geleitet werden.

3. D.R.P. 402154 vom 2. Mai 1923 Th. Blakkolb (Feuerbach) und E. Maag (Murrhardt, Württbg.). Kocher zum Aufschluß erdiger

Stoffe, insbesondere Bleicherden, mittels Dampf und Säuren, gekennzeichnet durch einen zweckmäßig zylindrischen Kochraum, in den entweder mehrere tangential angeordnete Düsen oder eine in ein konzentrisches weiteres Rohr hineinragende Düse oder ein Düsensystem für den Dampf unten mündet.

b) Bergbaugesellschaft Ravensberg m. b. H. in Baierbrunn bei München.

Die Bergbaugesellschaft Ravensberg m. b. H. stellt aus an der Isar in Bayern vorkommender, natürlicher, kieselsaurer Tonerde die Bleicherde Alsil her, deren chemische Zusammensetzung ist:

Kieselsäure 57,5%
Aluminium- und Eisenoxyd . . . 19,5%
Wassergehalt 9,7%
Glühverlust 13,2%

Das spezifische Gewicht beträgt 2,10, das Schüttgewicht 0,6—0,7.

Alsil wird in den fünf verschiedenen Marken R, B, X, Y und Z hergestellt, die ihren Eigenschaften gemäß auch verschiedene Verwendungsgebiete haben, wie sich aus folgendem ergibt.

Alsil R wird angewendet, wenn schwer bleichbare, rohe Öle für technische Zwecke ohne Vorbehandlung gebleicht werden sollen. Ferner gebraucht man sie vorteilhaft zum Bleichen von Fettsäuren, Fischtranen, Bienenwachs, Ozokerit usw.

Alsil B wird für bereits neutralisierte Öle, die für Speisezwecke dienen sollen, wie Sojaöl, Rüböl, Kürbiskernöl u. dgl., gebraucht. Ferner ist es vorzüglich geeignet zur Raffination von Mineralölen.

Alsil X ist eine bayerische Fullererde. Sie dient als Ersatz für die englischen und amerikanischen Roherden, verleiht jedoch den gebleichten Ölen keinerlei Erdgeschmack, wie er teilweise durch die amerikanischen Erden verursacht wird, und hat außer ihrer Bleichkraft noch neutralisierende Eigenschaften.

Alsil Y wird bei leicht bleichbaren und empfindlichen Speiseölen, wie Sesam-, Erdnuß-, Mohn-, Kokosölen, angewendet.

Alsil Z ist eine Sondermarke, die nur für einige Fette und Öle in Frage kommt, wie Knochenfett, Abfallfett, Palmöl, Sulfuröl u. dgl.

Als basische Bleicherde für den sog. Trockenprozeß kann die Marke Alsil X mit Vorteil verwendet werden. Man verfährt dabei derart, daß man mit ihr die Schwefelsäurereste abstumpft, die in pflanzlichen und Mineralölen nach der Säurebehandlung noch verbleiben. Dadurch umgeht man die lästigen Emulsionen, die sich bei der Abstumpfung mit verdünnten Laugen leicht bilden, und hat noch die weiteren Vorteile, daß das Öl gleichzeitig geklärt und entfärbt wird.

In der Raffinationstechnik gilt der Grundsatz: je empfindlicher das Öl, desto niedriger die Bleichtemperatur. Bei der Behandlung feiner Speiseöle geht man meist nicht über 50—60° C, während man Rüb-, Soja- und Leinöl auf 90—100° erhitzen kann, ohne daß diese Öle dadurch irgendwie leiden. Bei Ceresinen und Ozokerit geht man auch mit der Temperatur über 150° C, um eine gute Bleichwirkung zu erreichen. Die besten Ergebnisse erhält man ferner, wenn die Öle trocken zur Bleichung gelangen. Speiseöle, die mit Lauge vorbehandelt worden sind, müssen gut gewaschen und getrocknet werden, ehe man Bleicherde zugibt, da außer Feuchtigkeit auch Seifenreste die Bleichwirkung beeinträchtigen und obendrein die darauffolgende Filtration sehr erschweren. Weitere Bedingung für die volle Auswirkung der Bleicherde ist eine innige Vermischung mit dem Öl, was nur durch kräftige Rührwerke erzielt werden kann. Über die Rührdauer lassen sich auch nur allgemeine Angaben machen. Bei Anwendung niederer Bleichtemperaturen wird man meist länger rühren müssen, um die stärkste Aufhellung zu erhalten. Bleicht man bei 80—100° C mit den hochaktiven Alsilmarken, erreicht man die stärkste Aufhellung schon nach 10—15 Minuten. Es ist daher zwecklos, ja sogar schädlich, dann noch weiterzurühren. Es empfiehlt sich vielmehr, das Öl hierauf sofort auf eine Temperatur von 40—50° C abzukühlen. Bei dieser kann die Luft nicht mehr schädlich einwirken, und andererseits bleibt das Öl noch genügend dünnflüssig, um eine glatte Filtration zu gestatten. In der modernen Speiseölindustrie erfolgt die Erhitzung des Öles, die Zugabe der Bleicherde sowie die Kühlung des gebleichten Öles unter Vakuum.

Die Entölung der Bleicherderückstände kann auf verschiedene Weise erfolgen. Als einfachster Behelf wird Durchblasen von Luft oder Wasserdampf angewendet, von letzterem, wenn es sich um leicht oxydierende Öle wie Leinöl handelt, weil beim Durchblasen mit Luft leicht gefährliche Erhitzungen der Filterrückstände eintreten können, wobei die Filtertücher selbstverständlich zerstört werden würden. Auf diese Weise lassen sich mehrere Prozente des von der Bleicherde aufgesogenen Öles zurückgewinnen. Zur vollständigen Entölung der Bleicherderückstände ist die Extraktion mittels Lösemitteln das beste und sicherste Verfahren. Es erfordert jedoch eine ziemlich verwickelte Apparatur und umständliche Arbeitsweise, so daß es nur im Großbetrieb lohnt.

Man ist daher bestrebt, einfachere Methoden ausfindig zu machen, und hat hierzu die sog. Druckentfettung in einem mit Rührwerk ausgestatteten Druckgefäß mit Hilfe schwacher, ätzender Alkalien und schwacher Salzlösungen vorgeschlagen; hierbei wird das Öl in einem solchen Zustand wiedergewonnen, daß es bei der Raffination von Rohöl bis zu etwa 2% zugesetzt werden kann, ohne die Farbtype des Enderzeugnisses zu beeinträchtigen. Andere Verfahren, wie Verseifung mittels Alkalien, Erwärmung mittels Schwefelsäure und Sodazusatz, Autoklavenspaltung u. dgl., ergeben ein Öl, das nur für technische Zwecke verwendbar ist. Es empfiehlt sich daher, Erden von höchster Bleichkraft anzuwenden, damit von diesem lästigen Nebenprodukt möglichst wenig anfällt. Der Raffinationsabfall ist beim Gebrauch unserer hochaktiven Bleicherde Alsil am sehr gering;

c) Die Verwendung von Fullererden zur Herstellung von Farbstoffen usw.

Auf der Tatsache, daß Fullererde basische Farbstoffe absorbiert, beruht ihre Verwendung bei der Herstellung von Kalkgrün oder Grünerde (E. F. Morris)[1].

Ferner dient zum Bleichen von Öl gebrauchte, unwirksam gewordene Fullererde zur Herstellung einer tiefschwarzen Farbe. Zu diesem Zweck wird die Masse hoch erhitzt, bis sie Feuer fängt und das Öl verbrennt. Dann wird die Masse mit einem anderen schwarzen Farbstoff, einem Trockenmittel und Träger gemischt (K. B. Lamb, New York, und The American Cotton Oil Company, New Jersey, Amer. P. 1424 414).

P. Rohland[2] empfahl ferner die Anwendung von plastischen Tonen für die Reinigung kolloidhaltiger Fabrikabwässer (Stärkefabriken, Gerbereien, Färbereien, Leimsiedereien, Zuckerfabriken, Papierfabriken, Brauereien und Spiritusbrennereien).

7. Die im In- und Ausland patentierten Verfahren zur Herstellung von aktiven Bleicherden.

J. Kohldorfer (Landshut) behandelt die Roherden in fein zerteiltem Zustand mit verdünnter Schwefelsäure und neutralisiert alsdann die Mischung mit Ammoniak.

Ein toniges, kieselsäurereiches Gestein, das aus 3,25 % Natronfeldspat, 1,71 % Kalifeldspat, 83,89 % Quarz und 11,75 % Tonsubstanz besteht, wird z. B. erst fein gepulvert, dann etwa eine Stunde lang unter Erwärmen auf 80—100° C mit 10 %iger Schwefelsäure verrührt.

Hierauf wird die Mischung, ohne Abscheidung der in Lösung gegangenen Bestandteile, mit Ammoniak behandelt und der feste Rückstand durch Absitzenlassen, Filtrieren oder Zentrifugieren von der Flüssigkeit getrennt. Letztere kann auf Ammonsulfat verarbeitet werden.

---

[1] Chem. Metallurg. Engg. **27**, S. 53.
[2] Z. f. Chem. u. Ind. der Kolloide. **2**, S. 177—179, 1907.

Der Rückstand wird bei 80—100⁰ C getrocknet. Eine vollkommene Neutralisierung soll nicht nötig sein, da weder ein kleiner Säuregehalt noch ein Überschuß an Ammoniak, ebenso ein größerer oder geringerer Tongehalt nicht schädlich ist.

Auf diese Weise sollen auch aus magnesiumfreien oder -armen Erden gut wirkende Bleicherden gewonnen werden können (D.R.P. 305452 vom 3. Juni 1914).

L. Kern (Hamburg) vereinigt die Verbesserung der Erhöhung der Bleichwirkung der Bleicherden mit der Trocknung der mit Säure behandelten Produkte in einem Arbeitsgang, erforderlichenfalls auch mit der Mahlung.

Zu diesem Zweck verrührt er die Silicate mit einer bei oder unterhalb 100⁰ C verdampfbaren Säure, wie Essig-, Salpetersäure, schweflige Säure oder beiden zugleich, auch mit dem Gemisch von Essigsäure und schwefliger Säure, und erhitzt das Gemisch in einem Vakuumverdampfungsapparat.

Die Wahl der einzelnen Säure hängt von der Beschaffungsmöglichkeit der ersteren, der Beschaffenheit der Roherde und der Art der Verwendung ab.

Man weicht z. B. Roherde mit etwa der Hälfte ihres Gewichtes einer verdünnten Essigsäure (1,0083 Volumengewicht) gründlich auf, bringt sie in einen mit einem Kondensator verbundenen, unter Vakuum stehenden Verdampfapparat und trocknet darin die Masse, bis keine Dämpfe mehr entweichen. Die Temperatur darf nicht wesentlich höher als 100⁰ C sein, damit das Kieselsäurehydrat nicht in das Anhydrid übergehen kann.

Die im Kondensator verdichtete Essigsäure wird zum Aufweichen einer neuen Menge Roherde verwendet. Die getrocknete Erde wird staubfein gemahlen (D.R.P. 304076 vom 23. Dezember 1916).

Später ersetzte Kern die flüssigen Säuren durch gasförmige (z. B. schweflige Säure), wodurch sich eine Ersparnis an Apparaten ergibt. Auch kann die Roherde schon fertig gemahlen damit behandelt werden. Die Beschaffung der gasförmigen Säuren ist billiger als die der flüssigen.

Zweckmäßig verwendet man mehrere hintereinandergeschaltete, die gemahlene Roherde aufnehmende Behälter, durch die die schweflige Säure als Gas hindurchgeleitet wird. Entweichen größere Mengen der Säure, ist der Prozeß zu Ende, und nun wird durch einen Strom warmer Luft die an der Bleicherde haftende Säure ausgetrieben (D.R.P. 305896 vom 2. Februar 1917).

Im Jahre 1919 meldeten die Pfirschinger Mineralwerke Gebr. Wildhagen & Falk (Kitzingen a. M.) ein Verfahren zur Erhöhung der Entfärbungskraft von Silicaten, das darin besteht, die Kieselsäure natürlicher Silicate (z. B. Ton, zum Patent an Kaolin u. dgl.) durch

Die im In- und Auslande patentierten Verfahren. 225

aufschließende Behandlung mit Säuren, insbesondere mit genügend starker Salzsäure ganz oder größtenteils in Kieselhydrat überzuführen. Das auf dieses Verfahren erteilte D.R.P. 339919 vom 21. November 1919 wurde wenige Jahre später für nichtig erklärt.

Dieses Verfahren ist in der Schweiz durch das Patent 99033 geschützt worden.

Hier ist ferner das Aufschlußverfahren für kieselsäurehaltige Erden von Th. Blakkolb (Feuerbach) und E. Maag (Murrhardt, Württbg.) zu nennen, das den Gegenstand des D.R.P. 394500 vom 2. Mai 1923 bildet und darin besteht, die hierzu erforderlichen Säuren (insbesondere Salz- oder Schwefelsäure) in chemisch gebundener Form mit der jeweils aufzuschließenden Erde zu mischen und dann auf chemischem oder physikalischem Wege (Hydrolyse, Elektrolyse oder Zusatz chemisch entsprechend wirkender Stoffe) die Säure frei zu machen, so daß sie in statu nascendi, also im aktivsten Zustand auf das Silicat zur Einwirkung kam.

Zum Beispiel wird die Erde mit einer entsprechenden Menge Magnesiumchlorid oder Endlauge der Kaliwerke oder Chlorammonium gemischt und das Gemisch erhitzt oder mit Wasserdampf behandelt.

Man kann auch die Erde mit Kochsalz mischen und Schwefelsäure darauf einwirken lassen.

Schließlich wird beispielsweise die mit Eisenvitriollösung angerührte Bleicherde in langsamem Kreislauf von der Kathode zur Anode elektrolysiert, wobei an der Anode Schwefelsäure frei wird.

Weiterhin (D.R.P. 400425 vom 2. Mai 1923) ersparen die Genannten die beim Aufschließen der Erden mit Säure erforderlichen Wärmemengen zum größeren oder geringeren Teil dadurch, daß sie das Säuregewinnungsverfahren und das Aufschlußverfahren so miteinander verbinden, daß ein organisches Ganzes entsteht.

So leiten sie z. B. die aus den Sulfatöfen in glühend heißem Zustand entweichenden Salzsäuregase in die wässerige Aufschlämmung der zu behandelnden Bleicherde, wodurch diese zum Kochen gebracht wird.

Bei der elektrolytisch-synthetischen Salzsäuregewinnung, bei der auf 1 kg HCl-Gas bei der Vereinigung von Chlor und Wasserstoff 1079 Calorien frei werden, liegen die Verhältnisse noch günstiger.

Zwecks Nutzbarmachung müssen die Säuredämpfe oder gasförmigen heißen Säuren während der ganzen Dauer des Kochverfahrens in ständigem Strom in das Kochgut eingeführt werden, und zwar am einfachsten mittels einer Dampfstrahlpumpe, wobei ein Teil der Wärmeenergie in Strömungsenergie umgesetzt wird, die zugleich die Durchmischung des Kochgutes bewirken und ein besonderes mechanisches Rührwerk zu ersetzen vermag.

Kausch, Kieselsäuregel. 15

Die Bleicherden.

Selbstverständlich können die Säuredämpfe auch auf andere beliebige Weise auf den nötigen Einblasedruck ins Kochgut gebracht werden.

Im Falle der elektrolytisch-synthetischen Salzsäuregewinnung ist dies besonders einfach, da hier sowohl das Chlor als auch der Wasserstoff zunächst kalt anfallen und deshalb leicht vor ihrer Vereinigung in einem mit dem Kocher in Verbindung stehenden Verbrennungsraum so weit verdichtet werden können, daß die entstehende Salzsäure in den Kochraum ausströmt und durch ihre Strömungsenergie gleichzeitig die Durchmischung des Erdbreies besorgt.

Einen Kocher zum Aufschluß erdiger Stoffe mittels Dampf und Säuren, den sich Blakkolb und Maag haben schützen lassen (D.R.P. 402154 vom 2. Mai 1923), zeigt die Abb. 31.

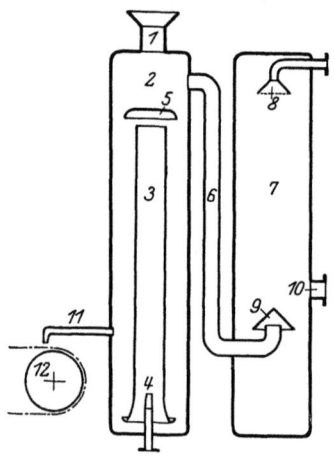

Abb. 31. Kocher zum Aufschließen erdiger Stoffe. (D.R.P. 402154.)

Er ist so eingerichtet, daß er das Kochgut in ständigem Kreislauf erhält und durch seine Strömungsenergie eine feine Zerreibung bewirkt.

1 ist die Füllvorrichtung für das Kochgut, das in den Kochraum 2 eingebracht werden soll, in dem sich das senkrechte Rohr 3, in welches unten die Dampfzuleitung 4 in eine Düse mündet, befindet.

Aus dieser Düse strömt der Dampf mit großer Geschwindigkeit aus, wobei er das Kochgut nicht nur fein zerreibt, sondern auch in dem Rohr 3 eine starke, aufwärts gerichtete Strömung hervorruft.

Die in Bewegung befindliche Masse gibt beim Austreten aus dem Rohr unter der Haube 5 ihren Dampf- oder Gasgehalt ab und wendet sich nach unten, um aufs neue unten wieder angesaugt zu werden.

Nun könnte natürlich das Kochgut durch den Dampf auch in der Weise in Bewegung gesetzt werden, daß er durch entsprechende Düsen tangential in horizontaler Richtung in den Kocher eingeführt wird und dadurch das Kochgut in Wirbelung um die Kocherachse versetzt.

Durch das Rohr 6 strömen die Dämpfe in den Kondensator 7, in dem durch die Brause 8 Wasser oder eine dünnflüssige Aufschwemmung der Erde selbst, entweder in freiem Fall oder über geeignete Einsatzkörper, den Dämpfen oder Gasen zwecks Verdichtung entgegengeführt werden.

10 ist der Anschluß an eine Luftpumpe. Durch 11 gelangt das fertige Kochgut aus dem Kocher in die Trockenvorrichtung 12. Diese kann

ein Transportband sein, auf das man das Kochgut aufspritzt und das in einem geheizten Raum läuft.

Falls im Kondensator 7 eine Erdaufschwemmung als Verdichtungsmittel Verwendung findet, muß der sich unten ansammelnde Erdbrei durch ein Rohr mittels einer Pumpe oder Injektor in den Kocher transportiert werden. Dann ist die Füllvorrichtung entbehrlich. Der Kocher und alle mit Säure in Berührung kommenden Teile der Apparatur werden aus Steingut oder anderen säurefesten Stoffen hergestellt.

An Stelle von Säuren nimmt die Kochelwerk Aktiengesellschaft für chemische Erzeugnisse (Berlin) (C. E. J. Goedecke, Manchester, Engl. P. 213438), gemäß ihrem Patent 407618 vom 5. April 1922, Alkalilösungen organischer Stoffe, um natürlichen oder künstlichen Silicaten bleichende Eigenschaften zu verleihen oder ihre Bleichkraft zu erhöhen.

Zur Ausführung dieses Verfahrens werden die Silicate, am besten solche, die reich an kolloidalen Bestandteilen und an zeolithischer Substanz sind, bei gewöhnlichem oder erhöhtem Druck mit den alkalischen Lösungen organischer Substanz erhitzt.

Dabei soll der Zusatz an Alkali möglichst niedrig sein, damit sich nicht nennenswerte Mengen von Aluminaten oder wasserlöslicher Salze der Kieselsäure bilden. Auch ist es nötig, daß die Menge der organischen Substanz groß ist, wenn auch größter Überschuß daran nicht schädlich wirkt.

Bei den meisten natürlichen Tonerdesilicaten genügt die Menge organischer Substanz, die als Verunreinigung darin enthalten ist.

Zum Beispiel werden 100 kg magerer Ton oder minderwertiger Bleicherde mit Wasser angeschlämmt, dem etwa 1 kg mit Alkali aufgeschlossener Braunkohle und etwa 1 kg technischen Wasserglases zugesetzt wurde. Dann wird gekocht, wobei sich der dünnflüssige Brei versteift. Sobald die Masse ihre ursprüngliche Dünnflüssigkeit wiedererlangt hat, ist die Reaktion beendet. Alsdann wird die Erde neutralisiert und gewaschen, sie kann feucht oder trocken Verwendung finden.

Die Schweizerische Sodafabrik (Zurzach) will Bleicherden (Fullererde u. dgl.) in sehr kurzer Zeit dadurch in ihrer Bleichkraft erhöhen, daß sie diese in Homogenisierapparaten mit verdünnter (1 %iger) Salzsäure in der Kälte emulgiert in Hohlfässern unter Verwendung eines Turbomixers. Nach 10 Minuten wird die Masse durch Absaugen von der Flüssigkeit befreit, gewaschen und getrocknet (Schweiz. P. 94440, Engl. P. 176333 und Amer. P. 1455995).

Ton und insbesondere ein Aluminiumhydrosilicat von der Montmorillonitart, das in San Diego (Californien) gefunden und dort als Otoylit bekannt ist, führen P. W. Prutzman und C. J. von Bibra (General

Petroleum Corporation, Los Angeles, Californien) in der Weise in Bleicherde über, daß sie zunächst mit Wasser eine plastische oder breiige Masse aus dem Mineral bilden, dann diesen Brei der Einwirkung von Säure (Schwefelsäure) unterwerfen und das Wasser abscheiden. Die Masse wird in plastischem Zustand ohne weiteres, und zwar mit gutem Erfolge mit dem zu reinigenden Öl gemischt (Engl. P. 227177, Franz. P. 571374 und 583163, Amer. P. 1397113).

Montmorillonit, Bauxit, Pyrophyllit, Kaolinit, Bleicherde, Kieselgur od. dgl. behandeln J. W. Weir (Fillmore, Californien) und J. C. Black (Destrehan, Louisiana) mit nicht mehr als 10% ihres Gewichts an Schwefel- oder Salzsäure und trocknen alsdann die so erhaltenen Massen, und zwar bis zur Vertreibung des Krystallwassers in den Ausgangsstoffen. Dann werden die Produkte fein gemahlen (Amer. P. 1492184).

Von äußerst fein gemahlenem Ton gehen die Erdwerke München Otto Lietzenmayer (München) aus, mischen ihn mit Säure, erhitzen die so erhaltene Paste kurze Zeit zwecks Austreibens des Wassers oder trocknen ihn. Etwaige dabei entweichende Säure wird verdichtet und in das Verfahren zurückgeführt. Das Wasser kann auch an der Luft oder im Vakuum zum Verdampfen gebracht werden.

Aus der getrockneten Paste werden die gebildeten löslichen Salze durch kaltes oder warmes Wasser entfernt, dann wird das Produkt getrocknet und gemahlen (Engl. P. 248639).

Abwässer von Bleicherdefabriken und verwandter Industrien will Ernst Maag (Murrhardt) nutzbar machen, indem er in das Gemisch aus aufgeschlossenem Ton oder Erde mit dem Abwasser oder in die von den Erden vorher getrennten Abwässer organische Stoffe (Holzabfälle aller Art, Torf, Sulfitzellulose usw.) einbringt und sie dann, gegebenenfalls bei erhöhtem Druck und entsprechender Temperatur, kocht. Hierbei werden große Mengen hochwertiger Essigsäure und Methylalkohol frei und die organische Substanz zu Kohle abgebaut, die als Absorptions- oder Brennstoff Verwendung finden soll (D.R.P. 428486 vom 3. März 1925).

Die Wirksamkeit der Fullererde will P. A. Boeck (New York) (Celite Products Company, Los Angeles) dadurch steigern, daß er ihr (calcinierte) Kieselgur (Infusorienerde) zumischt (Amer. P. 1272197). Boeck gibt in dieser Patentschrift ferner an, daß er die Kieselgur durch wiederholtes Glühen (Calcinieren) fähig machen kann, ebenfalls als Entfärbungsmittel zu wirken.

Ch. C. Ruprecht (Olmsted, Illinois) kam zu der Überzeugung, daß für die Wirksamkeit der Fullererde von Bedeutung sind die Gestalt der Poren und Zellen der Erden, die Dimensionen der färbenden Stoffe und die Oberflächeneigenschaften der Poren oder Zellen.

Die Verwendung der Bleicherden zum Entfärben.

Um diese Wirksamkeit möglichst zu steigern, wird die Bleicherde durch Trocknen vom hygroskopischen Wasser befreit, dann mit einer kolloidalen Lösung (Leim, Eiweiß, mineralisches Kolloid) behandelt, worauf ein Teil dieser Lösungen entfernt und die Erde getrocknet wird (Amer. P. 1524843).

8. Die Verwendung der Bleicherden zum Entfärben von Fetten und Ölen sowie Wachsen.

Bei Verwendung von Bleicherden zum Behandeln von Ölen und Fetten kommen das Misch- und das Filtrationsverfahren in Betracht.

Im ersteren Falle werden die zu entfärbenden Fette und Öle zunächst in einem mit Rührwerk ausgestatteten Bottich durch Erwärmen wasserfrei gemacht, dann mit der erforderlichen Menge Bleicherde, die in möglichst breiter Fläche zugeführt wird, vermischt, und 20—30 Minuten verrührt. Es darf sich dabei die Bleicherde nicht am Boden abscheiden. Nach dem Absetzenlassen bringt man das Ganze auf eine Filterpresse.

Sollten die ersten Ölanteile die Filterpresse nicht ganz klar passieren, so werden sie wieder in den Mischbottich zurückgebracht und dann nochmals durch die Filterpresse geschickt.

Nach Beendigung der Filtration wird gegebenenfalls erhitzter Dampf hindurchgeleitet oder der Rückstand einer hydraulischen Presse zugeführt.

Die Menge der den zu bleichenden Stoffen zuzusetzenden Erde schwankt zwischen 3—10%, wobei die Art des Öles oder Fettes und der gewünschte Entfärbungsgrad zu berücksichtigen sind.

Was die dabei innezuhaltende Temperatur anbelangt, so ist diese ebenfalls verschieden (60—70° C, 80—100° C und über 100° C). Speiseöle und Fette erleiden bei zu hoher Temperatur eine Geschmacksverschlechterung. Zweckmäßig werden die innezuhaltenden Bedingungen durch Vorversuche im Kleinen (100 g Öl) ermittelt.

Beim Filtrationsverfahren schickt man das Fett oder Öl durch eine (ruhende) Schicht von Bleicherde.

Dies wird so lange fortgesetzt, bis die durchgelaufene Öl- oder Fettmasse kaum mehr eine Entfärbung zeigt, was anzeigt, daß die Bleichkraft der Filtermasse erschöpft ist.

Die Mahlung der für diese Filter in Betracht kommenden Erden richtet sich nach der Viscosität der zu entfärbenden Stoffe.

Schwere Öle erfordern eine grobgemahlene, leichtere Öle eine feiner gemahlene Erde.

Die Bleicherden.

Die Entfettung der ölhaltigen Bleicherderückstände kann mittels heißem Wasser, durch das ein Teil des Öles aus der Erde herausgedrängt wird, wenn auch nur unvollkommen, vorgenommen werden.

F. Vollrath[1]) führt bezüglich der Anwendung und Wirkung natürlicher wie zubereiteter Bleicherde folgendes aus.

In neuester Zeit führt man das Bleichen von Ölen und Fetten im In- und Auslande nach folgendem Verfahren aus. Dieses durch trockene Säurung gekennzeichnete Verfahren kann mit Erfolg bei vitalen und fossilen Fettstoffen Anwendung finden und hat den Vorteil, daß man das Waschen der Fette bzw. Öle mit Wasser erspart und bei Mineralölen das ätzende Alkali durch den milden kohlensauren Kalk oder durch die indifferente Bleicherde ersetzt.

Bei der früher durchgängig geübten Raffination von Fetten und Ölen mit Schwefelsäure bedarf es einer genauen Abstimmung der Menge der anzuwendenden Säure, der Temperatur und der Rührdauer.

Die Mineralölraffination mit Säure erfordert starke Säure (66^0 Bé), und man muß die Bedingungen so einhalten, daß genau der Punkt getroffen wird, an dem die auszuscheidenden Beimengungen des Öles bzw. des geschmolzenen Fettes gerade als Flocken, Klümpchen oder zuweilen beim Rühren als ein Klumpen ausfallen und das aufgehellte Öl durchblinkt.

Vitale Fettstoffe reinigt man ebenfalls mittels starker Säure von den Eiweiß-, Leim- und Farbstoffen. Die Temperatur muß möglichst niedrig dabei sein, und bei festen Fetten darf sie nur wenig über deren Schmelzpunkt liegen. Andererseits muß die Temperatur auch bei Ölen so hoch sein, daß sie in gewisser Weise beweglich sind, anderenfalls die Säure zu langsam auf das Öl einwirkt.

Immer (besonders bei Mineralölen) ist dafür zu sorgen, daß eine Erwärmung der zu behandelnden Stoffe nicht eintritt. Dies ist durch eine Kühlvorrichtung zu erreichen.

Man kann bei Fetten auch mit halbstarker Säure, bei gelinder Wärme und geringem Säureüberschuß arbeiten, wobei Metall- und Kalkseifen ihre Basis einbüßen sollen.

Der anfangs auftretende Schaum verschwindet oder wird großblasig bei Beendigung dieser Reinigung.

Das so behandelte Gut wird unter Aufrechterhaltung der Temperatur bis zum Herabsinken des Säuretrubs auf den Gefäßboden und zum annähernden Klarwerden des überstehenden Öles der Ruhe überlassen, was bei zähen Stoffen oft tagelang dauert.

Dann ist das Öl bis auf geringe Mengen von Säure, außer Sulfosäuren bei fetten Ölen, säurefrei.

---

[1]) Chemiker-Zeitung, **50**, S. 455—457, 1926.

Es wird nun der Gesamtsäuregehalt bestimmt, die entsprechende Menge feinpulveriger kohlensaurer Kalk in raffiniertem Öl aufgeschlämmt, zur Sicherheit etwas Bleicherde zugesetzt und versetzt, das Ölerdekalkgemisch in einen Bleichapparat gebracht und unter Rühren das abgestandene raffinierte Öl zulaufen gelassen. Man wärmt gelinde an und verfolgt die Abstumpfung der Säure mit Hilfe von Lackmuspapier.

Die Sättigung ist vollzogen, wenn ein Tropfen der Masse auf Filtrierpapier, über kleiner Flamme vorsichtig abgeraucht, keine Verkohlung hervorruft.

Bei geringem Gehalt an Säure kann man zum Neutralisieren nur Bleicherde verwenden.

Nach erfolgter Neutralisation wird die zur Entfärbung des Öles erforderliche Hauptmenge der Bleicherde zugesetzt und ohne Unterbrechung umgerührt, wobei eine Temperaturerhöhung vorgenommen werden kann.

Zweckmäßig läßt man die Säuremasse so lange ruhen, bis das überstehende Öl blank bzw. durchsichtig oder durchscheinend geworden ist.

Es bleiben dann nach dem sorgfältigen Abziehen nur so geringe Mengen an Säure in dem Öl zurück, daß man — bei Mineralölen — direkt sogar mit aktivierter Erde bleichen kann.

Nach dem Bleichen läßt man bei leichten Mineralölen eine Klärung durch Absitzenlassen vor sich gehen oder man benutzt ein Drehfilter. Schwere Mineralöle oder fette Öle erfordern am besten eine Filterpresse mit starker Zuführungspumpe. Der Säuretrub wird zwecks weiterer Verwendung mit Kalksteinpulver gesättigt.

Ferner dient Bleicherde zum Reinigen von fetten Ölen, insbesondere für Speisezwecke dienenden Pflanzenölen, das auf dem Preßwege erhalten und kühl, dunkel oder halbdunkel aufbewahrt wurde, und zwar am besten Kunstbleicherde.

Die Mengen etwa vorhandener Fettsäuren werden vor dem Bleichen durch Natronlauge, Waschen oder Trocknen oder Extraktion mit Alkohol entfernt. Es ist Vollrath auch gelungen, eine durch Aufnahme von Kupfer blau gewordene Akkumulatorensäure durch Verrühren mit Tonsil AC und Absitzenlassen zufriedenstellend zu entfärben.

9. Die im In- und Auslande patentierten Verfahren zum Bleichen von Ölen, Fetten, Tran, Wachs usw. mittels Bleicherden.

Um die Wirkung der Bleicherden beträchtlich zu steigern, verwendet V. Schwarzkopf (Bremen) diese bei gleichzeitiger Anwesenheit von Wasserstoff zum Bleichen und Reinigen von Ölen und Fetten.

Er geht dabei derart vor, daß er das zu reinigende Öl oder Fett mit etwa 2—3% der Bleicherde versetzt und dann einen kräftigen Strom von Wasserstoff hindurchleitet, wobei die Temperatur langsam bis auf etwa 250° C gesteigert wird.

Bei etwa 220° C beginnen die Fettsäuren überzudestillieren, die in geeigneten Vorrichtungen aufgefangen werden. Diese Säuren sind ganz hell und rein.

Wenn der abströmende Wasserstoff eine bläuliche Färbung zeigt, ist das Verfahren beendet. Man läßt hierauf im Wasserstoffstrom abkühlen und filtriert die stark schwarz gefärbte Masse. Man erhält so ein gutes, helles und säurefreies Öl, das völlig geschmacklos ist und keiner Nachbehandlung mit überhitztem Wasserdampf bedarf.

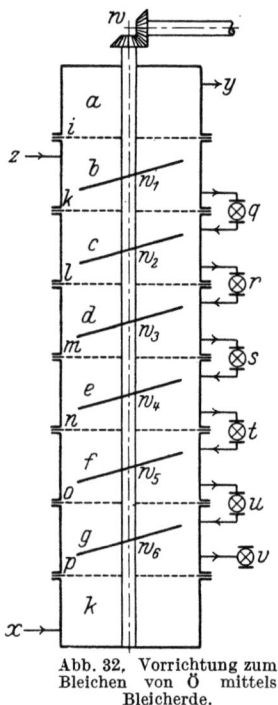

Abb. 32, Vorrichtung zum Bleichen von Öl mittels Bleicherde.
(D.R.P. 344633.)

Bei diesem Verfahren ist ein besonderes Rühren der Ölbleicherdemischung nicht erforderlich, der Wasserstoff bewirkt bereits ein Durchrühren.

Die auf dem beschriebenen Wege erhaltenen Produkte eignen sich in hervorragendem Maße zur katalytischen Wasserstoffhärtung, da der Wasserstoff den größten Teil der Katalysatorgifte aus den Ölen abgeblasen hat. In kürzester Zeit gibt ein nach dem vorliegenden Verfahren behandeltes Öl ein tadelloses Hartfett.

Beispielsweise bringt man 1000 g Rüböl zweiter Pressung durch ein elektrisch geheiztes Ölbad auf die gewünschte Temperatur (etwa 250° C), fügt 30 g Tonsil hinzu und läßt nach dem Einsetzen des Kolbens in das Ölbad einen kräftigen Strom von Wasserstoff während einer 4—5 Stunden währenden Erhitzung auf die genannte Temperatur hindurchgehen. Nach Auftreten von bläulich gefärbtem Rauch hebt man den Kolben aus dem Ölbad und läßt ihn auf 80° C erkalten, worauf man filtriert. An Stelle von Wasserstoff kann man auch solchen enthaltende Gase (Generatorgas) anwenden (D.R.P. 339575 vom 26. Oktober 1918, Öst. P. 95841, Engl. P. 138115, Franz. P. 508849).

Hermann Bollmann (Hamburg) behauptet, dadurch sehr günstige Erfolge beim Bleichen von Fetten und Ölen mit Bleicherde zu erreichen, daß er die Fettstoffe mit einer mit Öl gemischten Bleicherde stufenweise im Gegenstrom und unter Umrühren derart behandelt, daß das Öl schneller als die mit Öl angerührte Bleicherde vorwärts bewegt wird. Abb. 32 zeigt eine für die Ausführung dieses Verfahrens geeignete Vorrichtung.

a, b, c, d, e, f, g, h sind Behälter, deren Zahl beliebig verringert oder vermehrt werden kann. Die Böden dieser Behälter i, k, l, m, n, o, p sind durch Filtertücher abgeschlossen. Zwischen den Behältern b und c besteht Verbindung durch eine Rohrleitung und die Pumpe q, zwischen c und d durch die Pumpe r, zwischen d und e durch die Pumpe s, zwischen e und f durch die Pumpe t, zwischen f und g durch die Pumpe u. w ist ein Rührwerk, w^1 bis w^6 sind Rührschaufeln zur Bewegung des in den Behältern befindlichen Gutes. In den Behältern können Heizschlangen zum Erwärmen des Öles angebracht sein.

Das zu enttfärbende Öl tritt bei x in den Behälter h ein, wird nacheinander durch die Filtertücher p, o, n, m, l, k, i in die Behälter g, f, e, d, c, b, a gedrückt und verläßt die Vorrichtung schließlich bei y.

Die mit bereits gebleichtem Öl angerührte Bleicherde tritt bei z in den Behälter b ein, wird dann durch q nach c, durch r nach d, durch s nach e, durch t nach f, durch u nach g gepumpt und verläßt die Vorrichtung schließlich mittels der Pumpe v.

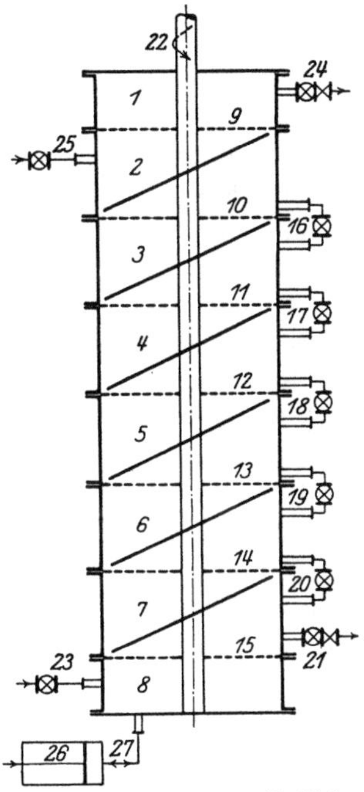

In den Behältern b, c, d, e, f und g wird das Öl mit der Bleicherde durch Rühren mit den Rührschaufeln w^1 bis w^6 in innige Berührung gebracht. Die Geschwindigkeit, mit welcher das zu reinigende Öl von einem Behälter in den anderen gelangt, ist beispielsweise doppelt so groß wie die Geschwindigkeit, mit welcher das Ölbleicherdegemisch in entgegengesetzter Richtung von einem Behälter in den anderen gepumpt wird.

Die Pumpen q bis v pumpen zwar stets auch einen Teil des zu bleichenden Öles bzw. der mit Öl angeriebenen Bleicherde zurück. Dieses ist jedoch auf den Erfolg des Verfahrens ohne Einfluß, weil sich durch die größere Geschwindigkeit, mit welcher sich das zu bleichende Öl durch die Filter bewegt, stets ein Überschuß an diesem ergeben muß.

Abb. 33. Vorrichtung zum Entfärben von Öl mittels Bleicherde. (D.R.P. 347153.)

Das zweckmäßigste Verhältnis, in welchem Bleicherde und Öl angesetzt werden, ist leicht durch Versuche zu ermitteln (D.R.P. 344633 vom 26. September 1919).

Später verwendete er bei dieser Einrichtung nur eine einzige Pumpe, die einmal das zu entfärbende Öl durch die Filter drückt, wobei sich in den Rohrverbindungen zwischen den einzelnen Stufen befindliche Rückschlagventilen schließen, das andere Mal einen Teil der mit Öl gemischten Bleicherde in entgegengesetzter Richtung durch die Verbindungsleitungen von Stufe zu Stufe unter Öffnung der Rückschlagventile saugt.

In der Abb. 33 ist die Einrichtung schematisch veranschaulicht. 1—8 sind Stufen, deren Zahl beliebig verringert oder vergrößert werden kann. Die abgeschlossenen Böden 9—15 dieser Behälter bestehen aus Filtertüchern. Die Stufen 2 und 3 sind durch ein Rohr mit Rückschlagventil 16, 3 und 4 durch ein Rohr mit Rückschlagventil 17, 4 und 5 durch ein Rohr mit Rückschlagventil 18, 5 und 6 durch ein Rohr mit Rückschlagventil 20 verbunden. Das rohe Öl tritt bei 23 in die Vorrichtung ein und verläßt sie entfärbt bei 24. Die mit Öl angerührte Bleicherde gelangt durch 25 in die Vorrichtung und verläßt sie bei 21. 21, 23, 24 und 25 sind mit in der bezeichneten Stromrichtung arbeitenden Rückschlagventilen versehen. Durch die Schaufeln des Rührwerkes 22 werden Öl und Bleicherde innig gemischt.

Die Pumpe 26 ist durch die Rohrleitung 27 mit der Vorrichtung verbunden.

Beim Arbeiten mit der Vorrichtung ist Voraussetzung, daß ihre sämtlichen Abteilungen völlig mit Öl gefüllt sind. Saugt die Pumpe 26 bei geöffneten Rückschlagventilen 16—20 mit Öl angerührte Bleicherde von Stufe zu Stufe, so schließen sich die Austrittventile 21 und 24; die Zuflußventile 23 und 25 öffnen sich dagegen, so daß bei 23 ungebleichtes Öl, bei 25 mit Bleicherde angerührtes Öl angesaugt wird. Umgekehrt schließen sich 23 und 25 beim Drücken der Pumpe, während sich 21 und 24 öffnen, so daß das gebleichte Öl bei 24 und mit Bleicherde gemischtes Öl bei 21 austreten kann. Sämtliche Behälter, aus welchen Öl bzw. mit Öl angerührte Bleicherde zu- und abfließen, befinden sich oberhalb der Vorrichtung auf gleicher Höhe, so daß Druckausgleich besteht.

Die Menge des ein- und austretenden Öles sowie der mit Öl angerührten Bleicherde wird durch entsprechende Einstellung der Rückschlagventile 21, 23, 24 und 25 geregelt.

Die Pumpe 26 steht nur durch die Zu- und Ableitung 27 mit der Vorrichtung in Verbindung und besitzt keinen anderen Abfluß. Beim Saugen gelangt eine gewisse Menge Öl in die Pumpe, während Bleicherde nicht in sie eintreten kann, da diese durch den Filterboden 15 zurückgehalten wird. Übt die Pumpe Druckwirkung aus, so tritt das in ihrem Kolben befindliche Öl in die ganz gefüllte Säule der Vorrichtung zurück und verdrängt hier durch 24 eine entsprechende Menge gebleichtes Öl, durch 21 aber mit Bleicherde gemischtes Öl.

Besitzt das Pumpenkolbengehäuse 10 l Fassungsraum, so stellt man die Ventile beispielsweise so ein, daß bei 23 8 l ungebleichtes Öl, bei 25 2 l mit Bleicherde gemischtes Öl eintreten und entsprechend 10 l in das Pumpenkolbengehäuse gelangen. Diese 10 l verdrängen,

Die im In- und Auslande patentierten Verfahren. 235

wenn sie in die Säule zurückgedrückt werden, aus den entsprechend geöffneten Ventilen, z. B. bei 24 8 l gebleichtes Öl, bei 21 2 l mit ausgebrauchter Bleicherde gemischtes Öl. (D.R.P. 347153 vom 27. März 1920, Franz. P. 548029.)

Ferner ersetzte Bollmann die Filter vollkommen durch Absetzgefäße. Auch diese Vorrichtung kann mittels einer Pumpe betrieben werden (D. R. P. 367156 vom 10. Juli 1921).

Eine weitere Erfindung Bollmanns ist durch das D.R.P. 414173 geschützt. Sie betrifft ebenfalls eine Vorrichtung zum Entfärben von Fetten und Ölen mittels Bleicherde und besteht aus einem zylindrischen Behälter, in dem mehrere unten und oben offene Absetzgefäße von der Gestalt eines ringförmigen Trichters übereinander angeordnet sind. Unterhalb der Bodenöffnungen dieser Absetzgefäße bewegen sich Verteilungsteller, auf denen in der Umdrehungsrichtung der Teller gebogene Messer angebracht sind. Letztere saugen den Inhalt der Absetzgefäße von oben nach unten.

In dem zylindrischen Gefäß 1 (vgl. Abb. 34) befinden sich z. B. drei Absetzgefäße 2, die an ihrem äußeren Umfange die Gestalt eines Kegelstumpfes mit aufgesetztem kleinen Zylinder an dem verjüngten unteren Ende besetzten und oben und unten offen sind.

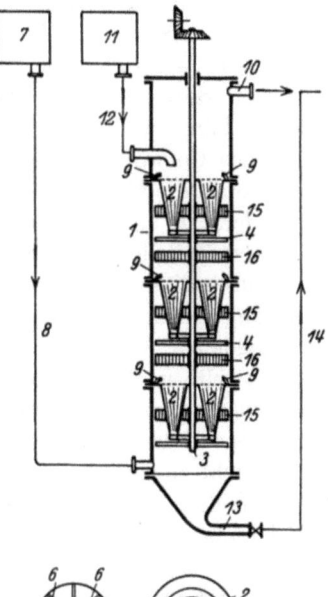

Abb. 34. Anlage zur Behandlung von Öl und Bleicherde. (D.R.P. 414173.)

Neben dem ersten ist ein zweiter Kegelstumpf in umgekehrter Richtung gleichfalls mit unten aufgesetztem kleinen Zylinder eingeschaltet, so daß ein ringförmiger Trichter entsteht.

Unter den Absetzgefäßen 2 bewegen sich die auf der in Umdrehung versetzten Welle 3 aufgekeilten Verteilungsteller 4 mit Schlitz 5. Messer 6 sind auf dem Teller 4 befestigt, die in der Bewegungsrichtung von 4 gebogen sind.

Das zu entfärbende Öl fließt aus dem Hochbehälter 7 durch das Rohr 8 unter dem eigenen Druck in den Behälter 1 ein und steigt von unten nach oben. Durch die Rohre 9 gelangt es von Stufe zu Stufe und fließt bei 10 ab.

Das mit Bleicherde angerührte Öl gelangt von dem Hochbehälter 11 durch Rohr 12 in den Behälter 1, strömt in das oberste Absetzgefäß, sinkt zu Boden und wird durch die sich an der Mündung des Absetzgefäßes vorbei bewegenden Messer 6 des Verteilungstellers 4 nach unten gesaugt, fällt durch den Schlitz 5 weiter, gelangt in das nächste Absetzgefäß usw. und verläßt die Vorrichtung schließlich durch das Rohr 13, worauf es durch die Leitung 14 in ein Vorratsgefäß übergeführt wird. Die mit radialen Zwischenwänden versehenen offenen Körper 15 und 16 sorgen dafür, daß keine Wirbelbildungen entstehen.

Ferner ist hier des Verfahrens von Bollmann zu gedenken, gemäß dem ein Gemisch von Öl und Entfärbungspulver unter kräftigem Rühren durch ein (mit Heizmantel versehenes) Rohr geführt wird, dessen Länge und Durchmesser so bemessen sind, daß das Öl beim Austritt des Gemisches aus dem Rohr völlig gebleicht ist. Hierauf trennt man sofort die Hauptmenge des Entfärbungspulvers durch Zentrifugieren von dem Öl und scheidet schließlich die in diesem noch enthaltenen feinsten Teilchen des Pulvers mit Hilfe einer Filterpresse ab.

Durch diese Arbeitsweise wird eine Spaltung des Neutralöles (unter Bildung freier Fettsäuren), die nicht erwünscht ist, beim Entfärben vermieden.

Es tritt nach dem angegebenen Verfahren eine befriedigende Aufhellung des Öles ein, und die Trennung der Hauptmenge des Entfärbungspulvers und des Öles findet so schnell statt, daß die Spaltung des Neutralöles nicht mehr erfolgen kann (D.R.P. 412769 vom 25. März 1924).

Die Veredlung auch ranziger Fette und Öle, die eine Entwässerung, Bleichung, Klärung, Desodorisierung und Sterilisation in einem Arbeitsgang erreichen läßt, führt F. Croner (Charlottenburg) in der Weise durch, daß er die Fette und Öle gemeinsam mit Bleicherde im Vakuum auf 170—240° oder höher erhitzt.

Dabei absorbiert die Bleicherde die den reinen Fetten nicht zukommenden undestillierbaren Geruchsstoffe und erleichtert den flüchtigen Geruchsstoffen das Entweichen.

Man kann dieses Verfahren anstatt im Vakuum auch in Gegenwart indifferenter Gase, die aber nicht feucht sein dürfen (Kohlensäure) durchführen.

Beim Evakuieren und leichten Erhitzen des Gefäßes mit dem mit der Bleicherde versetzten Öl ist sofort eine lebhafte Bewegung in der Flüssigkeit wahrzunehmen, und es entweichen Wasser und flüchtige Stoffe.

Bei weiterem Erhitzen bleibt die Flüssigkeit dauernd im Sieden, und es gehen alsdann weitere Destillate über.

Je nach der Natur des zu reinigenden Öles usw. stellt man die Höchsttemperatur ein und hält sie einige Zeit inne.

Läßt man dann im Vakuum oder in Gegenwart eines indifferenten Gases erkalten und filtriert man die Flüssigkeit, so resultiert ein Produkt, das gebleicht und frei von fischigem, ranzigem oder brenzlichem Geruch ist. Ein nachträgliches Dämpfen ist nicht nötig. Beim keimfreien Filtrieren erhält man sterile Produkte.

Dunkler Dorschtran z. B. wird mit 15—20 % Bleicherde versetzt, langsam auf etwa 240⁰ C bei etwa 15 mm Druck erhitzt und annähernd 3 Stunden auf dieser Temperatur gehalten. Es verflüchtigen sich dabei die den charakteristischen Trangeruch bedingenden Amino- und Clupanovonsäuren, die brenzlichen Bestandteile werden von der Erde gebunden; man erhält blanken, gelb bis gelbbraun gefärbten Tran.

Ferner versetzt man ranziges Speisefett mit 10 % Bleicherde und erwärmt die Masse langsam bei etwa 15 mm Druck auf 170⁰ C und hält diese Temperatur etwa $1\frac{1}{2}$ Stunden aufrecht. Das Fett ist alsdann heller, aromatisch riechend und wieder wohlschmeckend.

Neuerdings ist Bollmann zu der Überzeugung gekommen, daß die entfärbende Wirkung und die erforderliche Behandlungsdauer von Ölen mit der Bleicherde beträchtlich von den Bedingungen abhängt, unter denen die Berührung des Öles mit der Erde vor sich geht, ferner von dem Mengenverhältnis zwischen beiden. Bringt man verhältnismäßig große Mengen Bleicherde mit geringen Mengen Öl in Berührung, dann nimmt die Bleicherde zuerst die gefällten färbenden Bestandteile durch Absorption auf. Manchmal absorbiert die Erde dabei gleichzeitig eine erhebliche Menge Öl.

Fügt man die Erde in kleinen Portionen zu dem erhitzten Öl und verteilt sie gleichmäßig über der Fläche des erhitzten Öles, so braucht man nicht mehr als 9 % der Erde und die Bleichung erfordert nur $\frac{1}{2}$ Stunde.

Diese gleichmäßige Verteilung wird in einem Apparat erzielt, in dem die Erde von oben eingeführt und mit seitlich eingestäubtem Öl gemischt wird (Franz. P. 607 151).

1906 ließ sich J. K. Field (London) die Verwendung von Fullererde (Floridaerde) zum Raffinieren von Ölen, Fetten, Wachsen u. dgl. in England schützen (Engl. P. 10 960 [1906]).

Die Roherde wird getrocknet und nach dem Zermahlen als mehr oder weniger grobgekörntes Pulver in ein konisches, mit frischem, durchbrochenem Boden versehenes Gefäß eingebracht. Das Öl oder geschmolzene Fett oder Wachs wird sodann durch das so gebildete Filter geschickt. Die Menge des mittels einer gegebenen Menge Bleicherde zu bleichenden Öles usw. hängt von dessen Natur ab.

Allgemein gesprochen, genügt 1 t von der getrockneten Bleicherde, um 100 t gewöhnliches Kerosinöl zu raffinieren. Öle von größerem spezifischen Gewicht erfordern eine größere Menge angetrockneter Bleicherde. Beim Entfärben von schweren (Schmier-) Ölen nimmt man grobkörnigere Erde (die durch ein Sieb von 30 Maschen auf den Quadratzoll hindurchgeht) als zum Raffinieren leichter Öle.

Bei schweren Ölen und Fetten sowie Wachsen muß das Filtriergefäß beheizbar sein.

Um die Erde zu regenerieren, wird sie mit von oben und unten her hindurchgeleitetem Wasser behandelt und sodann bei Rotglut calciniert.

An Stelle des Filtrierens kann auch das Öl mit dem Bleichmaterial verrührt und dann dekantiert oder filtriert werden.

In diesem Falle wird feingemahlene Erde (80—150-Maschensieb) verwendet.

Ch. Godard (Termonde, Belgien) empfahl, zwecks Vermeidung der Oxydation der Öle usw. das Gemisch der letzteren mit Bleicherde im Vakuum unter Umrühren und Abziehen der durch Erhitzen des Mischgefäßes mit Dampf entstehenden Wasserdämpfe zu behandeln (Engl. P. 22086, Franz. P. 338677, Société Anonyme des Usines J. E. de Bruyn, Belgien).

Zum Raffinieren fetter Öle werden diese nach dem Vorschlag der Lever Brothers Limited (Port Sunlight, England) mittels mit Säure behandelter Bleicherde (z. B. Tonsil A. C) zwecks Koagulierung und Niederschlagung der Verunreinigungen behandelt, und nach Entfernen der letzteren die gereinigten Öle der Wirkung von Wasserdampf bei 220° C ausgesetzt.

Die Oberfläche der Öle wird dabei unter einem sehr niedrigen absoluten Druck (25 mm Quecksilbersäule) gehalten, um die freien Fettsäuren und flüchtigen, riechenden Stoffe abzudestillieren. Vor dem Erkalten sind so behandelte Öle vor Luftzutritt zu schützen.

Man verrührt z. B. rohes, etwa 5% freie Fettsäure enthaltendes Palmkernöl mit 4% Tonsil A · C und erhitzt das Gemisch auf 95° C 2 Stunden lang unter beständigem Rühren. Dann wird das Öl von der Bleicherde durch Filtration getrennt. Hierauf schickt man Wasserdampf von etwa $^1/_2$ Atm absolutem Druck durch das erhitzte, gereinigte Öl, bis die freie Fettsäure und die Riechstoffe entfernt sind. Die Ölsäule beträgt in diesem Falle 460 mm, der Kesseldurchmesser 1000 mm. Dann werden bei einem Druck von 25 mm Quecksilber die freien Fettsäuren abdestilliert. Diese Behandlung erfolgt so lange, bis der Gehalt an freier Fettsäure unter 0,05% gesunken ist.

Allgemein gibt eine Öltemperatur von etwa 245—285° C befriedigende Resultate bei einem über der Oberfläche herrschenden Druck von etwa 25 mm Quecksilbersäule, d. i. ein Vakuum von 737 bei einem Barometerstand von 762 mm. Es empfiehlt sich, bei niedrigem Dampfdruck zu arbeiten, damit ein möglichst hohes Vakuum entsteht.

Zweckmäßig behandelt man das gereinigte Öl wiederholt mit Wasserdampf, und es werden an verschiedenen Stellen Dampfströme in das Öl eingeführt. Nach diesem Verfahren lassen sich Öle, die viel freie

Fettsäure enthalten, nicht raffinieren (Schweiz. P. 112212, Franz. P. 582263).

Hier ist ferner das Verfahren von A. Granichstädten und E. Sittig (Wien) zu nennen, das darin besteht, Fette und Öle mittels Silicaten des Magnesiums oder Aluminiums zu bleichen, wonach die Stoffe im Gemisch mit dem fein verteilten Silicat zweckmäßig bei erhöhter Temperatur mit Wasserstoff behandelt werden.

Auch zur Entfernung der charakteristischen Gerüche des Leinöls, Rüböls, Tomatenöls usw. sowie zur Veredlung von Kadaverfetten ist das beschriebene Verfahren sehr brauchbar (D.R.P. 388193 vom 20. November 1920).

W. Adriani (Dordrecht, Holland) läßt gleichzeitig Bleicherde und Kohle und (überhitzten) Wasserdampf auf Fette und Öle, gegebenenfalls im Vakuum, einwirken, wodurch viele der in den Ölen usw. unangenehmen Bestandteile zu Verbindungen von niedrigerem Molekulargewicht zersetzt werden und mit dem Dampf abziehen. So wird z. B. das in dem Sesamöl enthaltene Sesamin in Sesamöl und einen aldehydartigen Körper gespalten.

Man mischt z. B. 100 kg Sojabohnenöl mit 1 kg Frankonit und behandelt das Gemisch 1 Stunde lang bei 220° C mit Dampf, bis in dem Kondensat keine Carbonylverbindungen mehr nachzuweisen sind. Dann wird im Dampfstrom erkalten gelassen und abfiltriert. Man erhält ein fast geschmackloses Fett.

An Stelle von Wasserdampf können auch indifferente Gase (außer Wasserstoff), gegebenenfalls unter Benutzung von zweckmäßig indifferenten Trägern (Kieselsäure), für die in den Ölen befindlichen neutralen Stoffe Verwendung finden (D.R.P. 404708 vom 19. August 1919).

(Roh-) Tran soll nach der Erfindung von R. Tern (Berlin) dadurch von den darin befindlichen Farb-, Schleim- und Eiweißstoffen befreit werden, daß man ihn zunächst im Vakuum einige Stunden auf 280 bis 300° C erhitzt und dann bei 130° C mit 15—20 % Bleicherde die Bleichung vornimmt.

Die Erwärmung im Vakuum bei 15 mm wird langsam durchgeführt. Bei etwa 150° C beginnt die Masse sich tiefdunkel zu färben, und es scheiden sich kleine feste Teilchen aus. Die Masse bleibt in ganz schwachem Sieden. Dann wird die Temperatur auf 280—300° gesteigert und auf dieser Höhe etwa 3 Stunden gehalten. Nach Abkühlenlassen der Masse im Vakuum wird sie mit 15—20 % Bleicherde versetzt und etwa $1/2$ Stunde auf 130° C bei gewöhnlichem Druck erhitzt (D.R.P. 406068 vom 20. November 1920).

Gebrauchte Schmieröle reinigt J. O. Handy (Pittsburgh Testing Laboratory, Pittsburgh) dadurch, daß er sie zuerst durch Absetzenlassen oder Zentrifugieren klärt (von Kohleteilchen befreit), dann mit einem Trockenmittel (Calciumoxyd oder gebrannter Delomit) entwässert und sodann mit Bleicherde schüttelt. Hierauf wird das Öl mit konzentrierter Schwefelsäure behandelt (1—2 % vom Ölgewicht), die Säure und gebildeten Salze alsdann durch Absetzenlassen und gegebenenfalls Filtrieren abgeschieden und im Öl zurückgebliebene Spuren von Säure werden mit gelöschtem oder gebranntem Kalk beseitigt (Amer. P. 1295308).

Hier ist auch des Verfahrens von W. C. Wells und F. E. Wells (Columbus, Ohio) zu gedenken, gemäß welchem Kohlenwasserstoffdämpfe durch Fullererde hindurchgeschickt werden, um eine Reinigung und Entfärbung der durch Erhitzen von Ölen erhaltenen Dämpfe zu erreichen (Amer. P. 1433050).

Tone, Kieselgur, Kaolinabkömmlinge (Halloysit, Newtonit, Cimolit, Montmorillonit, Pyrophyllit usw.), Fullererde, Bentonit usw. verwendet I. A. Clark (Parco, Wyoming), Refiners Corporation (Wyoming) im Gemisch mit Wasser ohne Säurezusatz zum Raffinieren von Ölen aller Art (Amer. P. 1533060).

Ein Gemisch von Fullererde mit Elektrolyten (Alkalichloride, Alkalisulfat, Eisenchlorid, Eisensulfat, Aluminiumkaliumsulfat, Chlorcalcium verwendet T. Baskerville (New York) zum Bleichen von Baumwollsamenöl. Hierbei ballt der Elektrolyt die kolloidalen färbenden Bestandteile des Öles zusammen. Zu diesem Zweck verrührt man das Öl mit 10 Gewichtsteilen Fullererde und 1 Gewichtsteil Natriumchlorid und erwärmt das Gemisch 1 Stunde lang auf etwa 70° C (Amer. P. 1105743).

Ferner empfahl Baskerville, das Bleichen von pflanzlichen und tierischen Ölen mit Gemischen von Bleicherde und einem organischen Stoff (Holzbrei) und gegebenenfalls Elektrolyten durchzuführen (Amer. P. 1114095).

Aktive, eine bestimmte Menge Säure enthaltende Kohle im Gemisch mit Bleicherde verwendet die Algemeene Norrt Maatschappij (Amsterdam) zum Reinigen von Ölen und Fetten. Hierbei neutralisiert man vorher die freien Fettsäuren in den Ölen bzw. Fetten mit einem Alkali (Franz. P. 573878).

Es hat sich herausgestellt, daß ebenso schnell wie die chemische eine von der Tages- und Jahreszeit unabhängige, jedoch nicht so ausgiebig zum Ziele führende Bleichmethode für die Wachse die Behandlung der flüssigen Wachse (110—130° C) mit Bleicherden (Walkerde, Infusorienerde, Tonsil, Floridin und andere Aluminium- oder Magnesiumhydrosilicate) ist unter Erhitzen auf zunächst 130° C, dann auf 150—170° C (Amer. P. 883661), A. Müller-Jacobs (Huntringtom, N. Y.).

Das älteste der hier in Betracht kommenden deutschen Patente ist dasjenige, das das Bleichen von rohem Erdwachs, Ozokerit, Ceresin,

Paraffin, Petroleum, Stearin und anderen Kohlenwasserstoffen sowie Fetten mit Aluminium- und Magnesiumsilicaten betrifft (D.R.P. 9981 vom 24. Oktober 1879), V. Ritter von Ofenheim (Wien).

Danach schüttet man in die zu bleichenden erhitzten Stoffe ein solches Silicat ein oder filtriert die Rohstoffe in erhitztem Zustande durch Filter, die mit einem dieser Silicate beschickt sind. Man kann auch den zu bleichenden Stoff mit dem Bleichmittel zusammen auf Filter in Wärmekammern oder Kessel, Pfannen usw. bringen und erhitzen. In den beiden letztgenannten Fällen beschleunigt man gegebenenfalls das Durchsickern durch die Filter durch hydrostatischen Druck, Pressen, Pulsions- oder Exhaustionsvorrichtungen.

Die Reinigung des Ozokerits oder Ceresins wird nach dem Vorschlage der Montanwachs-Fabrik G.m.b.H., Harburg (D.R.P. 216281 vom 4. Juni 1907) in der Weise durchgeführt, daß man bei 120° unter Umrühren die empirisch ermittelte Menge Schwefelsäure (66° Bé, und zwar 22—26% für Naturgelb am besten Monohydrat) in den geschmolzenen Ozokerit in Form feinen Sprühregens einführt.

Die Temperatur steigt auf 150° C, die alsdann abnimmt. Hierauf erhöht man sie auf 160—165° C.

Sobald die abziehenden Dämpfe dicht und weiß sind und die Masse süßlich riecht, wird das Feuer abgestellt und bei 160—165° C das vorher getrocknete Bleichpulver (Aluminium-, Magnesiumhydrosilicat, Fullererde oder Floridin, Tonsil, Terrana, Silicagel) allmählich in Mengen von 5—10% zugegeben.

Nach 1—2 Stunden stellt man das Rührwerk ab und bringt den Kesselinhalt in eine Filterpresse. Aus dieser gelangt die Wachsmasse in Lagerformen als prima- oder naturgelbes Ceresin.

Zur Gewinnung von hellgelbem Wachs aus der Candelilla-Pflanze kocht Y. Sharp (Uvalde, Texas) letztere gemäß dem Amer. P. 1018589, Gasolin, Benzin oder Naphtha in Gegenwart von Fullererde und verdampft die durch Stehenlassen geklärte Lösung.

IV. Die Regenerierung des Kieselsäuregels und der Bleicherden und die darauf bezüglichen in- und ausländischen Patente.

Mit der Verwendung des Kieselsäuregels und der Bleicherde insbesondere zur Reinigung von Fetten und Ölen machte sich aus wirtschaftlichen Gründen die Frage nach einer Regenerierung (Wiederbelebung) dieser Stoffe nach dem Gebrauch geltend. Hierzu zwang einerseits das Gebot, die gebrauchten Stoffe, die nach Aufnahme der Verunreinigungen mit und damit unbrauchbar werden, für die betreffenden Reinigungsverfahren wieder in den ursprünglichen (reinen) Zustand zu versetzen, andererseits konnte man die in den Adsorptionsstoffen festgehaltenen Mengen von Fetten oder Ölen nicht verloren geben.

Die Extraktion der letztgenannten Stoffe mittels geeigneter Lösungsmittel war das erste, was in Betracht gezogen wurde. Diese Bearbeitung der gebrauchten Adsorptionsmittel erfolgte hierbei in Apparaten, wie solche in der Extraktionstechnik in den verschiedensten Ausführungsformen bekannt sind.

Von diesen Verfahren sei nur dasjenige von der Maschinenfabrik Heinrich Hirzel (Leipzig) des näheren besprochen, das gestattet, Bleicherden in ein und demselben Behälter zu extrahieren und zu regenerieren (D.R.P. 230250 vom 30. Juni 1907, Öst. P. 43927, Belg. P. 208394 und Amer. P. 913500). Dieses Verfahren besteht darin, daß die zwischen zwei senkrechten Filterflächen eingeschlossene Bleicherde in einem kontinuierlichen Strom des Extraktionsmittels durch beständiges Umrühren in Suspension erhalten wird, worauf die Bleicherde nach vollständiger Erschöpfung nur durch indirekte Erwärmung ohne nachheriges Ausglühen regeneriert wird.

Es war bereits bekannt, Bleicherde mittels flüchtiger Lösungsmittel in der Weise zu entfetten, daß man sie in dem Lösungsmittel unter Zuhilfenahme eines Rührwerks aufschlämmt. Weiterhin ist es bekannt, das Lösungsmittel von dem Extraktionsgut durch horizontale Siebböden abzuziehen, und schließlich ist das Trocknen des Extraktionsgutes durch indirektes Erwärmen auch bekannt.

Die Erfindung besteht nun in einer besonderen Ausführungsform des an sich bekannten Verfahrens unter ganz bestimmter Anwendung der genannten Mittel, was für Bleicherde und ähnliche Materialien den überraschenden Erfolg hat, daß das bisherige Ausglühen nach der Extraktion entbehrlich wird, weil die Extraktion annähernd eine vollkommene ist. Um die Extraktion noch zu vervollkommnen, ist es weiter nötig, daß die Bleicherde in dem Strom des durchfließenden Lösungsmittels in möglichst feiner Verteilung erhalten bleibt. Dieses Verfahren vollzieht sich gegenüber den bisher bekannten Extraktions- und Regenerierungsverfahren für Bleicherde in weit kürzerer Zeit, so daß auch hierin ein Fortschritt zu erblicken ist.

Das Verfahren wird in der Weise ausgeführt, daß man bei entsprechender Temperatur das Extraktionsmittel so lange in unterbrochenem, regelbarem Strom durch das Extraktionsgut fließen läßt, bis dieses vollkommen erschöpft ist; währenddessen wird das Extraktionsgut mit dem Extraktionsmittel, nötigenfalls unter Anwendung des Vakuums, in vollständiger Bewegung erhalten, derart, daß Extraktionsgut und Extraktionsmittel zusammen einen Brei bilden, indem

Die Regenerierung des Kieselsäuregels und der Bleicherden. 243

das erstere möglichst fein verteilt ist. Aus diesem Brei wird kontinuierlich bis zur erfolgten Erschöpfung des Extraktionsgutes die Lösung der Extrakte klar abfiltriert und in beliebiger Weise gesammelt, wobei der abfiltrierte Extrakt durch frisch zufließendes Extraktionsmittel ersetzt wird. Endlich wird nach Erschöpfung des Materials der Brei je nach Bedarf durch genügende indirekte Erwärmung unter beständiger Erhaltung der Bewegung getrocknet und aus dem Apparat entfernt.

Drehextraktoren sind von H. D. Twisselmann[1]) zur Wiederbelebung ölhaltiger Erden mit Petroleum, Benzol, Trichloräthylen empfohlen worden.

Weitere Extraktionsapparate hier des näheren zu betrachten, würde zu weit führen und sei daher in dieser Beziehung auf die einschlägige Literatur verwiesen[2]).

Wenden wir uns der Beschreibung der hier in Betracht kommenden Verfahren zu, so ist zunächst das Verfahren von H. Stern (Engl. P. 7142 (1890) zu nennen, gemäß welchem das zur Entfärbung von Mineralölen verwendete Kieselsäuregel mittels Benzol oder Schwefelkohlenstoff extrahiert und dann geglüht wird.

Hier ist auch der Arbeit Vehrigs[3]) über Ton als Entfärbungsmittel für Paraffin zu gedenken, in der ausgeführt ist, daß man den Ton durch Destillation oder Extraktion von dem aufgenommenen Paraffin befreit.

Nach dem Vorschlage von F. C. Thiele und C. Cordes (Engl. P. 154895) wird die zur Schmierölreinigung verwendete Erde zuerst mittels Benzin von allem Öl befreit und sodann mit Benzol oder Tetrachlorkohlenstoff oder Schwefelkohlenstoff behandelt, um die aufgenommenen Farbstoffe herauszubringen.

Nach Vorbehandlung der gebrauchten Fullererden mit einem Öllösungsmittel (Tetrachlorkohlenstoff) unterweist Parsons (Amer. P. 1112650) die Erde der Einwirkung eines Lösungsmittels für die aufgenommenen Farbstoffe (Äthylalkohol und Essigsäure).

Nach der Erfindung der Atlantic Refining Co. (Amer. P. 1132054) wird die Fullererde zwecks Regenerierung mit Lösungsmittel behandelt, calciniert und schließlich mit Säure versetzt, um die Bestandteile aus der Erde zu entfernen, die schmelzen. Hier ist auch das Amer. P. 1159450 der genannten Firma (Welsh) zu vergleichen, das die Behandlung von Walkererde betrifft.

Ein paraffinfreies oder -armes Öl, das sogenannte Blauöl benutzt J. Borowicz (Öst. P. 80801) zum Lösen des Paraffins aus den Entfärbungsmitteln (Fullererde Magnesiumhydrosilicat usw.).

---

[1]) Seifensieder-Zg. **51,** S. 351—353, 1924.
[2]) Dinglers Polytechn. Journ. **270,** S. 182, 1888.
[3]) Eckart u. Wirzmüller: Die Bleicherde. 1925.

Ferner schlägt die Société Anonyme de Lille Bonnières et Colombes (Franz. P. 537499) vor, die zum Bleichen von Mineralölen od. dgl. verwendeten Bleicherden nach der Entfettung mit einer Teerölbase (Pyridin) von den bituminösen Stoffen zu befreien.

Sulfonische Seifenlösungen verwendet C. F. Kennedy (Amer. P 1356631) zum Reinigen von Fullererde, die zur Raffinierung von Petroleum gedient hat.

Zum Behandeln von gebrauchter Fullererde empfiehlt C. F. Robinson (Amer. P. 1402112) Isopropylalkohol (80 % Vol.).

Mit Alkohol und Säure hat Parsons[1]) vorher entfettete Fullererde behandelt.

Um Reinigungstone, die zum Reinigen und Entfärben von Petroleum benutzt worden sind, wiederzubeleben, lassen M. L. Chappell, E. P. Wright und M. M. Moore (Standard Oil Company) zunächst ein Lösungsmittel für Mineralöle darauf einwirken, worauf sie die Adsorptionsmittel mit Aceton oder einem Gemisch von Aceton mit wenig Salzsäure, mit oder ohne Methylalkoholzusatz, behandeln (Amer. P. 1488805).

Neuerdings ist L. Gurwitsch (Moskau) ein Verfahren zum Regenerieren von Entfärbungspulvern, wie Fullererde, Silicagel, Tonkohle u. dgl., geschützt worden (D.R.P. 427805 vom 14. Oktober 1924), gemäß welchem diese Adsorptionsmittel nach ihrem Gebrauch von den aufgenommenen Harz- und Farbstoffen usw. durch Extraktion mit Gemischen von Benzol oder Benzin, mit Alkoholen oder Ketonen befreit werden sollen.

Bei Anwendung dieser Extraktionsmittelgemische kann die Adsorption und Regenerierung in ein und demselben Apparat vorgenommen werden, eine Calcinierung, wie bei der Extraktion mit Benzol oder Benzin, ist nicht notwendig.

Fichtenöl zum Lösen der von den Bleicherden adsorbierten Verunreinigungen anzuwenden, empfiehlt R. K. Cole (Brunswick, Georgia), Hercules Power Company (Wilmington, Delaware). Das von den Erden dabei zurückgehaltene Öl wird sodann durch ein Lösungsmittel (Gasolin) aus den Erden entfernt (Amer. P. 1523802).

Gemische von Aceton und Benzol oder Benzin verwendet auch F. W. Hall (Port Arthur, Texas), Texas Company (New York) zu dem gleichen Zweck (Amer. P. 1539342, 1558162 und 1558163).

Um besonders Magnesiumhydrosilicate nach ihrer Verwendung zum Entfärben von Petroleumölen zu regenerieren, verwendet Chappell (siehe oben) Gemische eines Ketons (Aceton, Methyläthylketon, Äthylketon, Äthylpropylketon) mit weniger als $3^1/_2 \%$ Schwefelsäure (Amer. P. 1562868).

---

[1]) Eckart u. Wirzmüller: Die Bleicherde. 1925.

Die Regenerierung des Kieselsäuregels und der Bleicherden. 245

Die Extraktion öl- und fetthaltiger Materialien unter Verwendung leicht flüchtiger Lösungsmittel wurde von Kosel[1]) besprochen.

The Floating Metal Co. Ltd. (Llanfachreth bei Dolgelly, England), (D.R.P. 90143 vom 6. Dezember 1895) empfahl die Bleicherdenrückstände zwecks Regenerierung mit Wasser zu mischen und dann Luft durch die Masse hindurchzublasen, die das Öl an die Oberfläche treiben soll.

L. Allen und D. Holde ließen sich die Entfernung und Wiedergewinnung von Fett (Öl, Mineralöl, Paraffin usw.) aus Bleicherden unter gleichzeitiger Wiederbelebung der letzteren durch Behandeln mit Wasser bzw. Wasserdampf bei höherer Temperatur schützen (D.R.P. 106119 vom 28. November 1898).

Bei dieser Behandlung schwimmt das gesamte Fett schließlich auf dem Wasser, und die Bleicherde ist davon befreit. Gleichzeitig werden durch dieses Verfahren die aufgenommenen färbenden Stoffe in erheblicher Weise beseitigt, so daß die Bleicherden wiederbelebt werden. Verseifbare Fette erleiden dabei eine Spaltung in Glycerin und Fettsäuren.

Man verwendet am besten Autoklaven und arbeitet vorzugsweise bei 180° C.

Auch kann das Adsorptionsmittel in ein Tuch eingeschlossen werden, um die Trennung des Fettes vom Pulver zu fördern.

Auf diese Weise soll es möglich sein, das Fett bis auf Bruchteile von Prozenten aus der Bleicherde zu entfernen.

Nach der Erfindung der A. Wenck & Co. G. m. b. H. (Eidelstedt b. Altona) wird ölhaltige Bleicherde dadurch mittels Wasser gegebenenfalls unter Zusatz eines Spaltmittels bei hoher Temperatur entölt, daß man das Druckgefäß, in dem man das Verfahren durchsucht, durch ein vorzugsweise als Schlangenrohr ausgebildetes Kühlgefäß hindurch nach der Entölung entleert. Letzteres ist mit dem Druckgefäß dauernd verbunden. Infolge der Fortpflanzung des Druckes herrscht in dem Kühlgefäß derselbe Druck wie in dem Druckgefäß (D.R.P. 385249 vom 25. Mai 1922). Es findet hierbei eine neuerliche Mischung der entölten Masse mit dem Öl nicht statt.

Nach dem Vorschlage von Plausons Forschungsinstitut G. m. b. H. (Hamburg) gewinnt man Öle aus Bleicherden dadurch vorteilhaft aus Bleicherde, daß man überhitzten Wasserdampf mit oder ohne Zumischung inerter Gase bei Temperaturen, die unterhalb der Zersetzungstemperatur des zu bearbeitenden Stoffes liegen, mit hoher Geschwindigkeit durch die Bleicherde hindurchführt, indem man den Dampf aus Düsen, wie bei Dampfturbinen, austreten läßt. Auch kann man Lösungsmittel (Benzin, Benzol usw.) dem Dampf beimischen (D.R.P. 389059 vom 6. November 1921).

---
[1]) Petroleum. **10**, S. 856, 1915.

246 Die Regenerierung des Kieselsäuregels und der Bleicherden.

V. von Ofenheim war es, der sich als erster in Deutschland (D.R.P. 9291 vom 21. 8. 1879) die Regenerierung der bei der Ceresinreinigung verwendeten Hydrate (der Tonerde, des Eisenoxyds, Manganoxydes und der Magnesia) und des Magnesiumsilicats mittels Wasserdampf schützen ließ. Auch das ihm später erteilte D.R.P. 9981 vom 24. Oktober 1879 betrifft die Anwendung von (heißem) Wasserdampf zum Austreiben des in den genannten Adsorptionsmitteln von der Ozokeritreinigung verbliebenen Erdwachses.

Wasser und Dampf dienen auch bei dem Verfahren des Engl. P. 175987 und 195055 (Silica Gel Corporation) zum Regenerieren von Kieselsäuregel.

A. Lewite[1]) ist der Ansicht, daß man in den Fällen, in denen die Benzinextraktion nicht zu einer beträchtlichen Entziehung der adsorbierten Stoffe aus den Bleicherden führt und die Regenerierung durch Erhitzen nicht anwendbar ist, da durch Wasserentziehung die zur vollen Wirksamkeit notwendige Wassermenge dem Adsorptionsmittel entzogen wird, große Mengen von heißem Wasser verwenden muß, was zu einer Entfernung von $^2/_3$ des adsorbierten Stoffes führt.

Um eine nahezu vollständige Extraktion des Öles aus zum Entfärben von Ölen verwendeten Stoffen, wie Hydrosilicaten, Fullererden usw., zu erreichen, behandelt sie die Huilerie et Savonnerie de Laurian (Salon, Frankreich) in folgender Weise.

Zunächst Österr. P. 57626, Franz. P. 409915, Amer. P. 1070435, Engl. P. 5009 (1910) und Belg. P. 223444 werden die Erden mit Salzwasser versetzt, auf 85° C erwärmt, hierauf mit Schwefelsäure angesäuert und schließlich in die mittels Rührwerkes in ständiger Bewegung erhaltene Masse Soda eingestreut. Durch die hierbei auftretende giftige Kohlensäureentwicklung wird die ganze Masse gründlich und gleichmäßig umgerührt, ohne dabei durch die Kohlensäure einen Schaden zu erleiden.

Man füllt z. B. in einen mit mechanischer Rührvorrichtung und Dampfschlange beheizbaren Behälter 2000 kg Bleicherde und setzt 700—800 kg Salzwasser von 7—8° Bé hinzu. Hierauf wird auf 85° C erwärmt und dann 1 l Schwefelsäure zugefügt. Nach Inbetriebsetzung der Vorrichtung streut man in die Masse 100—110 kg Soda. Nach etwa $^1/_4$ Stunde wird die Rührvorrichtung abgestellt. Das Öl befindet sich dann an der Oberfläche des Gemisches, von wo es abgeschöpft wird.

C. M. Husted (Standard Oil Company) (New Jersey) behandelt die Bleicherden nach ihrer Verwendung zur Reinigung (Filtration) von Kohlenwasserstoffen in einer Kammer mit Säure (Schwefelsäure) unter Umrühren, trennt die die Verunreinigungen enthaltende Lösung von den

---

[1]) Erdöl u. Teer. **5**, S. 10, 1925.

Die Regenerierung des Kieselsäuregels und der Bleicherden. 247

Erden und wäscht letztere alsdann intensiv aus (Amer. P. 1 256 233). Zweckmäßig verwendet man hierbei eine Apparatur, die aus einer Drehtrommel zur Behandlung der Erden mit der Säure, Absetzgefäßen und einer Waschtrommel für die gereinigten Erden sowie Trocknern besteht (Amer. P. 1 317 372).

Das entölte Adsorptionsmaterial wollen die Harburger Eisen- und Bronzewerke und Koeber (Engl. P. 28 261 (1913) in angefeuchtetem Zustande mit Wasserdampf mit oder ohne Vakuum behandeln, um es unter gleichzeitiger Befreiung von den Extraktionsmittelresten zu regenerieren.

Überhitzten Wasserdampf von 230—300° C lassen E. Bolton und E. J. Lush (Engl. P. 185 174) auf Fullererde zwecks Regenerierung dieser einwirken.

Hier ist auch auf das Engl. P. 216 504 (E. Herrmann) hinzuweisen, der Kieselsäuregelfilter so einrichtet, daß sie nach ihrer Verwendung unmittelbar erhitzt und mit Wasserdampf behandelt werden können.

P. P. Hindelang (Standard Fuller's Earth Co., San Antonio) (Amer. P. 1 515 897) führt eine Entölung der zum Bleichen von Öl benutzten Fullererde dadurch herbei, daß er sie zunächst bei gewöhnlicher Temperatur etwa 15 Minuten lang preßt, sodann Dampf etwa 30 Minuten lang hindurchtreibt, worauf 1 Stunde lang bei 93—100° C hindurchpreßt und schließlich die Dampfbehandlung wiederholt.

Sodann ist die Regenerierung der Adsorptionsmittel durch Ausglühen oder Behandeln mit heißer Luft oder heißen Gasen angestrebt worden.

So will H. Stern (Engl. P. 7142 (1890)) das zum Entfärben von Mineralölen benutzte Kieselsäuregel nach eventueller Extraktion durch Benzol oder Schwefelkohlenstoff ausglühen.

Ujhely (D.R.P. 246 376 vom 4. Juni 1911) trocknet die Entfärbungsmittel in einer von heißer Luft durchströmten Trommel und glüht sie hierauf in einer Retorte. Die aus der Trockentrommel abströmende Heißluft und die Abdämpfe aus den Retorten werden durch Staubfilter geleitet, woselbst das mitgerissene Entfärbungsmittel gesammelt, und von wo aus es durch Elevatoren in die Verbindungsleitung zwischen der Trommel und den Retorten gefördert wird, um mit der aus der Trockentrommel unmittelbar austretenden Masse gemeinsam in der Retorte geglüht und in einen Sammelbehälter geführt zu werden.

Einen Apparat zum Rösten der gebrauchten Fullererde hat sich in Amerika die Brockway Company schützen lassen (Amer. P. 978 625). Das Kennzeichen dieses Apparates sind ölbeheizte Schächte, in denen das Gut über einzelne, abwechselnd angebrachte Vorsprünge in langem Wege herabgleitet. Hierbei ist es wichtig, die Temperatur so zu regeln, daß diese nicht zu hoch wird (300°C), da anderenfalls die Bleicherde eine erhebliche Schädigung ihrer Bleichwirkung erfährt.

J. Norbeck (Amer. P. 1490846 und Engl. P. 227026) hat einen besonderen Ofen konstruiert, der u. a. auch zum Regenerieren von Fullererde Verwendung finden kann. Dieser Schachtofen hat unten eine durch Öl geheizte Verbrennungskammer und weist Verteilungskörper (in Conusform) auf, über die das zu erhitzende Material herabgleitet.

Um durch Erhitzen (auf 315° C und darüber) regenerierte Bleicherde vor dem Wiedergebrauch zu kühlen (auf 38—43° C), benutzt J. O. Jensen eine Apparaturkombination, läßt das zu kühlende Gut durch Luftinjektoren mitreißen und in einem Behälter ablagern (Amer. P. 1498630).

Einen Drehofen hat E. C. Kent zum Durchführen der Regenerierung empfohlen (Amer. P. 1533866).

Eine zum kontinuierlichen Trocknen und Erhitzen von Bleicherden zwecks Wiederbelebung geeignete Anlage schlug J. N. Sauer vor. Die Anlage besteht aus einer Anzahl von Trocken- und Brennretorten, durch die hindurch mechanische Vorrichtungen das Gut führen. Die Retorten sind mit Staubkammern und Kondensation verbunden. Jede Einheit ist unabhängig von der anderen, die kurzen weiten Verbindungsrohre zwischen den Retorten und Staubkammern und Kondensatoren sind dem Heizmittel nicht direkt ausgesetzt und können von außen gereinigt werden (Amer. P. 1523802).

Ferner hat C. F. Sparks einen Glühapparat für Fullererde konstruiert. Dieser besteht aus einer Glühkammer, in der Hohlroste quer vorgesehen sind, von denen die unteren vom Heizmittel durchströmt werden. Letzteres strömt sodann in höher gelegene Roste, die unten einen Kanal aufwerfen (Amer. P. 1542647).

Zum Glühen gebrauchter Fullererden empfahl die Algemeene Norit Maatschappij (Amsterdam) die aus folgendem ersichtliche Vorrichtung (D.R.P. 377523 vom 12. November 1922).

Beim Glühen dieser fein gepulverten Erden ist die rasche und regelmäßige und zweckmäßig ununterbrochene Entfernung der entwickelten Gase und Dämpfe, die beim Trocknen und Glühen der Masse entstehen, sehr wichtig. Auch muß die Austrittsöffnung für die Gase in den Glühretorten so groß wie möglich und so kurz wie möglich sein, um Verstopfungen zu vermeiden. Ferner muß die Menge der entwickelten Gase so klein wie möglich sein, da diese Gase die feinen Teilchen mitreißen und infolgedessen die Gasauslässe verstopfen, wodurch die Erzeugung einer stark wirkenden Masse verhindert wird, da die zerlegten teerigen Destillationsprodukte nicht hinreichend entfernt werden.

Die Regenerierung des Kieselsäuregels und der Bleicherden. 249

Die allgemeinen Gedanken, auf denen die Konstruktion dieser Vorrichtung besteht, sind folgende:
1. Die Beschränkung der Menge der in den Glühretorten entwickelten Gase und Dämpfe auf ein Minimum;
2. Die Vorrichtung in der Weise zu konstruieren, daß die Leitungen, welche von den Glühzylindern zu der Kondensationsvorrichtung laufen, so weit und so kurz wie möglich sind;
3. Daß diese Verbindungsleitungen von außen leicht gereinigt werden können;
4. Daß eine leichte Entfernung des wiedergewonnenen Materials und der Kondensationsprodukte aus der Kondensationsvorrichtung erreicht wird.

In der Absicht, die erwähnten Vorteile zu erreichen, wird zunächst ein Vortrockner mit mechanischer Förderung durch eine Treibvorrichtung angewandt, in welcher das nasse, zu glühende Material zuerst vorgetrocknet wird, ohne jedoch so weit zu gehen, daß das zu glühende Produkt in die Glühretorten in vollkommen trockenem Zustande eintritt, da anderenfalls die Masse, beispielsweise durch Glühen fein verteilter Entfärbungskohle, die Bildung von Staub verursachen würde, welcher verlorengehen könnte. Vortrocknungsbehälter oder andere Vorrichtungen können für das Vortrocknen benutzt werden, und diese können in Verbindung mit dem obenerwähnten, zum Vortrocknen bestimmten Förderwerk benutzt werden.

Ferner wird zweckmäßig eine Mehrzahl von Kondensationsvorrichtungen benutzt, welche beispielsweise an beiden Enden der Retorten oder Glühzylinder angebracht werden können, so daß die Verbindungsrohre der Retorten mit den Kondensationsvorrichtungen so kurz wie möglich werden. Die Austrittsöffnungen der Gase in den Retorten sind an solcher Stelle außerhalb der Zone, in welcher die Hitze oder die heißen Gase die Retorten umgeben, beispielsweise außerhalb des Ofenmauerwerks, wo bei der Anwendung einer Mehrzahl von Glühzylindern die Zwischenverbindungen dieser Retorten bewirkt werden.

Ferner ermöglicht die Vorrichtung, eine große Menge kondensierbarer Gase von vornherein bei niedriger Temperatur zu entfernen, so daß die Entwicklung der Gase in den eigentlichen Glühretorten auf diejenigen Zersetzungsprodukte beschränkt wird, welche bei höherer Temperatur entstehen.

Abb. 35 ist eine Seitenansicht,
Abb. 36 ein Grundriß,
Abb. 37 eine Hinteransicht und
Abb. 38 eine Vorderansicht der Vorrichtung.

Die durch das Trocknen und Glühen des nassen Produktes entstehenden Gase und Dämpfe können entweichen.

250   Die Regenerierung des Kieselsäuregels und der Bleicherden.

1. aus dem Vortrocknungsförderwerk,
2. aus der oberen Glühretorte,
3. aus der unteren Glühretorte, und zwar durch die vier Rohre, die mit den Glühretorten und den vertikalen Kondensatoren in Verbindung stehen.

Eine Mehrzahl von Glühretorten und eine Mehrzahl von Vortrocknern und ebenfalls eine Mehrzahl von Kondensationsvorrichtungen kann naturgemäß in den Fällen benutzt werden, wenn die Glühvorrichtung für eine größere Leistungsfähigkeit gebaut werden muß, als bei der beiliegenden Zeichnung angenommen ist. Diese Kondensatoren können mit Wasser so weit gefüllt werden, daß dieses an den Überläufen 17, 18 austritt. In den Kondensatoren wird durch die Kamine 11 und 12 ein gewisser Zug erzeugt.

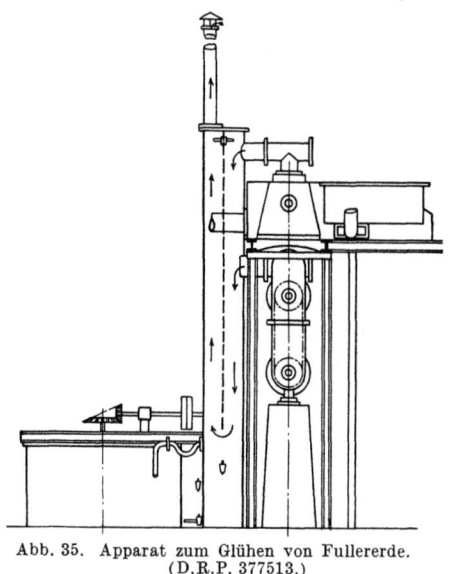

Abb. 35. Apparat zum Glühen von Fullererde. (D.R.P. 377513.)

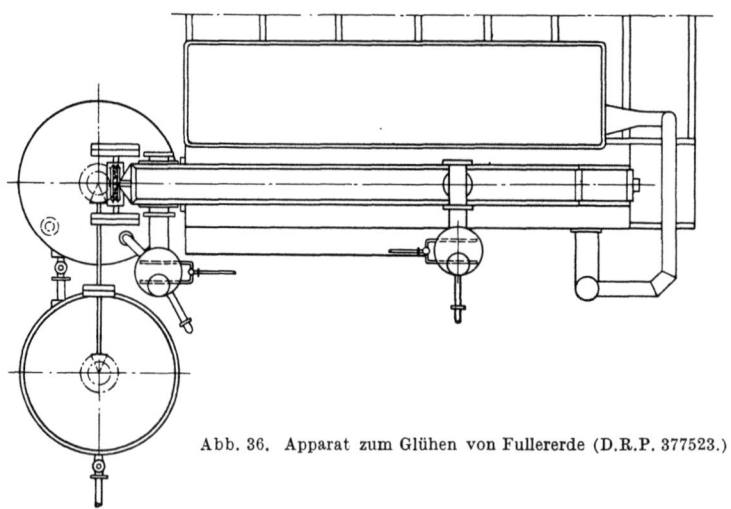

Abb. 36. Apparat zum Glühen von Fullererde (D.R.P. 377523.)

Die Kondensatoren sind durch eine Scheidewand geteilt. Die entweichenden Gase und leichten Partikeln treten in die Kondensatoren

Die Regenerierung des Kieselsäuregels und der Bleicherden.

durch die oben erwähnten vier Rohre ein. Der Wasserdampf wird in dem Kondensator durch Abkühlung niedergeschlagen (mittels Luft oder Wasser), und die festen Staubteilchen werden durch die Kondensationsprodukte (Wasser) nach unten geführt und sammeln sich in dem Wasser, welches am unteren Teil des Kondensators vorgesehen ist.

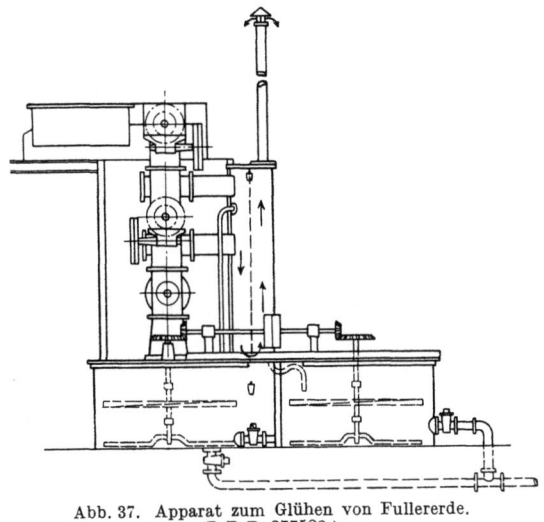

Abb. 37. Apparat zum Glühen von Fullererde. (D.R.P. 377523.)

Die unkondensierbaren Gase werden durch die Kamine abgeleitet.

Je nachdem der Feuchtigkeitsgehalt der zu glühenden Produkte höher oder niedriger ist, sind die Niederschläge in den Kondensatoren

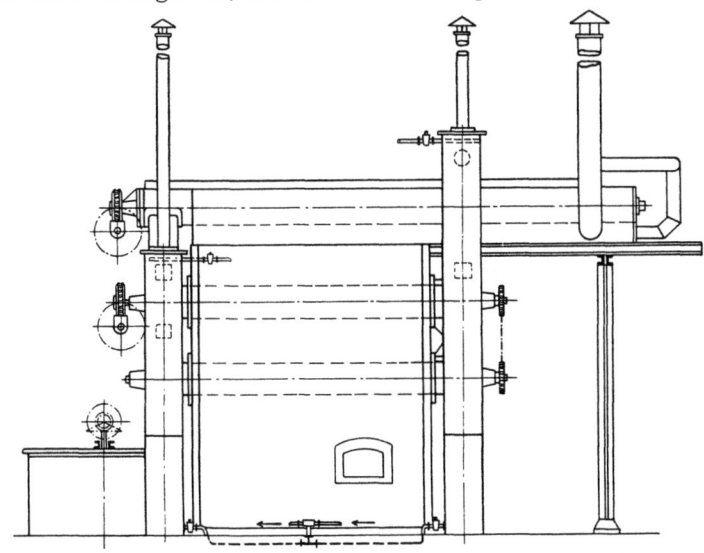

Abb. 38. Apparat zum Glühen von Fullererde. (D.R.P. 377523.)

mehr oder weniger fester Beschaffenheit. Wenn beispielsweise der Feuchtigkeitsgehalt zu gering ist, das zu glühende Produkt zu trocken wird, so bilden sich Kuchen in den oberen Teilen der Kondensatoren

252 Die Regenerierung des Kieselsäuregels und der Bleicherden.

infolge der Haftungseigenschaften des fein verteilten, gepulverten Materials, besonders des Kohlenstoffes. Das Entweichen der Gase könnte auf diese Weise verhindert werden. Aus diesem Grunde wird fein verteiltes Wasser oder Wasserdampf in den oberen Teil des Kondensators durch Sprüher oder Zerstäuber eingeführt, falls ziemlich trockener Kohlenstoff geglüht werden soll, und dies verhindert, daß die Kohlenteilchen zusammenbacken. Die Versprühung kann durch Ventile geregelt werden. Der Überschuß kondensierbarer Produkte (Wasser) wird selbsttätig durch Überflüsse abgeleitet, durch welche auch das Wasser in dem Kondensator in derselben Höhe erhalten wird.

Die Kondensatoren werden ein oder zweimal täglich entleert, um den darin niedergeschlagenen Kohlenstoff zu gewinnen. Dieser Kohlenstoff hat die Form eines Niederschlages am Boden des Kondensators angenommen. Mittels durch eine Rohrleitung herangeführter Druckluft wird das Wasser im Kondensator mit dem Kohlenstoff gemischt und dieses genügend flüssig gewordene Gemisch kann durch einen Injektor oder eine Pumpe (Montejus) entfernt werden. Da die Überflüsse mit einem Verschlußsiphon ausgestattet sind, kann keine Luft in den Kondensator eintreten, da der untere Teil dieses Siphons stets mit Wasser gefüllt ist. Es sind ferner Wasserzuführungen, und Probierhähne vorgesehen.

Um die ununterbrochene Arbeit des Ofens zu sichern, ist ein zweiter Tank in der Nähe des Aufnahmetanks angeordnet, welcher gleichfalls mit der Rührvorrichtung versehen ist. Dieser Tank kann hermetisch durch einen Deckel und eine die Rührwelle umgebende Stopfbuchse geschlossen werden. Rührarme halten den Inhalt in Bewegung, um das Absetzen fester Teilchen zu verhindern.

Unten an diesem ist ein Verbindungsrohr mit einem Ventil angebracht, welches zu einem Behälter führt. Dieser besitzt gleichfalls eine Rührwelle und Rührarme, ist aber oben offen. Der Spiegel und die Dichte der Flüssigkeit in beiden Tanks kann in dem einen Tank geregelt werden. Das Ventil wird nur dann benutzt, wenn einer der Tanks gereinigt oder repariert werden soll.

Die Saugleitung und das Ventil zur Pumpe sind mit dem Tank verbunden und in solcher Weise ausgestattet, daß eine gewisse Wassermenge darin bleibt, selbst wenn der Kohlenbrei abgepumpt wird.

Dies verhindert den Eintritt von Luft in den Tank. Die Entleerung beider Tanks wird durch einen Auslaß und ein Ventil bewirkt, die unten am Boden angebracht sind. Das eine Ventil bleibt offen, und das andere wird geschlossen, wenn der Kohlebrei unter gewöhnlichen Umständen abgepumpt wird. Wenn beide Tanks geleert werden sollen, so werden nur zwei Ventile geöffnet.

Die Regenerierung des Kieselsäuregels und der Bleicherden. 253

Der Wasserdampf im Tank, welcher durch das Einfallen des glühenden Produktes in das Wasser gebildet wird, wird durch ein Rohr abgesaugt, das gleichfalls mit dem Kondensator verbunden ist.

Der größere Teil des in dem Vortrockner gebildeten Wasserdampfes wird durch diese Vorrichtung unmittelbar entfernt und braucht nicht in die Glühretorten einzutreten, kann infolgedessen nicht das Abführen großer Mengen feiner Materialteilchen verursachen.

Die ganze Vorrichtung ist gedrängt und praktisch und macht das fortdauernde Reinigen der Verbindungsrohrleitungen überflüssig, welche die Gase wegführen.

Die **Metallbank und Metallurgische Gesellschaft Akt.-Ges.** (Frankfurt a. M.) treibt die vom Kieselsäuregel, Tonerde, von aktiver Kohle u. dgl. adsorbierten Stoffe dadurch wieder aus den Adsorptionsmitteln aus, daß sie die letzteren in dünnen Schichten kontinuierlich durch einen Apparat hindurchgehen läßt und letzteren durch heiße Gase von außen beheizt. Ein Teil der aus dem Heizraum des Apparates abströmenden Gase wird mit frischen, in diesen Heizraum strömenden Gasen gemischt und die Mengenverhältnisse der zu mischenden Gase werden geregelt (Engl. P. 228879).

Die Wiederbelebung von Bleicherde und Kieselgur geht nach J. N. Sauer (D.R.P. 412850 vom 27. Mai 1922) in der Weise vor sich, daß man sie auf relativ niedrige Temperaturen (unter 300° C) vorzugsweise unter Zuführung geringer Mengen Luft oder anderer Gase erhitzt. Dabei werden die aufgenommenen organischen Stoffe abgeschwelt. Hierauf läßt man zweckmäßig eine längere Behandlung mit Wasser folgen, auch kann man die Produkte mit verdünnter Säure kochen.

R. G. Tellier (Amer. P. 1402112) oxydiert die Fullererde und röstet sie teilweise in einem Luftstrom bei 370—730° C.

Ohne Verwendung äußerer Wärmequellen, abgesehen von der zum Einleiten der Verbrennung erforderlichen Luft, will J. R. MacConnell (Amer. P. 1479998) Filtermaterial fortschreitend wieder wirksam machen. Bei diesem Verfahren kann unter vermindertem Druck in Gegenwart eines Stromes von Sauerstoff zuführendem Brennstoff unter Regelung der Verbrennung durch die Masse gearbeitet werden.

Analog ist das Verfahren von R. E. Wilson (Amer. P. 1520493).

Durch Hindurchfallenlassen durch heiße Gase, Luft-, Kohlensäure- und Dampfgemische strebt F. W. Manning die Regenerierung von Fullererde an (Amer. P. 1473491). Ausgeführt wird das Verfahren in engen, senkrechten Schächten oder erhitzten Wänden. Auch führt Manning die fein zerteilte Bleicherde zwecks Wiederbelebung in einen Verbrennungsprodukte enthaltenden Gasstrom unter Erhöhung der Temperatur ein (Amer. P. 1475502).

254 Die Regenerierung des Kieselsäuregels und der Bleicherden.

Endlich wirft er das zu regenerierende Gut in einer hierzu geeigneten Vorrichtung in einem nach oben strömenden Verbrennungsgasstrom empor (Amer. P. 1552072).

Ebenfalls heiße Gase verwenden C. K. Ikeda, H. Isobe und T. Okazawa zum Regenerieren von zum Trocknen von Luft verwendeter Erde (Engl. P. 206190).

Erhitzte Luft und hochüberhitzten Wasserdampf zum Wiederbeleben von Adsorptionsfiltermaterial empfahl 1885 I. W. Reford (Amer. P. 325837).

Das Filtermaterial wird, falls es trocken geworden ist, zunächst mit Wasser befeuchtet, dann einem heißen Luftstrom ausgesetzt, bis es wieder trocken ist, und sodann mit dem (hochüberhitzten) Wasserdampf behandelt.

Die Metallbank und Metallurgische Gesellschaft (Frankfurt a. M.) (Naamlooze Vennootschap Montaan Metaalhandel, Amsterdam) regeneriert gemäß dem Engl. P. 207547 Kieselsäuregelmittels elektrisch erzeugter Hitze, die direkt auf die z. B. mit adsorbierten Gasen oder Dämpfen beladenen Stoffe zur Einwirkung kommt.

Zu diesem Zwecke werden folgende Arbeitsweisen empfohlen:

1. In dem zu erhitzenden Kieselsäuregel wird ein Ring aus die Elektrizität leitenden Material (Metall) angeordnet und durch diesen ein elektrischer Strom induziert.

2. In das Gel führt man durch Elektroden den elektrischen Strom ein und läßt das zu regenerierende Material selbst einen Widerstand bilden. Da das Gel schlecht leitet, wird es mit leitenden Stoffen (leitende Kohle, Metallpulver) gemischt.

3. Dem Gel werden leitende oder leicht leitend zu machende Flüssigkeiten zugesetzt und alsdann der elektrische Strom mittels Elektroden hindurchgeleitet.

4. Es können auch elektrische Widerstandskörper (Roste, Rohre) in die Gelmasse eingesetzt und dann der elektrische Strom durch diese hindurchgeleitet werden.

Das Austreiben der Gase kann noch weiterhin mittels durch das elektrisch erhitzte Gel hindurchgeleiteter Gase (Verbrennungsgase) gefördert werden.

Unter Verwendung des elektrischen Stromes reinigt Ruprecht (Amer. P. 1024104) Fullererde, indem er sie mit Wasser mischt, durch Absetzgefäße leitet und schließlich in einer Pfanne die leitend gemachte Suspension der Einwirkung eines Stromes von 150 Ampere und 110 Volt unterwirft.

Zum Schluß sei der Verfahren gedacht, die die Reinigung und Regenerierung gebrauchter Bleicherden mit Alkalien betreffen.

Die Regenerierung gebrauchter Bleicherden strebt K. Müller (Smichov b. Prag) dadurch an, daß er diese Stoffe nach ihrer Entfettung mit Alkalilösungen behandelt, die die färbenden Substanzen enthaltende Lösung von den gereinigten gepulverten Bleicherden abtrennt, letztere auswäscht und trocknet.

Die so behandelten Bleicherden sollen dann ihre volle Wirksamkeit wieder erlangt haben.

Auf diese Weise ist es möglich, Bleicherden der verschiedensten Art, wie Floridaerde, Aluminium-Magnesium-Hydrosilicat usw. zu regenerieren.

Man kann bei Behandlung der Erden mit der Alkalilösung gegebenenfalls unter Druck (bei erhöhter Temperatur) arbeiten. Bei Wahl der richtigen Konzentration ist eine Zersetzung der Bleicherden nicht beobachtet worden. Nur die aufgenommenen Farbstoffe usw. werden entfernt. An Stelle wässeriger Lösungen des Alkalis können auch alkoholische oder andere Alkalilösungen Verwendung finden und kann auch in bestimmten Fällen ohne Temperaturerhöhung gearbeitet werden.

Man versetzt z. B. gebrauchte, mit einem Lösungsmittel entfettete Bleicherden mit etwa 5% ihres Gewichtes an Alkali oder Ätznatron und gibt so viel Wasser zu, daß ein dünner Brei entsteht. Dann wird durch direktes Feuer oder Dampf erhitzt und das dabei verdampfende Wasser ersetzt. Schon bald entsteht eine dunkelbraune Lösung (Reagenzglasprobe).

Dann kocht man so lange weiter, bis eine Zunahme der Färbung nicht mehr festzustellen ist (Probenahme von Zeit zu Zeit). Hierauf wird die Masse in eine Filterpresse oder ein Nutschfilter gebracht und mit Wasser ausgewaschen, bis das ablaufende Wasser keine Färbung mehr zeigt. Die ablaufende, dunkel gefärbte Alkalilösung enthält die färbenden Bestandteile, die von der Bleicherde aufgenommen worden waren. Die zurückbleibende Erde wird getrocknet und ist nunmehr für neue Entfärbungen verwendbar (D.R.P. 344499 vom 13. März 1920).

Um die Trennung der Seifenlösung von der Bleicherde bei Behandlung der letzteren mit Lauge technisch durchführbar zu gestalten, geht C. Stiepel (D.R.P. 379124 vom 6. November 1921) in der Weise vor, daß er die Laugenbehandlung bei 130° C vornimmt, wobei die Bleicherde ihren kolloidalen Charakter verliert und sandig wird.

Zum Beispiel vermischt man 100 Teile der gebrauchten Bleicherde mit 30% Fettgehalt, mit 15 Teilen Ätznatronlauge von 40° Bé und Wasser und erhitzt das Ganze 2 Stunden lang auf 130° C, worauf man nochmals Wasser zufügt und die erhaltene Seifenlösung von der Erde durch Filtration trennt. Die Bleicherde kann nunmehr vollkommen gewaschen werden.

Nachtrag.

Die Trübungen, die mit Bleicherden behandelte technische Fettsäuren zuweilen zeigen, können nach H. Heller[1]) durch Wasser, Seife und durch Silicate aus der benutzten Bleicherde bedingt sein.

Bei Zersetzung mit Schwefelsäure entsteht Kieselsäuregel, das alle anderen Verunreinigungen festhält.

Zu den Ausführungen von Neumann und Kober[2]) äußert sich G. Keppeler[3]) auf Grund von Erfahrungen, daß sich der beim Erhitzen der Tone zwischen 150 bis 450° C zunehmende Glühverlust besser durch eine Zersetzung von Kolloiden als durch einfaches Austreiben adsorptiv gebundenen Wassers erklären läßt. Beim Bleichen wirken anscheinend alle Arten des Humus störend, da sie gewissermaßen die Oberfläche belegt haben.

Der Genannte ist demgemäß der Meinung, daß die Aktivierung des Tones durch Erhitzen bis auf 400° C durch Zersetzung der Kolloide zustande kommt.

Neuesten Datums ist eine Arbeit von O. Ruff und P. Mautner[4]), die die aktiven Formen der Kieselsäure (Silicagel) und deren Adsorptionsvermögen betrifft. Dieser Arbeit sei folgendes entnommen.

Das auf dem Markt befindliche Kieselsäuregel (Silicagel) stellt amorphes hydratisches SiO_2 dar, dessen Wassergehalt 10—2% beträgt.

Das Trocknen verleiht erst dem Gel die für die Adsorption von Gasen und Dämpfen erforderliche Capillar- bzw. Porenstruktur.

Es kommt meist in gelb- bis braunfarbigen, glasigen, mehr oder weniger durchscheinenden, einen Durchmesser von 2—4 mm aufweisenden Stücken, die spröde sind und sich leicht zerdrücken lassen, in den Handel. Das Produkt zeigt eine Härte von 4,5—5, ist stark hygroskopisch und zerspringt als größeres Stück beim Überschichtetwerden mit Wasser (Bhatnagar-Mathur-Effekt).

Auf die Zunge gebracht, ruft es ein Saugen und Wärmeentwicklung hervor.

Beim Lagern nimmt der Wassergehalt stark ab.

Das frische wasserhaltige Gel ist kein Adsorptionsmittel für Gase und Dämpfe. Wässerigen Lösungen gegenüber verhält sich das wasser-

---

[1]) Allg. Öl- u. Fettzg. **21**, S. 519—520.   [2]) Vgl. S. 209.
[3]) Z. angew. Chem. **40**, S. 409. 1927.
[4]) Z. angew. Chem. **40**, S. 428—434. 1927.

haltige ebenso wie das scharf getrocknete betreffs der Adsorption, bei nicht wässerigen Lösungen ist praktisch nur die entwässerte Form zu gebrauchen.

Ähnlich dem aktivierten Kieselsäuregel wirken die sog. Porenkiesel, wie Tabaschir und Kieselgur.

Bei der Herstellung des Silicagels aus Alkalisilicatlösungen nimmt man solche, deren Dichten zwischen 1,20—1,35 schwankten.

Man gibt eine derartige Lösung in Säure (Salzsäure, Schwefelsäure) und arbeitet derart, daß zunächst ein Kieselsäuresol entsteht, für dessen Gelatinierungsdauer die Säure- und die SiO_2-Konzentration von erheblicher Bedeutung sind, für den Dispersitätsgrad ist die Konzentration der Säure von Einfluß. Am günstigsten gelatinieren Gemische der genannten Art, die eben noch alkalisch reagieren. Neutralisiert man das Wasserglas gerade, so beobachtet man sofort eine voluminöse, opalisierende Fällung und darüber nach Wochen das klare Gel.

Ein geringer Säureüberschuß wirkt verzögernd, ein größerer beschleunigend auf die Gelatinierung ein.

Eine langsame Ausfällung und ein gutes Gel erhält man durch Ersatz der Säure durch Natriumbisulfat, -bisulfit, -bicarbonat oder Ammoniumpyroborat.

Schwierig ist das Auswaschen des Gels, dessen letzte Alkalianteile nur schwer zu entfernen sind. Man versuchte die Lösung dieses Alkali durch Zusatz löslicher Metallchloride (Aluminium- oder Magnesiumchlorid) zu erleichtern; das dabei gebildete Metallhydroxyd kann durch Säure wenigstens zum Teil wieder entfernt werden.

Im Laboratorium wäscht man lang andauernd mit Wasser oder durch Dialyse.

Das noch feuchte Gel wird durch Abpressen vom größten Teil seines Wassers befreit und getrocknet (aktiviert).

Günstig ist die Trocknung erst bei 120—160° und dann bei 300 bis 350° durchzuführen.

Ein gutes Mischgel soll ensthen, wenn man das Kieselsäuregel und gleichzeitig mit Eisenchloridlösung (2 n-Ferrichloridlösung) Ferrihydroxyd während 60 Stunden aus Wasserglas fällt und bei Zimmertemperatur im Luftstrom zwei Wochen lang trocknet.

Das so erhaltene Produkt (SiO_2 + Fe[OH]$_3$ + 60 % Wasser) unterwirft man eine Woche lang einem Schwitzprozeß, wäscht das Metalloxyd mit Säure aus, trocknet es sodann 8 Stunden lang bei 150° C und reaktiviert es bei 140—200° C.

Derart hergestelltes Gel soll durchschnittlich die Gele der Silica-Gel-Corporation um das 3—4fache bei der Adsorption übertreffen.

Folgende Tabelle zeigt die Wirkung der wasserhaltigen Kieselsäuregele:

Kieselsäuregel	Wassergehalt %	Maximaladsorption für
1	7	Schwefeldioxyd
2	2	Butan
3	4—7	{ Stickstoffdioxyd { Essigsäure
4	3,5—8	Gasolinlösung

Je vollständiger das Wasser aus dem Gel ohne Zerstörung des Porengerüstes herausgenommen wird, um so besser wirkt das Gel adsorbierend. Möglichst niedere Temperatur ist dabei von Vorteil.

Das Gel verliert beim Lagern an Adsorptionsfähigkeit, und zwar bei anfänglich stärkster Oberflächenentwicklung am meisten (Altern). Zweckmäßig ist es das Wasser bis auf 2—10 % zu entfernen, bei einer Trockentemperatur von 300° C.

Die Dichte des Gels ist:
über Phosphorsäureanhydrid

bei   25° C getrocknet   2,465
,,   300° C   ,,   2,390
,, 1000° C geglüht   2,271
mit Salzsäure abgeraucht und geglüht 2,627
die Dichte des Quarzes ist   2,685

Die Adsorptionswärme des Gels ist für Schwefeldioxyd bei 0° 21,2 Cal., für Wasserdampf 20,6 Cal. und die Benetzungswärme für Alkohol 22,63 Cal., für Wasser 19,22 Cal., für Anilin 17,45 Cal., für Benzol 11,13 Cal. und für Tetrachlorkohlenstoff 8,42 Cal. pro Gramm.

Die Oberfläche ist für 1 g Gel auf aunähernd 450 qm berechnet worden.

Das Kieselsäuregel ist amorph-isotrop, nach 2 stündigem Erhitzen auf 1300° C geht es in das Gitter des Cristobalits über.

Nach Versuchen des Verfassers adsorbiert 0,5 g getrocknetes Kieselsäuregel

		I	II
Anilin aus	Wasser (8,9605 g im Liter)	+1,15 %	+1,3 %
	Alkohol (9,9750 g im Liter)	−2,3 %	−1,8 %
	Benzol (11,7232 g im Liter)	+3,76 %	+3,9 %
Phenol aus	Wasser (10,100 g im Liter)	0,0 %	0,0 %
	Benzol (10,2024 g im Liter)	+2,90 %	+4,15 %
Essigsäure aus	Wasser (9,9220 g im Liter)	+8,2 %	+7,7 %
	Benzol (9,9100 g im Liter)	+8,6 %	+8,6 %

Die Adsorption von Gasen und Dämpfen ist an eine porös-disperse Beschaffenheit gebunden, also nur dem entwässerten Gel eigen.

Die reinigende Kraft des Kieselgurs für Rohzucker- und Farbstofflösungen wird durch Schmelzen mit Natriumchlorid erhöht.

Literaturverzeichnis.

Alden, W. C.: Fullererden und Ziegeltone bei Clinton, Mass. U. S. Geol. Survey Bull. **430**, S. 402—404, 1910.
Ammon, L. v.: Malgersdorfer Weißerde. Geognost. Jahreshefte **13**, S. 195 bis 208, 1900.
Anderson: Ent- und Wiederwässerung von Kieselsäuregel. Inaugural-Dissertation, Göttingen 1914; Z. physik. Chem. **88**, S. 191 ff., 1917.
Anglo Persian Company: Bauxit als Entfärbungsmittel. Chem.-Zg. **49**, S. 503, 1925.
Ashley, H. E.: Die Kolloidstoffe des Ton und ihre Bestimmung. U. S. Geol. Survey Bull. Fullererden. **388**, S. 31—51.
Bachmann, W.: Untersuchung des Kieselsäuregels. Inaugural-Dissertation, Göttingen 1911; Z. anorgan. Chem. **73**, S. 125—172; **79**, S. 202—208, 1912/13; **100**, S. 1 u. 11, 1917; Cotton Oil Press. **7**, Nr. 8, 1923.
Bailey, H. und Allen, J. A.: Öladsorptionsprobe für Bleicherde. J. Soc. Chem. Ind. **43**, S. 811, 1924.
Baschierie: Atti di Sorc. Toscana. **19**, 1910.
Bayer Silicatwerke A.-G.: Kieselsäuregel. Seifensieder-Zg. **51**, S. 811, 1924.
Bechhold: Dispersitätsgrad der Kieselsäurelösungen. Chem.-Zg. **49**, S. 1249—1250, 1921.
— H., Gutlohn, L. und Karplus, H.: Adsorptive Entsäuerung von Pflanzenölen. Z. angew. Chem. **37**, S. 70—71.
Behrens: Färbung von Tabaschir, Gel und Hydrophan. Sitzungsber. d. K. Akad. Wien, Mathem.-physik. Kl., Abt. I, **64**, S. 519—566.
Belani: Thioseptole. Petroleum. **21**, S. 1439—1440, 1925.
Bell, H. S.: Reinigung von Rohbenzin mittels Kieselsäuregel. Amer. Petroleum Refining D. van Nostraad Co., New York 1923, S. 207.
Bemmelen, van: Entwässerung und Wiederaufnahme von Wasser des Kieselsäurehydrogels. Z. anorg. Chem. **13**, S. 233—356, 1896—97.
— Untersuchung der Frage, ob sich bei der Entwässerung des Kieselsäuregels leere Räume bilden, die Luft absorbieren. Z. anorg. Chem. **18**, S. 14—36, 98 ff., 1898.
— Einwirkung höherer Temperaturen auf Kieselsäuregel. Z. anorg. Chem. **30**, S. 265—279, 1902; **36**, S. 380, 1903; **49**, S. 125, 1906.
— Bindung des Wassers im Hydrogel der Kieselsäure. Z. anorg. Chem. **59**, S. 225—247, 1908.
— Untersuchungen über die Eigenschaften des Hydrogels bei ihrer Ent- und Wiederwässerung. Z. anorg. Chem. **62**, S. 1—23, 1909.
— Die verschiedenen Arten der Verwitterung des Silicatgesteins in der Erdrinde. Z. anorg. Chem. **66**, S. 322 ff., 1910.
— Kiselsäuregel aus Siliciumchlorid, Siliciumfluorid und Methylsilicat. Recueil Trav. Chim. Pays-Bas. **7**, S. 70.
Bender und Erdmann: Kieselsäuregallerte. Chem. Präparatenkunde. **1**, S. 336, 1893.
Benedict, C. W.: Untersuchung der Aktivität der Bleicherden. Seifensieder-Zg. **53**, S. 243—244, 1926; J. Oil and Fat.-Ind. 1925, S. 62.
Bergbaugesellschaft Ravensberg: Alsil. Seifensieder-Zg. **52**, S. 264, 1925.
Bergmann, F.: Kieselsäuregel. Kleine physische und chemische Werke. **3**, S. 391.
Berl, E.: Kieselsäure. Z. angew. Chem. **34**, S. 278, 369, 377, 1921; **35**, S. 71, 1922.

Berl, E. und Urban, W.: Verhalten verschiedener Kieselsäuren gegen Wasserdampf. Z. angew. Chem. **36**, S. 57—60, 1923.
— und Wachendorff, E.: Adsorptionswirkung des Kieselsäuregel. Kolloid-Zeitschr. **36**. Erg.-Bd., S. 36—40; Zeitschr. f. angew. Chem. **37**, S. 747.
Berzelius: Kolloidale Kieselsäure. Lehrbuch der Chemie. 3. Aufl., S. 122, 1833.
Bibra, J. v.: Ton für Entfärbungszwecke. Refin. **3**, S. 15 u. 24, 1924.
Blake, J. C.: Kolloide Kieselsäure. Am. Chem. Soc. **26**, S. 1374, 1904.
Blasius: Untersuchung von Tabaschir. Groths Zeitschr. 1888, S. 259.
Bogendörfer: Verwendung von Siliquid als Heilmittel. Therap. d. Gegenw. 1922, Nr. 11.
Bohle, J.: Tonsil. Chem.-Zg. 1924, S. 745.
Böhm, E.: Bleicherdenbewertung. Seifensieder-Zg. **52**, S. 303—304, 363, 1925.
Braesco, P.: Entwässerung von Kieselsäure. Comptes Rendus. **168**, S. 343—345.
Brandt, L.: Wirksamkeit des Kieselsäurehydrosols bei der Eisenbestimmung. Chem.-Zg. **44**, S. 682, 1920; Z. analyt. Chem. **62**, S. 417—450, 1923.
Brauner, I. C.: Fullererde. Trans. Am. Inst. Min. Eng. **27**, S. 42—63, 1898.
Brewster: Untersuchung des Tabaschirs. Philosophical Transactions of the Royal Society of London. II, S. 283; Edinburgh Journ. of Science. **16**, S. 285, 1828; Schweiggers Journ. f. Chem. u. Physik. **29**, S. 411—429, 1820; **52**, S. 412—426, 1828.
Brien, O.: Raffination von Petroleum mittels Bauxit. J. Soc. Chem. Ind. **43**, S. 188—189, 1924.
Briggs, H.: Adsorption durch Kieselsäuregel. Proc. Royal Soc. London, Serie A. **100**, S. 88—102, 1921.
Bruni, G.: Kolloide Kieselsäure. Ber. d. Dtsch. Chem. Ges. **42**, 1909.
Butkow, N.: Regenerieren von Kieselsäuregel. Neftanjoe Chozziajstwo. **10**, S. 388—392.
Bütschli, O.: Mikrostruktur der Kieselsäuregallerten und des Hydrophans und Edelopals. Verhandl. d. naturwissensch. Ver. zu Heidelberg, N. F. **6**, S. 287—348, 1898—1901.
Cameron, F. K. und Bell, J. M.: Fullererden. Bureau of Soils Bull. **30**, S. 42, 1905.
Chatelier, H. Le: Untersuchungen der Kieselsäure. Comptes Rendus. **147**, S. 660—662.
Christiansen, Tabaschir: Ann. Phys. u. Chem. **259**, S. 298, 1885; **260**, S. 439, 1887.
Cohn, F.: Untersuchungen des Tabaschirs. Beitr. z. Biol. d. Pflanzen. **4**, S. 365—407.
Cornu, F.: Besprechung der Gele des Mineralreiches. Z. Chem. u. Ind. d. Kolloide. **4**, S. 15—18, 189—190; Kaolinton. Z. prakt. Geol. **17**, S. 82, 1909.
Cummins: Physiologische Wirkung der kolloiden Kieselsäure. Ber. d. ges. Physiol. **17**, S. 539.
Davidsohn, J.: Rösten der Bleicherden. Seifensieder-Zg. **47**, S. 665, 1923.
— Bleichwirkung der Bleicherden. Seifensieder-Zg. 1923, S. 648.
Day, T. A.: Petroleumreinigung. Proc. Am. Phil. Soc. **36**, S. 112—115, 1897.
— Das Vorkommen von Fullererde in den Vereinigten Staaten. J. Frankl. Inst. **150**, S. 219, 1900.
Deckert, R.: Bleicherde. Seifensieder-Zg. **52**, S. 388—389, 754—759, 1925; Petroleum. **22**, S. 16—18, 261—263, 1926.
Deibe und Scherrer, O.: Struktur der Kieselsäure. Phys. Z. **17**, S. 277.
Dieterle: Die Raffination des Sojaöles. Seifensieder-Zg. **53**, S. 327—328, 1926.
— Bleichen des Sojaöles. Seifensieder-Sg. **53**, S. 327—328, 1926.
Dittler, E.: Kolloide Kieselsäure als Zusatz bei der Eisenbestimmung. Chem.-Zg. **43**, S. 262, 1919.
Doveri: Krystallisierte Kieselsäure. Liebig und Kopps Jahresber. f. 1847 und 1848, S. 400.

Duessen, A.: U. S. Geol. Survey Bull. **470,** 2, S. 337—351, 1910.
Düll, W.: Anwendung kolloider Kieselsäure als Heilmittel gegen Tuberkulose. Dt. med. Wochenschr. **49,** S. 820—821.
Dunstan, A. E.: Entschweflung von Ölen mittels Silicagel. J. Soc. Chem. Ind. **43,** S. 181 T, 1924.
Durocher, G.: Verwendung von kolloider Kieselsäure in Amerika. Ind. Chemique. **9,** S. 533—536.
Ebelman: Kieselsäuregel aus Kieselsäuremethylester. J. prakt. Chem. **33,** S. 417, 1844; **37,** S. 347—376, 1846.
Ebler, E., und Fellner, M.: Aufnahme radioaktiver Stoffe durch Kieselsäuregel. Chem.-Zg. **35,** S. 634, 1911.
Eckart, O.: Bleicherden. Z. angew. Chem. **38,** S. 886, 1925; **39,** S. 332—334, 1926; Seifensieder-Zg. **32,** S. 753—754, 1925; **53,** S. 154—155, 169—170, 187—188, 362—363, 726—728, 1926; **54,** S. 82—83, 1927.
Eckart, O. und Würzmüller, A.: Bleicherde. Die Bleicherde. 1925.
Ehrenberg, P.: Kolloide Kieselsäure. Die Bodenkolloide. 1915.
Famintzin: Kieselsäuremembran. Bull. Acad. Petersbourg. **29,** S. 414, 1884.
Fells, H. A., und Firth, J. B.: Kieselsäuregele. J. physik. Chem. **29,** S. 241—248.
Foote, H. W., und Saxton, B.: Gefrierenlassen von Kieselsäuregel. J. Am. Soc. Chem. **38,** S. 588—609; 1916; **39,** S. 1103—1123, 1917.
Frankenstein: Kieselsäuregel, Tabaschir und Opale. J. prakt. Chem. **54,** S. 430—476.
Fremy: Kolloidale Kieselsäure. Ann. de Chim. phys. (3), **38,** S. 317—335.
Freundlich, H.: Kapillarchemie. 1909.
Friedemann, U.: Kieselsäure. Z. f. exp. Pathol. u. Therap. **3,** S. 73, 1906.
Frydlender, J. H.: Kieselsäuregele. Rev. des Produits Chim. **27,** S. 1613 bis 1616.
Fuchs, J.: Löslichkeit der Kieselsäure. Liebigs Annalen. **82,** S. 119; Liebigs und Kopps Jahresber. f. 1852, S. 369.
Furness, R.: Benzoladsorptionsmittel. J. of Chem. and Ind. **42,** S. 850 bis 854, 1923.
Gardner und Coleman: Adsorptionsprobe zum Vergleichen der Sättigungswerte von Bleicherde und Kohle. Seifensieder-Zg. **51,** S. 573, 1924.
Gilpin, J. E., und Cram, M. O.: Petroleumfraktionierung. Am. Chem. Journ. **40,** S. 495, 1908.
— und Bransky, O. E.: Petroleumfraktionierung. Am. Chem. Journ. **44,** S. 251.
Glixelli, S.: Untersuchungen des Kieselsäuregels bei Behandlung mit Indicatoren. Comptes Rendus. **176,** S. 1714—1716, 1923.
Gräfe, E.: Rösten der Bleicherden. Petroleum. **3,** Nr. 6.
— Schlesische Bleicherde. Chem. Rev. über die Fett- u. Harzindustrie. **11,** Nr. 6 u. 7; **15,** Nr. 1 u. 2.
Graham, Th.: Herstellung und Eigenschaften der löslichen und gelatinierten Kieselsäure. Proc. of the roy. soc. **11,** S. 243; Comptes Rendus. **53,** S. 275; Poggendorff Ann. d. Phys. u. Chem. 4. Reihe, **24,** CXIV, S. 187—192, 1861; CXXII, S. 529—541, 1864; Liebigs Ann. d. Chem. u. Pharm. **121,** S. 36—41, 1862.
Grimaux: Kolloidale Kieselsäure. Ber. d. Dtsch. Chem. Ges. **17,** Res. S. 109, 1884.
Grimm, F. V.: J. Am. Chem. Soc. **43,** S. 4144 2150, 1921.
Guiselius, Freundlich, Thole und Remfrys: Rösten von Bauxit. Petroleum. **21,** S. 1832—1834, 1925.
Gurwitsch, L.: Adsorption von Naphthensäuren durch Fullererde. Z. physik. Chemie. **87,** S. 323—332.
Guye, W. E., und Purdy, W. J.: Giftigkeit des Kieselsäuregels. Brit. journ. of exp. pathol. **3,** S. 75—85, 86—94; Ber. d. ges. Physiol. **14,** S. 63—64; **19,** S. 345.

Hassel, B.: Entfärbung von Ölen und Fetten durch Bleicherde und Regenerierung der letzteren. Chem.-Zg. **49**, S. 293—295 u. 546, 1925.
Hatschek, E.: Einwirkung von Salzlösungen auf Kieselsäuregele. Z. Chem. u. Ind. d. Kolloide. **10**, S. 77—79.
— und Simon, A. L.: Abscheidung von Gold im Kieselsäuregel. Z. Chem. u. Ind. d. Kolloide. **10**, S. 265—268.
Heller, H.: Ermittlung des Säurevermögens von Bleicherden. Allgem. Öl- u. Fett-Zg. **21**, S. 471—472.
Hermann, H.: Ber. d. Dtsch. Chem. Ges. **46**, S. 318—320, 1907.
Herr, V. F.: Filtration von Petroleum durch Fullererden. **4**, S. 1284, 1909.
Hoffert, W. H.: Feste Adsorptionsmittel für Benzol. Journ. Soc. Ind. **44**, S. 357—366.
Holmes, H. N., und Anderson, J. A.: Kieselsäuregel. Ind. Engin. Chem. **17**, S. 280—282.
—, Kaufmann und Nicholas: J. Am. Chem. Soc. **41**, S. 1329.
John: Tabaschir. Schweigg. Journ. f. Chemie u. Physik. **11**, S. 262, 1802.
Jordis: Untersuchung des Kieselsäuregels. Z. Elektrochem. **11**, S. 835 bis 836, 1905; Z. anorg. Chem. **34**, S. 459; **44**, S. 2404—2409, 1905; Z. angew. Chem. **19**, S. 1697, 1906.
Joseph, A. F.: Kieselsäuregeluntersuchung. Nature. **115**, S. 460.
Kahle: Kolloide Kieselsäure als Heilmittel. Münch. med. Wochenschr. 1914. Nr. 14.
Kasai, Sh.: Elektrische Leitfähigkeit der kolloiden Kieselsäure. Inaugural-Dissertation 1889, S. 14.
Kelley, W.: Filtrol. Cotton Oil Press. **7**, S. 38—39, 1923.
Kempe: Kieselsäuregel. Z. Chem. u. Ind. d. Kolloide. **1**, S. 43—44, 1906—07.
Kessler: Kolloide Kieselsäure als Heilmittel. Dt. med. Wochenschr. 1914. H. 9, Nr. 14.
Kette, W.: Kieselsäurekolloid zum Gewinnen von Eiweißstoffen aus Kartoffelsaft. Zentralbl. f. Agrikulturchem. **9**, 188, S. 79.
Kita, Genitsu, und Suzuki, Kakuo: Verhalten der Kambaraerde gegen Enzyme. Wochenschr. f. Brauerei. **40**, S. 79—80, 1923.
Gray und Mandelbaum: Raffination von Ölen mittels Fullererde. Petr. Times vom 5. April 1925.
Klaus, J. Behandlung von Fullererde. Chem.-Zg. 1915, S. 920.
Kobayashi, K.: Kambaraerde. J. Ind. Chem. [**4**], S. 891, 1912; Seifensieder-Zg. **19**, S. 511, 1913.
Kobert, R.: Kieselsäurehaltige Heilmittel. Veröff. d. Zeitschrift f. Balneologie. **3**, S. 3, 1917.
— Kolloide Kieselsäure als Heilmittel. Tuberculosis 1918. S. 149.
Koetschau, R.: Kieselsäuregel. Chem.-Zg. **48**, S. 497, 518, 1924.
— Über neuere Fortschritte der Adsorptionstechnik. Z. angew. Chem. **38**, S. 825, 1925; **39**, S. 210ff. 1926.
Kopaczewski, W., und Gruzewski, Z.: Einwirkung des Kieselsäuregels auf Tierserum. Comptes Rendus. **170**, S. 133—135.
Kosel, I.: Extraktion öl- und fetthaltiger Stoffe. Petroleum. **10**, S. 856, 1915.
Kowarowsky, A.: Perkieselsäure. Chem.-Zg. **38**, S. 121—122.
Krantz, J. C.: Kieselsäuregallerte als Filterstoff für pharm. Präparate. J. Am. Pharm. Ass. **11**, S. 701, 1922.
Kröger, M.: Elektroanalytische Herstellung mit Kieselsäurehydrosole. Kolloid-Zeitschrift. **30**, S. 16—18, 1922.
Krull: Trocknen von Gebläsewind mittels Silicagel. Z. V. d. I.
Kühn, H: Kieselsäuregel. J. prakt. Chem. **59**, S. 1—6, 1853.
— A.: Kolloide Kieselsäure als Heilmittel. Münch. med. Wochenschr. **65**, S. 1459—1460, 1918; Therap. Monatshefte 1919, H. 9; Münch. med. Wochenschr. 1920, Nr. 9; Z. f. Tuberkul. **32**, H. 6, 1920; Med. Klin. H. 1, 1922.

Kühn, H.: Kolloide Kieselsäure als Heilmittel. J. prakt. Chem. **59**, 2, S. 1—6, 1853.
Kunkel: Kolloide Kieselsäure als Heilmittel. Jahresber. über d. Fortschritte d. Tierchem. **30**, S. 512.
Lach, B.: Spaltung von Öl mittels Bleicherde. Seifensieder-Zg. **47**, S. 582, 1907.
Ladendorf: Kolloide Kieselsäure als Heilmittel. Zeitschr. f. Balneologie. **5**, Nr. 11, 1912.
Lang, P.: Bleicherde in Braunkohlenflözen. Braunkohle. **20**, S. 753—759.
Latshaw, M., und Reyerson, L. H.: Reduktionswirkung des an Kieselsäuregel adsorbierten Wasserstoffes. J. Am. Chem. Soc. **47**, S. 610—612.
Legy, A. T.: Kieselsäuregallerte als Nährboden. Biochem. Journ. **13**, S. 107—110.
Lewite, A.: Regenierung von Bleicherde. Erdöl und Teer. **5**, S. 10, 1925.
Liebermann, L. von: Hämatolyse durch Kieselsäuregel. Biochem. Zeitschr. **4**, S. 26.
Liebers, M.: Hämolyse durch Kieselsäure. Arch. f. Hyg. **80**, S. 43—55.
Liebig, J.: Löslichkeit der Kieselsäure. Liebigs Annalen. **94**, S. 373—375, 1855.
Liesegang, R. E.: Wachsen von Kieselsäuregel. Z. Chem. u. Ind. d. Kolloide. **10**, S. 273—275.
— und Abelmann: Kieselsäuregallerte als Salbengrundlage. Pharm. Centralhalle. **60**, S. 121—123.
Lloyd, St. L.: Fullererde in Florida. Engg. Journ. Min. **112**, S. 860, 1921.
Löb, A.: Chem. Revue über die Fett- und Harzindustrie. **15**, Nr. 4, 1908; Seifensieder-Zg. **52**, S. 1006—1008, 1024—1026, 1925.
Löwenstein: Kieselsäuregel. Z. anorg. Chem. **63**, S. 81, 1909.
Mandelbaum, M. R., und Nisson, P. S.: Einwirkung der Glühhitze auf Fullererde. Ind. and Engg. Chemistry. **18**, S. 564—566, 1926.
Mary, A., und Mary, A.: Inversion von Rohrzucker durch kolloidale Kieselsäure. Comptes Rendus. **167**, S. 644—646.
Maschke, O.: Löslichkeit der Kieselsäure. Z. dt. geol. Ges. **7**, S. 438—447, 1853.
— Amorphe Kieselsäure und ihre Abscheidung aus wässerigen Lösungen. Poggendorf Ann. d. Phys. u. Chem. CXLVI, 5. Reihe, **26**, S. 90—110, 1872.
Maynard, T. P., und Mallory, L. E.: Fullererde. Chem. Metallurg. Engg. **26**, S. 1074—1076.
Meineke: Schweiggers Journ. f. Chem. u. Phys. **11**, S. 262.
Merritt, C. A.: Ähnlichkeit des Entstehens der Carbonatadern mit den Kieselsäureablagerungen in der Erdrinde. Proc. trans. roy. soc. Canada [3], **18**, Sect. 4, S. 85—90, 1924.
Meyer, J. G. F.: Herstellung einer Kieselsäurelösung. Beschäftigung d. Berl. Ges. naturforsch. Freunde. **1**, S. 1775; **3**, S. 1777 und **6**, S. 1785.
— Das Raffinieren und die Gewinnung von Petroleumprodukten mit Silicagel. Brennstoffchemie. **4**, S. 358, 1923;.
— Einige industrielle Anwendungen von Silicagel. Z. angew. Chem. **37**, S. 36, 1924.
— Silicagel.
— W.: Kieselsäuresol. Inaugural-Dissertation. 1897, S. 10.
Mielck, H.: Bleicherden. Seifensieder-Zg. **53**, S. 134—135, 243, 1926.
Miller, E. B.: Best. der Adsorptionsfähigkeit des Kieselsäuregels. Chem. Metallurg. Engg. **23**, S. 1155—1158, 1219—1222, 1251—1254, 1920.
Miser, H. D.: Fullererdevorkommen. U. S. Geol. Survey Bull. **350**, S. 207, 1911.
Moore: Tabaschir. Edinburgh Journ. **4**, S. 192; Proc. of the roy. soc. of London B. **90**, S. 168—169, 1918.
Moore, B. und Webster, T. A.: Kolloide Kieselsäure als Katalysator. Proc. of the roy. soc. of London B. **90**, S. 168—169, 1918.

Morris, E. F.: Fullererde zur Kalkgrünherstellung. Chem. Metallurg. Engg. **27**, S. 52.
Mügge: Kieselsäuregel. Centralbl. f. Mineral., Geol. usw. 1908, S. 129.
Müller, A.: Kolloide Kieselsäure im Acker- und Waldboden. Landwirtschaftliche Jahrbücher. **14**, S. 283, 1865.
Mylius, I. und Groschuff, E.: Kieselsäure. Ber. d. Dtsch. Chem. Ges. **39**, I, S. 116—128, 1906.
Nernst, W.: Kieselsäure. Theoretische Chem. 1907, S. 419.
Normann, W., und Piepenbrock, Fr.: Isaritprüfung. Seifensieder-Zg. **52**, S. 127—128, 220, 1925.
Pappadà, N.: Gazz. chimica italiana. **33**, II, S. 272—276.
Pappadà, N., und Sadowski, C.: Z. Chem. u. Ind. d. Kolloide. **6**, S. 292 bis 297, 1910; Gazz. chim. ital. **41**, II, S. 495—517.
Parmeter, C.: Fullererde. Chem. Metallurg. Engg. **26**, S. 177.
Parson, Ch. L.: Fullererden. J. Am. Chem. Soc. **29**, S. 598, 1907; Fullers Earth, Washington 1913; Bulletin 71; Mineral Technol. 3; Department of the Interior Bureau of Mins.
Parsons, A. B.: Berichte über Fullererde. Engg. Min. Journ. Press. **118**, S. 771—773.
Patrick, W. A.: Aufnahme von Gasen durch das Gel der Kieselsäure. Inaugural-Dissertation. Göttingen 1914.
— Adsorption von Gasen und Flüssigkeiten durch Kieselsäuregel. Kolloid-Zeitschr. **36**, Erg.-Bd., S. 272—277.
— und Davidheiser, L. Y.: Adsorption von Ammoniak durch Kieselsäuregel. J. Am. Chem. Soc. **44**, S. 1—8, 1922.
— und Greider, C. E.: Bestimmung der Adsorptionswärme des Kieselsäuregels. J. Phys. Chem. **29**, S. 1031—1039.
— und Grimm, F. V.: Benetzungswärme des Kieselsäuregels. J. Am. Chem. Soc. **43**, S. 2144—2150.
— und Holmes jr., E. O.: Einwirkung ultravioletter Lichtstrahlen auf mit Fl. getränkter Kieselsäuregele. J. Phys. Chem. **26**, S. 25—41.
— und Jones, D. C.: Adsorption organischer Flüssigkeiten aus Gemischen mittels Kieselsäuregel. J. Phys. Chem. **29**, S. 1—10.
— und Long, J. S.: Adsorption von Butan durch Kieselsäuregele verschiedenen Wassergehalts. J. Phys. Chem. **29**, S. 336—343.
— und Mc Gavack jr., J.: Adsorption von SO_2 durch Kieselsäuregel. J. Am. Chem. Soc. **42**, S. 946—978.
— und Miller, B.: Raffinationswirkung des Kieselsäuregels. Chem. Zentralblatt. **4**, S. 43, 1922.
— und Opdyke, L. H.: Untersuchung der Adsorptionsfähigkeit des Kieselsäuregels. Kolloid-Zeitschr. **36**, Erg.-Bd., S. 272.
Pelet und Grand, L.: Aufnahme von Farbstoffen durch Kieselsäure. Chem.-Zg. **31**, S. 803, 1907.
Pfirschinger Mineralwerke Gebr. Wildhagen & Falk: Frankonit. Seifensieder-Zg. **52**, S. 200, 1925.
Poleck: Analyse des Tabaschir. Jahresber. d. schles. Ges. f. vaterländ. Kultur f. d. Jahr 1886. S. 181—183.
Pomeranz, H.: Kolloidchemische Wirkung der Bleicherden beim Bleichen. Seifensieder-Zg. **52**, S. 134, 543, 1925.
Porter, J. T.: Fullererden. U. S. Geol. Survey Bull. **315**, S. 272, 1906; Seifenfabrikant. **28**, S. 918ff., 1908.
Pratolongo, U.: Gazz. chim. italiana. Aluminiumsilicat. **41**, S. 382—412, 1911.
Prasad, M.: Anwendung der Schallgeschwindigkeitsgesetze für isotrope Stoffe auf dehydratisierte Gele. Kolloid-Zeitschr. **33**, S. 279—284, 1923.
Putland, A. P.: Erhöhung der Bleichwirkung der Fullererde. Cotton Oil Press. **6**, S. 34—35, 1922.
Rauch, A., und Pain, G. E.: Verwendung von Fullererde für Entfärbungen. J. Inst. Petr. Techn. **10**, S. 687—694, 1914.

Ray, R. C.: Prüfung der Frage, ob bei Adsorptionen durch Kieselsäuregel chemische Reaktion mit im Gel enthaltenem Wasser maßgebend sind. J. Phys. Chem. **29**, S. 74—86.
Reusch: Organische Bestandteile mineralischer Kieselsäuregallerten. Liebigs Ann. d. Phys. u. Chem. **200**, S. 431—448, 643—644.
Rideal, E. K., und Thomas, W.: Entfärbungseffekte von Fullererden gegenüber Ölen. J. Chem. Soc. London. **121**, S. 2119—2123, 1922.
Rinne: Kieselsäuregel. Fortschritte der Mineralogie 1913.
Rohland, P.: Gehalt von Tonen an kolloider Kieselsäure. Sprechsaal. **42**, S. 655—657, 1909; Z. Elektrochem. **15**, S. 540—542, 1909; Z. anorg. Chem. **56**, S. 46—48, 1907; **60**, S. 366—368, 1908; Die Tone. 1909.
— Absorption von Farbstoffen durch Tone. Z. anorg. Chem. **67**, S. 110; **77**, S. 116—118; van Bemmelen-Festschrift. S. 26.
Roth: Kolloide Kieselsäure als Heilmittel. Therap. d. Gegenw. 1921, H. 10.
Rössle: Kolloide Kieselsäure als Heilmittel. Münch. med. Wochenschr.
Ruff, O.: Wirkungen der aktiven Kohle. Zeitschr. f. angew. Chem. **38**, S. 1164. 1925.
Scherrer, P.: Nachr. v. d. Kgl. Ges. d. Wiss. Göttingen. 1918, S. 98—100.
Schmidt: Kolloide Kieselsäure als Heilmittel. Münch. med. Wochenschr. 1904, Nr. 18.
Scholz: Rösten der Bleicherden. Petroleum. **3**, Nr. 9.
Schulz, H.: Kolloide Kieselsäure als Heilmittel. Pflügers Archiv. **84**, 1901; **89**, S. 102, 144, 1912.
— Morphologie und randliche Bedeckung des Bayerischen Waldes in ihren Beziehungen zum Vorland. Neues Jahrb. f. Mineral. usw., Beilageband **54**, Abt. B., S. 289—349, 1926.
Schwarz, R.: a- und b-Kieselsäure und Kieselsäuresol (aus Ammonsilicat). Kolloid-Zeitschr. **28**, S. 77—80, 1921, **34**, S. 23—29, 1924.
— R., und Liede, O.: Alterung des Kieselsäuregels. Ber. d. Dtsch. Chem. Ges. **52**, 2, S. 1512, 1920.
— R., und Rolfes, B.: Kolloide Kieselsäure als Zusatz bei der Eisenbestimmung. Chem.-Zg. **43**, S. 51, 1919; **44**, S. 310—311, 1920.
Sellards, E. H., und Günter, H.: Fullererden. U. S. Geol. Survey Bull. 1908—09, S. 255—290.
Senarmont: Kieselsäurekrystalle. Ann. de Chim. et Phys. **32**, S. 142, 1851.
Senderens, J. B.: Kieselsäuregel. Comptes Rendus. **146**, S. 125—127; Bull. de la soc. chim. de France [4], **3**, S. 197—202.
Senft, F.: Steinschutt und Erdboden. Berlin: Julius Springer 1867.
Sichling: Hydrolyse von Siliciumtetrachlorid. Pharm. Chem. **77**, S. 30, 1911.
Siedentopf: Elektroosmotisch gereinigte Kieselsäure. Zeitschr. f. Immunitätsforsch. u. exp. Therap. 1913, Septemberheft. 9.
Singer, L.: Wiederbelebung anorganischer Entfärbungsmittel. Chem.-Zg. **50**, S. 1ff., 1926.
— Silicagel. Petroleum. **20**, S. 279, 1924.
Smith: Verhalten von Kieselsäurelösungen gegen Elektrolyte. J. Am. Chem. Soc. **42**, S. 460—462, 1920.
Sloan, E.: Fullererden. Geol. Survey Series 4, Bull. **2**, 1908.
Spring, W.: Untersuchung der grünen Nuancen der natürlichen Wasser. Arch. Sc. phys. et nat. Genève [4]. **25**, S. 217—227.
Stauber: Adsorption durch Gele. Chem.-Zg. 1924, S. 497, 518.
Stiepel, C.: Entfettung fetthaltiger Bleicherde. Seifensieder-Zg. 1924, S. 374, 534—535.
Struckmann, C.: Löslichkeit des Kieselsäuregels. Liebigs Annalen. **94**, S. 341 ff. 1855.
Stscheglayen: Untersuchungen des Hydrophans. Liebigs Ann. d. Phys. u. Chem. **300**, S. 325—332; **301**, S. 745.
Suida, W.: Bindung von Farbstoffen an Kieselsäure. Monatshefte f. Chem. **25**, S. 1107ff., 1904; Z. f. Farben-Industr. **6**, S. 365—367, 1907.

Theile, R.: Beiträge zur Kenntnis der durch Zersetzung von Silicaten entstehenden Kieselsäuregele. Inaugural-Dissertation.
Thoma: Verwendung von Siliquid zu Heilzwecken. Münch. med. Wochenschrift 1922, Nr. 46.
Truesdell: Ton als Entfärbungsmittel. Nat. Petr. News vom 11. Febr. 1925.
Tschermak: Kieselsäuregel. Sitzungsber. d. Wiener Akad. **119**, I, S. 355, 1903; **144**, I, S. 455, 1905; **115**, I, S. 217, 1906; Z. phys. Chem. **53**, S. 349, 1905; Centralbl. f. Mineral., Geol. usw. 1908, S. 225; Monatshefte f. Chem. **33**, S. 1087—1164.
Turner, A.: Analyse des Tabaschirs. Edinburgh Journ. of sciences. **16**, S. 335; Schweiggers Journ. f. Chem. u. Phys. **52**, S. 427—433.
Twisselmann: Bleicherden. Seifensieder-Zg. **51**, S. 353, 1924.
Uenno, S.: Kambaraerde. J. Ind. Engg. Chem. [7], S. 596—600, 1915; Seifensieder-Zg. **37**, S. 783—785, 802—804 und 826—827, 1915.
Uhl: Kolloide Kieselsäure als Heilmittel. Beitr. d. Kl. d. Tuberkul. **6**, H. 3.
Vaughan, T. W.: Fullererden. U. S. Geol. Survey Bull. **213**, S. 392—396, 1903.
Veatch, O.: Fullererden. U. S. Geol. Survey Bull. **18**, S. 207, 309, 317, 371, 1909.
Vehrigs: Ton zum Entfärben von Paraffin. Dinglers Polytechn. Journ. **270**, S. 182, 1888; Chem. Ind. 1889, S. 35.
Vollrath, F.: Anwendung und Wirkung der Bleicherden. Chem.-Zg. **50**, S. 455—457, 1926.
Walden, P.: Kieselsäuregel. Z. Chem. u. Ind. d. Kolloide. **6**, S. 233—235, 1910.
Waterman, H. I., und Perquin, J. N. J.: Entschweflung von Erdöldestillaten mittels Silicagels. Brennstoff-Chemie. **6**, S. 255—257, 1925. Chem. Weekblad **22**, S. 378—380.
Weimarn, P. P. von: Lehre von den Zuständen der Materie 1914. Dispersoidchemie 1911.
Weldes, F.: Entfernen von Krystallviolett aus einer Lösung durch Bleicherde. Inaugur.-Diss., München 1923.
— und Eckart, O.: Einwirkung von Säuren und Alkalien auf Bleicherden. Zeitschr. f. angew. Chem. **40**, S. 79—82, 1927.
Wesson, D.: Untersuchung der Tone auf ihre Verwendbarkeit als Bleichmittel für Öle. Mining and Engg. World. **37**, S. 667, 1912.
Whitney, W. R., und Blake, J. C.: Elektrische Leitfähigkeit der kolloiden Kieselsäure. J. Am. Chem. Soc. **26**, S. 1374, 1904.
Williams, E. C.: Absorption von Dämpfen durch Kieselsäuregel. The Silicagel Corporation Bull. 1924, Nr. 5.
Wischin, R. A.: Deutsche Erden. Petroleum. **21**, 2, S. 2055—2057, 1925.
Zalozieckí: Ton als Entfärbungsmittel. Dinglers Polytechn. Journ. **265**, S. 20, 72, 117, 1887.
Zickgraf: Kolloide Kieselsäure als Heilmittel. Beitr. z. Klin. d. Tuberkul. 1906, H. 3.
Zimmer, G.: Kolloide Kieselsäure als Heilmittel. Berl. klin. Wochenschr. 1921, N. 43, 44 u. 45; Münch. med. Wochenschr. **70**, S. 233—236, 1921.
Zsigmondy: Kieselsäuregel. Kolloid-Chemie 1912.
— Kolloide Kieselsäure. Zur Erkenntnis der Kolloide 1905. S. 41.
— Untersuchung der Struktur des Kieselsäuregels. Z. anorg. Chem. **71**, S. 356—377, 1911.
— R., Bachmann, W. und Stevenson, E. F.: Untersuchung von Kieselsäuregel. Z. anorg. Chem. **71**, S. 356, **75**, S. 189—197, 1912.
— und Heye, R.: Untersuchung von Membranen. Z. anorg. Chem. **68**, S. 169—187, 1910.
— und Siedentopf, H.: Untersuchung der Struktur des Kieselsäuregels. Ann. Phys. [4], **10**, S. 1—39, 1903.

Patentlisten.

Patent	Erfinder bzw. Patentinhaber	Verfahren
1. Patente betreffend die Herstellung von Kieselsäuregel (und -hydrosol) u. dgl.		
D.R.P. 11951	O. Sanders	Hochofenschlacke wird mit einer Mineralsäure aufgeschlossen
D.R.P. 279075 vom 20. 2. 1914	R. Marcus, Frankfurt a. M.	Kieselsäuregelfällung aus Wasserglaslösungen mittels Phenolen oder Aldehyden
D.R.P. 283886 vom 15. 4. 1913	Elektro-Osmose Akt.-Ges. (Graf Schwerin Gesellschaft), Frankfurt a. M.	Elektroosmotische Herstellung löslicher, chemisch reiner Kieselsäure
D.R.P. 348769 vom 29. 3. 1922	J. Michael & Co., Berlin	Aus Wasserglaslösungen gefälltes, mit einem Salz der Erdalkalien, des Magnesiums oder Aluminiums behandelt und nochmals ausgewaschen
D.R.P. 373110 vom 25. 7. 1920.	Dr. C. F. Boehringer & Söhne, Mannheim - Waldhof	Eine durch Lösen von Kieselsäuregel in Ammoniak erhaltene Lösung wird durch ein gutes Ultrafilter geschickt. Kieselsäurehydrosol
D.R.P. 374209 vom 29. 3. 1922	J. Michael & Co. Berlin	Kieselsäuregel, gallertartiges Magnesiumsilicat und andere Silicate, Sulfide und Hydroxyde, insbesondere Eisensulfid und Tonerde werden in noch feuchtem Zustande vermahlen, getrocknet und mit geringen Mengen Alkali in voluminöse Produkte übergeführt
D.R.P. 402519 vom 31. 5. 1923	Franz Herrmann G. m. b. H., Köln-Bayenthal	Entwässerung des Kieselsäuregels bis auf 10 % Wassergehalt
D.R.P. 427998 vom 5. 10. 1922 Engl. P. 205081 Engl. P. 255864 Franz. P. 572959	I. G. Farbenindustrie Akt.-Ges., Frankfurt a. M. (Erfinder W. J. Müller und H. Carsten, Leverkusen b. Köln)	Auspressen der aus Alkalisilicatlösungen mit Säure erhaltenen Kieselsäuregallerte unter hohem Druck

Patent	Erfinder bzw. Patentinhaber	Verfahren
D.R.P. 428041 vom 21. 6. 1924	I. G. Farbenindustrie Akt.-Ges., Frankfurt a. M. (Erfinder F. Stöwener)	Abpressen der Kieselsäuregallerte unter gleichzeitigem Mahlen, Schlagen oder Kneten usw.
D.R.P. 432418 vom 22. 3. 1925 Engl. P. 249555 Öst. P. 100191 Amer. P. 136543	M. Praetorius, Berlin-Treptow, u. K. Wolff, Charlottenburg	75—95 % Wasser enthaltende Kieselsäuregallerte wird mit einer 10 %igen Kieselsäurelösung durchgeknetet und getrocknet
	Silica Gel Corporation, Baltimore	Kolloide Kieselsäurelösungen werden hergestellt, dialysiert und erstarren gelassen
Öst. P. 102961	Elektroosmose Akt.-Ges., Wien	Alkalisilicatlösungen vom spezifischen Gewicht 1,3 werden mit dem halben oder gleichen Volumen an Salzsäure gefällt
Schweiz. P. 93268	A. van Baerle, Worms a. Rh.	Wasserglaslösungen werden mit Bisulfat oder -bisulfit gefällt
Engl. P. 491 (1909) Amer. P. 1012911 Franz. P. 410716	A. Poulsen	Natriumsilicatlösungen von 25° Twaddle werden mit Salzsäure, die auf 15° Twaddle verdünnt ist, gefällt
Engl. P. 113769	British Thomson-Houston Company, London (General Electric Company, Schenectady)	Zersetzen von Ammonsilicatlösungen
Engl. P. 206268	Th. P. Hilditch, Cross Lane, und H. J. Wheaters, Lower Walton und Josef Crosfield and Sons, Ltd., Warrington	Siliciumverbindungen werden mit Natriumcarbonat gekocht
Engl. P. 219352 Franz. P. 576822 Amer. P. 1539342	P. G. Somerville, Buckingham Gate u. E. C. Williams, Huddersfield (National Benzol Association, England)	Hydrolyse von Siliciumtetrachlorid
Engl. P. 242234 Franz. P. 601130	Chemische Fabrik auf Aktien (vorm. E. Schering), u. W. Carpmanel, Berlin	Kieselsäuregel wird bis auf etwa 2 % (der Trockensubstanz) ausgewaschen
Engl. P. 221487	Farbenfabriken vorm. Friedrich Bayer & Co., Leverkusen b. Köln	Erst wird aus unlöslichen Silicaten Kieselsäurehydrosol erzeugt und dann erst das Gel aus der Lösung sich abscheiden gelassen
Engl. P. 243123 Amer. P. 1504549 und 1506118	F. X. Govers, Manhattan	Das Wasser wird aus dem Kieselsäuresol vor der Gelbildung entfernt

Patentlisten. 269

Patent	Erfinder bzw. Patentinhaber	Verfahren
Engl. P. 255863	I. G. Farbenindustrie Akt.-Ges., Frankfurt a. Main	Gelatinöse Massen wie Kieselsäuregel werden sehr rasch bei über 120°C nach vorheriger oder nachheriger Reinigung getrocknet
Engl. P. 256078 Franz. P. 600944	Chemische Fabrik auf Aktien (vorm. E. Schering) u. W. Klaphake, Berlin	Das aus Alkalisilicatlösung gefällte Kieselsäuregel wird mehrere Tage an der Luft und dann bei über 600° C getrocknet
Amer. P. 1219434	R. M. Catlin Franklin - Furnace	Die kohlenstoffhaltigen Rückstände eines Verkohlungsprozessses werden mit Flußsäure behandelt. Gemisch von aktiver Kohle und Kieselsäure
Amer. P. 1272197	P. A. Boeck, New York (Celite Co., Los Angeles)	Mischen von Kieselgur mit Bleicherde
Amer. P. 1297724 Franz. P. 507068	W. A. Patrick. Baltimore	Fällung von Kieselsäuregel aus Wasserglaslösungen, abfiltrieren und trocknen
Amer. P. 1369773	R. W. Mumford, New York (Darco Corporation, Wilmington)	Kieselgur wird mit Stärke imprägniert und geglüht
Amer. P. 1502547	R. Calvet, K. L. Dern u. G. A. Alles, Lompoc	Gemische an Kieselgur und Alkalisalz werden geglüht
Amer. P. 1562946	N. Collins, Clarinda, Iowa	Kieselsäuregel wird aus Wasserglaslösung elektrolytisch hergestellt
Franz. P. 612486	M. Praetorius, Berlin-Treptow, u. K. Wolf, Charlottenburg	Wasserglaslösung wird elektrolysiert und zwischen die beiden Pole werden mehrere, mindestens 3 Scheidewände aus inerten Stoffen geschaltet. Man erhält kolloidale Kieselsäurelösungen

2. Adsorption von Gasen und Dämpfen durch Kieselsäuregel.

Engl. P. 220899	P. G. Somerville, Buckingham Gate u. E. C. Williams, Huddersfield	Trennung von Gasen und Dämpfen durch Kieselsäuregel
Engl. P. 255655	Badische Anilin- u. Soda-Fabrik, Ludwigshaf. a. Rh.	Benzol, Äthylen oder dergleichen wird aus Luft oder Gasen durch Kieselsäuregel zur Abscheidung gebracht
Engl. P. 255819	Silica Gel Corp., Baltimore (F. B. Krull, Berlin-Tegel)	Gasadsorptionsapparate
Engl. P. 260914	I. G. Farbenindustrie Akt.-Ges., Frankfurt a. M.	Apparat zur Gastrocknung mittels Kieselsäuregel

Patent	Erfinder bzw. Patentinhaber	Verfahren
Amer. P. 1292480	Henry L. Doherty & Comp. New York (R. C. Allen, Lakewood, Ohio)	Wiedergewinnung flüchtiger Lösungsmittel durch Kieselsäuregel
Amer. P. 1335348	W. Patrick, F. Lovelace u. E. B. Miller, Baltimore	Trennung von Gasen und Dämpfen durch Kieselsäuregel
Amer. P. 1453215	Cl. L. Voress, New York u. V. C. Canter, Bradford, Pennsylvan., (Gasoline Recovery Corporation, Delaware)	Adsorption von Benzol-, Toluol-, Amylen- oder Solventnaphthadämpfen durch Kieselsäuregel
Amer. P. 1570537	C. S. Teitsworth Lompoc (Celite Company, Los Angeles)	Adsorption von Gasen und Dämpfen und Entfärben von Flüssigkeiten mittels Kieselsäuregel
Amer. P. 1603568	Baltimore Gas Engineering Co. Baltimore (Rob. E. Wilson, Cambridge, Massachusetts)	Entfernung flüchtiger Stoffe aus festen Stoffen mittels Kieselsäuregel

3. Verwendung von Kieselsäure in der Pharmazie und Desinfektion.

D.R.P. 300303 vom 20. 2. 1902	R. Marcus, Frankfurt a. M.	Elektroosmotisch gereinigte Kieselsäure zur Herstellung cutrifrizischer und dentifrizischer Präparate (Perubalsamsalbe, Zahnseife, Wundpaste)
D.R.P. 329677 vom 24. 2. 1916	Elektro-Osmose Akt.-Ges. (Graf Schwerin Gesellschaft) Berlin	Kieselsäuregallerte wird mit wenig Fett, Paraffin, Vaselin oder Glycerin zu Pasten, Salben, Cremes verarbeitet
D.R.P. 386760 vom 4. 1. 1922	Chemisch-pharmazeutische Werke Bad Homburg A.-G., Bad Homburg	Kolloidal lösliche Granulate werden aus Kieselsäure, die entwässert wurde, hergestellt und mit Schleimstoffen gemischt und mit Desinfektionsmitteln evtl. konserviert

4. Verschiedene Verwendungsverfahren von Kieselsäuregel.

D.R.P. 263388 vom 13. 6. 1916	R. Marcus, Frankfurt a. M.	Flüssige Stoffe werden an Kieselsäure gebunden
D.R.P. 318145 vom 4. 7. 1913	Permutit Akt.-Ges., Berlin	Auf poröse Materialien niedergeschlagene kolloidale Kieselsäure dient zur Wasserreinigung
D.R.P. 318489 vom 5. 6. 1918	C. F. Weber, Akt.-Ges., Leipzig-Plagwitz	Kieselsäuregel wird bei der Herstellung von Dichtungsplatten verwendet

Patentlisten.

Patent	Erfinder bzw. Patentinhaber	Verfahren
D.R.P. 320846 vom 22. 11. 1916	O. Bielmann, Magdeburg	Mit Kohlensäure gefällte Kieselsäure dient zur Reinigung von Flüssigkeiten
D.R.P. 322166 vom 17. 8. 1918	Société Genty, Hough & Cie., Paris	Häute werden mittels Kieselsäuregel gegerbt
D.R.P. 325307 vom 4. 2. 1924	E. Podszus, Neukölln	Plastische Massen werden unter Verwendung von Kieselsäuregel hergestellt
D.R.P. 354944 vom 8. 7. 1916	Diamalt Akt.-Ges., München	Diastatische Trockenpräparate werden mittels Kieselsäuregel hergestellt
Engl. P. 206269	T. H. Hilditch u. Crosfield & Sons, Ltd., London	Mit Alkali- oder Erdalkali behandeltes Gel wird zum Füllen von Sammelbatterien verwendet
Engl. P. 207196	Farbenfabriken vorm. Friedr. Bayer & Co., Leverkusen b. Köln	Gewinnung von Schwefel aus schwefelwasserstoffhaltigen Gasen mittels Kieselsäuregel
Schweiz. P. 107850	Farbenfabriken vorm. Friedr. Bayer & Co., Leverkusen b. Köln	Nitrose Gase werden in Gegenwart von Kieselsäuregel, Sauerstoff und Wasser zu Salpetersäure verarbeitet
D.R.P. 431075 vom 6. 9. 1925.	Henkel & Cie., Düsseldorf M. Jacobi, Benrath a. M.	Elektrolytlösungen von der elektrischen Herstellung von Perborat werden mittels Kieselsäuregel regeneriert.

5. Die Herstellung von aktiven Bleicherden.

Patent	Erfinder bzw. Patentinhaber	Verfahren
D.R.P. 304076 vom 23. 12. 1916	L. Kern, Hamburg	Verrühren von Silicaten mit einer bei oder unterhalb 100° C siedenden Säure
D.R.P. 305452 vom 3. 6. 1914	J. Kohldorfer, Landshut	Behandeln von Roherden mit verdünnter Schwefelsäure und dann mit Ammoniak
D.R.P. 305896 vom 2. 2. 1917	L. Kern, Hamburg	Behandeln der Roherde mit gasförmigen Säuren
D.R.P. 339919 vom 21. 11. 1919 (nichtig erklärt)	Pfirschinger Mineralwerke Gebr. Wildhagen & Falk, Kitzingen a. M.	Behandeln von Silicaten mit Säure
D.R.P. 394500 vom 2. 5. 1923	Th. Blakkolb, Feuerbach, u. E. Maag, Murrhardt, Württemberg	Man vermischt die Roherden mit chemisch gebundener Säure und macht dann die Säure frei
D.R.P. 400425 vom 2. 5. 1923	Th. Blakkolb, Feuerbach, u. E. Maag, Murrhardt, Württemberg	Man vermischt die Roherden mit chemisch gebundener Säure und macht dann die Säure frei
D.R.P. 402154 vom 2. 5. 1923	Th. Blakkolb, Feuerbach, u. E. Maag, Murrhardt, Württemberg	Kocher zum Aufschließen von Erden

272 Patentlisten.

Patent	Erfinder bzw. Patentinhaber	Verfahren
D.R.P. 407618 vom 5. 4. 1922 Engl. P. 213438	Kochelwerke Aktiengesellschaft f. chemische Erzeugnisse, Berlin (C. E. Goedecke, Manchester)	Aufschließen der Erden durch Behandeln mit Alkalilösungen organischer Stoffe
D.R.P. 428486 vom 3. 3. 1925	Erdwerke München Otto Lietzenmayer, München	Aufarbeiten der Abwässer von Bleicherdefabriken
Schweiz. P. 94440 Engl. P. 176355 Amer. P. 1455995	Schweizerische Sodafabrik, Zurgach	Bearbeitung von Bleicherden mit verdünnter Salzsäure in Homogenisierapparaten
Engl. P. 227177 Amer. P. 1397113 Franz. P. 571374	P. W. Prutzman u. C. J. von Bibra, Los Angeles	Tone werden mit Wasser in Pasten übergeführt und dann mit Säure behandelt
Engl. P. 248639	Erdwerke München Otto Lietzenmayer, München	Mischen von Ton mit Säure und Erhitzen der Mischung
Amer. P. 1272197	P. A. Boeck, New York (Celite Products Co., Los Angeles)	Mischen von Bleicherde mit Kieselgur
Amer. P. 1492184	J. W. Weir, Fillmore, Californ. (J. C. Black, Destrchan)	Behandeln von Ton und Bleicherden mit Säure und Trocknen
Amer. P. 1524843	Ch. C. Ruprecht, Olmstead, Illinois	Die Bleicherde wird erst vom Krystallwasser befreit und dann mit einer Kolloidlösung behandelt

6. Die Verwendung der Bleicherden zum Entfärben von Fetten und Ölen.

Engl. P. 10960 (1906)	J. K. Field, London	Raffinieren von Fetten, Ölen und Wachsen mit Fullererde
Engl. P. 22086 Franz. P. 338677	Ch. Godard, Termonde, Belgien Société Anonyme des Usines J. E. de Bruyn, Belgien	Behandeln von Ölen usw. mit Bleicherde im Vakuum
Franz. P. 573878	Allgemeene Norit Maatschappij, Amsterdam	Bleichen von Ölen und Fetten mit Gemisch von Bleicherde und aktiver Kohle
Franz. P. 607151	Hermann Bollmann, Hamburg	Behandeln von Öl mit genauer Dosierung der Bleicherde und Regelung der Temperatur
Franz. P. 582263 Schweiz. P. 112212	Lever Brothers Limited, Port Sunlight	Raffinieren von fetten Ölen mit Bleicherde
Amer. P. 1105743	C. Baskerville, New York	Baumwollsamenöl wird mit einem Gemisch von Bleicherde mit einem Elektrolyten behandelt

Patentlisten.

Patent	Erfinder bzw. Patentinhaber	Verfahren
Amer. P. 1114095	C. Baskerville, New York	Bleichen von Ölen mit Gemischen von Bleicherden und Holzbrei u. dgl.
Amer. P. 1295308	J. O. Handy, Pittsburgh	Gebrauchte Schmieröle werden erst absetzen gelassen, entwässert, mit Bleicherde und dann mit Schwefelsäure behandelt
Amer. P. 1533060	I. A. Clark, Parco Wilmington (Refiners Corporation, Wyoming)	Bleicherden, Tone usw. werden im Gemisch mit Wasser zum Entfärben von Fetten und Ölen verwendet
D.R.P. 339575 vom 26.10.1918 Öst. P. 95841 Engl. P. 138115 Franz. P. 508849	V. Schwarzkopf, Bremen	Öle und Fette werden mit Bleicherde in Gegenwart von Wasserstoff gebleicht
D.R.P. 344633 vom 26. 9.1919	Hermann Bollmann, Hamburg	Fettstoffe werden mit einer mit Öl gemischten Bleicherde stufenweise im Gegenstrom behandelt
D.R.P. 347153 vom 27. 3.1920 Franz. P. 548029	Hermann Bollmann, Hamburg	Einrichtung zum Bleichen von Öl mit Bleicherde.
D.R.P. 367156 vom 10. 7.1921	Hermann Bollmann, Hamburg	Einrichtung zum Bleichen von Öl mit Bleicherde
D.R.P. 388193 vom 20.11.1920	A. Granichstädten u. E. Sittig, Wien	Behandeln der Öle und Fette mit Bleicherde bei erhöhter Temperatur in Gegenwart von Wasserstoff
	F. Croner, Charlottenburg	Fette und Öle mit Bleicherde im Vakuum auf 170—240° C behandelt
D.R.P. 404708 vom 19. 8.1919	W. Adrianu, Dordrecht, Holland	Fette und Öle mit Bleicherde und Kohle entfärbt
D.R.P. 406068 vom 20.11.1920	R. Tern, Berlin	Rohtrane erst im Vakuum einige Stunden auf 280—300° C erhitzt, dann bei 130° C mit 15 bis 20 % Bleicherde behandelt
D.R.P. 412769 vom 25. 3.1924	Hermann Bollmann, Hamburg	Hindurchführen von mit Entfärbungspulver gerührtem Öl durch ein erhitztes Rohr

7. Die Verwendung von Bleicherden zum Bleichen von Wachsen.

D.R.P. 9981 vom 23.10.1879	V. Ritter von Ofenheim, Wien	Wachse usw. werden mit Aluminium oder Magnesiumhydrosilicaten behandelt
D.R.P. 216281 vom 4. 6.1907	Montanwachs-Fabrik G.m.b.H., Hamburg	Ozokerit oder Ceresin werden erst mit Schwefelsäure und dann mit Bleicherde in der Hitze behandelt
Amer. P. 883661	A. Müller-Jacobs, Huntington, N.Y.; B.Y. Sharp, Uvalde, Texas	Behandlung flüssiger Wachse mit Bleicherde
Amer. P. 1018589		Wachs aus der Candelillapflanze wird mit Gasolin, Benzin usw. in Gegenwart von Fullererde gekocht

Kausch, Kieselsäuregel. 18

Patent	Erfinder bzw. Patentinhaber	Verfahren
\multicolumn{3}{l}{**8. Verwendung von Fullererden zur Herstellung von Farben.**}		
Amer. P. 1424414	K. B. Lamb, New York, u. The American Cotton Oil Company, New Jersey	Beim Bleichen von Öl unwirksam gewordene Bleicherde wird hoch erhitzt, bis sie Feuer fängt und das Öl verbrennt. Dann wird sie mit einem schwarzen Farbstoff und einem Trockenmittel sowie einem Träger gemischt
\multicolumn{3}{l}{**9. Regenerierung von Kieselsäuregel, Bleicherden u. dgl.**}		
D.R.P. 9291 vom 21. 8. 1879	V. Ritter von Ofenheim, Wien	Magnesiumsilicat von der Ceresinreinigung wird mit Wasserdampf behandelt
D.R.P. 9981 vom 24. 10. 1879	V. Ritter von Ofenheim, Wien	Austreiben des beim Entfärben mit Magnesiumsilicat gebleichten Ozokerits in dem Entfärbungsmittel verbliebenen Erdwachses mit (heißem) Wasserdampf
		Behandlung fetthaltiger Stoffe mit heißem Wasser
D.R.P. 90143 vom 6. 12. 1895	Crowder	Bleicherderückstände werden mit Wasser gemischt und dann Luft hindurchgetrieben
D.R.P. 106119 vom 28. 11. 1898	L. Allen u. D. Holde, Berlin	Behandeln von Bleicherden mit Wasser oder Wasserdampf bei höherer Temperatur
D.R.P. 230250 vom 30. 6. 1907 Öst. P. 43927 Belg. P. 208394 Amer. P. 913500	Heinrich Hirzel Leipzig	Extraktionsapparat für fett- und ölhaltige Bleicherden
D.R.P. 246376 vom 4. 6. 1911	Ujhely	Trocknen von Entfärbungsmitteln in einer von heißer Luft durchströmten Trommel und Glühen der Masse
D.R.P. 344499 vom 13. 3. 1920	K. Müller, Smichov b. Prag	Entfettung gebrauchter Bleicherden mit Alkalilösungen
D.R.P. 377523 vom 12. 11. 1922	Algemeene Norit Maatschappij, Amsterdam	Vorrichtung zum Glühen gebrauchter Fullererde
D.R.P. 385249 vom 25. 5. 1922	A. Wenck & Co., G. m. b. H., Eidelstedt b. Altona	Ölhaltige Bleicherde wird mittels Wasser evtl. nach Zusatz eines Spaltmittels behandelt
D.R.P. 389059 vom 6. 11. 1921	Plausons Forschungsinstitut G. m. b. H., Hamburg	Man führt überhitzten Wasserdampf evtl. nach Zumischung inerter Gase zu ersterem durch die ölhaltigen Bleicherden bei erhöhter Temperatur
D.R.P. 379124 vom 6. 11. 1921	C. Stiepel	Die gebrauchte Bleicherde wird mit Alkalilauge bei 130° C behandelt

Patentlisten. 275

Patent	Erfinder bzw. Patentinhaber	Verfahren
D.R.P. 412850 vom 27. 5. 1922	J. N. Sauer, Amsterdam	Wiederbelebung von Bleicherde durch Erhitzen bei unter 300° C unter Zuführung von wenig Luft oder dergleichen
D.R.P. 427805 vom 14. 10. 1924	L. Gurwitsch, Moskau	Harz- und Farbstoffe usw. werden aus gebrauchten Adsorptionsmitteln mit Benzol oder Benzin im Gemisch mit Alkoholen oder Ketonen behandelt
Öst. P. 57626 Franz. P. 409915 Engl.P.5009 (1910) Belg. P. 223444 Amer. P. 1070435	Huilerie et Savonnerie de Laurian, Salon, Frankreich	Erst werden die ölhaltigen Bleicherden mit Salzwasser erhitzt, auf 85° C erwärmt, mit Schwefelsäure angesäuert und schließlich wird Soda eingestreut
Engl. P. 7142 (1890)	H. Stern	Extraktion von Mineralölen aus Kieselsäuregel mit Benzol und Schwefelkohlenstoff
Engl. P. 28261 (1913)	Harburger Eisen- und Bronzewerke von Koeber	Das angefeuchtete, entölte Entfärbungsmittel wird mit Wasserdampf behandelt
Engl. P. 154895	F. C. Thiele und C. Cordes	Zur Schmierölreinigung verwendete Bleicherde wird mit Benzin, dann mit Benzol oder Tetrachlorkohlenstoff oder Schwefelkohlenstoff behandelt
Engl. P. 185174	E. Bolton u. E. J. Lush	Man läßt überhitzten Wasserdampf auf öl- bzw. fetthaltige Fullererde einwirken
Engl. P. 216504	E. Herrmann	Kieselsäuregelfilter werden nach ihrer Verwendung erhitzt und mit Wasserdampf behandelt
Engl. P. 206190	H. Isobe und T. Okazawa	Behandeln von zum Trocknen von Luft verwendeter Bleicherde werden heiße Gase verwendet
Engl. P. 207547	Metallbank und Metallurgische Gesellschaft, Frankfurt a. M. (N. V. Montaan Metaalhandel, Amsterdam)	Kieselsäuregel wird mit elektrisch erzeugter Hitze regeneriert
Öst. P. 80801	J. Borowicz	Blauöl wird zum Lösen des Paraffins aus Fullererde benutzt
Franz. P. 537499	Société Anonyme de Lille Bonnières et Colombes	Man befreit die Bleicherden nach der Entfärbung von Mineralölen mit einer Teerölbase (Pyridin) von den bituminösen Stoffen
Amer. P. 978625	Brockway Company	Apparat zum Rösten von Bleicherde
Amer. P. 1112650	Parson	Behandlung der ölhaltigen Bleicherde mit Äthylalkohol und Essigsäure

18*

Patentlisten.

Patent	Erfinder bzw. Patentinhaber	Verfahren
Amer. P. 1317372	C. M. Husted (Standard Oil Company, New Jersey)	Die Bleicherden werden nach ihrer Verwendung zum Entfärben von Kohlenwasserstoffen mit Schwefelsäure innig gemischt und dann ausgewaschen
Amer. P. 1356631	C. F. Kennedy	Man verwendet sulfonische Seifenlösungen zum Reinigen von Fullererde, die zur Petroleumraffination gedient hat
Amer. P. 1402112	R. G. Tellier	Oxydierendes Rösten von Bleicherde
Amer. P. 1479998	I. R. Mac Connell	Eine Verbrennung wird in den Bleicherden eingeleitet.
Amer. P. 1473491	F. W. Manning	Hindurchführen heißer Gase oder Dämpfe durch Bleicherden
Amer. P. 1488805	M. L. Chappell, E. P. Wright u. M. M. Moore (Standard Oil Company), NewJersey	Tone, die zum Reinigen von Petroleum gedient haben, werden erst mit einem Lösungsmittel für Mineralöle und dann mit Aceton evtl. im Gemisch mit wenig Salzsäure mit oder ohne Zusatz von Methylalkohol behandelt
Amer. P. 1490846 Engl. P. 227026	J. Norbeck	Ofen zum Regenerieren von Bleicherde
Amer. P. 1498630	J. O. Jensen	Anlage zum Abkühlen der aus Regenerieröfen kommenden Bleicherde
Amer. P. 1520493	R. E. Wilson	Eine Verbrennung wird in der Bleicherde eingeleitet
Amer. P. 1523802	R. V. Cole, Brunswick, Georgia (Hercules Powder Company, Wilmington, Delaware)	Fichtenöl wird zum Lösen der von den Bleicherden absorbierten Verunreinigungen benutzt
Amer. P. 1533866	E. C. Kent	Drehofen zum Regenerieren von Bleicherde
Amer. P. 1542647	C. F. Sparks	Glühapparat für Fullererde
Amer. P. 1552072	F. W. Manning	Man trägt fein zerteilte Bleicherde in einem Verbrennungsprodukte enthaltenden Gasstrom ein
Amer. P. 1558162	F. W. Hall, Port Arthur, Texas (Texas Company, New York)	Man verwendet Gemische von Azeton und Benzol oder Benzin zum Lösen der von Tonen u. dgl. adsorbierten Verunreinigungen
Amer. P. 1562868	M. L. Chappell	Magnesiumhydrosilikate werden nach ihrer Verwendung zum Entfärben von Petroleumölen durch Gemische eines Ketons mit wenig Schwefelsäure regeneriert

Namenverzeichnis[1].

Abelmann 105.
Adriani 239.
Alden 135.
Algemeene Norit Maatschappij 240, 248.
Allen 95, 140, 245.
Alles 66.
American Cotton Oil Company 233.
Ammon 170.
Anderson 19, 49, 51, 52, 69, 72.
Anglo Persian Oil Company 133.
Ashley 156.
Atlantic Refining Company 135, 243.

Bachmann 9, 45, 49.
Badische Anilin- und Sodafabrik 95, 96.
Baerle, van 64.
Bailey 140.
Baltimore Gas Engineering Company 95.
Bancroft 127.
Baschierie 40.
Baskerville 240.
Bayer, Dr. C. F., Silikatwerke A.-G. 176.
Bayerische A.-G. für chemische und landwirtschaftlich-chemische Fabrikate 176.
Bechhold 9, 160.
Behrens 47.
Belani 187, 189.
Bell 102.
Bemmelen, van 1, 34, 35, 37, 38, 39, 40, 41, 42, 47, 49, 52, 131.
Bender 57.
Benedict 157, 199, 200.
Bennison 165.
Bergbaugesellschaft Ravensburg 176, 180, 221.
Bergmann 23.
Berl 91.
Berzelius 54.
Bethlehem Steel Corporation 84.

Bibra, von 133, 189, 227.
Bielmann 108.
Black 228.
Blake 3.
Blakkolb 220, 225, 226.
Blasius 21.
Boeck 66.
Bogendorfer 106.
Bohle 188.
Bollmann 232, 233, 234, 235, 237.
Bolton 247.
Borovicz 243.
Borsig, A., G. m. b. H. 114, 127.
Böhm 180, 183.
Boehringer & Söhne 62, 107.
Braesco 4.
Brandt 111, 112.
Bransky 152.
Brauner 137.
Brewster 21, 22, 45, 47, 48.
Brien 133.
Briggs 17.
Brintzinger 33.
British Burma Petroleum Company 128.
British Thomson Houston Company, Ltd. 62.
Brockway Corporation 247.
Bruni 3.
Bureau of Mines 155.
Burma Oil Company 133.
Butkow 105.
Bütschli 45, 47, 48, 49, 57.

Calvert 66.
Cameron 156.
Canter 95.
Carpmanel 65.
Carsten 59.
Catlin 66.
Cavendish 22.
Celite Products Company 66, 95, 228.
Chappell 244.
Chatelier 15.

---

[1] Die Zahlen nach den Namen bedeuten Seitenzahlen.

Chemische Fabrik auf Aktien (vorm.
    E. Schering) 65.
Chemisch-pharmazeutische Werke
    Bad Homburg A.-G. 106.
Christiansen 22, 45, 47.
Citronensäure 11.
Clark 240.
Cohn 22, 23, 28, 45.
Coleman 140.
Collins 66.
Cordes 243.
Cornu 20, 129.
Cottrell 127, 129.
Cra 152.
Croner 236.
Crosfield, Joseph, and Sons, Ltd. 66, 110.
Custer 66.

Darco Corporation 66.
Davidheiser 18.
Davidsohn 153, 154, 157, 209.
Davison Chemical Company 67, 102, 127.
Day 134, 152.
Deckert 183, 184, 189, 201, 209.
Deibe 5.
Deiglmeyer, Dr. Ivo 170, 179.
Dern 66.
Deutsche Fullerwerke 205.
Diamalt Akt.-Ges. 111.
Dieterle 198.
Dittler 111.
Doherty & Company 95.
Donnan 78, 127.
Doveri 12.
Duessen 135.
Dunstan 100.
Durocher 57.
Düll 107.

Ebelmann 56.
Ebler 54, 108.
Eckart 169, 185, 187, 190, 191, 193, 194, 195, 196, 197, 198, 199, 200, 201, 202, 208, 244.
Ehrenberg 3.
Elektro-Osmose-Gesellschaft 58, 64, 105, 108, 111.
Erdmann 57.
Erdwerke München Otto Lietzenmayer 176, 228.

Fabrik Aue 130.
Fairbanks & Company 132.
Famintzin 37.
Farbenfabriken vorm. Friedr. Bayer & Co. 59, 65, 108, 109.
Fellner 54, 108.

Fells 57.
Field 237.
Firth 57.
Fixed Nitrogen Research Laboratory 127.
Floating Metal Company Ltd. 245.
Florian 176, 177.
Florida Fullers Earth Company 135.
Floridin Company 196.
Foote 10.
Fourcroy 20.
Frankenstein 56.
Freundlich 6, 73, 87.
Friedemann 3.
Frydlender 57.
Fuchs 11.
Fuller Earth Company 135.
Furness 88.

Gardner 140.
Gasoline Recovery Corporation 95.
General Electric Company 62.
General Petroleum Corporation 165, 228.
General Reduction Company 135.
Gilpin 152.
Glauber 23.
Glixelli 19.
Goedecke 53.
Goldschmidt 110.
Goris 101.
Govers 65.
Graham 3, 24, 25, 26, 28, 29, 30, 33, 34, 38, 53.
Grand 112.
Granichstädten 239.
Gray 160.
Gräfe 153, 205.
Graefe-Schulz 209.
Greider 17.
Grimaux 56.
Grimm 9.
Groschuff 3, 16, 33.
Gruzewska 107.
Guiselius 188.
Gurwitsch 159, 244.
Gutlohn 160.
Guye 107.
Günter 135.

Hall 244.
Handy 239.
Harburger Eisen- und Bronzewerke 247.
Hassel 187.
Hatschek 18.
Heller 100, 256.
Henkel & Cie. 110.
Hercules Powder Company 244.

Namenverzeichnis. 279

Hermann 19.
Herr 152.
Herrmann 15, 247.
— Franz, G. m. b. H. 8, 9, 61, 102.
Heye 32.
Hilditch 66, 110.
Hindelang 247.
Hirzel 242.
Hoffart 81.
Holde 245.
Holmes 9, 15, 52.
Huilerie et Savonnerie de Laurian 246.
Humboldt 20.
Husted 246.

I. G. Farbenindustrie Akt.-Ges. 59, 61, 96.
Ikeda 254.
Isobe 254.

Jacobi 110.
Jagic 107.
Jardine 22.
Jensen 248.
John 109.
Jordis 33, 40, 53.
Joseph 53.

Kahlbaum 4.
Kahle 106.
Kanter 33.
Karplus 160.
Kasai 3.
Kaufmann 15.
Kaworowsky 57.
Kelley 164.
Kempe 56.
Kennedy 244.
Kent 248.
Keppeler 256.
Kern 224.
Keßler 106.
Kette 111.
Kißling 209.
Kita 164.
Klaphake 65.
Kobayski 161.
Koba 209, 256.
Kochelwerk Akt.-Ges. für chemische Erzeugnisse 227.
Koetschau 8, 102, 103, 212.
Kohldorfer 223.
Kopacewski 107.
Korn 105.
Kosel 245.
Kowarowsky 57.
Krantz 106.
Krant 33.

Kröger 19.
Krull 96, 115.
Kunkel 106.
Kühn 10, 56, 106.
Küster 108.

Lach 157.
Ladendorf 107.
Laist 113.
Landsteiner 106.
Lang 175.
Lathaw 109.
Legy 107.
Lester Clay Company 135.
Lever Brothers Ltd. 238.
Lewite 246.
Liebermann 107.
Liebers 107.
Liebig 12.
Liede 4.
Liesegang 17.
Lobinger 33.
Long 109.
Lovelace 94.
Löb 186, 205.
Löwenstein 90.
Lush 247.
Lüers 33.

Maag 225, 226, 228.
MacConnell 253.
MacGarack 17.
MacKerrow 158.
Macin 22.
Mallory 135.
Mandelbaum 160.
Manning 255.
Marcus 59, 109.
Marignac 27.
Mary 19.
Maschke 13, 27, 28, 30, 31, 32.
Massachusetts Oil Refining Company 102.
Medway Oil Storage & Refining Company, Ltd. 128.
Meineke 20.
Metallbank und Metallurgische Gesellschaft 253, 254.
Meyer 14, 23, 99, 101, 105.
Michael & Co. 59.
Mielck 184, 185, 193, 196, 198, 199.
Miller 8, 67, 94, 101.
Miser 135.
Montanwachs-Fabrik G. m. b. H. 241.
Moore 20, 244.
Moosburger Tonwerk A. & M. Ostenrieder 187.
Morris 223.

Mumford 66.
Mügge 39, 41.
Müller 5, 59.
Müller-Jacobs 240.
Mylius 3, 16, 33.

Naamlooze Vennootschap Montaan Metaalhandel 254.
Naegeli 34, 41.
National Benzol Association 65.
National Zink Separation Company 128.
Nernst 6.
Neumann 209, 256.
Nicholas 15.
Nisson 160.
Norbeck 245.
Normann 179, 180.
Nostraad Co., D. van 102.

Ofenheim, Ritter von 241, 246.
Okazawa 253.
Olson 134.
Opdyke 17.

Pain 159.
Pappadà 3, 53.
Parson 13, 133, 146, 155, 156, 160, 195, 209.
Parsons 243, 244.
Patrik 9, 17, 18, 53, 62, 64, 67, 68, 71, 73, 75, 94, 109.
Paulsboro-Werk 128.
Pelet 112.
Permutit Akt.-Ges. 108.
Perquin 100, 101.
Pfirschinger Mineralwerke Gebr. Wildhagen & Falk 169, 176, 180, 186, 224.
Piepenbrock 179, 180.
Pittsburgh Testing Laboratory 239.
Plausons Forschungsinstitut G. m. b. H. 245.
Podszus 110.
Poesenbeck 23, 179, 180.
Poleck 45.
Pomeranz 193.
Porter 136, 148, 155, 156, 159.
Poulson 62.
Praetorius 61.
Prasad 15.
Pratalongo 18.
Prutzman 165, 227.
Purdy 107.
Putland 152.

Ramsay 127.
Rauch 159.
Ray 18.

Reavell 82.
Refiners Corporation 200.
Reford 255.
Remfrys 188.
Reis 169.
Reusch 57.
Reyerson 109.
Rideal 159.
Ries 137.
Rinne 5.
Robinson 244.
Rohland 131, 132, 159, 223.
Rolfes 111.
Roth 106.
Royal Dutch Shell-Gruppe 127.
Rößle 106.
Ruberting 5.
Ruff 199, 258.
Ruprecht 128, 254.
Russel 20.

Sadler 3.
Sauer 248, 253.
Saxton 10.
Scherrer 5.
Schmidt 106.
Scholz 153, 208.
Schubert, Gebr. 185.
Schuchardt 45.
Schulz 106, 172, 174, 209.
Schwarz 4, 16, 17.
Schwarzkopf 231.
Schweizerische Soda-Fabrik 227.
Sellards 135.
Senarmont 14.
Senderens 108.
Senft 7.
Sharp 241.
Sichling 54.
Siedentopf 10, 19, 48.
Silica Gel Corporation 116, 117, 118, 119, 120, 121, 122, 123, 124, 125, 126, 127, 128.
Silica Gel Products Corporation ??.
Simon 18.
Sirius-Werke A.-G. 176.
Sittig 238.
Sloan 135.
Smith 18.
Société Anonyme de Lilles Bonnières et Colombes 244.
Société Anonyme des Usines J. E. de Bruyn 238.
Société Genty Hough & Cie. 110.
Somerville 65.
Sparks 95, 240.
Standard Fullers Earth Company 247.
Standard Oil Company 244, 246.

Stäuber 8.
Stern 243, 247.
Stevenson 9, 49.
Stiepel 255.
Stöwener 60.
Struckman 10, 12.
Stscheglayew 47.
Stucklé, Baron de 113.
Suida 112, 113.
Suzucki 164.

Tabor 23.
Teitsworth 66, 95.
Tellier 253.
Tern 239.
Texas Company 244.
Theile 40.
Theobald 168.
Thiele 243.
Thomas 159.
Tonwerke Moosburg 176.
Treadwell 208.
Traesdele 133.
Tschermak 4, 39, 40, 41, 42.
Turner 45.
Twisselmann 182, 197, 243.

Uenno 161.
Uhl 106.
Ujhely 247.
Urban 91.

Vacuum Oil Company 125.
Var Chemical Company 129.

Vaughan 135.
Vauquelin 20.
Veatch 135.
Vehrigs 130, 243.
Vietinghoff, von, Chemische Gesellschaft m. b. H. 110.
Vollrath 230, 231.
Voress 95.

Wachendorff 82.
Walden 23.
Waterman 100.
Webers, C. F., Akt.-Ges. 110.
Webster 111.
Weimarn, von 1.
Weir 228.
Weldes 208.
Wells 240.
Welsh 243.
Wenck & Co. 245.
Wesson 132, 157.
Williams 65, 75, 76, 78, 80, 81, 82, 95.
Wilson 95, 253.
Wirzmüller 168, 169, 195, 244.
Wischin 200, 201, 202.
Wolff 61.
Wright 244.

Zalogicski 130.
Zickgraf 106.
Zimmer 106.
Zsigmondy 1, 9, 10, 40, 47, 48, 49, 211.

Sachverzeichnis.

Abbau der Fullererden 142, 143.
Abnahme der Adsorptionswirkung aktivierter Bleicherden beim Erhitzen 201, 202.
— der Adsorptionswirkung von Kieselsäuregel beim Erhitzen 4, 142.
Abpressen von Kieselsäuregel 6, 59, 60.
Abwässer von Bleicherdefabriken, Nutzbarmachung 228.
Acetate als Zusatz zum Kieselsäuregel 60.
Aceton, Entfernung aus rauchlosem Pulver durch Kieselsäuregel 155.
Adsorption basischer Farbstoffe durch saure Fullererden 155.
— von gelösten Stoffen, Gasen und Dämpfen durch Kieselsäuregel 7, 8, 15, 17, 65, 109.
— kolloider Stoffe durch Tone 159.
— krystalloider Stoffe durch Tone 159.
Adsorptionsisotherme des Kieselsäuregels 8.
Adsorptionsverbindungen der Schwermetalle mit Kieselsäuregel 110.
Adsorptionswärme des Kieselsäuregels 17.
Adsorptionsvermögen der Bleicherden 132, 141, 159, 160, 164, 193. 206, 209, 211, 212.
— des Kieselsäuregels 5, 7, 8, 15, 17, 65.
Äthylen, Entfernung aus Luft o. dgl. mittels Kieselsäuregel 128.
Äthylhydrosulfid 101.
Äthylketon zum Reinigen von Bleicherden 244.
Äthylpropylketon zum Reinigen von Bleicherden 244.
Äthylsulfit 101.
Aggregation der Kolloide 25.
Aktive Kohle im Gemisch mit Kieselsäuregel 66, 194.

Aktivierung von Bleicherden 200.
— von Silicagel 114, 116, 125, 126.
Alaun zum Fällen von Tonemulsionen 18.
Albanit 169, 176.
Aldehyde, Einwirkung auf Wasserglaslösungen 59.
Alkali, Zusatz zu Kieselsäuregel 59.
Alkalien zum Entfetten von Bleicherden 254, 255..
Alkalisch reagierende Fullererden 195.
Alkogel 26, 41.
Alkohol zur Bestimmung der Benetzungswärme des Kieselsäuregels 9.
— Gewinnung mittels Kieselsäuregel 68.
Alkosol 26.
Alsil 169, 180, 198, 221.
— B 177, 178, 221.
— R 221.
— X 221.
— Y 221.
— Z 221.
Altern von Bleicherden 194.
— von Kieselsäuregel 5.
Aluminium-Magnesiumsilikat 204.
Aluminiumoxydhydrogel 41.
Aluminiumoxyd-Kieselsäuregelgemisch 19, 53.
Aluminiumsalze in Bleicherden 195.
Ameisensäure aus Nitrobenzol bzw. Tolnol durch Kieselsäuregel adsorbiert 109.
Ammoniak und seine Salze 12, 13, 17, 18, 63, 67, 68, 128.
Ammoniumchlorid, Bildung von Bleicherden mittels 225.
— Verminderung der Löslichkeit des Kieselsäuregels durch 13.
Ammoniumsilicat, Zersetzung zu Kieselsäuregel 17, 62.
Anilin 9.

Sachverzeichnis.

Anlagen der Silica Gel Corporation 114—127.
Apparat zum Aufschließen kieselsäurehaltiger Erden 226.
— zur Bestimmung von Dampfspannungsisothermen des Kieselsäuregels 9.
— zum Entwässern und Wiederwässern von Kieselsäuregel 49, 50.
Arundo bambus Lin. 20.
Aufbereitung von Fullererden 135.
Aufhellung dunkler Speiseöle durch bayrische Bleicherden 217, 221.
— dunkler Speiseöle durch Fullererden 134, 135, 208.
Austreiben von Luft aus Tabaschir und Hydrophan-Opal 21, 47.
Austrocknen von Kieselsäuregel 38.
Auswaschen des Kieselsäuregels 52 bis 56, 59, 65.

Bakteriologischer Nährboden aus Kieselsäuregel 107.
Bambusa arundinacea 20.
Bambusrohr 20.
Bariumsulfat 21.
Basenaustauschende Wasserreinigungsmittel aus kolloider Kieselsäure 108.
Baumwollsamenöl, Bleichen mit Fullererde 144—145.
— Entwässerung durch Fullererde 144.
Bauxit zum Raffinieren von Petroleum 133.
Bayrische Bleicherden 193—207.
Befreiung der Grubenwässer von kolloidaler Kieselsäure 113.
— von Mineralaufschlüssen von kolloidaler Kieselsäure 113.
— von Lösungen von kolloidaler Kieselsäure 113.
Behandlung von Bleicherden mit Säuren 185, 190, 191, 192, 213, 223—228.
— von getrockneter Bleicherde mit kolloidalen Lösungen 229.
— von Silikaten mit Alkalilösungen organischer Stoffe 227.
Benzingewinnung aus Gasen mittels Kieselsäuregel 67, 68.
Benzoësäure 109.
Benzol, Aufnahme durch Kieselsäuregel 48.
— Gewinnung aus Koksofengasen durch Kieselsäuregel 67, 68, 82—85.
— zur Wiederbelebung ölhaltiger Bleicherden 243, 244, 247.

Bergkrystall 14.
Bericht der Bergbaugesellschaft Ravensberg m. b. H. 221—223.
— der Firma A. Borsig G. m. b. H. 114—127.
— des Präsidenten der Davison Chemical Company 127—128.
— der Sirius-Werke A.-G. 212—221.
Bestimmung der Aktivität einer Bleicherde 197.
— der Aktivität von Kieselsäuregel 8.
— der Benetzungswärme des Kieselsäuregels 9.
— der von Bleicherden zurückgehaltenen Öl- oder Fettmenge 154.
— der Bleichkraft von Fullererden im Laboratorium 146—160.
— der Bleichkraft von Fullererden gegenüber Petroleum 152.
— der Dampfspannungsisothermen des Kieselsäuregels 9.
— des Eisengehalts von Eisenerzen in Gegenwart kolloider Kieselsäure 111.
— der Filtriereigenschaften der Fullererden 143.
— des Mahlgrades der Fullererde 147.
— des Saugvermögens der Fullererden gegenüber fetten Ölen 150—151.
— des Säuregehalts von Bleicherden 184.
Bewertung der Mahlfeinheit von Bleicherden 194.
Bienenwachs 21.
Bisulfat zur Herstellung von Kieselsäuregel 64.
Bleicherden, Vorkommen, Eigenschaften, Veredlung und Verwendung 129—255.
Bleicherde, Mischung mit Kieselgur 66.
— S 106.
— Rösten 153.
Bleicherdebildung in Braunkohlenflözen 170.
Bleicherdegeruch von Ölen 199.
Bleichromat 21.
Bleichwirkung der Bleicherden, chemischer Vorgang 182.
Bleinitrat 18.
Brechungsexponent von Kieselsäurebenzol 48.
Brucinsalze 20.
Butan 109.
n-Buttersäure 109.

Sachverzeichnis.

Caesiumchlorid 18, 19.
Caesiumsalze 20.
Calciumcarbonat 25.
Calciumoxyd-Kieselsäuregel 53.
Capillaren des Kieselsäuregels 7, 52.
Capillartheorie des Kieselsäuregels 67.
Caramellösung, Entfärbung durch Kieselsäuregel 32.
Carnat 119.
Chalcedon 20.
Chamottemehl 130.
Chemischer Bleichprozeß mittels Bleicherden 198, 200.
Chemische Zusammensetzung der Fullererden 136—140.
Chinolinsalze 20.
Chloroform 7, 109.
Cimolit 240.
Clarit 176.
— hoch 177, 178.
— Standard 200.
Clariterde 198.
Chlor, Bestimmung in der kolloiden Kieselsäure 34.
Chromoxyd-Kieselsäuregel 53.
Collodium 32, 33.
Cremes 105.
Crystoballit 4.
Cutrifrizische Präparate 105.

Dampfdruckerniedrigung des Wassers, Alkohols und Benzols im Kieselsäuregel 52.
Dauer der Wirkung der Bleicherden auf Öle 196.
Death Valley Clay 164.
Definition der Fullererde 136.
— von Kolloiden 3.
Dentrifizische Präparate 105.
Desodorizer für Öle und Fette 145, 146.
Dextrin 136.
Deutsche Bleicherden 168—213.
— Fullererde (Hamburg) 205.
Dialyse der Kieselsäure 30.
Dialysator 34.
Diamant 21.
Diastatische Präparate 111.
Diatomeenerde als Träger für Kieselsäuregel 66.
Dorschtran 237.
Dresden IX 177.
— XI 178.
Drehextraktoren zur Wiederbelebung ölhaltiger Bleicherden mit Benzol, Petroleum und Trichloräthylen 244.
Durchmesser der Capillaren im Kieselsäuregel 52.

Edelopal 45 47.
Edeltongruben in Weigersdorf 131.
Einwirkung von Säuren, Alkalien oder alkalisch wirkenden Salzen auf Bleicherden 208, 209.
— organischer Säuren auf Bleicherden 209.
Eisengehalt in Eisenerzen, Bestimmung unter Zusatz kolloidaler Kieselsäure 111, 112.
Eisenoxydhydrogel 41.
Eisenoxyd-Kieselsäuregel 53.
Eisensalze in Bleicherden 186.
Eisensteinmark 170.
Eiserzeugung unter Verwendnug von Kieselsäuregel 67, 68.
Elektrische Ladung von Bleicherden, Ursache ihrer Bleichwirkung 182.
Elektrolyse von mit Eisenvitriollösung angerührter Bleicherde 223.
Elektrolytische Erzeugung von Kieselsäuregel 66.
Elmosol 58.
Empfindlichkeit der Bleicherden gegen höhere Temperaturen 190.
Emulsionskolloide 4.
Entfärbung blau gewordener Akkumulatorensäure durch Bleicherde 231.
Entfernung gelatinöser Kieselsäure aus Sulfatlaugen 113, 114.
— schwefliger Säure aus Öl durch Bleicherde 187.
Entfetten ölhaltiger Bleicherderückstände 241—256.
Entölen von Bleicherderückständen 222, 223.
Entschwefelung von Petroleumöl und Rohbenzol 85.
Entstehung der Bleicherden in der Natur 186.
Entwässerung des Kieselsäuregels 37, 42, 43.
— und Wiederwässerung des Kieselsäuregels 45, 49, 50, 51, 52.
Entwässerungsisothermen des Kieselsäuregels 49.
Erhitzen von Kieselsäurehydrogel 15.
Erhitzen von Bleicherden 203.
Erhöhung der Bleichwirkung von Fullererden 152, 153, 155, 158.
Ersatz des Wassers durch Alkohol, Äther, Glycerin und andere organische Flüssigkeiten 37.
Essigsäure 19, 109.
Extraktion ölhaltiger Bleicherden 187, 242—245.

Sachverzeichnis.

Farbstoffe, Adsorption durch Kieselsäuregel 113.
— basische, Bindung von — durch Kieselsäuren oder Silikate 111.
— Herstellung mittels Fullererden 223.
Farbstoffabrikation, Verwendung von Silicagel in der — 128.
Felle, Imprägnierung mit Kieselsäuregel 110.
Feststellung der Aktivität von Bleicherde 197.
Fettsäuren, Reinigung der — durch Bleicherden 232.
Fichtenöl zum Regenerieren von Bleicherden 244.
Filmfabrikation, Verwendung von Silicatgel in der — 128.
Filtereigenschaften der Fullererden 143—147.
Filtrationsverfahren 229.
Filtrieren mittels aktiver Bleicherden 201.
Filtrol 164, 165.
Fischblase als Membran im Dialysator 32, 33.
Flintglas 21.
Flockung 2.
Floridin 193, 201, 202, 203.
— 50/60 178.
— XXF 177, 178, 207.
— SG 178.
Florpol 177, 178.
Flüchtige Stoffe, Gewinnung von — aus festen Stoffen (Kautschuk) mittels Kieselsäuregel 95.
Flußsäure zur Herstellung eines Gemisches von Kieselsäure und aktiver Kohle 66.
Flüssigkeiten, Adsorption von — durch Kieselsäuregel 17.
Frankonit 169, 176, 186, 193.
— Cl 177, 178.
— F 177, 178, 198.
— FC 177, 178, 198.
— KL 200.
— S 177, 178, 193, 196, 197.
Fraustadter Ton 204, 205, 206.
Fullererden, Eigenschaften, Herstellung, Verwendung 123—160.
Fullererde vom Tonwerk Fraustadt 131.

Galizische Bleicherden 208.
Gase, Adsorption von — durch Kieselsäuregel 17.
Gasolin, Entfärbung und Entschwefelung von — mittels Kieselsäuregel 85.

Gasolin, Gewinnung und Reinigung von — mittels Kieselsäuregel 68.
Gärungsabgase 128.
Gärungskohlensäure, Reinigung von — mittels Kieselsäuregel 90.
Gebläsewindtrocknung mittels Kieselsäuregel 67, 68.
Gefrieranlagen 128.
Gel, irreversibles 3.
Gelenkerkrankungen 106, 107.
Germania 178.
— L 177.
Geschlämmte Bleicherde 193, 195.
Geysire 7.
Geyserit 5.
Giftigkeit des Kieselsäuregels 107.
Glimmerblättchen 172.
Glühapparate zum Regenerieren von Kieselsäuregel und Bleicherden 248—254.
Glycerin 7, 105.
Glyceringallerte 26.
Glycerogel 27.
Glycinal 105, 106.
Gneis 171.
Gold 18.
Goldsalze, Reduktion im Kieselsäuregel 18.
Graphit, Einwirkung von — auf kolloide Kieselsäure 3.
Großanlagen mit Silicagel 104—128.
Grubenabwässer 113.
Gummi 132.
Gummifabrikation, Verwendung von Silicagel in der 128.

Halbopal 45, 47, 57.
Halloysit 240.
Harnstoff, Herstellung von — aus Cyanamid mittels Kupfer-Kieselsäure 110.
Hämatolyse durch kolloide Kieselsäure 107.
Hämatoxylin 28.
Härten von Ölen 198, 208.
Häute, Imprägnierung von — mit Kieselsäuregel 110.
Hildebrand-Zelle zur Herstellung von Kieselsäurehydrosolen 19.
Hohlräume im Kieselsäuregel 49.
Holzabfälle mit Abwässern der Bleicherdefabrikation verarbeitet 228.
Holzbrei im Gemisch mit Bleicherden zum Bleichen von Ölen 240.
Holzopal 5.
Humus 175.
Humussäure 129.
Hyalith 24.

Hydrogele 2, 42, 43.
Hydrolyse einer Siliciumverbindung 65, 66.
Hydrophan 45, 56, 57.
Hydrophan-Opal 21.
Hydrosol 2.
Hygrophylith 170.
Hysteresen 35.

Igaerde 161.
Imbitionswasser 44.
Imprägnieren von Stoffen mit Kieselsäuregel 110.
Indifferente Gase und Bleicherde zur Raffination von Fetten und Ölen 239.
Inversion von Rohrzucker durch kolloidale Kieselsäure 19.
Isarit 169, 176, 179, 180.
— Blausiegel 177, 178.
— Gelbsiegel 177, 178.
— Grünsiegel extra 177, 178.
— Rotsiegel 177, 178.
— Schwarzsiegel 177, 178.
Isomaltose, Adsorption von — durch Kieselsäurehydrat 132.
Isopropylalkohol zum Entfetten von Bleicherde 244.
Isothermen des Kieselsäuregels 52.
Isotrope Stoffe 15.

Jod 109.
— Adsorption von — aus wässrigen Jodkalilösungen durch Kieselsäuregel 82.
Juncusart 20.

Kadaverfette, Veredlung von — durch Bleicherde 239.
Kaliumsilicowolframatlösung 19.
Kalk-Bleicherdemischungen 199.
Kalkgrün 223.
Kambaraerde 161—164, 185.
Kaolin 130.
Kaolinit 228.
Kaolinton 129.
Kälteerzeugung mittels Kieselsäuregel 67, 68.
Katalysator aus kolloidaler Kieselsäure bei Einwirkung der Lichtstrahlen auf organische Verbindungen und in der Photosynthese 111.
Katalysatoren auf Kieselsäuregel als Träger 105.
Kerosin, Entschwefelung und Entfärbung durch Kieselsäuregel 85.
Ketone 244.
Kieselaether 26.

Kieselgur 4, 28.
— aus Filtermaterial in der Zuckerfabrikation 66.
— im Gemisch mit Bleicherde 228.
— Glühen mit Alkalisalzen 66.
— zur Herstellung von Entfärbungsmitteln 66.
— als Zusatz zu Fullererde 228.
Kiesel-Liquor 23.
Kieselsäure, amorphe 27, 31.
— α- 16, 33.
— β- 16, 33.
— a-16.
— b- 16.
— Kochen mit Wasser 4.
— kolloide, Ausdehnungskoeffizient 4.
— — Bildung durch Verwitterung von Gesteinen 5.
— — elektrische Leitfähigkeit 3.
— — im Ton 131.
— — im Wald- und Ackerboden 5.
— — Überführung durch Frost in Gallertform 3.
— — Überführung durch pulverförmige Stoffe in Gallertform 3.
— — Überführung durch Temperaturerhöhung in Gallertform 3.
— — Verhalten gegen Membranen 32, 33, 34.
Kieselsäureäthylester 56.
Kieselsäurealkogel 9.
Kieselsäuregallerte, Elastizität 6.
— Löslichkeit in Ammoniak 12.
— — in Kaliumcarbonatlösung 14.
— — in Salzsäure 12.
— — in Wasser 10, 11, 12, 13.
Kieselsäuregel 1.
— Altern 45.
— Ausscheidung aus Jodkalilösung 82.
— Bildung aus Kieselsäurelösungen 5.
— — aus Silikaten 5.
— — aus Siliciumfluorid 5, 6.
— Dichte 15.
— als Dispersionsmittel 15.
— Eigenschaften 1.
— Einwirkung von Alkalien und Säuren auf 15.
— — schnellen Trocknen und Erwärmens auf 4.
— — ultravioletter Lichtstrahlen auf — enthaltende Flüssigkeiten 9.
— Ersatz des Wassers im — durch Benzol, Chloroform, Glycerin und Schwefelsäure 7.
— hydratische Form 15.

Sachverzeichnis.

Kieselsäuregel im Gemisch mit einem Gel des Aluminiumhydroxyds, Calciumhydroxyds, Chromhydroxyds, Eisenhydroxyds und Kupferhydroxyds 19.
— Klumpenbildung 7.
— Korngröße 16.
— orientiert gebautes 6.
— Schüttgewicht 9, 15.
— Struktur 10.
— Wabenstruktur 4.
— Wassergehalt 6.
Kieselsäurehydrat 10, 24, 39, 40, 41.
Kieselsäurehydratlösung 29, 30.
Kieselsäurehydrosol 6, 7, 26.
Kieselsäurelösungen, Gelatinieren durch Salzlösungen 13.
Kieselsäuremethylester, Zersetzung des — an feuchter Luft 56.
Kieselsäuresol 7, 14.
— Gelatinieren von — beim Aufbringen auf Sodakrystalle 17.
Kieselinter 5.
Klärwirkung der Bleicherden 198.
Knickpunkt der Entwässerungskurven der Kieselsäuregele 40—42.
Koagulation 2.
— kolloider Kieselsäurelösungen durch Halogenalkalien, Kaliumperchlorat, Caesiumchlorid, Lithiumchlorid, Rubidiumchlorid, Cyankali, Kaliumcarbonat, Natriumphosphate, Zinksulfat, Cadmiumsulfat und Quecksilberchlorid 53.
Kocher zum Aufschließen erdiger Stoffe mittels Dampf und Säuren 226, 227.
Kocholong 5.
Kohle (Bayer) 179.
— aktive, im Gemisch mit Bleicherde zum Reinigen von Fetten und Ölen 240.
Kohlendioxyd, Aufnahme von — durch Kieselsäuregel 67, 68.
Kohlensäure, Gewinnung und Reinigung von — mittels Kieselsäuregel 68.
— Reinigung von — mittels Kieselsäuregel 90.
Kohlenwasserstoffe, Adsorption von — durch Fullererde 206.
Koksofengase, Gewinnung von Benzol aus — mittels Kieselsäuregel 67, 68.
— Gewinnung von Benzol aus — mittels Silicagel 120—121.
Kolloide 3.
— Zusatz von — zu Bleicherde 229.

Kollodiummembran 32, 33.
Kolloidoskop 25.
Kontaktsubstanzen auf Kieselsäuregel als Träger 67, 68.
Konzentrieren von Schwefeldioxyd durch Kieselsäuregel 93.
Kopecky-Schlämmung 174.
Kupferoxyd-Kieselsäuregel 53.
Krystallviolett, Adsorption von — durch Kieselsäuregel aus Wasser und Tetralin 82.

Laboratoriumsmethoden zur Bestimmung der Filtereigenschaften der Fullererden 143, 144.
Lackfabrikation, Verwendung von Silicagel in der 128.
Lackmus 28.
Lagerstätten der Fullererden 134, 135.
Leichtöl 15.
Leim 30.
Leukosit 169, 176.
Lichtstrahlen, ultraviolette 9.
Löslichkeit von Kieselsäuregel in Alkalien, Ammoniak und Ammoniumcarbonat 16.
Lösungsmittelwiedergewinnung 115, 120, 125.
Luft, heiße, zur Regenerierung von Bleicherden 247.
Lufttrocknung mittels Kieselsäuregel 67, 68.

Magnesiahydroxydgel 41.
Magnesiumhydrosilicat, Herstellung und Verwendung von 129, 165 bis 168.
Magnesiumsilicate zum Bleichen von Fetten und Ölen 241.
Mahlungen von Bleicherden 177.
Maischverfahren 229.
Malgersdorfer Weißerde 169—176.
Marsil M 177, 178.
Meerschaum 165.
Membranen für die Dialyse von Kieselsäurelösungen 32.
Mergel 172.
Methylalkohol zum Entölen von Bleicherde 244.
Methyläthylketon zum Regenerieren von Bleicherde 244.
Methylenblau, Adsorption durch Kieselsäuregel 16, 17, 109.
Methylsilicat, Zersetzung von — durch Wasser 42.
Micellares Imbitionswasser 35, 36.
Micellen 35, 36.

Mineralisches Kolloid als Zusatz zu Bleicherde 229.
Mineralölraffination durch Kieselsäuregel 16.
Mineralreichgele 20.
Mischdauer der Bleicherde mit den Ölen 196.
Mischen verschieden aufgearbeiteter Bleicherden 194.
Mischgele 19.
Montmorillonit 227, 228.
Motortreibmittel, Gewinnung von — aus Koksofengasen mittels Kieselsäuregel 82—85.
Myelin 129.

Nachweis kolloidaler Kieselsäure in Pflanzenteilen 19.
Naphtha im Gemisch mit Fullererde zur Gewinnung von Wachs aus der Candelillapflanze 241.
Naphthalindämpfe, Ausscheidung aus Gasen mittels Kieselsäuregel 95.
Naphthensäuren, Adsorption von — durch Fullererde 159.
Natriumacetat beim qualitativen Nachweis der kolloiden Kieselsäure 19.
Natriumaluminat 18.
Natriumparawolframat beim qualitativen Nachweis der kolloiden Kieselsäure 19.
Natrolith 40.
Nephelometrie zur Feststellung des Dispersionsgrades von Kieselsäurelösungen 9.
Neutralisation von Kieselsäurelösung 28.
Neutralsalze, Einwirkung von — auf Kieselsäuregel 19.
Newtonit 240.
Nickeloxyd-Kieselsäuregel 53.
Nitrobenzol 108, 109.
Nitrose Gase, Abscheidung von — mittels Kieselsäuregel 67, 68.

Obermiozäner Ton 169.
Öle, Adsorption durch Tabaschir 21, 23.
Ölbrunnen 128.
Öldestillation 128.
Ölhärtung mittels Fullererde 208.
Öllagerbehälter 128.
Ölschieferretortenabgase 128.
Oligoklas 171.
Opal 5, 20, 47, 56.

Opaleszenz der Kieselsäurelösungen 10.
Organische Stoffe in Bleicherden 195.
Orthoklas 171.
Osmosil 111.
Ostdeutsche Bleicherden 209.
Otoylit 227.
Oxydationswirkung von Bleicherden 157, 158.

Pasten 105.
Patente betreffend Herstellung der Bleicherden 223—229.
— betreffend Herstellung von Kieselsäuregel 58—66.
— betreffend Regenerierung von Bleicherden und Kieselsäuregel 241—255.
— betreffend die Verwendung von Bleicherden 231—241.
— betreffend die Verwendung von Kieselsäuregel 94—114.
Pektisation 25, 27.
Peptisieren des Kieselsäuregels 38.
Pergament 32.
Perhydrogel der Kieselsäure 57.
Perkieselsäure 57.
Perubalsamsalbe mittels Kieselsäuregel 105.
Petroläther 109.
Petroleum, Entschwefelung durch Kieselsäuregel 85.
— zur Wiederbelebung von ölhaltigen Bleicherden 243.
Phenole, Einwirkung auf Wasserglas 59.
Phenylrhodanid 101.
Phosphor 2.
Physikalische Grundlage des Bleichprozesses mit Bleicherden 199.
Pigmentlösungen 32.
Plastische Massen aus Kieselsäuregel 110.
Pressen von Kieselsäuregel 65, 66.
Primsil IA 177, 178.
Prüfung von Bleicherden 177, 194, 200.
Pyridin zum Entfetten von Bleicherden 244.
Pyrophyllit 228.

Qualitativer Nachweis kolloider Kieselsäure 20.
Quarz 21.
Quellung von Tonen im Wasser 206.

Radioaktive Stoffe, Adsorption von — durch kolloide Kieselsäure 108.

Sachverzeichnis.

Raffination von Ölen, Fetten und Wachsen durch Bleicherde 229 bis 241.
— von Ölen, Fetten und Wachsen durch Kieselsäuregel 96—105.
Regenerieren von Bleicherden 241 bis 255.
— von Kieselsäuregel 241—255.
Reinigen von Flüssigkeiten durch Kieselsäuregel 108.
— von Kohlenwasserstoffdämpfen mittels Fullererde 240.
Reversible Kolloide 3.
Rheinische Bleicherde 206, 207, 208.
Rohrzucker, Inversion durch kolloide Kieselsäure 19.
Rösten von Bauxit 188.

Salben mit Kieselsäuregel 105.
Saponit 166.
Säuregehalt von Bleicherden 185, 191.
Saxonit A 177, 178.
— extra 177, 178.
— N 177, 178.
Schallgeschwindigkeit, Gesetze der
— auch gültig für dehydratisierte Gele 15.
Schlacke, Überführung in Kieselsäuregel 65.
Schlesische Bleicherde 204, 205.
Schmierölreinigung und Entschwefelung mittels Kieselsäuregel 85.
Schnelldialyse 33.
Schrumpfung der Kolloide 20.
Schwammartige Oberfläche der Bleicherde 208.
Schwankende Zusammensetzung der Bleicherden 186.
Schwefeldioxyd, Verdichtung des — in den Poren des Kieselsäuregels 67, 68.
Schwefelgehalt des Rohbenzols, Entfernung durch Kieselsäuregel 85 bis 87.
Schwefelkohlenstoff 109.
— zum Extrahieren ölhaltigen Kieselsäuregels 247.
Schwefelsäureanhydrid, Katalytische Herstellung — unter Verwendung von Kieselsäuregel als Katalysatorträger 105.
Schwefelsilicium, Zersetzung von — durch Wasser 54.
Schweflige Säure, Aufnahme von — durch Kieselsäuregel 67, 68.
— — Herstellung von — in wasserfreier, flüssiger Form mittels Kieselsäuregel 67, 68, 92.

Schweiß- und Schneidgas mittels Kieselsäuregel 68.
Schwellenwert der Bleichwirkung von Bleicherde 215.
Scolecit 40.
Selektive Adsorption 5, 15.
Sepiolit 166.
Silhydrol 169, 176.
Silica R 176.
— Standard 177, 178.
Silicaerden 198.
Silicagelbenzin 17.
Silicagelleuchtöl 177.
Silicagelschmieröl 177.
Silicate, unlösliche Überführung in Kieselsäuregel 65.
Siliciumfluorid, Zersetzung des — durch Wasser 42.
Siliciumhalogenide 65.
Siliciumsulfid = Schwefelsilicium 54, 65.
Siliciumtetrachlorid, Zersetzung des — durch Wasser 42, 56.
Silicowolframatlösung 19.
Siliquid 62.
Sirius A—B 177, 178.
— C—D 177, 178.
Sol 42.
Spaltmittelzusatz bei der Entölung ölhaltiger Bleicherde 245.
Spaltung von Ölen mittels Bleicherde 147.
Speiseöle, Raffination von — durch Fullererde 134.
Sphärite 4.
Stabilisierung von Metallsolen durch kolloidale Kieselsäure 108.
Stärke zum Imprägnieren von Kieselgur 66.
Steatit 166.
Steigerung der Bleichwirkung von Bleicherden durch Erhitzen 202, 203, 205, 256.
— der Bleichwirkung von Bleicherden durch Säuren 158.
— der entsäuernden Wirkung der Bleicherden auf Öle durch Erhitzen 204.
Stickstoff, Adsorption des — durch Kieselsäuregel 17.
Stickstoffdioxyd, Erzeugung von konzentriertem — mittels Kieselsäuregel 68.
Stickoxyde, Gewinnung von — aus den Endgasen der Gay-Lussac-Türme der Schwefelsäurefabriken mittels Kieselsäuregel 15, 93.
Strontiumnitrat, Einwirkung von — auf Kieselsäuregel 18.

Kausch, Kieselsäuregel. 19

Strychninsalze 20.
Sulfagel 27.
Sulfatlaugen 113, 114.
Suspensionskolloide 4.
Süßwasserschwämmchen aus amorpher Kieselsäure 170.

Tabaschir 5, 56, .
Tabasheer 10, 21.
Talk 165, 166.
Teratolith 170.
Terrana 169, 176, 177, 178, 212.
— A 216, 218, 219, 220.
— A neutral 216, 217, 219, 220.
— B 217.
— C 217.
— D 217, 218, 219.
Thioseptöle 189.
Tierserum, Verhalten des — gegen Kieselsäuregel 107.
Toilettepuder 128.
Toluol, Adsorption von — durch Kieselsäuregel
Tone 129—133, 172.
Tonsil 168, 169, 176, 188, 189, 231, 246.
— AC 177, 178, 179, 198, 200, 231.
— X—15 177, 178.
Topas 21.
Tran, Entfärbung mittels Bleicherde 229.
Trennen von Flüssigkeiten, Gasen und Dämpfen mittels Kieselsäuregel 95.
Trichloräthylen zur Wiederbelebung ölhaltiger Bleicherden 243.
Trinkwasser, Reinigung von — mittels Kieselsäuregel 68.
Trockenmittel, Einwirkung von — auf geklärte, gebrauchte Schmieröle vor Behandlung mit Bleicherden 239, 240.
Trocknen von Kieselsäuregel an der Luft und durch Erhitzen 65.
Tropfchenkolloide 3.
Trübungen von mit Bleicherden behandelten Fettsäuren 256.
Tuberkulin 109.
Tuberkulose 106.

Ultrafilter aus Kieselsäuregel 49.
Ultrakrystalle 4.
Ultramikronen 4.
Ultraviolette Lichtstrahlen, Einwirkung von — auf Kieselsäuregel enthaltende Flüssigkeiten 9.
Umschlagspunkt des Kieselsäuregel 35, 37, 38.

Umtauschreaktionen bei der Adsorptionsbleiche der Öle durch Bleicherden 184.
Unlösliche Silicate zur Erzeugung von Kieselsäuregel 65.
Untersuchung der Aktivität der Bleicherden 157—160.

Veredlung ranziger Fette und Öle durch Bleicherde 236, 237.
Verdampfungsgeschwindigkeit des Wassers des Kieselsäuregels 39, 41.
Verhältnis der Dichten (spezifische Gewichte) der Bleicherden zu ihrer Wirksamkeit 177.
Verlorengehen der Adsorptionsfähigkeit des Kieselsäuregels durch Behandlung des letzteren mit Alkali 16.
Versuche zur Feststellung der Adsorptionswirkung des Kieselsäuregels für Gase und Dämpfe 67, 69.
Verteilung der reinen Kieselsäure 19.
Verwendung der Bleicherden zum Entfärben von Fetten, Fettsäuren, Ölen und Wachsen 215 bis 233.
— von Filtrol zum Raffinieren von Fetten, Ölen und Glycerin 164, 165.
— von Fullererden zum Bleichen von Ölen 144.
— von Fullererden zur Feststellung bestimmter Farbstoffe in der Butter, im Whisky und künstlichem Weinessig 144.
— von Fullererden zur Herstellung von Farbstoffen 223.
— von Fullererden als Kautschukfüllmittel 144.
— von Fullererden zum Raffinieren von Ölen, Fetten und Wachsen 134.
— von Fullererden als Träger basischer Farbstoffe für den Tapetendruck 144.
— von Gemischen von Bleicherde und einem organischen Stoff und gegebenenfalls einem Elektrolyten zum Bleichen von Ölen 240.
— von Gemischen von Bleicherden und aktiver Kohle zum Bleichen von Fetten und Ölen 240.
— von Gemischen von Fullererde mit Elektrolyten zum Bleichen von. Öl 240.

Sachverzeichnis.

Verwendung der Kambaraerde zur Aktivierung von Enzymen bei der technischen Verzuckerung 164.
— der Kambaraerde zum Bleichen von Ölen 162—164.
— von Kambaraerde als Träger für Nickelkatalysatoren bei der Ölhärtung 162.

Verwendung des Kieselsäuregels:
zur Adsorption von Gasen und Dämpfen 67, 120, 126, 128.
zur Adsorption von Kohlenwasserstoffen 81.
zur Adsorption von radioaktiven Stoffen 108.
zum Anreichern von Schwefeldioxyd-Luftgemischen an Schwefeldioxyd 92, 93.
zum Auffangen der in den Abgasen der Gay-Lussac-Türme enthaltenen Stickoxyde 114.
als basenaustauschendes Wasserreinigungsmittel 108.
zur Bindung des Stickstoffes 127.
zur Erzeugung von Eis und Kälte 67, 68.
zur Erzeugung von Stickstoffdioxyd in konzentrierter Form 68.
als Filtermaterial für pharmazeutische Produkte 106.
als Füllstoff in Gasmasken 114.
zum Füllen von Sammlerbatterien 110.
zur Gewinnung von Benzin aus Gasquellen oder Destillationsgasen 67, 68.
zur Gewinnung von Alkohol, Äther und Aceton aus Gasen 120, 124, 125, 126, 128.
zur Gewinnung von Benzol aus Koksofengasen 67, 68.
zur Gewinnung und Reinigung des Gasolins 68.
zur Gewinnung nitroser Gase 67, 68.
zur Gewinnung von Schwefel aus schwefelwasserstoffhaltigen Gasen 108.
als Heilmittel bei Gelenkerkrankungen 106, 107.
als Heilmittel bei Tuberkulose 106, 107.
zur Herstellung von Äthylenkohlenwasserstoffen aus Alkoholen 108.
zur Herstellung von Dichtungsplatten 110.

Verwendung des Kieselsäuregels:
zur Herstellung kolloidal-löslicher Granulate 106.
zur Herstellung plastischer Massen 110.
zur Herstellung von Salpetersäure 109, 110.
zur Herstellung von Schweiß- und Schneidgasen 68.
zur Herstellung wasserfreier, flüssiger schwefliger Säure 67, 68.
in der Industrie 68.
als Katalysator bei der Herstellung organischer Verbindungen 127.
zur katalytischen Umsetzung von SO_2 zu SO_3 als Kontaktträger 105.
zur Kälteerzeugung 115.
zur Konzentration von Schwefeldioxyd in Luft 67, 68.
in Kornform oder als Pulver 114, 115.
als Nährboden für Bakterien 107.
beim Oxydieren von Stickoxyden als Kontaktstoff 109.
in der Pharmazie und Medizin 105—107.
zum Raffinieren von Kohlensäure (Gärungskohlensäure) 90.
zum Raffinieren von Ölen 115, 127, 128.
zum Regenerieren von Elektrolytlösungen bei der Herstellung von Perboraten 110.
zum Reinigen von Flüssigkeiten 108.
zur Reinigung von Wasser 68.
zu Salben, Pasten als Grundlage 105.
als Träger von Kontaktsubstanzen für die Herstellung von Schwefelsäureanhydrid auf katalytischem Wege 67, 68.
zum Trocknen von Gasen 115 bis 120, 128.
zum Trocknen des Gebläsewindes für Hochofen 67, 68.
zum Trocknen von Luft 67, 68, 90, 91.
zur Wiedergewinnung flüchtiger organischer Lösungsmittel 67, 68.

Verwendung von elektroosmotischgereinigtem Kieselsäuregel zur Herstellung cutrifizischer und dentrifizischer Präparate 105.
— löslicher oder gelöster Kieselsäure zum Binden flüssiger Stoffe 109.

Verwendung kolloidaler Kieselsäure zur Aufklärung des Ursprungs der grünen Nuancen der natürlichen Wässer 111.
— kolloidaler Kieselsäure zur Gewinnung der Eiweißstoffe des Kartoffelsaftes 111.
— kolloidaler Kieselsäure zur Herstellung diastatischer Trockenpräparate 111.
— kolloidaler Kieselsäure beim Einwirkenlassen von Lichtstrahlen auf organische Verbindungen und bei der Photosynthese organischer Verbindungen 111.
— löslicher Kieselsäure zur Stabilisierung von Metallsolen 108.
— von Magnesiumhydrosilikaten als Adsorptionsmittel 129.
— von Magnesiumhydrosilikaten zum Reinigen von Ölen, Fetten, Fettsäuren, Harzen, Wachsen, Lösungen organischer Säuren, Salze, fester Kohlenteerzwischenprodukte in Wasser, Alkohol, Benzol 165, 168.
Verwendung von Silicagel:
zur Erzeugung von Eis und Kälte 128.
zur Gewinnung von Kohlenwasserstoffen aus Gasen 120—126.
beim Hydrieren von Ölen 128.
als kontaktsubstanzträger 128.
zur Kontrolle des Feuchtigkeitsgrades von Luft 128.
in körniger oder pulverisierter Form 114.
für pharmazeutische Zwecke 129.
zum Raffinieren von Ölen 127, 429.
zum Reinigen von Luft und Kohlensäure 128.
als Toilettepuder 128.
zum Trocknen von Gasen 115 bis 120.
Verwendung von Ton zum Entfärben von Ölen 132, 133.

Verwendung von Ton (plastischem) zum Reinigen kolloidhaltiger Fabrikabwässer 223.

Wabennetze der Kolloide 3.
Wabenstruktur des Kieselsäuregels 20, 47, 48, 49.
Walkerde 133.
Wasser, chemische Bindung des — in Kieselsäuregel 206.
Wasserdampfaufnahme durch Kieselsäuregel 91, 92.
Wassergehalt des getrockneten Kieselsäuregels 31.
Wasserentziehung aus dem Kieselsäuregel vor der Gelbildung 65.
Wasserstoff und Bleicherde als Bleichmittel für Öle und Fette 231, 232, 239.
Wasserstoffsuperoxyd, Einwirkung auf Wasserglaslösungen 57.
Weigersdorfer Ton 206.
Weißerde 169, 171, 213.
Weißer Ton der Fabrik Aue 131.
Wiedergewinnung flüchtiger organischer Lösungsmittel mittels Kieselsäuregels 67, 68, 96.
Wiederwässern von entwässertem Kieselsäuregel 7, 49.
Wirkung des Erhitzens auf Bleicherde 203, 209—212, 256.
Wirkungen der aktiven Kohlen 199.
Wolframsäure 27.
Wolleentfettung mittels Fullererde 133, 144.

Xylol, Gewinnung aus Gasen mittels Kieselsäuregels 95.

Zahnseife mit kolloidaler Kieselsäure 105.
Zeolithe 6.
Ziegelmehl 130.
Zinksulfat 53.
Zinndioxydhydrogel 41.
Zusatz von Kieselsäure oder deren Salzen bei der Reinigung von Ölen mit Bleicherden 185.

Verlag von Julius Springer in Berlin W 9

Analyse der Fette und Wachse sowie der Erzeugnisse der Fettindustrie. Erster Band: Methoden. Von Dr. Adolf Grün, Aussig. Mit 77 Abbildungen. XII, 575 Seiten. 1925. Gebunden RM 36.—

Aus den zahlreichen Besprechungen:

... Ein riesiges Stoffmaterial ist hier bewältigt. Die ausgezeichnete Darstellung gewinnt noch dadurch an Klarheit, daß jedem einzelnen Kapitel eine genaue Begriffsbestimmung und eine Schilderung der notwendigen Eigenschaften jedes Erzeugnisses vorausgeht, ehe auf die analytischen Methoden zur Kontrolle ihrer Erfüllung eingegangen wird.

Grün, welcher die moderne wissenschaftliche Durchdringung und den wissenschaftlichen Ausbau der Fettchemie entscheidend beeinflußt hat, schenkt uns mit seiner „Analyse der Fette" ein Standardwerk, das für lange Zeit jedem unentbehrlich sein wird, der sich wissenschaftlich oder technisch mit diesem Arbeitsgebiet beschäftigen muß. Die sorgfältig auswählende, meisterhafte Darstellung des berufenen Beurteilers, welche alles Veraltete und Entbehrliche zugunsten der wirklich bewährten oder entwicklungsfähigen Methoden und Ansichten beiseite stellt, verleiht diesem Werk seinen besonderen Wert. Über seinen praktischen Zweck hinaus bedeutet die „Analyse der Fette" ein Dokument der gegenseitigen Befruchtung von Wissenschaft und Technik, welche die gegenwärtige Epoche chemischer Entwicklung kennzeichnet und in den wissenschaftlichen und technischen Erfolgen des Verfassers ihren beredten Ausdruck findet. („Die Naturwissenschaften")

Kohlenwasserstofföle und Fette sowie die ihnen chemisch und technisch nahestehenden Stoffe. Von Prof. Dr. D. Holde, Dozent an der Technischen Hochschule Berlin. Sechste, vermehrte und verbesserte Auflage. Mit 179 Abbildungen im Text, 196 Tabellen und einer Tafel. XXVI, 856 Seiten. 1924. Gebunden RM 45.—

Aus den zahlreichen Besprechungen:

... Die Vermehrung und Verbesserung des Inhalts erstreckt sich auf fast alle Einzelteile des Werkes. Überall erkennt man die Sorgfalt und Gründlichkeit, die der Verfasser und seine Mitarbeiter aufgewendet haben und die vortreffliche klare Darstellung, mit welcher dem Praktiker die ganz verschiedenen Prinzipien und Verfahren physikalischer und physikalisch-chemischer Art verständlich gemacht werden, auf denen die Untersuchungsmethoden beruhen. Es gibt wenige Bücher über große technische Gebiete, die in so knapper Fassung so viel bieten. Die Ausstattung ist vortrefflich. („Zeitschrift für physikalische Chemie")

... Die Neuauflage des Holde ist für jeden Fettchemiker, der ein zusammenfassendes Bild der spezialwissenschaftlichen Entwicklung der letzten Jahre gewinnen will, schlechthin unentbehrlich. Sie stellt ein hervorragendes Stück deutscher Aufbauarbeit dar, geleistet auf dem Boden einer im Vorwort mit erfreulicher Klarheit betonten allgemein menschlichen Kulturgesinnung. Für die im Gange befindliche Ausarbeitung internationaler Standardmethoden für die Öl- und Fettanalyse bildet das Buch eine ausgezeichnete Grundlage.

(„Zeitschrift der Deutschen Öl- und Fett-Industrie")

Verlag von Julius Springer in Berlin W 9

Chemische Betriebskontrolle in der Fettindustrie. Von Dr.-Ing. Hugo Dubovitz. Mit 31 Textabbildungen. V, 136 Seiten. 1925.
Gebunden RM 6.90

Aus den zahlreichen Besprechungen:

... In der Fettindustrie ist eine eingehende Kontrolle durchaus notwendig. Der Verfasser gibt zu einer solchen ausführliche Anleitungen bei der Ölfabrikation, der Gewinnung tierischer Fette, der Fabrikation von verseifbares Fett enthaltenden Schmiermitteln, bei der Firnis- und Dégrasfabrikation, bei der Fettspaltung, Glyzerin-, Stearin-, Kerzen- und Seifenfabrikation. Darüber hinaus enthält das Buch wertvolle, durch gute Abbildungen unterstützte technische Angaben, die die betreffenden Betriebsleiter mit großem Nutzen verwenden werden. Die Bearbeitung des Gebiets ist geschickt und lehrreich. („Pharmazeutische Zeitung")

Technologie der Fette und Öle. Handbuch der Gewinnung und Verarbeitung der Fette, Öle und Wachsarten des Pflanzen- und Tierreichs. Unter Mitwirkung von G. Lutz, Augsburg, O. Heller, Berlin, Felix Kaßler, Galatz, und anderen Fachleuten herausgegeben von Fabrikdirektor Dr. Gustav Hefter, Triest.

Erster Band: **Gewinnung der Fette und Öle.** Allgemeiner Teil. Mit 346 Textfiguren und 10 Tafeln. XVIII, 742 Seiten. 1906. Unveränderter Neudruck. 1921. Gebunden RM 33.50

Zweiter Band: **Gewinnung der Fette und Öle.** Spezieller Teil. Mit 155 Textfiguren und 19 Tafeln. X, 974 Seiten. 1908. Unveränderter Neudruck. 1921. Gebunden RM 46.—

Dritter Band: **Die Fett verarbeitenden Industrien.** Mit 292 Textfiguren und 13 Tafeln. XII, 1024 Seiten. 1910. Unveränderter Neudruck. 1921. Gebunden RM 50.—

Vierter (Schluß-) Band: **Die Fett verarbeitenden Industrien.** (2. Teil.) Seifenfabrikation und Glyzerinindustrie. In Vorbereitung

---

Die Fabrikation der Bleichmaterialien. Von Victor Hölbling, Technischer Rat, Wien. Mit 240 Textfiguren. VIII, 282 Seiten. 1902.
Gebunden RM 8.—

Die Jodzahl der Fette und Wachsarten. Von Prof. Dr. Moritz Kitt, Olmütz. VIII, 70 Seiten. 1902.
RM 2.40

Die Chemie der trocknenden Öle. Von Dr. phil. Wilhelm Fahrion, Chemiker und Betriebsleiter in Höchst a. M. VIII, 298 Seiten. 1911.
RM 10.—; gebunden RM 11.—

Verlag von Julius Springer in Berlin W 9

Lunge-Berl, Chemisch-technische Untersuchungsmethoden.
Unter Mitwirkung zahlreicher Fachleute, herausgegeben von Ing.-Chem. Prof. Dr. **Ernst Berl**, Darmstadt. Siebente, vollständig umgearbeitete und vermehrte Auflage. In 4 Bänden.

Erster Band: Mit 291 in den Text gedruckten Figuren und einem Bildnis. XXXII, 1100 Seiten. 1921.   Gebunden RM 36.—

Inhaltsübersicht:

Allgemeiner Teil. Von Prof. Dr. E r n s t B e r l, Darmstadt. — Technische Gasanalyse. Von Prof. Dr. E r n s t B e r l, Darmstadt. — Mikrochemische Arbeitsmethoden. Von Dr. Ü.F. B l u m e r, Zürich. — Elektroanalyse. Von Prof. Dr.-Ing. W. M o l d e n h a u e r, Darmstadt. — Feste und flüssige Brennstoffe. Von Dr. D. A u f h ä u s e r, Hamburg. — Die Prüfung des Wassers für Kesselspeisung und andere technische Zwecke. Von Dipl.-Ing. A. Z s c h i m m e r, München. — Trink- und Brauchwasser. Von Prof. Dr. L. W. W i n k l e r, Budapest. — Abwässer. Von Prof. Dr. E. H a s e l h o f f, Kassel. — Die Luft. Von Prof. Dr. K. B. L e h m a n n, Würzburg. — Fabrikation der schwefligen Säure, Salpetersäure und Schwefelsäure. Von Prof. Dr. E r n s t B e r l, Darmstadt. — Sulfat- und Salzsäurefabrikation. Von Prof. Dr. E r n s t B e r l, Darmstadt. — Fabrikation der Soda. Von Prof. Dr. E r n s t B e r l, Darmstadt. — Die Industrie des Chlors. Von Prof. Dr. E r n s t B e r l, Darmstadt. — Verflüssigte und komprimierte Gase. Von Prof. Dr. E r n s t B e r l, Darmstadt. — Kalisalze. Von L. T i e t j e n s, Berlin.

Zweiter Band: Mit 313 in den Text gedruckten Figuren. XLIV, 1412 Seiten. 1922.   Gebunden RM 48.—

Inhaltsübersicht:

Metallographische Untersuchungsverfahren. Von Geh. Rat Prof. E. H e y n, Charlottenburg. — Elektroanalytische Bestimmungsmethoden. Von Prof. Dr.-Ing. W i l h e l m M o l d e n h a u e r, Darmstadt. — Technische Spektralanalyse. Von Dr.-Ing. L. C. G l a s e r. — Eisen. Von Prof. Dr. P. A u l i c h. — Metalle außer Eisen. Metallsalze. Von Geh. Bergrat Dr. O. P u f a h l, Berlin. — Tonerdepräparate. Von Prof. Dr. E. B e r l, Darmstadt. — Die Untersuchung der Tone. Von Ing.-Keramiker H. L u d w i g, Friedrichsfeld i. B. — Die Untersuchung von Tonwaren und Porzellan. Von Ing.-Keramiker H e r b e r t L u d w i g, Friedrichsfeld i. B. — Die Mörtelindustrie. Von Geh. Regierungsrat Prof. Dr.-Ing. e. h. M a x G a r y, Berlin-Dahlem. — Glas. Von Dr.-Ing. L. S p r i n g e r, Glashüttenchemiker in Zwiesel (Bayern). — Methoden der quantitativen Analyse des Emails und der Emailrohmaterialien: Nach R. D. L a n d r u m s „Methods of Analysis for Enamel and Enamel raw Materials", deutsch bearbeitet und ergänzt von Dr. J. G r ü n w a l d, Wien. — Kalziumkarbid und Azetylen. Von Prof. Dr.-Ing. E. B e r l, Darmstadt. — Zyanverbindungen. Von Dr. W. B e r t e l s m a n n, Chemiker der Berliner Gaswerke. — Boden. Von Prof. Dr. E. H a s e l h o f f, Vorsteher der Landwirtschaftlichen Versuchsstation in Harleshausen (Kassel). — Künstliche Düngemittel. Von Prof. Dr. O. B ö t t c h e r †, neubearbeitet von Prof. Dr. F. B a r n s t e i n. — Futterstoffe. Von Prof. Dr.F. B a r n s t e i n, Leipzig-Möckern. — Sprengstoffe und Zündwaren. Von Prof. Dr. H. K a s t, Regierungsrat und Mitglied der Chemisch-Technischen Reichsanstalt.

Dritter Band: Mit 235 in den Text gedruckten Figuren und 23 Tafeln als Anhang. XXXI, 1362 Seiten. 1923.   Gebunden RM 44.—

Inhaltsübersicht:

Gasfabrikation, Ammoniak. Von Dr. O t t o P f e i f f e r, Direktor der städtischen Gas- und Wasserwerke, Magdeburg. — Die Industrie des Steinkohlenteers. Von H e i n r i c h M a l l i s o n, Prokurist der Rütgerswerke-Aktiengesellschaft, Berlin. — Braunkohlenteerindustrie. Von Prof. Dr. E d. G r a e f e, Dresden. — Mineralöle: (Erdöl, Benzin, Leuchtöl, Gas-, Heiz-, Treiböle usw., Paraffin, Asphalt u. dgl.). Von Prof. Dr. D. H o l d e, gemeinschaftlich mit Dr. G. M e y e r h e i m. — Fette und Wachse. Von Dr. A d. G r ü n, Chefchemiker der Georg Schicht A.-G., Aussig. — Erzeugnisse der Fettindustrie. Von Dr. A d. G r ü n, Chefchemiker der Georg Schicht A.-G., Aussig. — Die Untersuchung der Balsame, Harze und Gummiharze. Von Dr. K a r l D i e t e r i c h †, Helfenberg, Direktor der chemischen Fabrik Helfenberg A.-G. vorm. E. D i e t e r i c h. — Drogen und galenische Präparate. Von Dr. K a r l D i e t e r i c h †, Helfenberg, Direktor der chemischen Fabrik Helfenberg. — Ätherische Öle. Von Dr. E. G i l d e m e i s t e r, Miltitz bei Leipzig. — Chemische Präparate. Von Dr. J. M e ß n e r und Dr. F. S t a d l m a y r, Chemiker im Hause E. M e r c k, Darmstadt. — Die Weinsäure-Industrie. Von Dr.-Ing. W. K l a p p r o t h, Nieder-Ingelheim. — Die Zitronensäurefabrikation. Von Dr.-Ing. W. K l a p p r o t h, Nieder-Ingelheim. — Die Milchsäure-Industrie. Von Dr.-Ing. W. K l a p p r o t h, Nieder-Ingelheim. — Kautschuk und Kautschukwaren. Von Dr.F. F r a n k und Dr. E. M a r c k w a l d, Berlin. — Mechanisch-technologische Prüfung von vulkanisierten Gummiwaren. Von Prof. K. M e m m l e r, Berlin-Dahlem. — Kolloidchemische Untersuchungsmethoden. Von Privatdozent Dr. W. B a c h m a n n, Göttingen.

Verlag von Julius Springer in Berlin W 9

[Lunge-Berl, Chemisch-technische Untersuchungsmethoden.]
Vierter Band: Mit 125 in den Text gedruckten Figuren und 56 Tabellen als Anhang. XXV, 1139 Seiten. 1924. Gebunden RM 40.—
Inhaltsübersicht:
Rohstoffe, Erzeugnisse und Hilfsprodukte der Zuckerfabrikation. Von Prof. Dr. Edmund O. von Lippmann, Halle a. S. — Stärke, Dextrin, Mehl. Von Prof. Dr. C. v. Eckenbrecher, Berlin. — Spiritus. Von Prof. Dr. Karl Windisch, Hohenheim. — Branntweine und Liköre. Von Prof. Dr. Karl Windisch, Hohenheim. — Essig und Essigessenz. Von Prof. Dr. Karl Windisch, Hohenheim. — Die Untersuchung des Weines. Von Prof. Dr. Karl Windisch, Hohenheim. — Bier. Von Prof. Dr. C. J. Lintner, München. — Untersuchung pflanzlicher Gerbmittel und Gerbstoffauszüge. Von Prof. Dr. Johannes Paessler, Freiberg i. S. — Leder. Von Prof. Dr. Johannes Paessler, Freiberg i. S. — Leim und Gelatine. Von Dr. Alfred Schlesinger, Memmingen i. B. — Tinte. Von Dr. H. von Haasy und Dr. F. Lohse, Direktoren der Tintenfabrik von Aug. Leonhardi in Loschwitz bei Dresden. — Prüfung der Gespinstfasern. Von Prof. Dr. A. Herzog, Dresden. — Zellstoff und Zellstoffindustrie. Von Prof. Dr. Carl G. Schwalbe, Eberswalde. — Papier. Von Prof. W. Herzberg, Berlin-Dahlem.— Kunstseide. Von Prof. Dr. E. Berl, Darmstadt, und Direktor Dr. A. Havas, Schwetzingen.— Zelluloid, organische Zellulose-Ester, plastische Massen, photographische Films, photographische Platten und Papiere. Von Dr. G. Bonwitt, Berlin-Charlottenburg. — Die anorganischen Farbstoffe. Von Prof. Dr. A. Eibner. — Organische Farbstoffe. Von Prof. Dr. H. Th. Bucherer, Berlin-Charlottenburg.

Lunge-Berl, Taschenbuch für die anorganisch-chemische Großindustrie. Herausgegeben von Ing.-Chem. Prof. Dr. **Ernst Berl,** Darmstadt. Sechste, umgearbeitete Auflage. Mit 16 Textfiguren und 1 Gasreduktionstafel. XVI, 334 Seiten. 1921. Gebunden RM 9.60
Inhaltsübersicht:
Allgemeiner Teil: Tabellen.
Spezieller Teil: I. Brennmaterialien, Feuerungen, Dampfkessel. — II. Schwefelsäurefabrikation. — III. Sulfat- und Salzsäurefabrikation. — IV. Chlorkalkfabrikation usw. — V. Sodafabrikation. — VI. Schwefelregeneration aus Leblanc - Sodarückständen. — VII. Salpetersäurefabrikation. — VIII. Flußsäurefabrikation. — IX. Kaliindustrie. — X. Ammoniakfabrikation. — XI. Leuchtgasfabrikation. — XII. Kalziumkarbid und Azetylen. — XIII. Untersuchung der Rohmaterialien und Fabrikate der Düngerfabriken. — XIV. Tonerdepräparate.— XV. Zementindustrie. — XVI. Bereitung der Normallösungen. — XVII. Herstellung von Durchschnittsmustern. — XVIII. Vergleichung der verschiedenen Aräometergrade.

Chemie der Zuckerindustrie. Lehr- und Handbuch für Theoretiker und Praktiker. Von Chefchemiker Ing. **O. Wohryzek.** Mit 17 Textfiguren. XVI, 676 Seiten. 1914. Gebunden RM 24.—

Chemie der organischen Farbstoffe. Von Dr. **Fritz Mayer,** a. o. Hon.-Professor an der Universität Frankfurt a. M. Zweite, verbesserte Auflage. Mit 5 Textabbildungen. XII, 265 Seiten. 1924.
Gebunden RM 13.—

Grundlegende Operationen der Farbenchemie. Von Dr. **Hans Eduard Fierz-David,** Professor an der Eidgenössischen Technischen Hochschule in Zürich. Dritte, verbesserte Auflage. Mit 46 Textabbildungen und einer Tafel. XIII, 270 Seiten. 1924. Gebunden RM 16.—

Der Betriebs-Chemiker. Ein Hilfsbuch für die Praxis des chemischen Fabrikbetriebes. Von Fabrikdirektor Dr. **Richard Dierbach.** Dritte, teilweise umgearbeitete und ergänzte Auflage von Chemiker Dr.-Ing. **Bruno Waeser,** Magdeburg. Mit 117 Textfiguren. X, 334 Seiten. 1921.
Gebunden RM 12.—

Betriebsverrechnung in der chemischen Großindustrie. Von Dr. rer. pol. **Albert Hempelmann,** D. H. H. C. VI, 107 Seiten. 1922.
RM 4.80

MIX
Papier aus verantwortungsvollen Quellen
Paper from responsible sources
FSC® C105338

If you have any concerns about our products,
you can contact us on
ProductSafety@springernature.com

In case Publisher is established outside the EU,
the EU authorized representative is:
**Springer Nature Customer Service Center GmbH
Europaplatz 3, 69115 Heidelberg, Germany**

Printed by Libri Plureos GmbH
in Hamburg, Germany